普通高等教育"十三五"规划教材
电子信息科学与工程类专业规划教材

电子元器件应用基础

王水平　周佳社　王新怀　李　丹　张　宁　王冠林　白　冲　编著

电子工业出版社
Publishing House of Electronics Industry
北京·BEIJING

内 容 简 介

本书从应用的角度出发,对三种最基本的电子元器件:电阻、电感和电容进行了讲述,其中主要是以它们的组成材料和生成过程来说明其电特性方面的差异,以及在应用中如何解决温度、压力和水气等环境因素所带来的影响。全书共分4章。第1章电阻,讲述电阻的一般常识、种类和应用;第2章电感,以变压器为主,分别讲述了低频变压器和高频变压器的应用设计和加工工艺,以及组成变压器的磁性材料、漆包线、骨架、绝缘介质等;第3章电容,以介质为主分别讲述了不同介质电容器的特性和应用,最后还讲述了安规电容;第4章介绍R、L、C在接地、隔离、屏蔽和电磁兼容(EMC)中的应用。另外,在各章节中还分别加进去了一些相应的国家标准。

本书具有较强的实用性和可操作性,可供从事电子技术应用、设计、开发、生产、调试工作的工程技术人员阅读,也可供高等学校电力电子技术专业的师生参考。另外,还可作为《开关电源原理与应用设计》一书的辅助参考书。

图书在版编目(CIP)数据

电子元器件应用基础 / 王水平等编著. —北京:电子工业出版社,2016.7
ISBN 978-7-121-29278-1

Ⅰ.①电… Ⅱ.①王… Ⅲ.①电子元件—高等学校—教材②电子器件—高等学校—教材 Ⅳ.①TN6

中国版本图书馆 CIP 数据核字(2016)第 152081 号

策划编辑:陈晓莉
责任编辑:陈晓莉
印　　刷:北京盛通商印快线网络科技有限公司
装　　订:北京盛通商印快线网络科技有限公司
出版发行:电子工业出版社
　　　　　北京市海淀区万寿路 173 信箱　邮编 100036
开　　本:787×1 092　1/16　印张:19.25　字数:518 千字
版　　次:2016 年 7 月第 1 版
印　　次:2023 年 8 月第 5 次印刷
定　　价:45.00 元

凡所购买电子工业出版社图书有缺损问题,请向购买书店调换。若书店售缺,请与本社发行部联系。联系及邮购电话:(010)88254888,(010)88258888。
质量投诉请发邮件至 zlts@phei.com.cn,盗版侵权举报请发邮件至 dbqq@phei.com.cn。
本书咨询联系方式:(010)88254540,chenxl@phei.com.cn。

前　言

　　一个小战斗的凯旋，一场大战役的胜利，靠的是什么，靠的是精兵良将。而在当今电子信息化时代，小到一个收音机，大到一套城市的交通、安防、定位、照明等信息化指挥和管理中心中的精兵良将或者马前卒却是电阻(R)、电感(L)和电容(C)。

　　由于本书的读者对象为电子工程技术人员、电子材料、仪器仪表、家电维修人员，大专院校、职校师生等，因此作者在编写的过程中力图做到章节的划分更趋合理，组成这些元器件材料、介质、封装形式的叙述更加简洁明了，变压器的设计计算更加详细准确，在不同应用领域中典型应用电路的举例更具有先进性、实用性、通用性和广泛性。作者在查阅了大量电子元器件方面的论文、资料和书籍的基础上，特别是生产厂家的产品手册和相关国家标准，集多年来从事电子元器件教学、科研、设计和开发的经验，紧紧围绕电子元器件使用者所希望的实用、通用、明了、简洁和多快好省的要求来编写了本书。

　　近几年来，随着微电子学和技术工艺、光刻技术、磁性材料学以及陶瓷烧结加工工艺与其他边沿技术科学的不断改进和飞速发展，R、L、C 电子元器件从性能和封装形式上都有了突破性的进展，并且由此也产生出了许多能够提高人们生活水平和改善人们工作条件的新产品，如电动自行车、无级变速汽车、变频空调、逆变焊机、快速充电器、电力机车、电力冶炼设备、掌上计算机、触摸屏手机，等等。R、L、C 电子元器件以其独有的性能稳定、体积小、重量轻、封装形式多样化、品种类型齐全等特点已经渗透到了与电有关的各个领域。在这些领域中，由于电阻式(如热敏电阻、光敏电阻、力敏电阻和磁敏电阻等)、电感式(如电流互感器和电压互感器等)和电容式(如电容式触摸屏和开关电容功率变换器(电荷泵)等)传感器的性能和封装形式比原来有了突破性的改进，才使得物联网得以实现。另外，体积越来越小的标贴式和微带式 R、L、C 电子元器件的出现，使许多电子产品采用电池供电成为可能，使许多电子产品小型化和微型化后变为便携式产品成为可能。因此，R、L、C 电子元器件成为各种电子设备和系统高效率、低功耗、低成本、小型化和安全可靠运行的关键，同时 R、L、C 电子元器件技术目前已成为各种学科中备受人们关注的热门学科。

　　本书共分 4 章。第 1 章电阻(R)，主要讲述电阻的一般常识(其中包括命名法、阻值辨认法、封装形式等)、种类和应用，特别是不同种类电阻的优缺点，以及在应用中如何发挥其优点避免其缺点，最后还给出了各种电阻在不同用途中的典型应用实例。以同样的手法，第 2 章和第 3 章分别讲述了电感(L)和电容(C)。在对电感进行讲述中，主要以变压器为主，分别讲述了低频变压器和高频变压器，以及组成变压器的磁性材料、漆包线、骨架、绝缘介质、加工工艺等。在讲述电容中，主要以介质为主，分别讲述了不同介质电容器的特性和应用，最后还讲述了安规电容。第 4 章讲述 R、L、C 元件在接地、隔离、屏蔽和电磁兼容(EMC)中的应用，在电源单元电器中的 PCB 布线技术。同时在每一章中都分别加进去了一些相应的国家标准。另外，为了使读者在阅读本书以后有所巩固、提高和加深，在每一章节的最后还加进去了一些由本节内容提炼而成的练习思考题。

本书第1章由王水平和张宁完成，第2章由刘宏玮和周佳社完成，第3章由张栋和李丹完成，第4章由王新怀、王冠林和白冲共同完成，全书由王水平和张栋统一统稿。

在本书的编写过程中，作者参阅了大量的国内外有关材料学、微电子学和电子元器件学等方面的论文、专著和资料，特别是国内一些电子元器件生产厂家的产品手册，其中在取得生产厂家的授权后还引用了部分元器件的技术参数及测试曲线图，在此对这些论文、专著、资料和产品手册的作者和编者们深表谢意。此外，在本书定稿之前，中国电源学会常务理事、西安市电源学会理事长侯振义教授和中国电源学会常务理事、中国电源学会特种电源专业委员会主任委员史平均高级工程师分别对本书进行了认真详细的审读，提出了许多改进性的修改意见，使得本书更加完善，在此也表示诚挚的谢意。

由于作者的文字组织能力和专业技术水平有限，因此书中的不足之处在所难免，恳请广大读者提出宝贵的批评意见。

编著者
2016年6月

目 录

第1章 电阻(R) ... 1
1.1 电阻的阻抗特性 ... 1
- 1.1.1 电阻的低频阻抗特性 ... 1
- 1.1.2 电阻的高频阻抗特性 ... 1
- 1.1.3 电阻的串并联 ... 1
- 1.1.4 习题1 ... 2

1.2 电阻的命名 ... 2
- 1.2.1 电阻的命名 ... 2
- 1.2.2 电位器的命名标准 ... 3
- 1.2.3 敏感电阻的命名标准 ... 4
- 1.2.4 习题2 ... 5

1.3 电阻的重要参数 ... 5
- 1.3.1 电阻的表示 ... 5
- 1.3.2 电位器的表示符号 ... 9
- 1.3.3 敏感电阻的表示符号 ... 9
- 1.3.4 习题3 ... 11

1.4 电阻的分类 ... 11
- 1.4.1 固定电阻的分类 ... 11
- 1.4.2 电位器(可变电阻)分类 ... 17
- 1.4.3 敏感电阻分类 ... 22
- 1.4.4 习题4 ... 29

1.5 电阻的作用 ... 29
- 1.5.1 电阻的作用 ... 29
- 1.5.2 电位器(可变电阻)的作用 ... 35
- 1.5.3 敏感电阻的作用 ... 36
- 1.5.4 习题5 ... 48

第2章 电感和变压器 ... 49
2.1 电感 ... 49
- 2.1.1 自感的基本概念 ... 49
- 2.1.2 自感电感的阻抗特性 ... 50
- 2.1.3 电感的分类 ... 51
- 2.1.4 电感的表示符号 ... 51
- 2.1.5 电感量的表示方法 ... 52
- 2.1.6 电感的串并联 ... 54
- 2.1.7 电抗器 ... 55

· V ·

    2.1.8 电感的作用 … 55
    2.1.9 电感的几个重要参数 … 74
    2.1.10 磁珠 … 75
    2.1.11 习题6 … 81
  2.2 共模电感和差模电感 … 82
    2.2.1 共模电感 … 82
    2.2.2 差模电感 … 86
    2.2.3 共差模合成电感 … 91
    2.2.4 习题7 … 92
  2.3 变压器 … 93
    2.3.1 耦合变压器 … 93
    2.3.2 线型变压器 … 99
    2.3.3 脉冲变压器 … 107
    2.3.4 中周 … 108
    2.3.5 高频变压器 … 108
    2.3.6 互感器 … 154
    2.3.7 习题8 … 166

第3章 电容(C) … 167
  3.1 电容的阻抗特性 … 167
    3.1.1 电容的物理特性 … 167
    3.1.2 电容的能量特性 … 171
    3.1.3 电容的种类 … 172
    3.1.4 电容的技术指标 … 173
    3.1.5 习题9 … 174
  3.2 无机电容 … 174
    3.2.1 纸介质电容 … 174
    3.2.2 陶瓷电容 … 177
    3.2.3 云母电容 … 180
    3.2.4 玻璃釉电容 … 190
    3.2.5 习题10 … 190
  3.3 有机电容 … 191
    3.3.1 聚丙烯薄膜电容(CBB) … 191
    3.3.2 聚苯乙烯电容(CB) … 224
    3.3.3 聚四氟乙烯电容(CBF) … 232
    3.3.4 涤纶电容(CL) … 233
    3.3.5 聚碳酸酯薄膜电容(CS) … 234
    3.3.6 习题11 … 236
  3.4 电解电容 … 236
    3.4.1 铝电解电容 … 236
    3.4.2 钽电解电容 … 247

		3.4.3 铌电解电容	250
		3.4.4 习题 12	254
3.5	超级电容		255
	3.5.1	超级电容的原理及结构	255
	3.5.2	超级电容技术参数	256
	3.5.3	国内外状况	258
	3.5.4	习题 13	259
3.6	安规电容		259
	3.6.1	Y型安规电容	259
	3.6.2	X型安规电容	260
	3.6.3	Y型、X型电容的作用	261
	3.6.4	习题 14	261
3.7	电容的应用		261
	3.7.1	滤波作用	261
	3.7.2	耦合、退耦作用	261
	3.7.3	旁路作用	263
	3.7.4	谐振作用	263
	3.7.5	定时作用	263
	3.7.6	预加重作用	264
	3.7.7	自举升压作用	264
	3.7.8	补偿电容	265
	3.7.9	反馈电容	265
	3.7.10	缓冲电容	267
	3.7.11	钳位电容	267
	3.7.12	习题 15	267

第4章 RLC 在接地、隔离、屏蔽和 EMC 中的应用 268

4.1	RLC 在接地技术中的应用	268
4.2	RLC 在隔离与耦合技术中的应用	270
	4.2.1 光电耦合技术	270
	4.2.2 变压器磁耦合技术	271
	4.2.3 光电与磁混合耦合技术	273
	4.2.4 直接耦合技术	274
4.3	RLC 在屏蔽技术中的应用	276
	4.3.1 软屏蔽技术	276
	4.3.2 硬屏蔽技术	281
4.4	RLC 在电源单元电路中的 PCB 布线技术	284
	4.4.1 PCB 布线的设计流程、参数设置	284
	4.3.2 元器件布局	284
	4.4.3 PCB 设计原则	285
	4.4.4 散热问题的解决	285

4.4.5	接地极的设计	287
4.4.6	PCB漏电流的考虑	289
4.4.7	电源单元电路中几种基本电路的布线方法	289

4.5　RLC在电磁兼容(EMC)中的应用 290
　　4.5.1　EMC的定义、抑制方法、评定指标及研究范畴 290
　　4.5.2　EMC的标准体系与国际组织 292
　　4.5.3　国内EMC标准体系 294
　　4.5.3　我国已经制定并颁布的相关民用标准 295
　　4.5.4　电快速瞬态脉冲群干扰及产生机理 296
　　4.5.5　军用电子设备EMC性的要求 298
4.6　习题16 298

参考文献 299

第1章 电阻(R)

1.1 电阻的阻抗特性

1.1.1 电阻的低频阻抗特性

电阻在低频和直流电路中,它的阻抗特性呈现纯阻性阻抗,可由下式表示出来:

$$R = k \tag{1-1}$$

式中,k 为常数。其阻抗频率特性曲线如图 1-1 所示。

1.1.2 电阻的高频阻抗特性

电阻的高频等效电路如图 1-2 所示,其中电感 L_R 是电阻两端的引线和电阻膜刻槽阻带等所引起的寄生电感,电路 C_R 是由于实际引线结构和电阻膜刻槽阻带所引起的电荷分离效应而导致的分布电容,R_0 为电阻的理论阻抗。根据电阻的等效电路,可以很方便地计算出整个电阻的阻抗为:

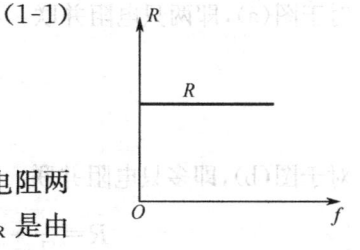

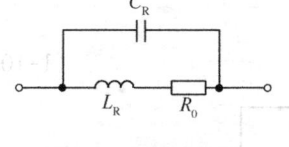

图 1-2 电阻的高频等效电路图

图 1-1 电阻在低频或直流电路中的阻抗频率特性曲线

$$Z = \frac{j\omega L_R + R_0}{1 + j\omega C_R (j\omega L_R + R_0)} \tag{1-2}$$

电阻的阻抗绝对值与频率之间的关系曲线如图 1-3 所示。结合式(1-2),从曲线中可以看出,低频时电阻的阻抗是 R_0,当频率升高并超过一定值时,寄生电容的影响就占主导地位,它就会引起电阻阻抗的下降。当频率继续升高时,由于寄生电感的影响,总的阻抗上升,寄生电感在很高的频率下代表一个开路线或无穷大的阻抗。一般情况下,非线绕电阻的高频分布参数较小,L_R 为 0.01~0.09μH,C_R 为 0.1~5pF。线绕电阻的高频分布参数较大,L_R 为几十 μH,C_R 为几十 pF。

1.1.3 电阻的串并联

(1) 电阻的串联

图 1-4 所示为两只电阻或多个电阻的串联电路,其总的等效电阻值和功率的计算如下。

对于图(a),即是两只电阻串联:

$$R = R_1 + R_2 \tag{1-3}$$

$$W = W_1 + W_2 \tag{1-4}$$

式中的 R_1 和 R_2,W_1 和 W_2 分别为电阻 R_1 和 R_2 的阻值和功率。

对于图(b),即多只电阻串联:

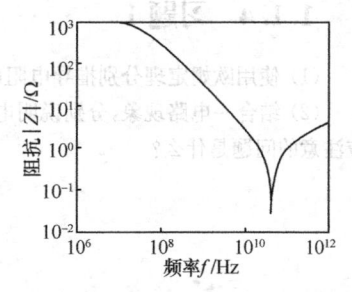

$$R = R_1 + R_2 + \cdots + R_n \tag{1-5}$$

图 1-3 一个典型 1kΩ 电阻阻抗绝对值与频率之间的关系曲线

$$W = W_1 + W_2 + \cdots + W_n \tag{1-6}$$

式中的 $R_1, R_2, \cdots, R_n; W_1, W_2, \cdots, W_n$ 分别为电阻 $R_1, R_2, \cdots, R_n$ 的阻值和功率。

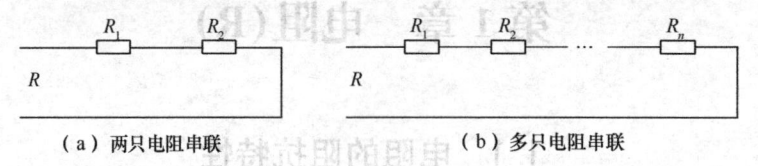

(a) 两只电阻串联　　(b) 多只电阻串联

图 1-4　电阻的串联电路图

(2) 电阻的并联

图 1-5 为两只电阻或多个电阻的并联电路,其总的等效电阻的阻值和功率的计算如下。

对于图(a),即两只电阻并联:

$$R = \frac{1}{\frac{1}{R_1} + \frac{1}{R_2}} = \frac{R_1 \cdot R_2}{R_1 + R_2} \tag{1-7}$$

$$W = W_1 + W_2 \tag{1-8}$$

对于图(b),即多只电阻并联:

$$R = \frac{1}{\frac{1}{R_1} + \frac{1}{R_2} + \cdots + \frac{1}{R_n}} = \frac{R_1 \cdot R_2 \cdots R_n}{R_1 + R_2 + \cdots + R_n} \tag{1-9}$$

$$W = W_1 + W_2 + \cdots + W_n \tag{1-10}$$

(a) 两只电阻并联　　(b) 多只电阻并联

图 1-5　电阻的并联电路图

(3) 电阻的串并联讨论

从电阻串、并联的计算公式就可以看出,电阻串联后其等效阻值变大(相加),电阻并联后其等效阻值变小,但是不论是串联还是并联其等效功率均为相加而变大。

1.1.4　习题 1

(1) 使用欧姆定理分别推导电阻串联和并联时总功率增加的结论,即推导式(1-6)和式(1-10)。

(2) 结合一电路现象,分别说明电阻在不同频段范围所呈现的阻抗特性不同,然后总结出电阻在使用时应注意的问题是什么?

1.2　电阻的命名

1.2.1　电阻的命名

我国电阻的命名标准由 4 部分组成(敏感电阻除外),第一部分为主称,用字母 R/W 表示,R 表示电阻,W 表示电位器。第二部分为材料,用字母表示电阻体材料。第三部分为类型,用数字表示,个别类型用字母表示。第四部分为序号,用数字表示同类产品中不同品种,以区别产品的外形尺寸和性能指标,其对应关系见表 1-1。

例如：

RJ75（精密金属膜电阻）　　　　RT10（普通碳膜电阻）
　　R—电阻（第一部分）　　　　　R—电阻（第一部分）
　　J—金属膜（第二部分）　　　　T—碳膜（第二部分）
　　7—精密（第三部分）　　　　　1—普通型（第三部分）
　　5—序号（第四部分）　　　　　0—序号（第四部分）

RX28（阻燃型线绕电阻）　　　　RJ90-B0.5（0.5W 不燃型金属膜烙断电阻）
　　R—电阻（第一部分）　　　　　R—电阻（第一部分）
　　X—线绕（第二部分）　　　　　J—金属膜（第二部分）
　　2—阻燃型（第三部分）　　　　9—烙断型（第三部分）
　　8—序号（第四部分）　　　　　0-B0.5—不燃性、额定功率为 0.5W（第三部分）

表 1-1　国产电阻的型号组成对应关系

第一部分			第二部分	第三部分	第四部分
R 表示固定电阻	W 表示电位器	M 表示敏感电阻	T 表示碳膜电阻	1 表示普通型电阻	第四部分为序号，用数字表示，表示同类产品中不同品种，以区别产品的外形尺寸和性能指标等。用个位数字表示，或无数字表示
			H 表示合成膜电阻	2 表示普通型电阻	
			S 表示有机实心电阻	3 表示超高频电阻	
			N 表示无机实心电阻	4 表示高阻抗电阻	
			J 表示金属膜电阻	5 表示高温电阻	
			Y 表示氮化膜电阻	6 表示精密电阻	
			C 表示沉积膜电阻	7 表示精密电阻	
			I 表示玻璃釉膜电阻	8 表示高压电阻	
			X 表示线绕电阻	9 表示特殊电阻	
			F 表示复合膜电阻	G 表示大功率电阻	
			U 表示硅碳膜电阻	T 表示可调电阻	
			O 表示玻璃膜电阻		

1.2.2　电位器的命名标准

电位器是具有三个引出端、阻值可按某种变化规律调节的电阻元件。电位器通常由电阻体和可移动的电刷组成。当电刷沿电阻体移动时，在输出端即获得与位移量成一定关系的电阻值。电位器既可作三端元件使用，也可作二端元件使用，后者可视为一可变电阻。我国电位器的命名标准由 4 部分组成，如图 1-6 所示。第一部分为主称，用字母 W 表示。第二部分为电位器体材料代号，用字母表示电阻体材料，具体规定见表 1-2。第三部分为分类代号，一般用字母表示，具体规定见表 1-3。第四部分为序号，用数字表示同类产品中不同品种，以区别产品的外形尺寸和性能指标等。

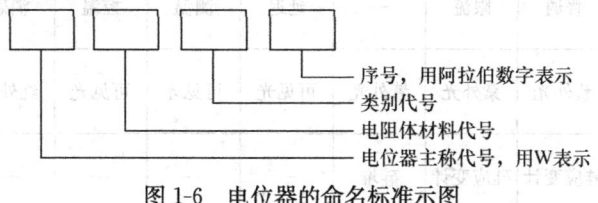

　　　　　　　序号，用阿拉伯数字表示
　　　　　　　类别代号
　　　　　　　电阻体材料代号
　　　　　　　电位器主称代号，用W表示

图 1-6　电位器的命名标准示意图

例1：WXD2型多圈线绕电位器　　例2：WIW101型玻璃釉螺杆驱动预调电位器

```
W X D 2          W I W 101
│ │ │ └─序号      │ │ │  └─序号
│ │ └───多圈类    │ │ └────螺杆驱动预调类
│ └─────线绕      │ └──────玻璃釉膜
└───────电位器    └────────电位器
```

表1-2　电位器体材料代号含义表

代号	H	S	N	I	X	J	Y	D	F
材料	合成碳膜	有机实心	无机实心	玻璃釉膜	线绕	金属膜	氧化膜	导电塑料	复合膜

表1-3　电位器分类代号含义表

代号	类别	代号	类别	代号	类别	代号	类别
G	高压类	D	多圈旋转精密类	W	螺杆驱动预调类	Z	直滑式低功率类
H	组合类	M	直滑式精密类	Y	旋转预调类	P	旋转功率类
B	片式类	X	旋转式低功率类	J	单圈旋转预调类	T	特殊类

1.2.3　敏感电阻的命名标准

敏感电阻是指电阻件的阻抗特性对温度、电压、湿度、光照、气体、磁场、压力等的作用呈现一定的敏感规律。敏感电阻的符号是在普通电阻的符号中加一斜线并在旁边加注敏感电阻的类别，如T/V就表示是压敏电阻。根据我国的规定，敏感电阻的命名由4部分组成。第一部分为主称，用M表示敏感元件；第二部分为类别，用字母表示，其表示内容见表1-4；第三部分为用途和特征，用数字或字母表示，其表示内容见表1-5和表1-6；第四部分为产品的序列号，用数字表示。

表1-4　敏感电阻主称和类别代号含义表

主称(第一部分)		类别(第二部分)		主称(第一部分)		类别(第二部分)	
符号	含义	符号	含义	符号	含义	符号	含义
M	敏感电阻	Z	正温度系数热敏电阻	M	敏感	Q	气敏电阻
M	敏感电阻	F	负温度系数热敏电阻	M	敏感	G	光敏电阻
M	敏感电阻	Y	压敏电阻	M	敏感	C	磁敏电阻
M	敏感电阻	S	湿敏电阻	M	敏感	L	力敏电阻

表1-5　敏感电阻用途和特征的数字含义表

种类	0	1	2	3	4	5	6	7	8	9
负温度系数热敏电阻	特殊	普通	稳压	微波测量	旁热式	测温	控温	—	线性	—
正温度系数热敏电阻	—	普通	限流	—	延迟	测温	控温	消磁	—	恒温
光敏电阻	特殊	紫外光	紫外光	紫外光	可见光	可见光	可见光	红外光	红外光	红外光
力敏电阻	—	硅应变计	硅应变计	硅堆	—	—	—	—	—	—

表1-6 敏感电阻用途和特征的符号含义表

种类	W	G	P	N	K	L	H	E	B	C	S	Q	Y
压敏电阻	稳压	高压保护	高频	高能	高可靠型	防雷	灭弧	消噪	补偿	消磁	—	—	—
湿敏电阻	—	—	—	—	控湿	—	—	—	—	测湿	—	—	—
气敏电阻	—	—	—	—	—	可燃性	—	—	—	—	—	—	烟敏
磁敏电阻	电位器	—	—	—	—	—	电阻	—	—	—	—	—	—

1.2.4 习题2

(1) 熟记表1-1中的内容,分别说出RJ75、RT10、RX28、RJ90-B0.5这四种电阻是什么电阻？以及个字母和数字所代表的含义。

(2) 熟记表1-2和表1-3中的内容,分别说出WXD2型电位器和WIW101型电位器这两种电位器是什么电位器？以及个字母和数字所代表的含义。

(3) 熟记表1-4~表1-6中的内容,分别举例说明各种敏感电阻表示符号中字母和数字所代表的物理含义。

1.3 电阻的重要参数

1.3.1 电阻的表示

1. 电阻的表示符号

我国以及国外电阻在电路图中的标准表示符号分别如图1-7(a)和(b)所示。在电路图中所出现的电阻一般均注明图中所示的一些信息,至于是什么材料的电阻就应该根据实际用途和价格等因素来确定。

2. 电阻阻值的表示

(1) 标称值及误差

电阻的阻值大小是按E6、E12、E24、E48、E96、E116、E192系列规范分度的。所谓E12分度规范就是把阻值分为12档,E24分度规范就是把阻值分为24档,等等,各分度规范阻值及误差范围见表1-7。

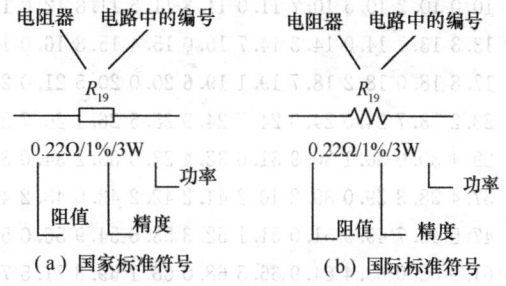

图1-7 电阻的标准表示符号

表1-7 电阻各分度规范阻值及误差范围表

系列	阻值计算及有效数字	误差	精度级别
E6	$10^{\frac{n}{6}}(n=0,\cdots,5)$；2位	20%	低精度电阻
E12	$10^{\frac{n}{12}}(n=0,\cdots,11)$；2位	10%	低精度电阻
E24	$10^{\frac{n}{24}}(n=0,\cdots,23)$；2位	5%	普通精度电阻
E48	$10^{\frac{n}{48}}(n=0,\cdots,47)$；3位	1%、2%	半精密电阻
E96	$10^{\frac{n}{96}}(n=0,\cdots,95)$；3位	0.5%、1%	精密电阻
E116	$10^{\frac{n}{116}}(n=0,\cdots,115)$；3位	0.2%、0.5%、1%	高精密电阻
E192	$10^{\frac{n}{192}}(n=0,\cdots,192)$；3位	0.1%、0.25%、0.5%	超高精密电阻

标准电阻阻值误差分为：0.05%、0.1%、0.2%、0.25%、0.5%、1%、2%、5%、10%、20%。
各系列标称值如下：

① E6 系列标称值(20%)
1.0 1.5 2.2 3.3 4.7 6.8

② E12 系列标称值(10%)
1.0 1.2 1.5 1.8 2.2 2.7 3.3 3.9 4.7 5.6 6.8 8.2

③ E24 系列标称值(5%)
1.0 1.1 1.2 1.3 1.5 1.6 1.8 2.0 2.2 2.4 2.7 3.0
3.3 3.6 3.9 4.3 4.7 5.1 5.6 6.2 6.8 7.5 8.2 9.1

④ E48 系列标称值(1%)
10.0 10.5 11.0 11.5 12.1 12.7 13.3 14.0 14.7 15.4 16.2 16.9
17.8 18.7 19.6 20.5 21.5 22.6 23.7 24.9 26.1 27.4 28.7 30.1
31.6 33.2 34.8 36.5 38.3 40.2 42.2 44.2 46.4 48.7 51.1 53.6
56.2 59.0 61.9 64.9 68.1 71.5 75.0 78.7 82.5 86.6 90.9 95.3

⑤ E96 系列标称值(1%)
10.0 10.2 10.5 10.7 11.0 11.3 11.5 11.8 12.1 12.4 12.7 13.0
13.3 13.7 14.0 14.3 14.7 15.0 15.4 15.8 16.2 16.5 16.9 17.4
17.8 18.2 18.7 19.1 19.6 20.0 20.5 21.0 21.5 22.1 22.6 23.2
23.7 24.3 24.9 25.5 26.1 26.7 27.4 28.0 28.7 29.4 30.1 30.9
31.6 32.4 33.2 34.0 34.8 35.7 36.5 37.4 38.3 39.2 40.2 41.2
42.2 43.2 44.2 45.3 46.4 47.5 48.7 49.9 51.1 52.3 53.6 54.9
56.2 57.6 59.0 60.4 61.9 63.4 64.9 66.5 68.1 69.8 71.5 73.2
75.0 76.8 78.7 80.6 82.5 84.5 86.6 88.7 90.9 93.1 95.3 97.6

⑥ E116 系列标称值(0.1%、0.2%、0.5%)
10.0 10.2 10.5 10.7 11.0 11.3 11.5 11.8 12.0 12.1 12.4 12.7 13.0
13.3 13.7 14.0 14.3 14.7 15.0 15.4 15.8 16.0 16.2 16.5 16.9 17.4
17.8 18.0 18.2 18.7 19.1 19.6 20.0 20.5 21.0 21.5 22.0 22.1 22.6
23.2 23.7 24.0 24.3 24.7 24.9 25.5 26.1 26.7 27.0 27.4 28.0 28.7
29.4 30.0 30.1 30.9 31.6 32.4 33.0 33.2 34.0 34.8 35.7 36.0 36.5
37.4 38.3 39.0 39.2 40.2 41.2 42.2 43.0 43.2 44.2 45.3 46.4 47.0
47.5 48.7 49.9 51.0 51.1 52.3 53.6 54.9 56.0 56.2 57.6 59.0 60.4
61.9 62.0 63.4 64.9 66.5 68.0 68.1 69.8 71.5 73.2 75.0 75.5 76.8
78.7 80.6 82.0 82.5 84.5 86.6 88.7 90.9 91.0 93.1 95.3 97.6

⑦ E192 系列标称值(0.1%、0.2%、0.5%)
10.0 10.1 10.2 10.4 10.5 10.6 10.7 10.9 11.0 11.1 11.3 11.4
11.5 11.7 11.8 12.0 12.1 12.3 12.4 12.6 12.7 12.9 13.0 13.2
13.3 13.5 13.7 13.8 14.0 14.2 14.3 14.5 14.7 14.9 15.0 15.2
15.4 15.6 15.8 16.0 16.2 16.4 16.5 16.7 16.9 17.2 17.4 17.6
17.8 18.0 18.2 18.4 18.7 18.9 19.1 19.3 19.6 19.8 20.0 20.3
20.5 20.8 21.0 21.3 21.5 21.8 22.1 22.3 22.6 22.9 23.2 23.4
23.7 24.0 24.3 24.6 24.9 25.2 25.5 25.8 26.1 26.4 26.7 27.1
27.4 27.7 28.0 28.4 28.7 29.1 29.4 29.8 30.1 30.5 30.9 31.2
31.6 32.0 32.4 32.8 33.2 33.6 34.0 34.4 34.8 35.2 35.7 36.1

36.5 37.0 37.4 37.9 38.3 38.8 39.2 39.7 40.2 40.7 41.2 41.7

48.7 49.3 49.9 50.5 51.1 51.7 52.3 53.0 53.6 54.2 54.9 55.6

56.2 56.9 57.6 58.3 59.0 59.7 60.4 61.2 61.9 62.6 63.4 64.2

64.9 65.7 66.5 67.3 68.1 69.0 69.8 70.6 71.5 72.3 73.2 74.1

75.0 75.9 76.8 77.7 78.7 79.6 80.6 81.6 82.5 83.5 84.5 85.6

86.6 87.6 88.7 89.8 90.9 92.0 93.1 94.2 95.3 96.5 97.6 98.8

(2) 阻值表示方法

① 色环阻值表示法：

色环阻值表示法多用于直插式轴向封装电阻，有四环和五环表示法，如图 1-8 所示。

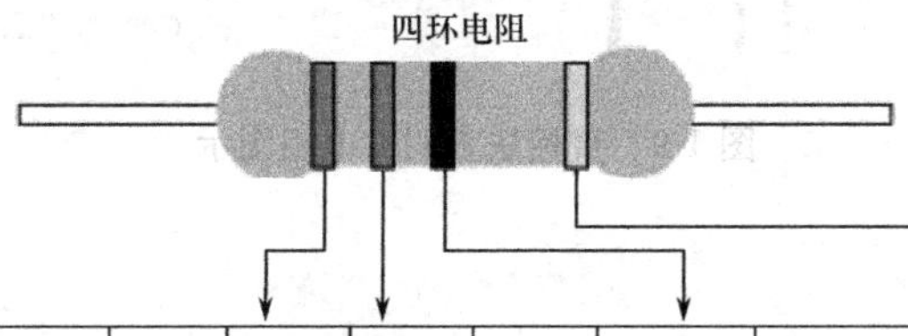

COLOR	颜色	第1环	第2环	第3环	倍乘	误差	
BLACK	黑	0	0	0	1	—	—
BROWN	棕	1	1	1	10	± 1%	F
RED	红	2	2	2	100	± 2%	G
ORANGE	橙	3	3	3	1k	—	—
YELLOW	黄	4	4	4	10k	—	—
GREEN	绿	5	5	5	100k	± 0.5%	D
BLUE	蓝	6	6	6	1M	± 0.25%	C
VIOLET	紫	7	7	7	10M	± 0.10%	B
GREY	灰	8	8	8	—	± 0.05%	A
WHITE	白	9	9	9	—	—	—
GOLD	金	—	—	—	0.1	± 5%	J
SILVER	银	—	—	—	0.01	± 10%	K
PLAIN	无	—	—	—	—	± 20%	M

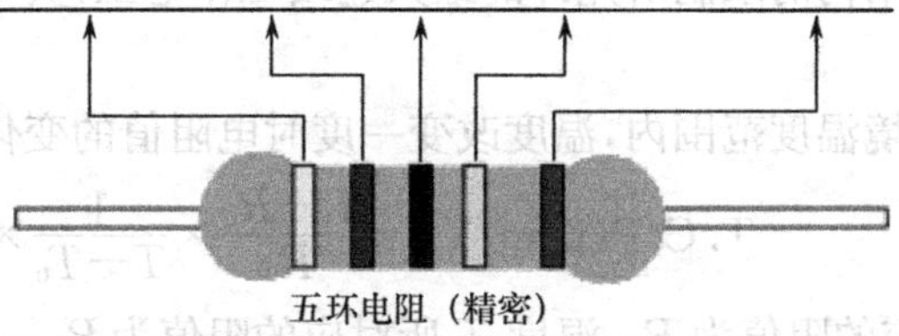

图 1-8　电阻的色环阻值表示法示意图

② 数码阻值表示法：

用 3 位(对于普通精度)或 4 位(对于高精度)数码表示电阻的阻值，单位为 Ω。例如：102(3 位)或 1001(4 位)的电阻则所表示的阻值就为 10 00Ω 或 100 0Ω，即均为 1kΩ；101 或 1000 的电阻则所表示的阻值就为 10 0Ω 或 100 Ω，即均为 100Ω；105 或 1004 的电阻则所表示的阻值就为 10 00000Ω 或 100 0000Ω，即均为 1MΩ。数码阻值表示法多用于 SMC 贴片封装的电阻中。

③ 文字符号阻值表示法：

文字符号阻值表示法是用数字表示电阻阻值的有效数字，用字母 R 表示 Ω、k 表示 kΩ、M

表示 MΩ,并且规定整数部分位于单位符号前,小数部分放在单位符号后。例如：0.51Ω 的电阻可表示为 R51；5.1Ω 的电阻可表示为 5R1；5.1kΩ 的电阻可表示为 5k1；5.1MΩ 的电阻可表示为 5M1。

④ 直标法：

在电阻体上直接标出电阻的阻值、误差、功率和耐温。这种阻值表示法经常出现在早期生产的电阻上,近来所生产的大功率电阻基本上还沿用这种方法,如图 1-9 所示。

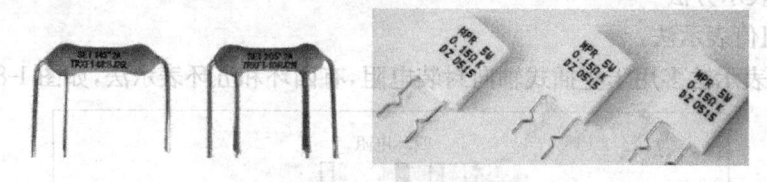

图 1-9 直标法表明的电阻图示

3. 电阻的主要参数

（1）误差

电阻的实际值与标称值之间的差别就定义为电阻的误差。实际上误差与标称值之间并没有直接的关系,但却存在着电阻阻值越大误差越大的关系。

（2）额定功率值

在正常大气压下(650～800mmHg)和额定温度($T_C=25℃$)下,长期连续工作并能满足各项性能要求所允许的最大功率。电阻的额定功率采用标准化的额定功率系列值,其内容为：0.05 W(1/16 W)、0.125 W(1/8 W)、0.25 W(1/4 W)、0.5 W(1/2 W)、1 W、2 W、5 W、10 W、25 W、50 W、100 W,等等。

（3）额定电压值

由阻值和功率换算得到的电压,再考虑到电冲击和电击穿上升到一定值后,受最大工作电压的限制。

（4）最大工作电压

由于电阻尺寸结构的限制所允许的最大连续工作电压,实际上就是电冲击或电击穿电压。

（5）温度系数

在某一规定环境温度范围内,温度改变一度时电阻值的变化量,可用下式表示：

$$\text{T.C.P}(\text{ppm}/℃) = \frac{R-R_0}{R_0} \times \frac{1}{T-T_0} \times 10^6 \tag{1-11}$$

式中温度 T_0 所对应的阻值为 R_0,温度 T 所对应的阻值为 R。

（6）绝缘电阻

在正常大气压下,电阻的引线与电阻壳体之间的绝缘电阻。

（7）噪声

产生于电阻中的一种不规则的电压起伏,包括热噪声和电流噪声两部分,热噪声是由于导体内部不规则的电子自由运动,使导体任意两点的电压不规则变化。在非线绕电阻中,还有电流噪声。由于电流噪声和电阻两端的工作电压成正比,因此衡量电流噪声的指标为 $\mu V/V$。

（8）稳定性

在指定的时间内,受到环境、负荷等因素的影响,保持其初始阻值的能力被定义为电阻的稳定性。

4. 电阻的等效电路

考虑了引线寄生电感、分布电容后,电阻的实际等效电路如图 1-2 所示。L_R 为电阻体的寄生电感和引线分布电感之和,C_R 为电阻体的寄生电容和引线分布电容之和。电阻体的寄生电感与电阻的结构有关,线绕电阻的寄生电感较大,非线绕电阻(尤其是贴片电阻)的寄生电感较小。电阻引线所引起的分布电感主要是与引线长度有关,因此传统的轴向引线封装的电阻(直插式)引线分布电感较大,无引线的贴片封装的电阻引线分布电感最小。由于电阻的 C_R 和 L_R 与电阻的结构有关,与阻值大小几乎没有关系,因此相同结构和相同材料的电阻的频率特性与阻值关系非常密切。在应用中对于高阻值电阻,当频率升高时,电阻的 C_R 分流作用不能忽略。例如阻值大于 100kΩ 的电阻就只能工作在频率≤10MHz 的电路系统中;而阻值大于 1MΩ 的电阻就只能工作在频率≤1MHz 的电路系统中。在滤波器、高速运放等电路中应尽量避免使用阻值大于 100kΩ 的电阻。对于低阻值电阻,当频率升高时,电阻的 L_R 所引起的感抗不能忽略。例如阻值小于 1Ω 的电阻也只能工作在频率≤10MHz 的电路系统中;而阻值小于 0.1Ω 的电阻也只能工作在频率≤1MHz 的电路系统中。在滤波器电路中应尽量避免使用阻值小于 1kΩ 的电阻。无论如何,在高频,尤其是在频率≥1GHz 的微波电路中,一般均使用几十欧姆~几百欧姆的电阻。

1.3.2 电位器的表示符号

电位器也包括可变电阻,我国以及国外电位器在电路图中的标准表示符号分别如图 1-10(a)和(b)所示,可变电阻的标准表示符号分别如图 1-11(a)和(b)所示。在电路图中所出现的电位器一般均注明图中所示的一些信息,至于材料、形状、精度、尺寸、功率、封装等信息就应该根据实际用途和价格等因素来确定了。

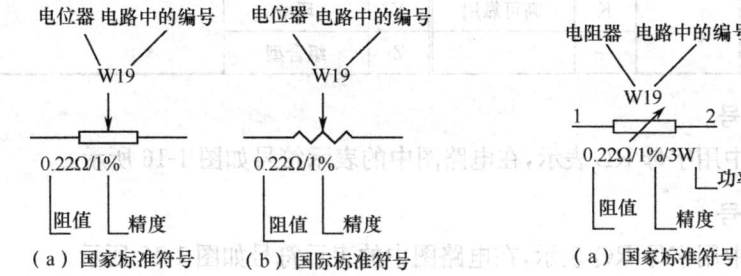

图 1-10 电位器的标准表示符号

图 1-11 可变电阻的标准表示符号

1.3.3 敏感电阻的表示符号

1. 热敏电阻的表示符号

我国热敏电阻在电路中用字母 RT 表示,在电路图中的表示符号如图 1-12 所示。热敏电阻又分为正温度系数和负温度系数的热敏电阻,它们的表示符号如图 1-13 所示。

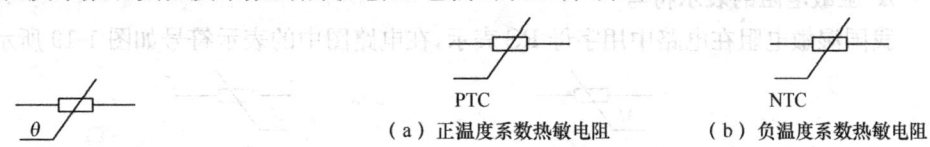

图 1-12 热敏电阻的表示符号

图 1-13 正负温度系数热敏电阻的表示符号

2. 光敏电阻的表示符号

我国光敏电阻在电路中用字母 RG 表示，在电路图中的表示符号有两种如图 1-14 所示，其中图(a)在一些新版读物中用得较多，图(b)在一些旧版读物中用得较多。

3. 压敏电阻的表示符号

我国压敏电阻在电路中用字母 RU 表示，在电路图中的表示符号如图 1-15 所示。其型号及选型方法见表 1-8 中。

　　(a)新表示符号　　　(b)旧表示符号　　　　　　　　　　U

图 1-14　光敏电阻的表示符号　　　　图 1-15　压敏电阻的表示符号

表 1-8　压敏电阻的型号及选型方法见表

第一部分:主称		第二部分:类别		第三部分:用途/特征				第四部分:序号
字母	含义	字母	含义	字母	含义	字母	含义	
M	敏感电阻器	U	压敏电阻器	无	普通型	L	防雷用	用字母表示序号,有的还在序号的后面还标有标称电压流通容量或电阻体直径、标称电压、电压误差等
^	^	^	^	D	通用	M	防静电用	^
^	^	^	^	B	补偿用	N	高能型	^
^	^	^	^	C	消磁用	P	高频用	^
^	^	^	^	E	消噪用	S	元器件保护用	^
^	^	^	^	G	过压保护用	T	特殊型	^
^	^	^	^	H	灭弧用	W	稳压用	^
^	^	^	^	K	高可靠用	Y	环型	^
^	^	^	^	—	—	Z	组合型	^

4. 力敏电阻的表示符号

我国力敏电阻在电路中用字母 RL 表示，在电路图中的表示符号如图 1-16 所示。

5. 气敏电阻的表示符号

我国气敏电阻在电路中用字母 RQ 表示，在电路图中的表示符号如图 1-17 所示。

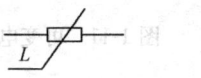

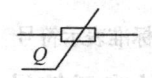

　　　　　　L　　　　　　　　　　　　　　　Q

图 1-16　力敏电阻的表示符号　　图 1-17　气敏电阻的表示符号

6. 磁敏电阻的表示符号

我国磁敏电阻在电路中用字母 RM 表示，在电路图中的表示符号如图 1-18 所示。

7. 湿敏电阻的表示符号

我国湿敏电阻在电路中用字母 RS 表示，在电路图中的表示符号如图 1-19 所示。

　　　　　　M　　　　　　　　　　　　　　　S

图 1-18　磁敏电阻的表示符号　　图 1-19　湿敏电阻的表示符号

1.3.4 习题3

(1) 熟记表1-7中的内容,以及E6、E12、E24、E48、E96、E116、E192系列规范,误差系列、电路中的符号等信息,并能结合实际用途。分别讨论一下在应用电路中如何规范化电阻的选型和规范化图示?

(2) 结合电阻的误差、额定功率值、额定电压值、最大工作电压、温度系数、绝缘电阻、噪声和稳定性等参数,分别讨论怎么样使用电阻功率会增大、误差会增大?如何增大最大工作电压、绝缘电阻和噪声?

(3) 根据电阻的等效电路,在高频(微波电路中)时如何选用电阻、在低频时(≤1MHz)如何选用电阻?

(4) 到电子市场进行实地考察和调研,辨认各种敏感电阻,并了解其不同应用,特别是热敏电阻中的PTC和NTC。

1.4 电阻的分类

1.4.1 固定电阻的分类

1. 线绕电阻

线绕电阻是采用高阻合金线缠绕在绝缘骨架上,外面再涂敷上耐热阻燃的釉质绝缘层或绝缘漆而制成。它的特点是阻值精度高,具有较低的温度系数、稳定性好、耐热耐腐蚀阻燃、承载功率大。主要应用于精密大功率场合,或用作电流电压采样。缺点是分布电容和电感大而导致高频特性不好,时间常数较大,电阻值不能做得很大。其外形如图1-20所示。

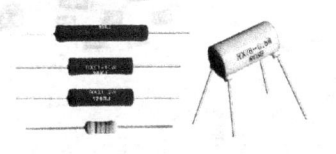

2. 金属膜电阻

金属膜电阻是使用真空蒸发的方法将合金材料在真空中蒸镀于陶瓷棒或陶瓷片表面,然后再涂敷上耐热阻燃的釉质绝缘层或绝缘漆而制成。它的特点是精度高、稳定性好、噪声小、温度系数小,介于线绕电阻和碳膜电阻之间。以采样电阻的身份被大量使用于仪器仪表领域。缺点是价格较贵。其外形如图1-21所示。

图1-20 线绕电阻的外形图

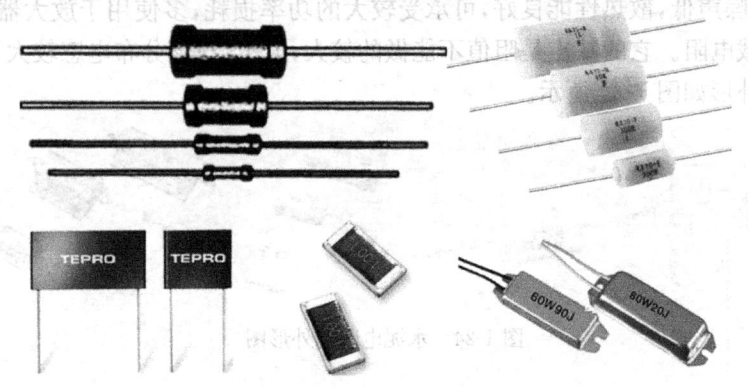

图1-21 金属膜电阻的外形图

3. 碳膜电阻

碳膜电阻是将气态碳氢化合物在高温和真空中进行分裂,其中的结晶体碳就会沉积在陶瓷棒、陶瓷管或陶瓷片表面上而形成一层结晶碳膜,改变碳膜的厚度或用刻槽的方法改变碳膜的长度,便可得到不同阻值的碳膜电阻,最后再涂敷上耐热的绝缘釉质或绝缘漆。它的优点是成本低、制作工艺简单、阻值范围宽、温度系数和电压系数小，缺点是稳定性差、噪声大、误差大，是目前应用范围最为广泛的电阻。其外形如图 1-22 所示。

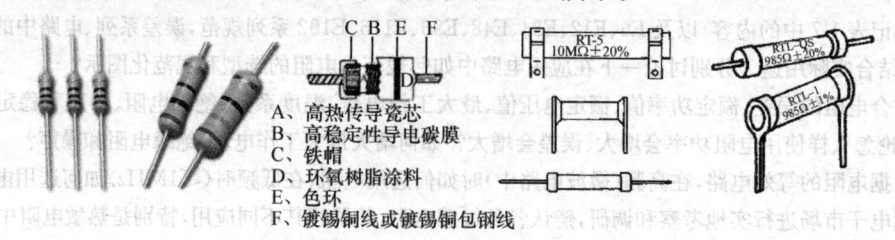

A、高热传导瓷芯
B、高稳定性导电碳膜
C、铁帽
D、环氧树脂涂料
E、色环
F、镀锡铜线或镀锡铜包钢线

图 1-22　碳膜电阻的外形图

4. 混合膜电阻

混合膜电阻有时也叫合成膜电阻或漆膜电阻，它是将导电合成物悬浮液涂敷在机体上，然后再涂敷上耐热的釉质绝缘层或绝缘漆而制成。由于这种电阻的导电层呈现颗粒状结构，因此具有噪声大、精度低的缺点，但却具有成本低、便于批量生产等优点。这种电阻常被应用于高电压、高阻值、小体积（贴片式）的应用场合。其外形如图 1-23 所示。

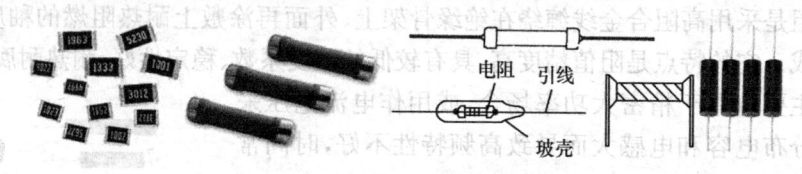

电阻
引线
玻壳

图 1-23　合成膜电阻的外形图

5. 水泥电阻

水泥电阻又称方形线绕电阻，或钢丝线绕电阻。它是采用镍、铬、铁等电阻较大的合金电阻丝绕制在无碱性的耐热瓷件上，外面再涂敷上耐热、耐湿，无腐蚀的绝缘材料保护而制成电阻心，再把这种电阻心放置于陶瓷框内，最后使用特殊阻燃耐热水泥填充密封而成。它的优点是阻值精度高，噪声低，散热性能良好，可承受较大的功率损耗，多使用于放大器功率级，或作为测试用的负载电阻。它的缺点是阻值不能做的较大，成本较高，分布电感较大不宜使用于高频电路中。其外形如图 1-24 所示。

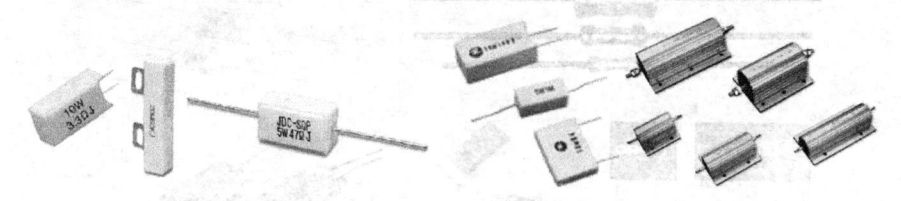

图 1-24　水泥电阻的外形图

6. 实心碳质电阻

实心碳质电阻是把炭黑、树脂、黏土等混合物压制后再经热处理而形成的，在电阻上用色环表示它的阻值。它的特点是成本低，阻值范围宽，但性能较差，应用范围较小。其外形及结构图如图 1-25 所示。

7. 金属氧化膜电阻

金属氧化膜电阻是在绝缘管棒或绝缘基片上沉积一层金属氧化膜，通过改变金属氧化膜

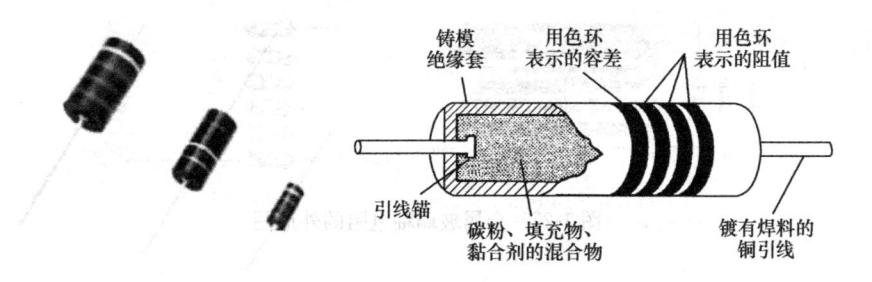

图 1-25 实心碳质电阻的外形图

的厚度或用刻槽的方法改变金属氧化膜的长度,便可得到不同阻值的金属氧化膜电阻,最后再涂敷一层耐热绝缘漆而形成的。由于其本身就是氧化物,因此高温下性能稳定、耐热抗冲击、负载能力强,除具有体积小、精度高、稳定性好、噪声小、分布电感小以外还具有以下特点:

(1) 与金属膜电阻相比,金属氧化膜电阻有较好的抗氧化性和热稳定性。
(2) 有极好的脉冲、高频过负荷性,力学性能也较好。
(3) 由于导电膜层较厚,阻值范围较小,在 1Ω～200kΩ 之间,主要用来补充金属膜电阻低阻值电阻的不足。
(4) 温度系数比金属膜电阻大。
(5) 额定功率范围大,为 1/8W～50kW。

金属氧化膜电阻目前广泛用于电力自动化控制设备,某些仪器或装置需要长期在高温环境下操作,使用一般的电阻将不能保持其安定性时,便可使用金属氧化膜电阻。它是利用高温燃烧技术于高热传导的瓷棒上面烧附一层金属氧化薄膜(如氧化锌),并将金属氧化薄膜车成螺旋纹使其呈现不同的阻值,然后于外层喷涂不燃耐热性涂料。它能够在高温下保持其安定性,电阻表皮膜的负载电力性能较高。这种电阻也是目前使用最为广泛的一种电阻,它的出现使得电子设备结构的零件朝着小型化、轻型化、耐用化趋势的发展,其外形如图 1-26 所示。

图 1-26 金属氧化膜电阻的外形图

8. 金属玻璃釉电阻

金属玻璃釉电阻是将金属粉和玻璃釉粉混合,采用丝网印制法印制在基片上,通过控制混合比例和印制厚度可调整电阻值的大小,可制成片状和小体积装,贴片电阻就是其中的一种。这种电阻高阻值、体积小、耐潮湿、耐高温、耐高压、温度系数小,过负荷能力强,使用环境温度范围可达 -55～155℃,最大功率可做到 500W,主要应用于厚膜电路中。其外形结构如图 1-27 所示。

9. SMT 片状贴片电阻

SMT 片状贴片电阻是金属玻璃釉电阻的一种形式,它的电阻体是高可靠的钌系列玻璃釉材料经过高温烧结而成,电极采用银钯合金浆料。这种电阻的特点是体积小、精度高、稳定性好,由于外形为片状结构,因此高频特性很好,电路中元件面和焊接面均可使用,应用起来非常方便和灵活。其外形结构如图 1-28 所示。

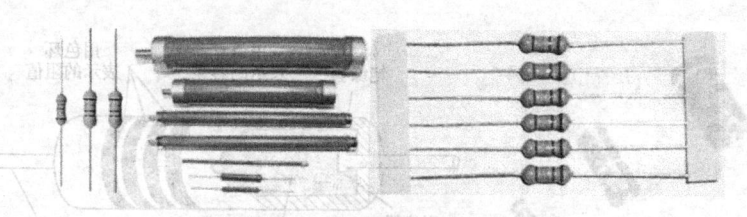

图 1-27 金属玻璃釉电阻的外形图

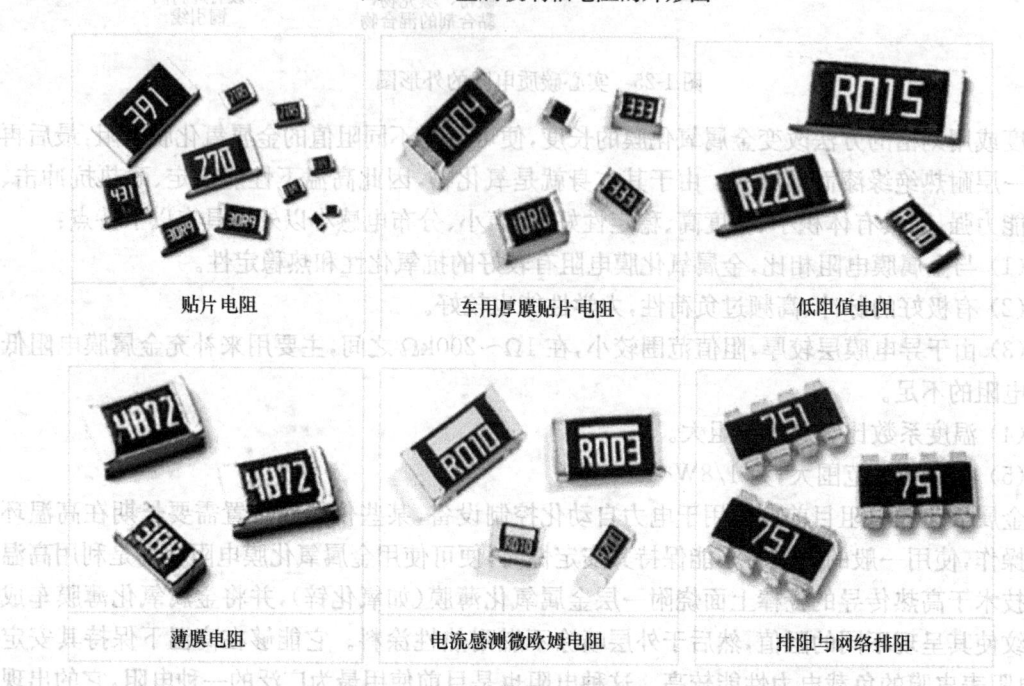

贴片电阻　　　车用厚膜贴片电阻　　　低阻值电阻

薄膜电阻　　　电流感测微欧姆电阻　　　排阻与网络排阻

图 1-28 SMT 片状贴片电阻的外形及包装图

10. 分流电阻

分流电阻是一种使用一个阻值极低、精度极高、功率足够大的电流表电阻可精确测量电路中通过的电流，它是与某一电路并联使用的。在总电流不变的情况下，在某一电路上并联一个分流电阻将能起到分流作用，大部分电流将通过分流电阻，使通过电路的电流成比例变小。分流电阻的大小可供选择的范围很宽。与某一电路并联的电阻在总电流不变的情况下部分电流通过分流电阻，使通过测量电路的电流变小。分流电阻的阻值越小，分流作用越明显。在电流计线圈两端并联一个低阻值的分流电阻，就能使电流计的量程扩大，并能将其改装成安培表，可量度较大的电流值。阻值的选择直接影响分流电流比例。分流电阻的外形结构如图 1-29 所示，分流电阻具有以下特点：

(1) 结构优良。
(2) 稳定性能高。
(3) 阻值精度高。
(4) 小体积方便安装。
(5) 耐高温、低噪音。
(6) 安全性能良好。
(7) 焊接性能良好。

· 14 ·

(8) 无电感、高过载能力。

(9) 常见阻值：1mΩ,2mΩ,5mΩ,7mΩ,10mΩ,12mΩ,15mΩ,20mΩ,50mΩ。

(10) 常见精度：±0.5%、±1%、±2%、±5%。

(11) 符合 ROHS 规范和 LEAD-FREE 无铅标准。

图 1-29　分流电阻的外形结构图

11. 负载电阻

负载电阻一般是作为电源、信号源的假负载，用于调试或老化电源和信号源的，因此要求其具有功率大、散热性能好、过载能力强的特点。电阻丝垂直绕制在电阻管上，有利于散热，电感量低，耐过载能力强，电阻值范围 0.02Ω～100Ω，电流最大承受 200A，适用于大电流低阻值。对于高频负载电阻，被使用在具有高功耗的高频电路中，因此，应安装在适当的散热器上，在高频功率下具有很低的驻波比。图 1-30 给出了一些负载电阻的外形图。

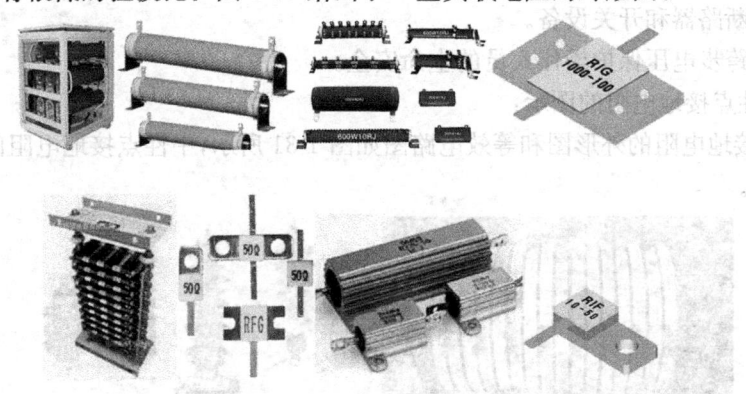

图 1-30　负载电阻的外形图

12. 电力中性点接地电阻

(1) 中性点接地电阻的主要性能特点：

① 耐高温。熔点为 1500℃，最高使用温度 1250℃。

② 抗拉强度高。抗拉强度 700MPa，在 900～1000℃ 高温下，机械强度基本保持不变。

③ 电阻率高。电阻率为 1.25～1.4 $\mu\Omega \cdot m$，有利于减小电阻体尺寸和重量。

④ 阻值稳定。电阻温度系数为 $2.67 \times 10^{-5}\Omega/℃$，在 450℃ 高温时，阻值仅增加 2.5%（304 不锈钢电阻体阻值仅增加 40% 以上），有利于保证保护的灵敏度。

⑤ 抗氧化能力强。在 1000℃ 左右的高温下仍能保持良好的抗氧化性能。适宜于污染严重的环境。

⑥ 结构、类型多按照通流能力的大小，有带状、栅格型、平滑绕线型等多种结构类型。

⑦ 电阻体可模块化。每种类型的电阻制造成多种规格的标准元件，实现模块化。通过串、并联的方法，可以任意组合，以适应对通流能力、电压、阻值等各种参数的要求，替换方便。

⑧ 最佳散热设计。柜体结构具有最佳的冷却气流通路,散热效果良好,消除了局部高温点和易灼烧点。
⑨ 使用寿命长。≥20 年。
⑩ 防护等级有 IP23、IP54 两个系列。
(2) 中性点接地电阻的规格要求:
① 按电力电网电压决定电压等级:6kV、10kV、35kV 等。
② 按实际容量决定工作电流(常规按 10 秒通电):100A、300A、500A、900A、1200A 等。
③ 按客户条件提供具体电阻阻值。
(3) 中性点接地电阻的适应范围:
① 3~66kV 以电缆线路为主的城市配电网。
② 发电厂用电系统。
③ 大型工矿企业、机场、港口、地铁等电力用户配电系统。
④ 大型发电机的中性点电阻接地。
(4) 中性点接地电阻的作用:
① 抑制中压电力电网中产生的单相故障电流,保护变压器和发电机等电气设备。
② 抑制由瞬间反馈的故障电流引起的瞬时过压。
③ 保护断路器和开关设备。
④ 抑制跨步电压保护操作人员的生命安全。
(5) 中性点接地电阻的图示:
中性点接地电阻的外形图和等效电路图如图 1-31 所示,中性点接地电阻的应用电路图如图 1-32 所示。

(a)中性点接地电阻外形

(b)中性点接地电阻箱外形　　　　(c)中性点接地电阻应用原理图

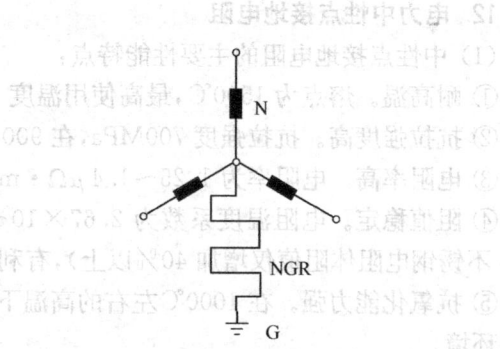

图 1-31　中性点接地电阻的外形及应用原理图

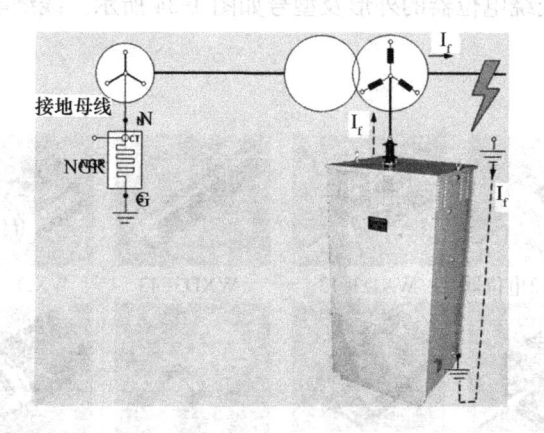

图 1-32 中性点接地电阻的应用连接图

13. 零欧姆电阻

零欧姆电阻实际上就是跳线电阻,是用来连接 PCB 上的两点线路而设计的。即当电路设计变更时,接点的增减也将会引起连接线的增加。而改变电路接点的连接比较适用于自动插件。常用于印制电路板的连接装置元器件,常被归类于电阻相同的规格包装。零欧电阻相当于很窄的电流通路,能够有效地限制环路电流,使噪声得到抑制。电阻在所有频带上都有衰减作用零欧电阻也有阻抗,这一点比电感式磁珠要强。零欧姆电阻的电路符号与固定电阻的符号相同,其外形如图 1-33 所示。

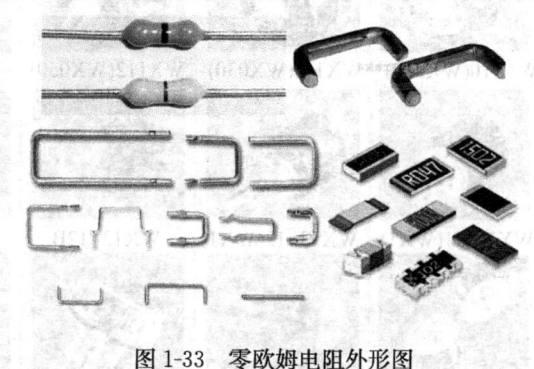

图 1-33 零欧姆电阻外形图

1.4.2 电位器(可变电阻)分类

电位器是一种机电元件,它靠电刷在电阻体上的滑动获得与电刷位移成一定关系的输出电阻。随着电子应用技术的不断发展,电位器(可变电阻)的种类十分繁多,且各有其特点。按电位器(可变电阻)电阻体材料划分可分为线绕型、薄膜型、合成型、合金型等类型;按其结构特点划分可分为单联、双联、带开关和不带开关类型;按其调节方式划分可分为直滑式和旋转式类型;按其用途划分可分为普通型、精密型、微调型、功率型和专用型;按其接触方式划分可分为接触型和非接触型。本书将五花八门、形形色色的电位器划分为线绕型、金属膜型、合成碳膜型、合金氧化膜型和数字式五大类来讨论,以达到叙述简洁、思路清楚、读者可多快好省了解电位器之目的。

1. 线绕电位器(可变电阻)

线绕电位器(可变电阻)是由绕在骨架上的电阻丝线圈、沿电位器移动的滑臂,以及其上的电刷组成,骨架截面应处处相等,由材料和截面均匀的电阻丝等节距均匀绕制而成。线绕电位器具有高精度、稳定性好、温度系数小,接触可靠等优点,并且耐高温,功率负荷能力强。线绕电位器的缺点是阻值范围不够宽、高频性能差、分辨力不高,而且高阻值的线绕电位器易断线、体积较大、售价较高。线绕电位器的外形及型号如图1-34所示。线绕电位器使用时应注意以下几点：

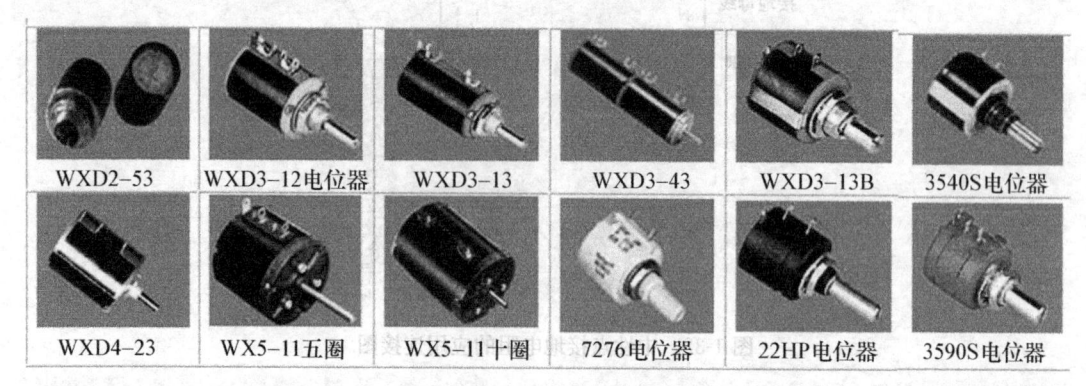

（a）精密级多圈线绕电位器的外形

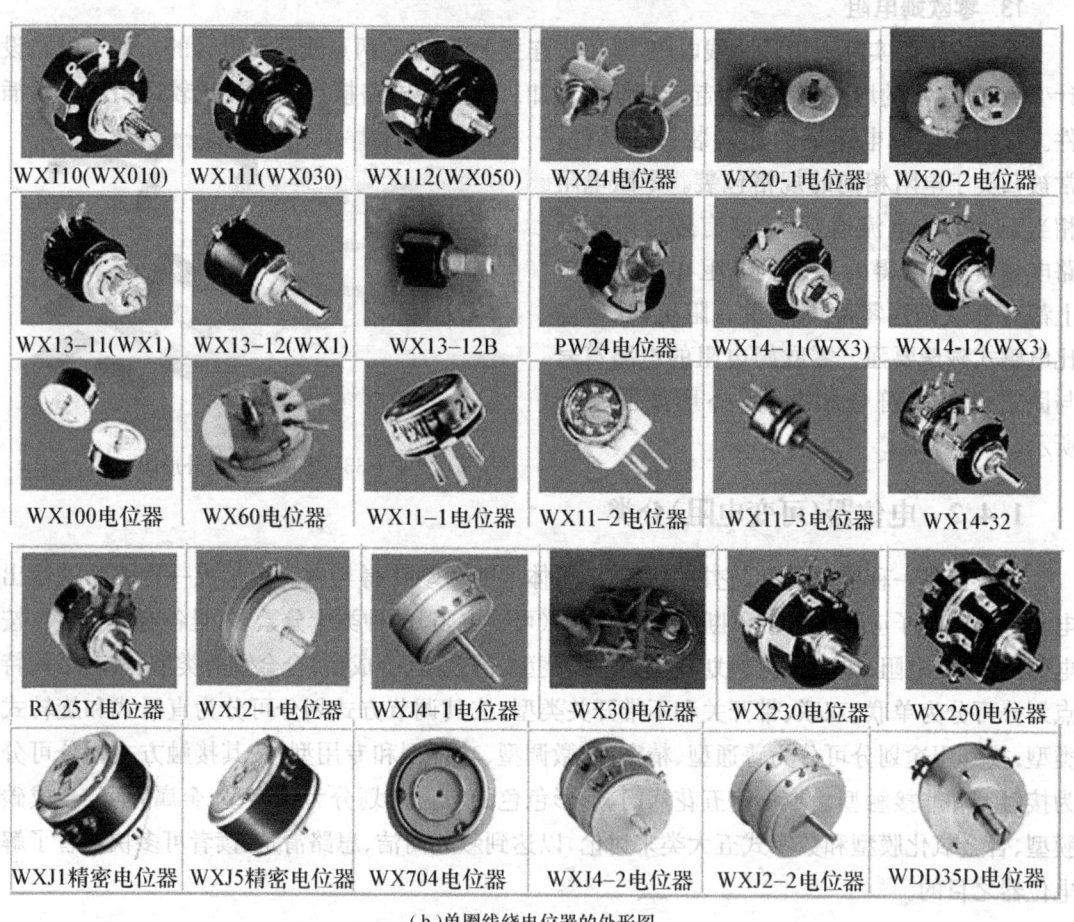

（b）单圈线绕电位器的外形图

图1-34 线绕电位器外形图

（1）线绕电位器的电阻体大多采用多碳酸类的合成树脂制成，应避免与氨水、其他胺类、碱水溶液、芳香族碳氢化合物、酮类、脂类的碳氢化合物、强烈化学品（酸碱值过高）等物质接触，否则会损坏其性能。

· 18 ·

（2）线绕电位器的端子在焊接时应避免使用水容性助焊剂，否则将助长金属氧化与材料发霉；避免使用劣质焊剂，焊锡不良可能造成上锡困难，导致接触不良或者断路。

（3）线绕电位器的端子在焊接时若焊接温度过高或时间过长会导致电位器损坏。插脚式端子焊接时应在235℃±5℃，3秒钟内完成，焊接应离电位器本体1.5mm以上，焊接时勿使用焊锡流穿线路板；焊线式端子焊接时应在350℃±10℃，3秒钟内完成。且端子应避免重压，否则易造成内部引线接触不良。

（4）焊接时，松香（助焊剂）进入PCB高度应调整恰当，避免助焊剂侵入线绕电位器体内，否则将造成电刷与电阻体接触不良等现象。

（5）线绕电位器最好应用于电压调整结构，且接线方式宜选择"1"脚接地；应避免使用电流调整式结构，因为电阻与接触片间的接触电阻不利于大电流的通过。

（6）线绕电位器表面应避免结露或有水滴存在，避免在潮湿地方使用，以防止绝缘劣化、酶断或造成短路。

（7）安装"旋转型"电位器固定螺母时，强度不宜过紧，以避免破坏螺牙或转动不良等；安装"铁壳直滑式"线绕电位器时，避免使用过长螺钉，否则有可能妨碍滑柄的运动，甚至直接损坏电位器本身。

（8）在线绕电位器套上旋钮的过程中，所用推力不能过大（不能超过《规格书》中轴的推拉力的参数指标），否则将可能造成对电位器的损坏。

（9）线绕电位器回转操作力（旋转或滑动）会随温度的升高而变轻，随温度降低而变紧。若电位器在低温环境下使用时需说明，以便采用特制的耐低温油脂润滑。

（10）线绕电位器的轴或滑柄设计使用时应尽量越短越好。轴或滑柄长度越短手感越好越稳定。反之越长晃动越大，手感易发生变化。

（11）线绕电位器碳膜的能承受的环境温度为70℃，当使用温度高于70℃时可能会丧失其功率耐量。

2. 有机实心电位器

有机实心电位器是近几年来刚发展起来的一种新型电位器，它是用加热塑压的方法，将有机电阻粉热压在绝缘体的凹槽内而形成的。有机实心电位器与合成碳膜电位器相比具有耐热性好、功率大、可靠性高、耐磨性好的优点。但却存在温度系数大、动态噪声大、耐潮性能差、制造工艺复杂、阻值精度较差的缺点。在小型化、高可靠、高耐磨性的电子设备，以及交、直流电路中常常用来调节电压和电流。有机实心电位器的外形如图1-35所示。

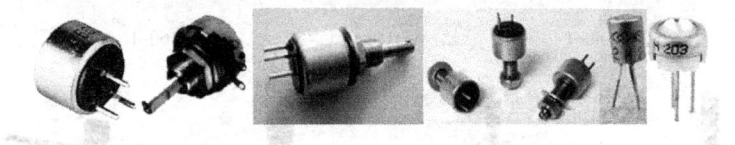

图1-35 有机实心电位器的外形图

3. 合成碳膜电位器（可变电阻）

合成碳膜电位器（可变电阻）的电阻体材料是采用经过研磨的炭黑、石墨、石英等材料涂敷于机体表面而成，生产工艺简单，是目前应用最为广泛的电位器。它的特点是分辨率高、耐磨性能好、寿命长。缺点是电流噪声大、非线性系数大、耐潮性以及阻值稳定性差。合成碳膜电位器的外形及型号如图1-36所示。

图 1-36 合成碳膜电位器的外形图

4. 金属氧化膜电位器(可变电阻)

金属膜电位器的电阻体可由合金模、金属氧化膜、金属箔等分别组成。特点是分辨率高、耐温度高、温度系数小、动态噪声小、平滑性好。金属膜电位器的外形及型号如图 1-37 所示。

5. 金属玻璃釉电位器(可变电阻)

用丝网印制法按照一定的图形,将金属玻璃釉电阻浆料涂敷在陶瓷机体上,再经高温烧结而成。这种电位器具有阻值范围宽、耐热性能好、过载能力强、耐潮、耐磨等优点,是一种很有发展前途和应用前景的电位器。缺点是接触电阻噪声和电流噪声较大。金属玻璃釉电位器的外形如图 1-38 所示。

图 1-37 金属膜电位器的外形图

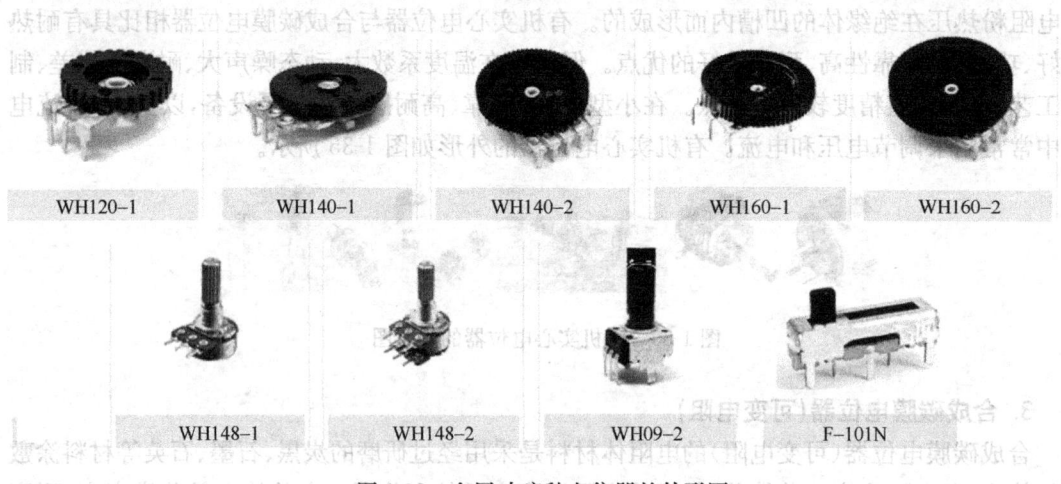

WH120-1　　WH140-1　　WH140-2　　WH160-1　　WH160-2

WH148-1　　WH148-2　　WH09-2　　F-101N

图 1-38 金属玻璃釉电位器的外形图

6. 数字式电位器(可变电阻)

电位器广泛应用于音量调节、频率调谐、测量量程转换、各种保护阀值锁定等领域,为了便于与数字电路匹配,电位器需要由原来的机械式调节向数字式调节方面发展。目前数字式电位器还不能和机械式电位器一样连续可调,它的阻值变化是阶梯式或增量式变化,阶梯越多,则阻值的变化台阶就越小,调整的灵敏度就越高。但是台阶越多内部的开关管就越多,其内部电路就越复杂。因此,这就需要用户在台阶数和价格之间进行权衡。数字式电位器的等效电路模型如图 1-39 所示,IC 型数字式电位器的外形如图 1-40 所示,机械式数字电位器的外形如图 1-41 所示。

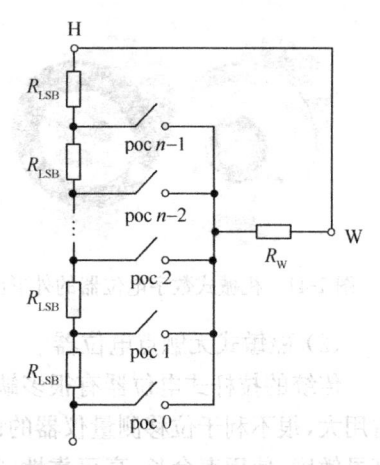

图 1-39 数字式电位器的等效电路

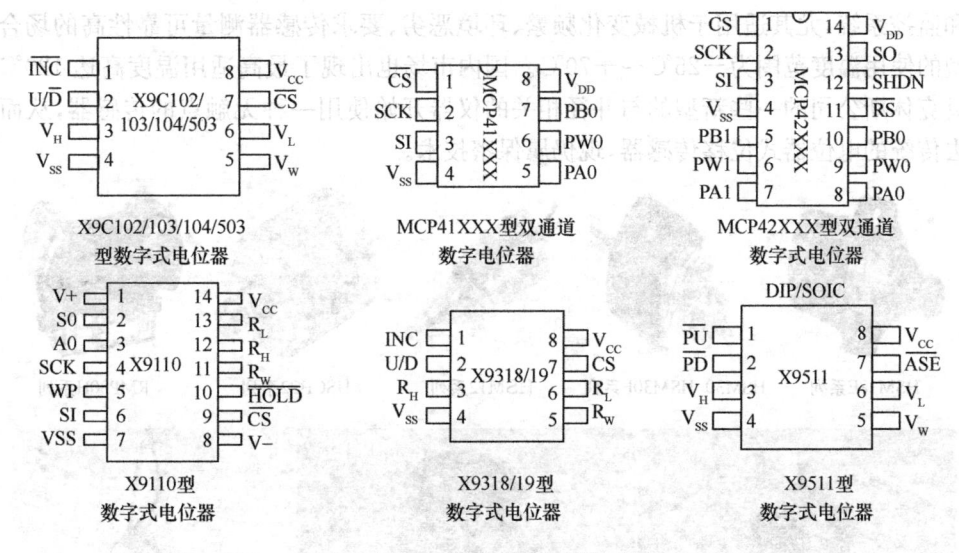

图 1-40 IC 型数字式电位器外形图

7. 无触点电位器(可变电阻)

电位器是一种阻值可以根据用户需要进行调整的可变电阻,是应用广泛的通用机电元件。传统的电位器大多为接触式的,这样的电位器存在许多缺点。为克服存在的缺陷,无触点电位器应运而生。通过深入了解现代传感器技术,从中选取合适的传感器作为实现"非接触式"的手段。无触点电位器消除了机械接触,具有寿命长、可靠性高、隔离性能好等优点。常用的无触点电位器分为光电式和磁敏式两种。

(1) 光电式无触点电位器

光电式无触点电位器有时也称为非接触式光敏电位器。它的内部结构如图 1-42 所示,当电刷的窄光束照射在此间隙上时,就相当于把电阻带和导电电极接通。在外电源 E 的作用下负载电阻 R_L 上便有电压输出;而在无光束照射时,因其暗电阻较大,可视为电阻带与导电电极之间开路,这样输出电压随着光束移动的位置而变化。这种电位器具有耐磨性能好、精度高、分辨率高、可靠性高、阻值范围宽($500\Omega \sim 15M\Omega$)、无触点等优点。缺点为结构较复杂、价格高、工作温度范围窄($\leqslant 150℃$)、输出电流小和输出阻抗高。

图 1-41　机械式数字电位器的外形图 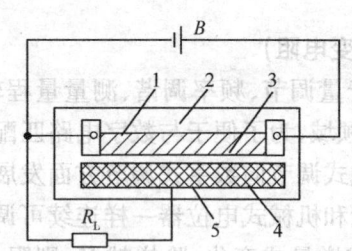　　　　图 1-42　光电式无触点电位器内部结构

1. 采用硫化镉CdS或硒化铬CdSc材料制成的光电导层
2. 采用氧化铝制成的基体
3. 薄膜电阻带
4. 电刷的窄光束
5. 金属导电电极

（2）磁敏式无触点电位器

传统的拉杆式电位器有很多缺点：使用寿命短、故障率高、密封性能差、附加部件多、空间占用大，很不利于位移测量仪器的设计。新型磁敏式无触点电位器采用磁敏感元件，无触点、高灵敏度、使用寿命长、高可靠性、360°连续转动、密封性好，它的内部结构如图 1-43 所示。将机械转轴的转动输出转换为电位信号的变化，从而测量角度或位移的变化，广泛应用于自动化测量和监控系统，尤其适用于机械变化频繁、环境恶劣、要求传感器测量可靠性高的场合。其通用型的使用温度范围为 −25℃～+70℃。国内市场也出现了最高适用温度高达 120℃的产品。贝克休斯公司的一些新型的与井径相关的仪器开始使用一种无触点的传感器，从而取代了过去传统的电位器式位移传感器，现仍属保密技术。

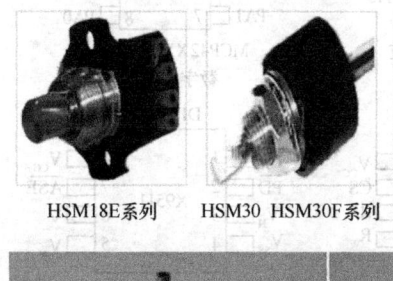

HSM18E系列　HSM30 HSM30F系列　HSM12系列　HSCB22系列　RMP30H系列

CP-2UTX型磁敏电位器　　CMJD101型磁敏电位器　　CMJD301型磁敏电位器

图 1-43　磁敏电位器的外形图

1.4.3　敏感电阻分类

1. 热敏电阻

在电路中所呈现的电阻值随周围温度的变化而变化的电阻称之为热敏电阻。温度升高电阻值变大，温度降低电阻值变小的热敏电阻则称之为正温度系数热敏电阻（PTC）；温度升高电阻值变小，温度降低电阻值变大的热敏电阻则称之为负温度系数热敏电阻（NTC）。热敏电阻的外形如图 1-44 所示。

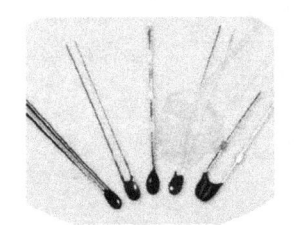

MF52珠状测温型NTC热敏电阻 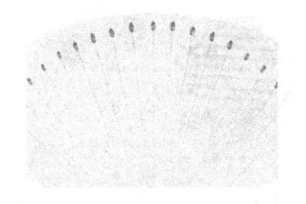　　MF51玻封测温型NTC热敏电阻器 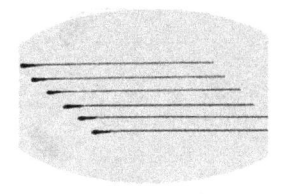　　MF51E测温型NTC热敏电阻器

MF72功率型NTC热敏电阻器 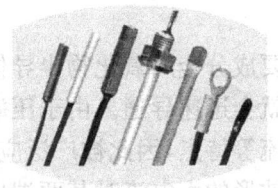　　CWF精密型NTC温度传感器 　　MF57测温型NTC热敏电阻器

MF73/M74超大功率型NTC热敏电阻器 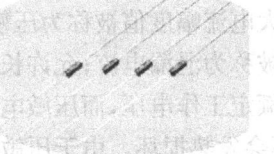　　MF58玻壳测温型NTC热敏电阻

图1-44　热敏电阻的外形图

2. 光敏电阻

光敏电阻的工作原理是基于光电效应,在半导体光敏材料两端装上电极引线,将其封装在带有透明窗口管壳里就构成了光敏电阻。为了增加光敏电阻的灵敏度,两电极常做成梳状。构成光敏电阻的材料有金属硫化物、硒化物、碲化物等半导体。半导体导电能力取决于半导体导带内载流子数目的多少。当光敏电阻受到光照时,价带中的电子吸收光子能量后跃迁至导带成为自由电子,与之同时产生空穴,电子空穴对的出现使电阻率变小。光照愈强,光生电子空穴对就越多,阻值就越小。当光敏电阻两端加上电压后,流过光敏电阻的电流就会随着光照的增大而增大。入射光消失,电子空穴对就逐渐复合,电阻也逐渐恢复原值,电流也逐渐减小。光敏电阻的物理结构如图1-45所示,其外形如图1-46所示。

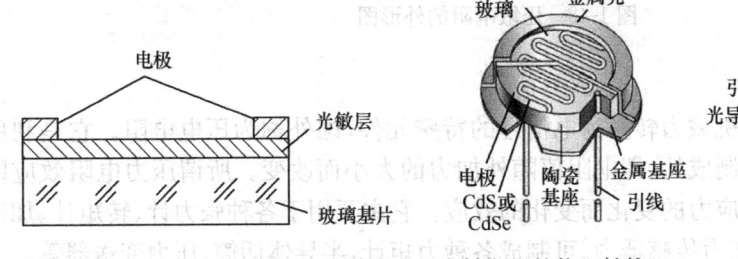

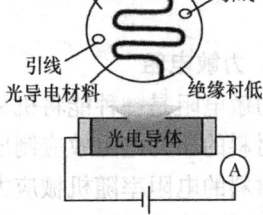

图1-45　光敏电阻的物理结构

图 1-46 光敏电阻的外形图

3. 压敏电阻

压敏电阻是一种以氧化锌为主要成分金属氧化物半导体非线性电阻元件,电阻对电压较敏感,当电压达到一定数值时,电阻就会迅速导通。由于压敏电阻具有良好的非线性特性、通流量大、残压水平低、动作快和无续流等特点,因此被广泛应用于电子设备中进行过压保护或防雷击保护。压敏电阻在通过规定波形的大电流时其两端出现的最高峰电压被称为残压;压敏电阻按规定时间间隔与次数在其上施加规定波形电流后,其参考电压的变化率仍在规定范围内所能通过最大电流幅度值被称为压敏电阻的流通容量;压敏电阻在参考电压的作用下,其中流过的电流值被称为泄漏电流;允许长期连续施加在压敏电阻两端的工频电压的有效值被称为压敏电阻的额定工作电压,而压敏电阻在吸收暂态过电压能量后自身温度升高,在此电压下能正常冷却,不会发热损坏。由于压敏电阻存在着寄生电容大和具有泄漏电流的缺点,因此压敏电阻在吸收抑制暂态过电压时能量超过其额定容量时,压敏电阻就会因过热而损坏,主要表现为短路或开路。压敏电阻的物理结构如图 1-47 所示,外形如图 1-48 所示。

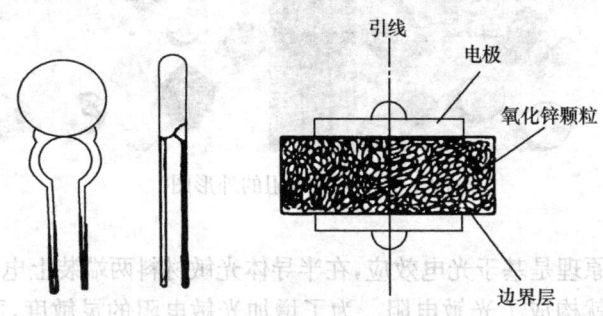

图 1-47 压敏电阻的物理结构

图 1-48 压敏电阻的外形图

4. 力敏电阻

力敏电阻是一种能将机械力转换为电信号的特殊元件,国外称为压电电阻。它是利用半导体材料的压力电阻效应制成的,即电阻值随外加力的大小而改变。所谓压力电阻效应即半导体材料的电阻率随机械应力的变化而变化的效应。它主要用于各种张力计、转矩计、加速度计、半导体传声器及各种压力传感器中,可制成各种力矩计,半导体话筒,压力变送器等。主要品种有硅力敏电阻,硒碲合金力敏电阻,相对而言,合金电阻具有更高灵敏度。片式碳力敏电阻是应用最多最广泛的一种力敏电阻(亦可称碳压力传感器),利用它可制成碳压力传感器而被广泛应用于各种动态压力测量。它具有体积小、重量轻、耐高温、反应快、制作工艺简单,是其他动态压力传感器所不能媲美的。力敏电阻器的外形如图 1-49 所示。

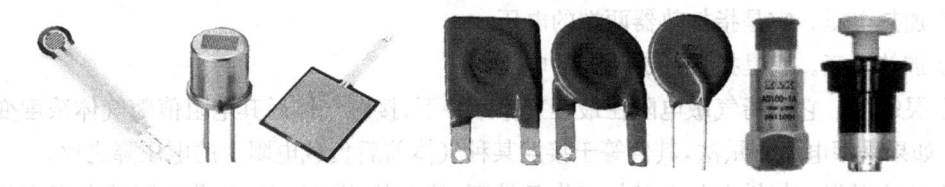

图 1-49 力敏电阻的外形图

5. 气敏电阻

(1) 气敏电阻结构

图 1-50 是气敏电阻的结构示意图。从图中可以看出,气敏电阻主要由防爆网、管座、电极、封装玻璃、加热丝和氧化物半导体等几部分组成。

物理结构示意图　　　　　　　　　　　　　外形图

图 1-50 气敏电阻的结构示意图与外形图

(2) 气敏电阻的灵敏度温度特性

图 1-51 所示是气敏电阻的灵敏度温度特性曲线,纵坐标为灵敏度,即由于电导率的变化所引起的在负载上所得到的信号电压,横坐标为温度的变化。从曲线中可以看出,在室温下电导率变化不大,当温度升高后,电导率就发生较大的变化,因此气敏电阻在使用时需要加温。

(3) 气敏电阻阻值气体浓度特性

图 1-52 所示是气敏电阻的阻值—气体浓度特性曲线。从图中可以看出,气敏电阻对乙醚、乙醇、氢以及正乙烷等具有较高灵敏度。

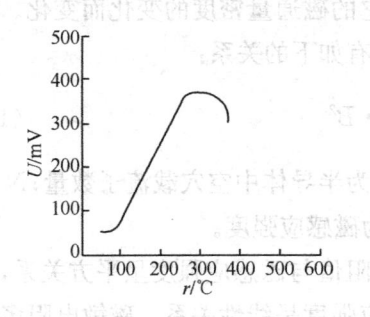

图 1-51 气敏电阻的灵敏度—温度特性曲线 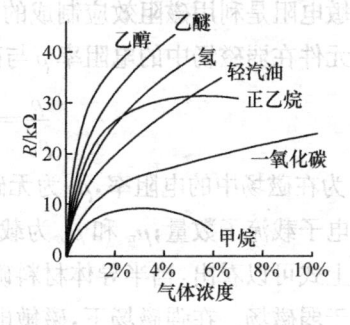　　　　图 1-52 气敏电阻的阻值—气体浓度特性曲线

(4) 气敏电阻主要参数

① 加热功率。它是加热电压与加热电流的乘积。

② 允许工作电压范围。在保证基本电参数的情况下，气敏电阻的工作电压所允许的变化范围。

③ 工作电压。它是指工作条件下，气敏电阻两极间的电压。

④ 加热电压。它是指加热器两端的电压。

⑤ 加热电流。它是指通过加热器的电流。

⑥ 灵敏度。它是指气敏电阻在最佳工作条件下，接触气体后其电阻值随气体浓度变化的特性。如果采用电压测量法，其值等于接触某种气体前后负载电阻上的电压降之比。

⑦ 响应时间。气敏电阻在最佳工作条件下，接触待测气体后，负载电阻的电压变化到规定值所需的时间。

⑧ 恢复时间。气敏电阻在最佳工作条件下，脱离被测气体后，负载电阻上电压恢复到规定值所需要的时间。

6. 磁敏电阻

(1) 磁敏电阻的定义

磁敏电阻又称磁控电阻，它是一种对磁场敏感的半导体元件，它的电阻值随磁感应强度而变化。它是利用磁阻效应制成的，其阻值会随穿过它的磁通量密度的变化而变化。利用此原理，可精确地测试出磁场的相对位移。

(2) 磁敏电阻的结构

采用锑化铟(InSb)或砷化铟(InAs)等材料，根据半导体的磁阻效应制成的。磁敏电阻多采用片形薄膜式封装结构，有两端、三端(内部有两只串联的磁敏电阻)之分。磁敏电阻的文字符号用"RM"或"R"表示。物理结构如图1-53所示。

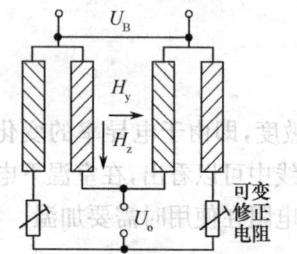

图1-53 磁敏电阻的结构图

(3) 磁敏电阻的特点

① 具有磁阻效应原理；

② 磁检测灵敏度高；

③ 输出信号幅值大；

④ 抗电磁干扰能力强；

⑤ 分辨力高。

(4) 磁敏电阻的原理

磁敏电阻是利用磁阻效应制成的，其阻值会随穿过它的磁通量密度的变化而变化。半导体磁阻元件在弱磁场中的电阻率 ρ 与磁感应强度 B 之间有如下的关系：

$$\frac{\rho}{\rho_0} = 1 + \left(\frac{P}{N}\right) \cdot \mu_n \cdot \mu_p \cdot B^2 \tag{1-12}$$

式中：ρ 为在磁场中的电阻率，ρ_0 为无磁场时的电阻率；p 为半导体中空穴载流子数量；N 为半导体中电子载流子数量；μ_n 和 μ_p 为载流子的迁移率；B 为磁感应强度。

从上式可以看出，当半导体材料确定时，磁敏电阻的阻值与磁感应强度呈平方关系，该式仅适用于弱磁场。在强磁场下，磁敏电阻的阻值与磁感应强度呈线性关系。磁敏电阻多采用锑化铟(InSb)半导体材料制造。它主要用于测量磁场强度、频率和功率等的测量技术、运算技术、自动控制技术以及信息处理技术等领域，并可用于制作无触点开关和可变无触点式电位器等。

(5) 磁敏电阻的参数及应用

① 磁阻比:在某一规定的磁感应强度下,磁敏电阻的阻值与零磁感应强度下的阻值之比。

② 磁阻系数:在某一规定的磁感应强度下,磁敏电阻的阻值与其标称阻值之比。

③ 磁阻灵敏度:在某一规定的磁感应强度下,磁敏电阻的电阻值随磁感应强度的相对变化率。

(6) 磁敏电阻的应用

一般用于磁场强度、漏磁、制磁的检测;在交流变换器、频率变换器、功率电压变换器、位移电压变换器等电路中作控制元件;还可用于接近开关、磁卡文字识别、磁电编码器、电动机测速等方面或制作磁敏传感器。

(7) 磁敏电阻的外形

磁敏电阻的外形如图1-54所示。

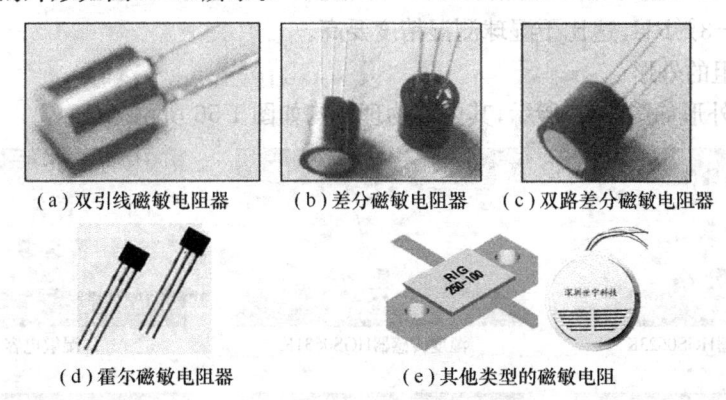

(a) 双引线磁敏电阻器　(b) 差分磁敏电阻器　(c) 双路差分磁敏电阻器

(d) 霍尔磁敏电阻器　(e) 其他类型的磁敏电阻

图1-54　磁敏电阻的外形如图

7. 湿敏电阻

(1) 湿敏电阻的定义

湿敏电阻是电阻值对湿度敏感的一种电子元器件,又称湿敏电阻传感器。它可分为正电阻湿度特性和负电阻湿度特性电阻。

(2) 湿敏电阻的结构

湿敏电阻一般由基体、电极和感湿层等组成,有的还设有防尘外壳。基体采用聚碳酸酯板、氧化铝、电子陶瓷等不吸水、耐高温的材料制成,感湿层为微孔型结构,具有电介质特性。根据感湿层的材料和配方不同可分为"正电阻湿度特性"和"负电阻湿度特性"。

① 正电阻湿度特性——即湿度增大时,电阻值增大。

② 负电阻湿度特性——即湿度增大时,电阻值减小。

(3) 湿敏电阻的主要参数

① 相对湿度。在某一温度下,空气中所含水蒸气的实际密度与同一温度下饱和密度之比,通常用"RH"表示。例如20%RH。

② 湿度温度系数(%RH/℃)。在环境湿度恒定时,湿敏电阻在温度每变化1℃时,其湿度指示的变化量。

③ 灵敏度。湿敏电阻检测湿度时的分辨率。

④ 测湿范围(%RH)。湿敏电阻的湿度测量范围。

⑤ 湿滞效应。湿敏电阻在吸湿和脱湿过程中电气参数表现的滞后现象。

⑥ 响应时间(s)。湿敏电阻在湿度检测环境快速变化时,其电阻值的变化情况。(反应速度)。

(4) 湿敏电阻的分类

① 半导体陶瓷湿敏元件器。

② 氯化锂湿敏电阻。

③ 有机高分子膜湿敏电阻。该湿敏电阻的特点是在基片上覆盖一层用感湿材料制成的膜,当空气中的水蒸气吸附在感湿膜上时,元件的电阻率和电阻值就会发生变化,利用这一特性即可测量湿度。

④ 湿敏电容。一般是用高分子薄膜电容制成的,常用的高分子材料有聚苯乙烯、聚酰亚胺、酪酸醋酸纤维等。当环境湿度发生改变时,湿敏电容的介电常数发生变化,使其电容量也发生变化,其电容变化量与相对湿度成正比。利用这种湿敏电容可制成电子式湿敏传感器,它的准确度可达 2－3%RH,这比干湿球测湿精度要高。

(5) 湿敏电阻的外形

湿敏电阻的外形如图 1-55 所示,其内部物理结构如图 1-56 所示。

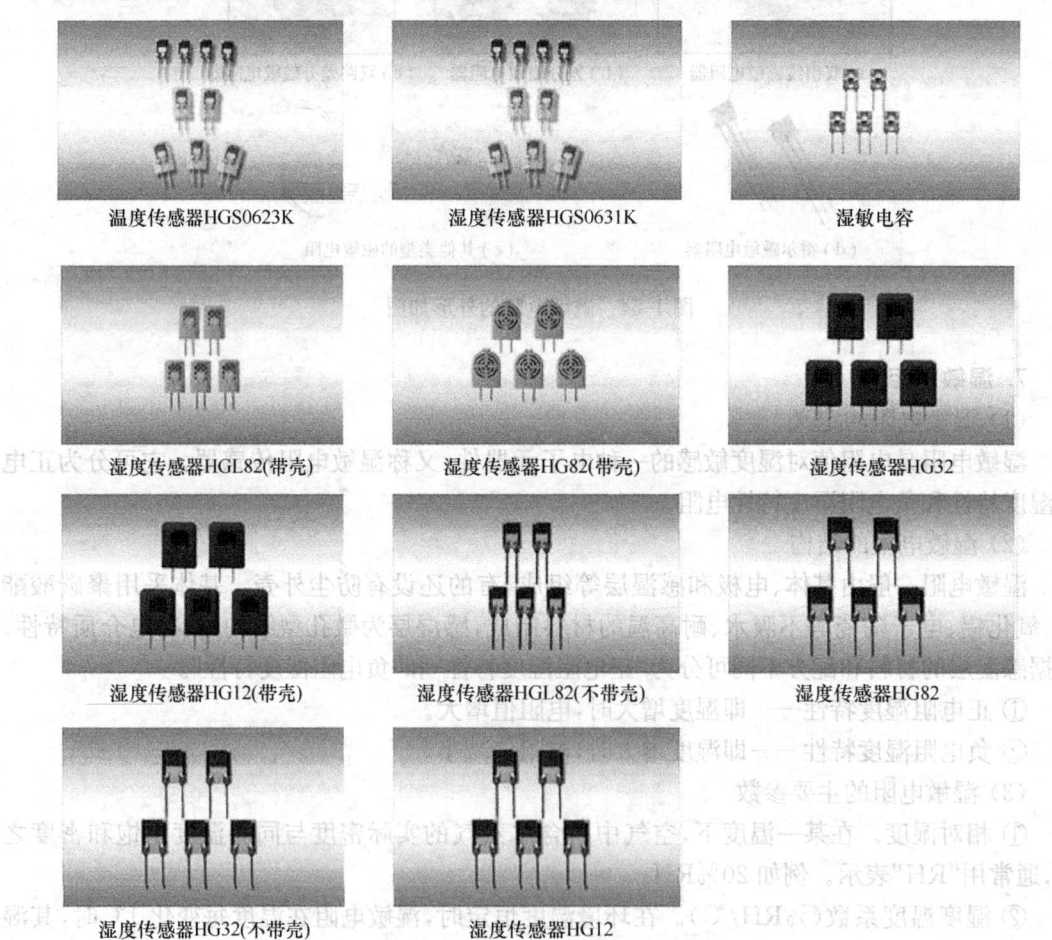

温度传感器HGS0623K	湿度传感器HGS0631K	湿敏电容
湿度传感器HGL82(带壳)	湿度传感器HG82(带壳)	湿度传感器HG32
湿度传感器HG12(带壳)	湿度传感器HGL82(不带壳)	湿度传感器HG82
湿度传感器HG32(不带壳)	湿度传感器HG12	

图 1-55 湿敏电阻的外形图

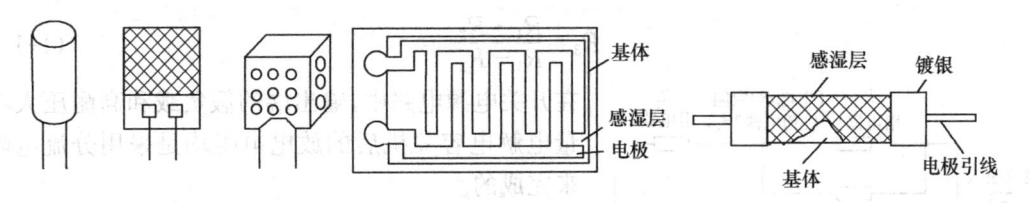

图 1-56 湿敏电阻的内部物理结构图

1.4.4 习题 4

(1) 在电阻的分类一节中，除了阅读本节的内容以外还应再去查阅有关更专业的电阻器方面的书籍和资料(如专门讲线绕电阻或线绕电位器等方面的书籍和资料)，做到真正了解不同类型电阻在电阻体材料方面有什么不同，在性能参数方面有什么不同，在应用上有什么不同。只有这样才能做到，在使用各种不同电阻设计应用电路时才能达到取其优点，避其缺点，充分发挥各种不同类型电阻的作用，设计出价廉物美的应用电路来。

(2) 水泥电阻在物理特性方面与线绕电阻有什么不同？在使用方面有什么不同？试举例加以说明。

(3) 电阻在作为电流采样时应注意什么？并且应选择什么类型的电阻为最好？电位器与可变电阻有什么不同？在应用电路中它们可以互换吗？试举例加以说明。

(4) 住宅小区楼道中所安装的声光控照明开关是采用了哪几种敏感电阻？分别是什么？了解其控制电路，试分析在控制过程中谁为优先级？

(5) 有机会的话请到变电所、配电室或发电厂参观一下，主要了解中性点接地电阻的外形、连接方法以及使用中应注意的问题是什么？

1.5 电阻的作用

1.5.1 电阻的作用

1. 电阻的分压作用

电阻在电路中起分压作用时的连接电路如图 1-57 所示(分压器电路)，其分压比可由下式来确定：

$$U_\text{o} = \frac{R_2}{R_1 \cdot R_2} U_\text{i} \tag{1-13}$$

在开关电源电路中，输入电压的欠压、过压控制和输出电压的欠压、过压控制均是采用电阻的分压作用来完成采样的。另外，人们经常使用的试电笔中的高阻值圆柱形大功率实心电阻就是一个分压电阻。人体的电阻一般为几十 kΩ 的高阻抗值，这样一来人站在大地上用试电笔接触到 220V/50Hz 的电网电压，那么试电笔中的高阻抗电阻分压约为 200V，人体承受的电压仅为 20V，小于 36V 的安全电压值，因此就没有触电的危险了。

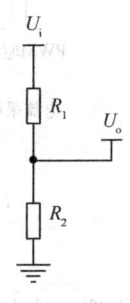

图 1-57 分压器电路

2. 电阻的分流作用

在电路的干路中需同时接入数个额定电流不同的用电器时，可以在额定电流较小的用电器两端并连接入一个电阻，电路连接图如图 1-58 所示。这个电阻在电路中就起分流作用，实际上也就是起保护用电器 R_1 的作用，阻值的大小可由下式来确定：

$$R_3 = \frac{R_1 \cdot R_2}{R_1 - R_2} \tag{1-14}$$

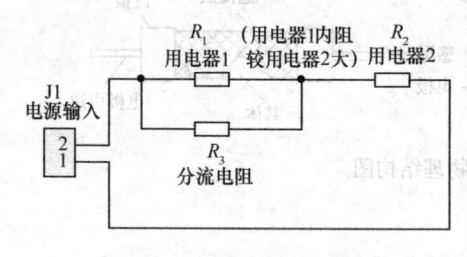

图 1-58 电阻在电路中起分流作用时的连接电路图

在开关电源电路中,输出端的假负载和高耐压大容量电解电容关机后的放电电阻均是采用分流电阻来完成的。

另外,电缆故障测试仪高压 PT 中所使用的电阻与前面讲过的中性点接地电阻的作用都是电阻在电路中起分流作用的应用。再如,在缺少电压表测电阻的实验设计中,可设计如图 1-59 所示的实验电路,利用分流电阻 R 与待测电阻 R_x 并联,借助于电流表测干路电流和分流电阻 R 中的电流,再利用并联分流公式可求出待测电阻的阻值。如果只用一块电流表,可将电流表先后接入干流和不同的支路中分别测出其中的电流,然后再计算出待测电阻 R_x 的阻值来。

3. 电阻的限流作用

如图 1-60 所示,根据欧姆定理 $I = \frac{U}{R + R_L}$ 可知,当电路供电电源的电压 U 和负载 R_L 一旦确定以后,电路中流过电流的大小就只取决于电阻 R 的阻值,因此该电阻就被称为限流电阻。

图 1-59 仅用电流表测量待测电阻 R_x 的连接电路图

限流电阻几乎在所有的电路中都要使用到,下图就是一例开关电源电路中,为了防止功率开关管过驱动关闭时退出时间延长而导致其损坏的应用实例。电路中的电阻 R 就是限流电阻。

另外,为了使流过用电器的电流不超过额定值或实际工作时所需要的规定值,以保证用电器能正常工作,常常在电路中串联一个功率较大的可变电阻。通过改变该电阻的阻值大小,以满足通过用电

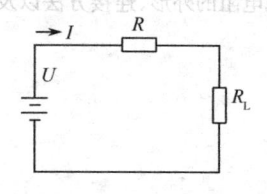

图 1-60 欧姆定理电路图

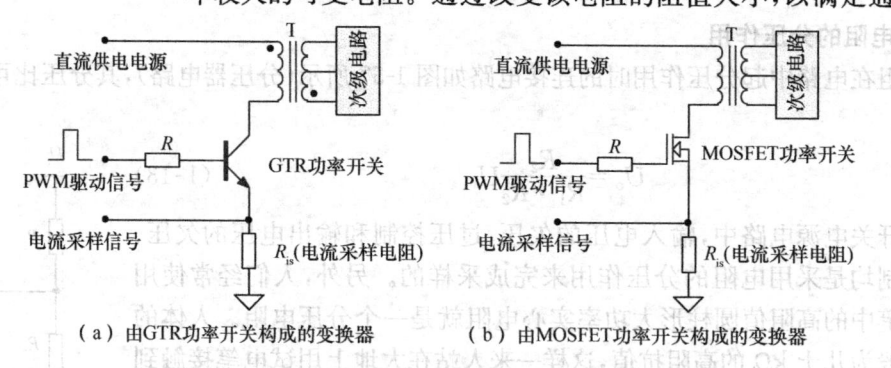

(a) 由GTR功率开关构成的变换器   (b) 由MOSFET功率开关构成的变换器

图 1-61 限流电阻在单端反激式 DC/DC 变换器中的应用

器的电流。该电阻在电路中就起限流的作用,但这种做法只是在早期的用电器电路中被使用。

4. 电阻的能量转换作用

电流通过电阻时就会把电能转换成热能,利用电阻的这一特性便可制作出电加热器来。如电烙铁、电炉子、取暖器、电熨斗、电吹风等都是利用电阻将电能转换成热能的应用实例。

5. 零欧姆电阻的作用

(1) 在电路中没有任何功能,只是在 PCB 上为了调试方便或兼容设计等原因才使用。

(a) 由GTR功率开关构成的变换器　　(b) 由MOSFET功率开关构成的变换器

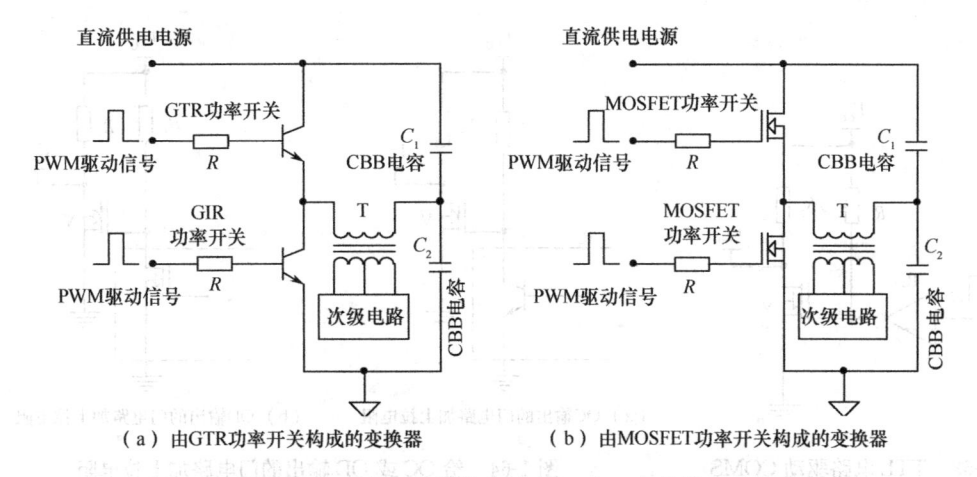

图1-62　限流电阻在单端半桥式DC/DC变换器中的应用

(2) 在PCB上起跳线作用,若用零欧姆电阻联通的分支电路不使用时可不贴装,用时再贴装。

(3) 在匹配电路参数不确定时以零欧姆电阻代替,实际调试过程中一旦参数被确定后,再以具体阻值的元件代替即可。

(4) 在调试时某部分分支电路中的电流需要进行测试,这时在设计该部分电路的PCB时就应使用一个零欧姆的电阻。测试时在该电阻的位置接上电流表,测试完后再贴装上设计好的零欧姆电阻。

(5) 在PCB布线设计中,若实在布不过去或绕线太远时,便可加一个零欧姆的电阻作为飞线或跳线。

(6) 在处理高频信号的电路中可充当与外部电路特性有关的电感或电容,主要是为了解决EMC问题或阻抗匹配。如地与地之间、电源与IC各管脚之间、IC各管脚与地之间、末级放大器与天线之间、传输线与PCB孤岛之间等均可设计零欧姆的电阻。

(7) 为实现电路中的单点接地,特别是在开关电源电路中,功率地、模拟控制地、数字控制地、初级地、次级地,以及保护接地、工作接地、直流接地、安全接地(防雷接地)等在设备上应相互分开,各自成为独立系统。

6. 电阻的上拉和下拉作用

(1) 当TTL电路驱动COMS电路时,如果TTL电路输出的高电平低于COMS电路的最低高电平(一般为3.5V),这时就需要在TTL的输出端接上拉电阻,以提高输出高电平的值。如图1-63所示,图中电阻R_1就是上拉电阻。

(2) OC(集电极开路,TTL)或OD(漏极开路,CMOS)输出的门电路必须加上拉电阻,才能构成具有一定驱动能力的回路。如图1-64所示,图中电阻R_1就是上拉电阻。

(3) 为了加大输出引脚的驱动能力,有的单片机的端口管脚上也必须使用上拉电阻。

(4) 在CMOS芯片上,为了防止静电造成损坏,不用的管脚不能悬空,应接上拉或下拉电阻起降低输入阻抗和提供泄荷通路的作用。

(5) 芯片的管脚加上上拉电阻来提高输出电平,从而提高芯片输入信号的噪声容限和增强抗干扰能力。

(6) 为了提高总线的抗电磁干扰能力,总线的管脚不能悬空,必须外接上拉电阻。

（a）OC输出的门电路加上拉电阻　　（b）OD输出的门电路加上拉电阻

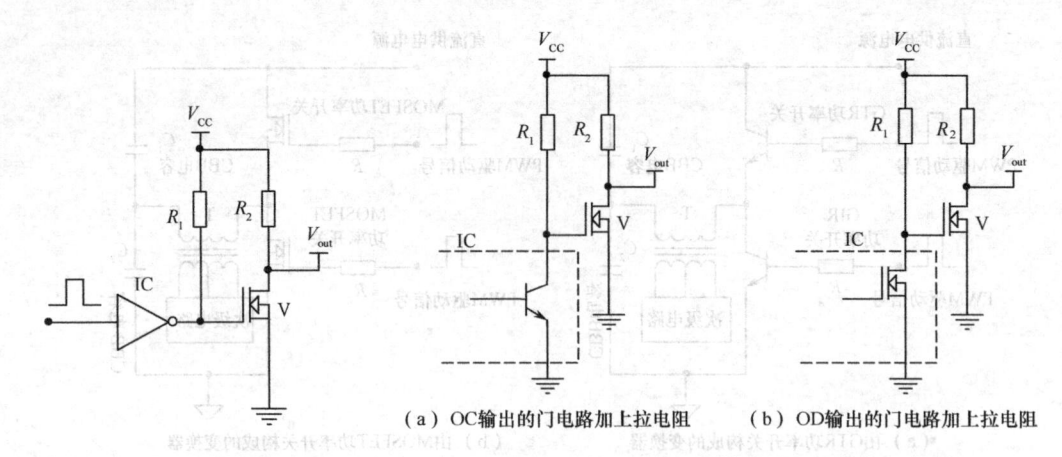

图 1-63　TTL 电路驱动 COMS 电路时上拉电阻的接法

图 1-64　给 OC 或 OD 输出的门电路加上拉电阻

（7）长线传输中电阻不匹配容易引起反射波干扰，加上拉或下拉电阻使得阻抗达到匹配，有效地抑制反射波干扰。

（8）上拉是对器件注入电流，下拉是泄放器件的输出电流，强弱只是上拉和下拉电阻的阻值不同而已，没有什么严格的区分。对于非集电极（或漏极）开路输出型电路（如普通门电路）要提升电流和电压的驱动能力是有限的，上拉电阻的功能主要是为集电极（或漏极）开路式输出型电路提供输出电流的通道。上拉电阻就是从电源高电平引出端到输出端连接的电阻。

（9）如果输出电流比较大，输出的电平就会降低（芯片内部已有上拉电阻，但是阻值太大，压降太高），这时就应该再并联一个上拉电阻以提供注入电流的分量，把电平"拉高"。

（10）上拉电阻阻值选择的原则

① 驱动能力与功耗的平衡。通常上拉电阻阻值越小，驱动能力越强，但功耗就越大，设计时应注意两者之间的均衡和兼顾。

② 下级电路的驱动需求。当输出高电平时，开关管断开，上拉电阻应适当选择以能够向下级电路提供足够的电流。

③ 高低电平的设定。不同电路的高低电平的门槛电平会有不同，电阻应适当设定以确保能输出正确的电平。当输出低电平时，开关管导通，上拉电阻和开关管导通电阻分压值应确保在低电平门槛之下。

④ 频率特性。上拉电阻和开关管漏、源极之间的电容和下级电路之间的输入电容会形成 RC 延迟，电阻值越大，延迟就会越大。上拉电阻阻值的设定应考虑电路在这方面的需求。

⑤ 当然管子按需要应工作在线性范围时上拉电阻阻值不能太小，以满足门电路电平的匹配。

⑥ 所谓上，就是指高电平；所谓下，就是指低电平。所谓的上拉，就是通过一个电阻将该端连接到电源正端，一般用于时钟信号和数据信号等。所谓的下拉，就是通过一个电阻将该端连接到工作地，通常用于保护信号。应根据电路的需要而设计，主要目的是为了防止干扰，增加电路的稳定性。

7. 电阻的采样作用

（1）电流采样电阻

电流采样电阻是一个阻值较小、精度较高、功率较大的电阻，常被串联在电路中把电流信

· 32 ·

号转换为电压信号,用以检测电路中流过的电流。在实际应用电路中,常常是与负载电阻串联的。电流采样电阻又称为电流检测电阻、电流感测电阻、电流取样电阻或电流感应电阻。电流采样电阻必须使用高精密度(精密度一般在±1‰～0.01‰之间)、低阻值(1Ω～1mΩ之间)、大功率(≥1W)。以 LED 驱动器电路为例,为了使输出电流保持恒定不变,就必须采用一个低阻值、高精度、大功率的电流采样电阻与负载(这里的负载实际上就是 LED 光源)串联,从而把输出电流信号转换成电压信号,反馈给前级的 PWM 控制芯片,用以对其的恒流控制。如图 1-65 所示,电路中的电阻 R_{19} 就是一个与负载串联的电流采样电阻,它是一个由两个功率为 1W、精度为 0.01‰、阻值为 0.33Ω 的金属膜电阻并联而成的。

电流采样电阻的选取必须在驱动器输出电流的范围和所转换成的电压信号的大小之间进行权衡,选择合适的阻值。电流采样电阻阻值过大,虽然能够提高采样电路的准确性,但过大时又会带来可采集的电流范围太小和采样电阻上的功率损耗增大等问题,从而影响采样电阻的精度、采样电阻温升系数的非线性和整机的转换效率。电流采样电阻阻值过小,虽然可以提高采样电路的采样能力,采集到较大的输出电流,但阻值过小时会使采样电阻上输出电压减小、误差偏移量和干扰噪声在所转换的电压信号的幅度中所占比重过大,从而降低采样电路的精度。因此,采样电阻阻值的计算一般是用推荐的输入电压除以正常工作时流经采样电阻的峰值电流,然后再预留一个 0.8～0.9 的裕量。为提高采样电路的快速性和灵敏性,要求采样电阻必须具有较小的分布电感值。为了避免采用电阻发热而影响采样精度,要求该电阻必须具有较小的温度系数。为了提高采样电阻的精度以及分散功率损耗而减少发热,可考虑把几个精密采样电阻并联或串联以抵消阻值的正负误差来提高精度,这样也便于降低其温升。

(2) 电压采样电阻

电压采样电阻实际上应用的是电阻的分压作用。在开关电源电路中,输入电源电压的过压保护和欠压保护功能,以及输出电压的过压保护和欠压保护功能等均是采用电压采样电阻来采集输入电源电压和输出电压的变化和波动的,把这些变化和波动反馈给初级侧的 PWM 控制芯片,从而使输出电压处于稳压状态。图 1-65 所示电路中的电阻 R_3、R_4 和 R_7 就是输入电网电压的采样电阻。电压采样电阻与电流采样电阻是不同的,电流采样电阻常常是与负载串联的,而电压采样电阻则常常是并联在输出或输入回路中的(与负载是并联关系)。电流采样电阻一般在选取时均是遵循阻值小、功率大、精度高,而电压采样电阻选取时则应遵循阻值大、功率小、精度高的原则。在工业仪器仪表(压力计、流量计、温度计等)的变送器中,同样采用的是电压采样电阻,将 0～20mA 的标准电流变化信号转换成 0～5V 的标准电压变化信号,最后提供给后级的单片机电路来数字处理、数字显示和实现各种控制功能。

8. 电阻的阻抗匹配作用

图 1-66 所示的电路就是由电阻组成的阻抗匹配衰减器电路,利用该电路可在两个阻抗特性完全不同的网络之间起阻抗匹配的作用。阻抗匹配网络中的两个电阻可分别由下式来决定:

$$R_1 = \sqrt{Z_1 \cdot (Z_1 - Z_2)} \, (\Omega) \tag{1-15}$$

$$R_2 = Z_2 \cdot \sqrt{\frac{Z_1}{Z_1 - Z_2}} \, (\Omega) \tag{1-16}$$

式中 Z_1 和 Z_2 分别为网络 1 和网络 2 的等效阻抗。

图 1-65 恒功率模式 LED 驱动器电路

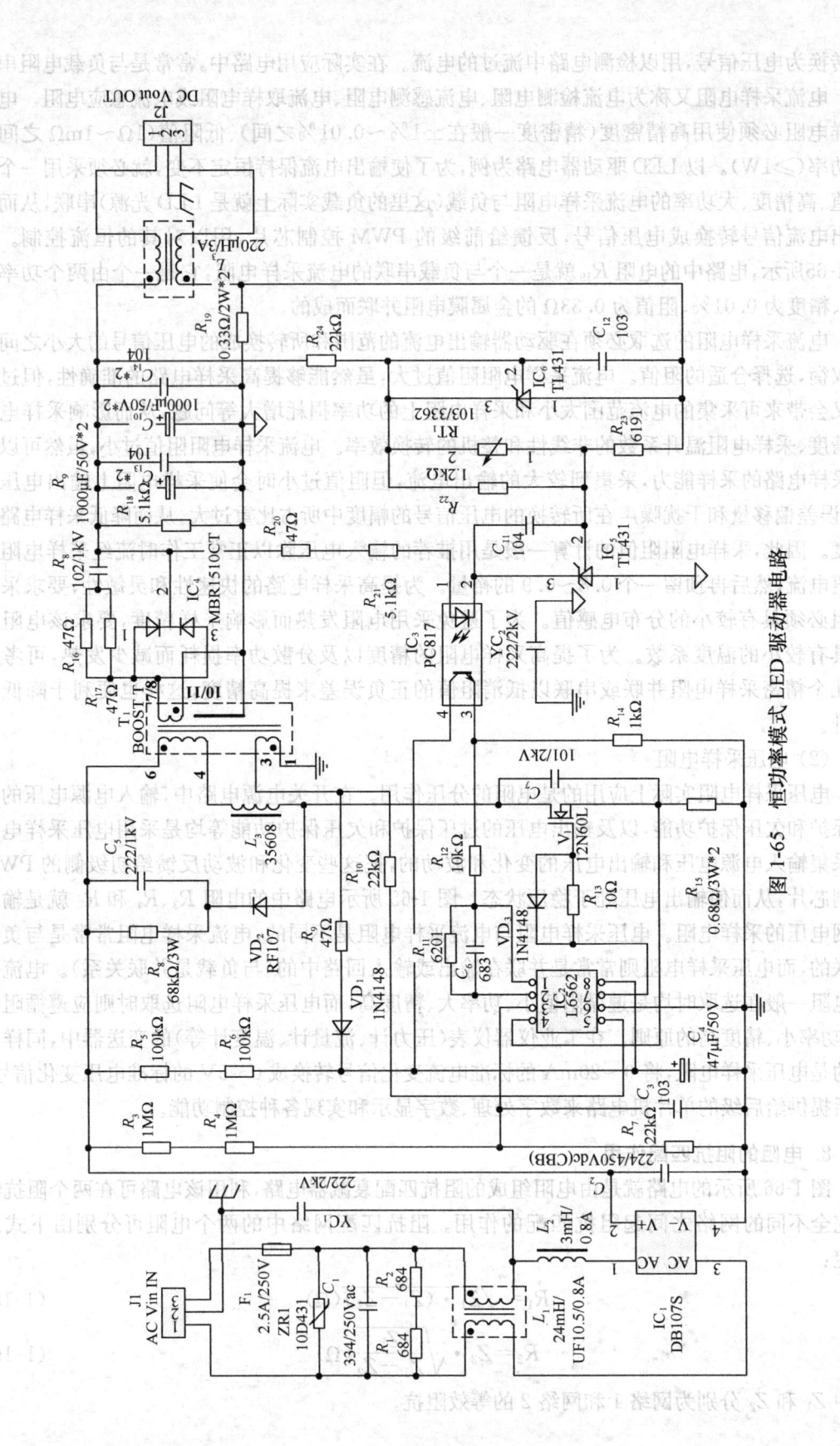

9. 电阻的放电作用

RC 充放电电路是电阻应用的最基本电路单元,也就是我们常说的积分和微分电路,其电路图如图 1-67 所示。

当图中的开关 S 置 1 位时,电源 E 就通过电阻 R 为电容 C 充电,这个过程称为积分的过程(滤波)。刚开始电容两端电压 $V_C = 0$,这时充电电流最大,其值为 I/R。随着电容中电荷的积累,V_C 逐渐增大,电阻 R 上的电压 V_R($V_R = E - V_C$)和电容 C 的充电电流 i_C($i_C = (E - V_C)/R$)随着 V_C 的增大就会越来越小,V_C 的上升也会越来越小。当 $V_C = E$ 时,$i_C = 0$,充电过程结束。充电过程可由下式来描述

$$V_C = E \cdot \left(1 - \frac{e^{-t}}{RC}\right) \tag{1-17}$$

$$i_C = \frac{E}{R} \cdot \frac{e^{-t}}{RC} \tag{1-18}$$

式中,e 为自然数;t 为充电时间。从公式中就可以看出来,充电过程中 V_C 和 i_C 是按照指数规律变换的。而充电的快慢主要取决于电阻值和电容量的乘积,因此通常把 RC 称为时常数,用 τ 来表示,可由下式表示

$$\tau = RC \tag{1-19}$$

若式中的电阻的单位为 Ω,电容的单位为 F 时,则时常数 τ 的单位就为 S。

当图中的开关 S 置 2 位时,电容 C 就会通过电阻 R 放电,这个过程称为微分的过程,与充电的过程刚好相反。

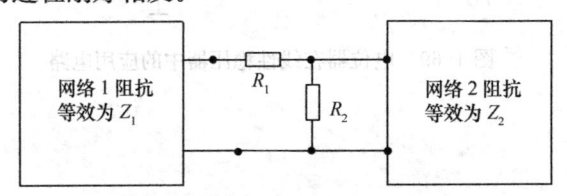

图 1-66 由电阻组成的阻抗匹配衰减器电路

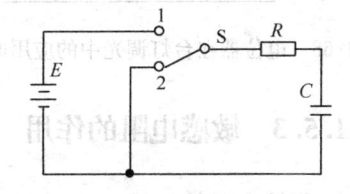

图 1-67 RC 充放电电路

1.5.2 电位器(可变电阻)的作用

电位器是可变电阻的一种。通常是由电阻体与转动或滑动系统组成,即靠一个动触点在电阻体上移动,获得部分电压输出。它的作用主要是调节电压(含直流电压和信号电压)和电流的大小。

1. 电位器(可变电阻)的分压作用

电位器是一个连续可调的电阻,当调节它的转柄或滑柄时,动触点就会在电阻体上滑动,此时电位器的输出端便可获得与电位器外加电压和可动臂转角或行程成一定关系的输出电压。

2. 电位器(可变电阻)的变阻作用

电位器用作变阻器时,应把它接成两端器件,这样在电位器的行程范围之内便可获得一个平滑连续的电阻值,这种用法在电路中是最常见的用法。

3. 电位器(可变电阻)的控制电流作用

当电位器用作电流控制器使用时,其中一个选定的电流输出端必须是滑动触点引出端。

电位器具有三个引出端的阻值可按照某种变化规律调节的电阻件,并由电阻体和可以动的电刷组成。当电刷沿电阻体移动时,在输出端即可获得与位移量成一定关系的电阻值或电流值。在电流控制应用中,电位器既可作为三端器件使用,也可作为两端器件使用。

4. 电位器(可变电阻)的作用举例

(1) 调光台灯中的应用

如图 1-68 所示的电路就是一个电位器在调光台灯电路中的简单应用实例。当调节电路中的电位器 RP 时,便可改变电容 C 充电达到的阈值电压 U_G 的时间,也就是调整晶闸管的导通角度,使得晶闸管早一点或晚一点触发导通,从而调节晶闸管的输出电压,使台灯两端电压能在 0V～220V 之间变化,最后实现了调节台灯亮度的目的。

(2) 线性稳压器中的应用

线性稳压器电路如图 1-69 所示。电位器 R_4 可选小功率碳膜电位器,电位器 R_P 则应选大功率线绕滑动式电位器。调节 R_4 的阻值可起到改变输出电压高低的作用,调节 R_P 则可起到测试稳压器输出带载能力的作用。电位器 RP 在电路中实际上是用来承担假负载的角色。

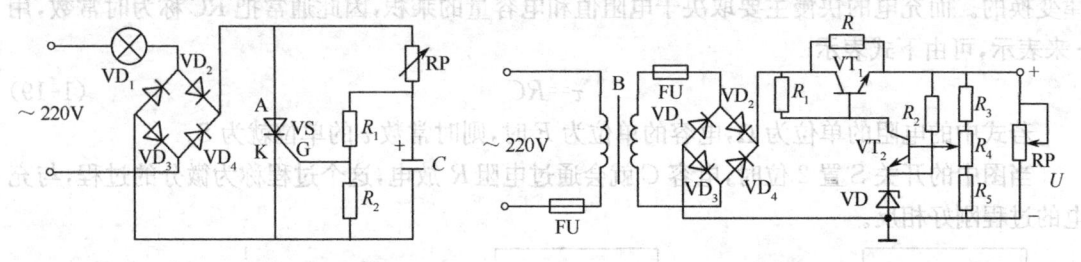

图 1-68 电位器在台灯调光中的应用电路　　图 1-69 电位器在线性稳压器中的应用电路

1.5.3 敏感电阻的作用

1. 压敏电阻的作用

压敏电阻广泛地应用于家用电器和其他电子产品中,其过压保护、防雷击、抑制浪涌电流、吸收尖峰脉冲、限幅、高压灭弧、消噪声、保护半导体器件等的作用。图 1-70 所示的电路就是两例采用压敏电阻在电路中吸收尖峰脉冲和抑制浪涌电流的典型应用电路。

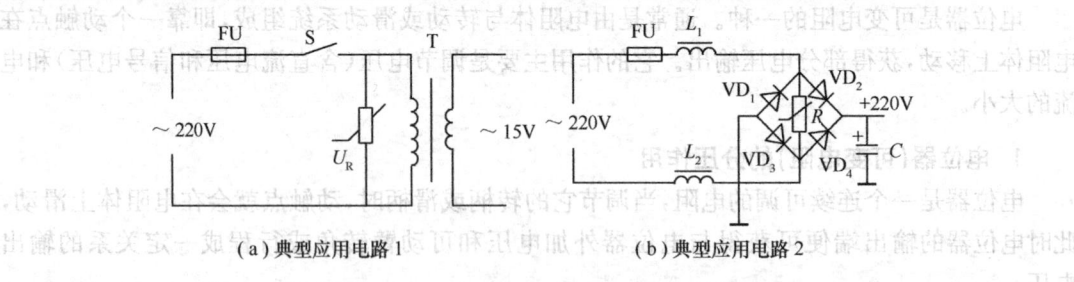

(a) 典型应用电路 1　　(b) 典型应用电路 2

图 1-70 压敏电阻的典型应用电路

2. 热敏电阻的作用

热敏电阻是电阻值随温度具有明显变化的敏感元器件,同时也是当今应用最多、最广的一类热敏元件。热敏电阻与其他感温器件相比,其最大的特征就是灵敏度高、体积小和热时常数小。除此之外还具有以下的性能:

(1) 可精密连续地测量温度,测温范围宽,稳定性和可靠性高。

(2) 输出信号强,容易直接与微机和集成电路接口,从而简便地构成温度测量和控制系统。

(3) 可微型化和任意形状、尺寸的加工制造。

(4) 阻值可在1Ω~10GΩ之间任意选择,也可自由选择热敏电阻常数(B值)。

(5) 适合大批量生产,性能价格比高。

热敏电阻种类繁多,用途广泛,按其阻温特性、测温范围和形状结构等可分为以下三大类,它们的阻温特性曲线如图1-71所示。

(6) 负温度系数的热敏电阻(NTC)——温度升高电阻值减小。

(7) 补偿型和开关型正温度系数的热敏电阻(PTC)——温度升高电阻值增加。

(8) 临界温度系数的热敏电阻(CTR)——超过某一温度临界点电阻值便急剧下降(2~4个数量级)。

1) PTC(正温度系数)热敏电阻的应用

PTC热敏电阻是一种利用PTC陶瓷制成的具有正温度系数的热敏电阻,PTC陶瓷是一种铁电半导体,是近年来发展迅速的新型电子材料之一。由于PTC热敏电阻具有较大的正电阻温度系数、开关电阻温度特性和居里温度在很宽范围内(25~400℃)可任意调节,因此测量电路极为简单,能够开拓出PTC热敏电阻和其他热敏电阻材料所没有的许多新用途,下面给出几例PTC热敏电器的典型应用实例。

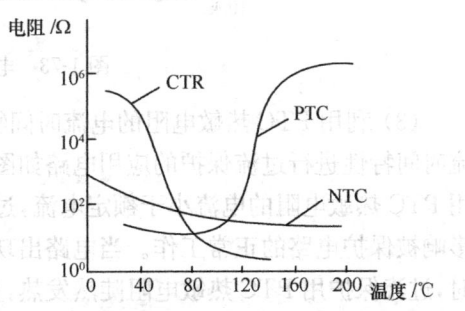

图1-71 三种热敏电阻的阻温特性曲线

(1) 利用PTC热敏电阻的温度特性进行温度补偿的应用。PTC热敏电阻在彩电、彩色显示器中的应用就是利用PTC热敏电阻的温度特性进行补偿的典型应用,电路如图1-72所示。采用PTC热敏电阻的自动消磁电路,具有无触点、长寿命、低功耗、电路简单、安全可靠等特点。当接通电源开关S的瞬间,由于PTC热敏电阻处于冷态,其阻值很小,有足够的电流流过消磁线圈L,在彩管画面的周围产生强大的磁场,消除杂散磁场的影响。与此同时,PTC热敏电阻在大电流的作用下自热升温,使其迅速进入热态,阻值升高跃迁幅度达1000倍以上,回路电流自动衰减,消磁电路近似于开路,达到自动消磁的目的。

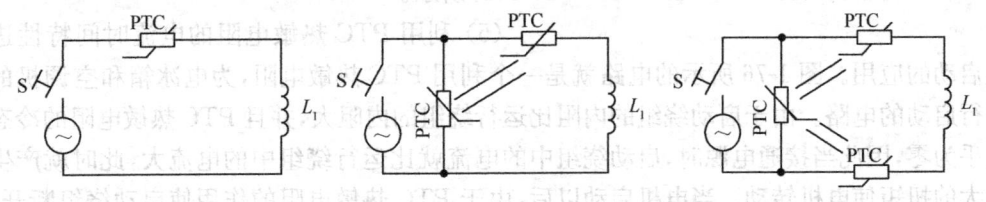

图1-72 各种不同的彩电、彩色显示器消磁电路

(2) 利用PTC热敏电阻的电流—电压特性进行恒温控制的应用。图1-73所示的电路是电热水器温度控制器电路,它就是利用PTC热敏电阻的电流电压特性进行恒温控制的典型应用电路。电路主要由PTC热敏电阻RT、比较器IC741、驱动电路以及加热器R_L等组成。通过该控制器电路,可使水温一直保持在90℃。PTC热敏电阻RT在25℃时的阻值为100kΩ,温度系数为1k/℃。在比较器IC741反相输入端加有3.9V的基准电压源,在比较器IC741同

相输入端加有可调电阻 RP 和 PTC 热敏电阻 RT 的分压电路。当水温低于 90℃时，比较器 IC741 输出高电平，驱动晶体三极管 VT$_1$ 和 VT$_2$ 饱和导通，从而使继电器 K 吸合，加热器加电开始工作；当水温高于 90℃时，比较器 IC741 输出端变为低电平，晶体三极管 VT$_1$ 和 VT$_2$ 转为截止状态，继电器 K 则断开，加热器断电停止工作。整个电路通过调节可调电阻 RP，便可调节继电器吸合的电压门限，也就是水的温度范围。该电热水器温度控制器电路结构简单、成本低、可靠性高、一致性好，特别适应于批量生产和推广应用。

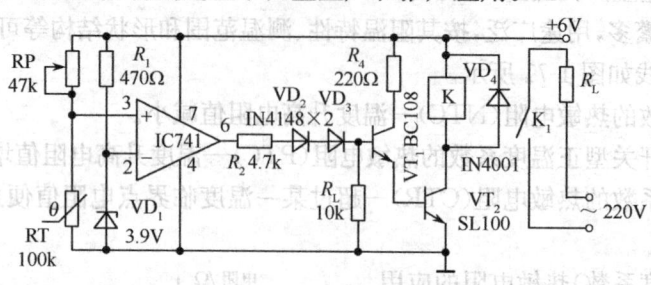

图 1-73 电热水器温度控制器电路

（3）利用 PTC 热敏电阻的电流时间特性进行各种保护的应用。利用 PTC 热敏电阻的电流时间特性进行过流保护的应用电路如图 1-74 所示。当电路处于正常状态时，通过过流保护用 PTC 热敏电阻的电流小于额定电流，过流保护用 PTC 热敏电阻处于阻值很小的常态，不会影响被保护电路的正常工作。当电路出现输出短路或其他故障而导致电流大大超过额定电流时，过流保护用 PTC 热敏电阻陡然发热，呈高阻态，使电路处于相对断开状态，从而保护电路不受破坏。当故障排除后，过流保护用 PTC 热敏电阻亦自动回复至低阻态，电路恢复正常工作。

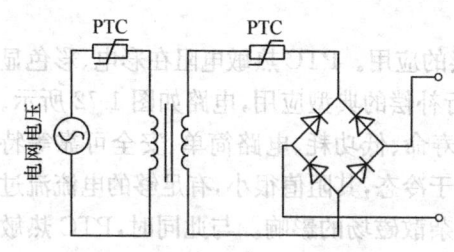

图 1-74 利用 PTC 热敏电阻的电流时间特性进行过流保护的应用电路

（4）利用 PTC 热敏电阻进行温补的方法来解决 LED 驱动恒流的应用。利用 1 只 WMZD-5A20 型 PTC 热敏电阻与 5 只 LED(20mA)串联组成一个标准单元，它的 LED 恒流电流为 20mA，工作电压 U＝3V＋5×3.4V＝20.0V。3V 是 WMZD-A20 的电压降，3.4V 是 LED 的正向导通电压（或 2.8～4.2V），电路如图 1-75(a)所示，恒流特性如图 1-75(b)所示。

（5）利用 PTC 热敏电阻的电流时间特性进行电机启动的应用。图 1-76 所示的电路就是一个利用 PTC 热敏电阻，为电冰箱和空调机的电机进行启动的电路。由于启动绕组的内阻比运行绕组的内阻大，并且 PTC 热敏电阻的冷态阻值几乎为零，因此当接通电源时，启动绕组中的电流就比运行绕组中的电流大，此时就产生一个较大的扭矩使电机转动。当电机启动以后，由于 PTC 热敏电阻的作用使启动绕组断开，运行绕组一直维持电机的正常运转状态。

2）NTC（负温度系数）热敏电阻的应用

NTC 热敏电阻是一种以过渡金属氧化物为主要原材料，采用电子陶瓷工艺制成的热敏半导体陶瓷组件。这种组件的电阻值随温度升高而降低，利用这一特性可以制成测量温度、温度补偿和温度控制等组件，也可以制成功率型组件，用以抑制电路中的浪涌电流。其电阻温度特性可以近似的用下式来表示：

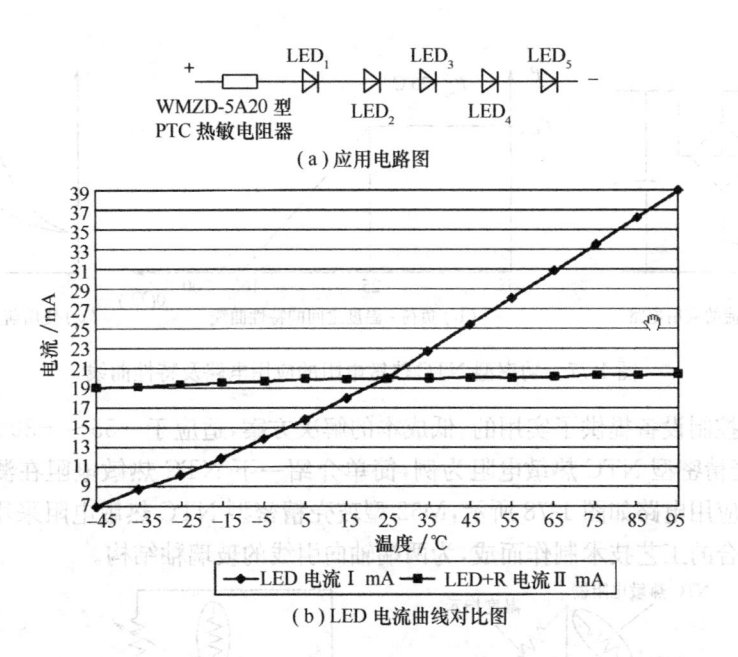

图 1-75 利用 PTC 热敏电阻进行温度补偿的方法来解决 LED 恒流源电路

$$R_{\mathrm{T}}=R_{\mathrm{N}} \cdot \exp\left[B \cdot \left(\frac{1}{T}-\frac{1}{T_{\mathrm{N}}}\right)\right] \quad (1-20)$$

式中：R_{T}、R_{N} 分别表示 NTC 热敏电阻在温度 T(K)、额定温度 T_{N}(K)下的电阻值，单位为 Ω；温度 T 和 T_{N} 的单位均为 K。B 为 NTC 热敏电阻特定的材料常数。由于 B 值同样是随温度而变化的，因此 NTC 热敏电阻的实际特性只能粗略地用指数关系来描述，因此这种关系只能以一定的精度来描述额定温度或电阻值附近的有限的范围。但在实际应用中，要求有比较精确的 R-T 曲线。

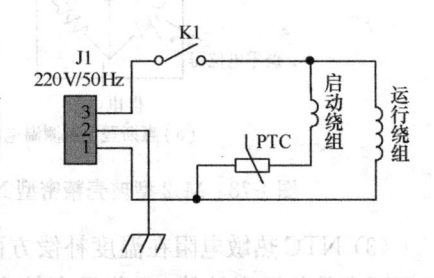

图 1-76 利用 PTC 热敏电阻的电流时间特性进行电机启动的应用

要用比较复杂的方法或表格的形式来给定电阻值－温度关系。下面分别以抑制浪涌电流、测量和控制温度、温度补偿三个方面对 NTC 热敏电阻的应用给出实例。

(1) NTC 热敏电阻在抑制浪涌电流方面的应用。在具有大容量电容、变压器和电动机的电子电路中，在电源接通的瞬间，必将产生一个很大的浪涌电流，这种浪涌电流作用的时间虽短，但其峰值却很大。在转换电源、开关电源、UPS 电源中，这种浪涌电流甚至超过工作电流的 100 倍以上，因此必须有效的加以抑制，否则不但会烧坏电源中的电源开关、整流器、电源线等，而且还会造成污染电网的恶劣后果。当电流直接加在功率型 NTC 热敏电阻上时，其电阻值就会随着电阻体发热而迅速下降。由于功率型 NTC 热敏电阻有一个规定的零功率电阻值，当串联在电源回路中时，就可以有效地抑制开机浪涌电流，并且在完成抑制浪涌电流作用后，由于通过其电流的持续作用，功率型 NTC 热敏电阻的电阻值将下降到非常小的零功率电阻值上，其消耗的功率可以忽略不计，不会对正常的工作电流造成影响。因此，在电源回路中串联一个功率型 NTC 热敏电阻，便可起到抑制浪涌电流的作用，并且也是保护电子设备免遭损坏的最为简便而有效的措施。功率型 NTC 热敏电阻的应用电路如图 1-77(a)所示，其特性曲线如图(b)和(c)所示。

(2) NTC 热敏电阻在测量和控制温度方面的应用。NTC 热敏电阻作为温度传感器给许

(a)抑制浪涌电流的应用电路　　(b)负荷-温度之间的特性曲线　　(c)使用前后浪涌电流对照曲线

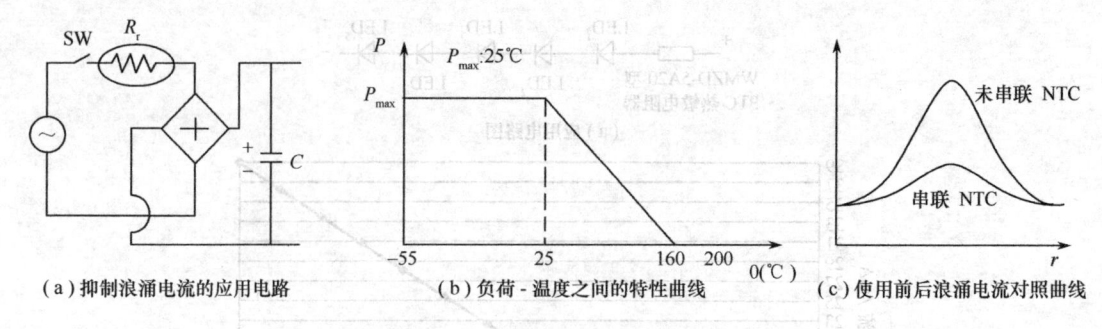

图 1-77　功率型 NTC 热敏电阻的应用电路及特性曲线

多温度测量和控制设备提供了实用的、低成本的解决方案,适应于-55~+300℃的温度范围。以 M52 型玻壳精密型 NTC 热敏电阻为例,简单介绍一下 NTC 热敏电阻在测量和控制温度方面的应用。应用电路如图 1-78 所示,M52 型玻壳精密型 NTC 热敏电阻采用陶瓷工艺与半导体工艺相结合的工艺技术制作而成,为两端轴向引线的玻璃釉结构。

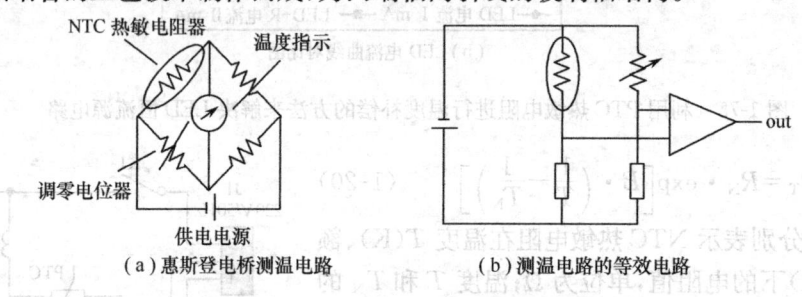

(a)惠斯登电桥测温电路　　　　　　(b)测温电路的等效电路

图 1-78　M52 型玻壳精密型 NTC 热敏电阻在测量和控制温度方面的应用电路

(3) NTC 热敏电阻在温度补偿方面的应用。许多半导体器件或 IC 均具有温度系数,而且还要求外加温度补偿,已获得在较大的温度范围内达到稳定各项性能参数的目的。由于 NTC 热敏电阻具有较高的温度系数,因此被广泛地应用于温度补偿,其应用电路和特性曲线如图 1-79 所示。

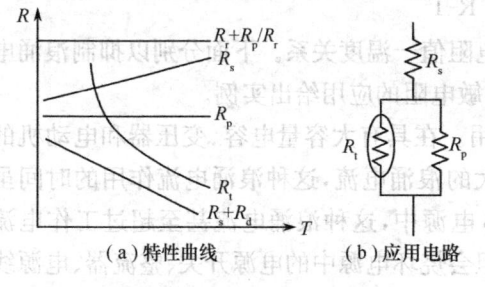

(a)特性曲线　　(b)应用电路

图 1-79　NTC 热敏电阻在温度补偿方面的
应用电路和特性曲线

3) CTR(临界温度系数)热敏电阻的应用

CTR 临界温度系数热敏电阻具有负电阻突变特性,在某一温度下,电阻值随温度的升高急剧减小,具有很大的负温度系数。构成材料有钒、钡、锶、磷等元素氧化物的混合烧结体,是半玻璃状的半导体,也称其为玻璃态热敏电阻。骤变温度随添加锗、钨、钼等的氧化物而发生变化。其原因为不同杂质的掺入,使氧化钒的晶格间隔不同而造成。若在适当的还原环境中五氧化二钒变成二氧化钒,则温度升高而引起电阻值急变,若进一步还原为三氧化二钒,则急变消失。产生电阻值急变的温度对应于半玻璃半导体物性急变的位置,因此产生半导体—金属相移,其温度与电阻值之间的关系曲线如图 1-80 所示,CTR 热敏电阻可应用于温控报警等领域,下面给出一些有关 CTR 临界温度热敏电阻的应用实例。

图 1-81 所示的电路就是一例使用 CTR 热敏电阻对运算放大器进行温度补偿的应用电路,在弱信号或仪表放大器应用领域,由于运算放大器受温度的影响会导致对被测信号的偏差,最后导致测量精度不能提高,为了解决温度的影响,就必须采用相应的措施加以解决。

· 40 ·

3. 光敏电阻的作用

(1) 光敏开关电路

图 1-82 所示的电路就是一款光敏开关电路。电路中的 R_L 为光敏电阻，H_L 为用电器，它可以是一个灯泡，或者是一个其他的 220V/50Hz 供电的负载系统。

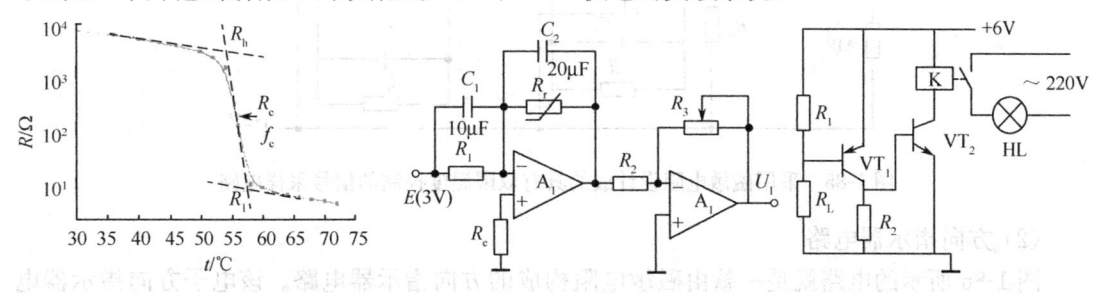

图 1-80　CTR 临界温度热敏电阻的温度与电阻值之间的关系曲线

图 1-81　使用 CTR 热敏电阻对运算放大器进行温度补偿的应用电路

图 1-82　光敏开关电路

(2) 浑浊度检测电路

图 1-83 所示的电路就是一款使用光敏电阻设计而成的浑浊度检测电路。电路中的 RG_1 和 RG_2 为光敏电阻，调零电位器。调试时，将被测溶液先换成标准溶液，调节使毫安表指示为零后将其锁定，然后将被测液杯中的标准液换成真正的被测液，这样就可以进行浑浊度测试了。

(3) 调光电路

图 1-84 所示的电路就是采用光敏电阻设计而成的调光电路。当周围光线变暗时就会引起光敏电阻 R_G 的阻值增加，使施加在电容上的电压上升，进而使可控硅的导通角增大，达到增大照明灯两端电压的目的。反之，若周围光线变亮，则 R_G 的阻值下降，导致可控硅的导通角度变小，照明灯两端的电压也同时下降，使灯光变暗，从而实现对灯光照度的控制。

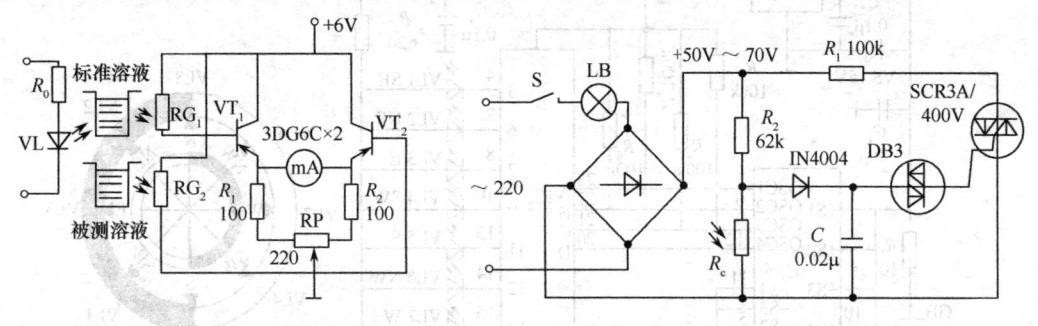

图 1-83　由光敏电阻构成的浑浊度检测电路

图 1-84　由光敏电阻构成的调光电路

4. 磁敏电阻的作用

(1) 图 1-85 是一款利用 InSb-In 薄膜磁敏电阻设计成的具有双限温度控制的信号采样电路。电路中采用三端差分型接法，具有输出信号较大和较强抑制温漂的能力。信号处理电路采用阻容耦合型差动放大器，图中的 IC_1、IC_2 为两级差动放大器，改变 R_2、R_5、R_7、R_8 的阻值便可调整放大倍数。运放的静态工作电压由 R_3、R_6 来调节，考虑到磁头内上下两个磁阻元件不完全对称，MR_1、MR_2 阻值会有 10% 的差异，在 +5V 的工作电源下，信号采集的输出端的电压在 2.4～2.6V。为减小信号在磁头与运放之间阻容耦合中的损耗，一般把运放的静态电压设置在 2.5V 以下，取 2V 较为合适。

· 41 ·

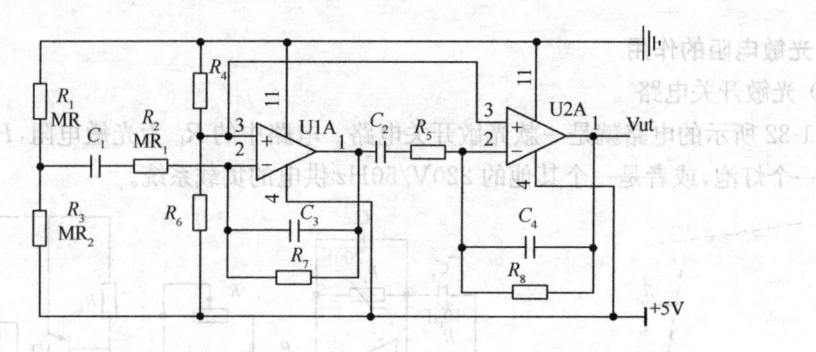

图 1-85 采用磁敏电阻设计成的具有双限温度控制的信号采样电路

(2) 方向指示器电路

图 1-86 所示的电路就是一款由磁敏电阻构成的方向指示器电路。该电子方向指示器电路由电源电路、磁敏传感器和 LED 显示电路组成。电源由电池 GB、电源开关 S、限流电阻 R_1、滤波电容 $C_1 \sim C_3$、稳压二极管 VS 和三端稳压集成电路 IC_3 组成。磁敏传感器由霍尔传感器集成电路 lC_1(磁敏电阻)担任。LED 显示电路由电阻 $R_2 \sim R_6$、集成电路 IC_2 和发光二极管 $VL_1 \sim VL_8$ 组成。IC_1 内部由微型转子和霍尔器件等组成,它利用其内部的霍尔传感器来检测地球的磁场,再将检测结果变换为能代表所在位置的方位电信号,通过其 3 脚(OSC1 端,对应方位为北方)、6 脚(OSC2 端,对应方位为南方)、9 脚(OSC3 端,对应方位为西方)和 12 脚(OSC4 端,对应方位为东方)输出。IC_1 输出的 4 个主方位电信号经 lC_2 内部解码处理后,输出可分辨所在位置的 E、W、S、N、SE、NE、SW、NW 共 8 个电信号,驱动相应的发光二极管发光。例如,使用者所在位置为北方,N 位置的发光二极管 VL_8 点亮;若所在位置为西南方,则 SW 位置的发光二极管 VL_4 点亮。

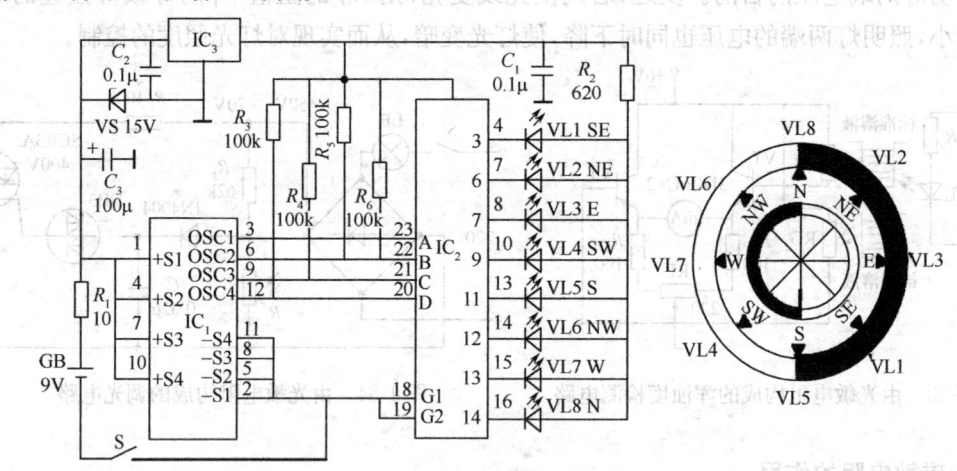

图 1-86 由磁敏电阻构成的方向指示器电路

(3) 磁控开关电路

磁控开关电路如图 1-87 所示。它可用于仓库、办公室或其他场所作开门灯控制之用。当永久磁铁 ZT 与干簧管 AG 靠得很近时,由于磁力线的作用,使 AG 内两触片断开,控制器 DM 的④端无电压,照明灯 H 中无电流通过,故灯 H 熄灭。一旦大门打开,控制器 DM 开通,H 点亮。白天由于光照较强,光敏电阻 RG 的内阻很小,即使 AG 闭合,R 与 RG 的分压也小于 1.6V,故白天打开大门,H 是不会点亮的。夜晚相当于 RG 两极开路,故控制器 DM 的④端电压高于 1.6V,H 点亮。RG 可用 MG45-32 非密封型光敏电阻,AG 可作 $\phi 3\sim 4$mm 的干簧管(常闭型)。

5. 气敏电阻的作用

(1) 有害气体检测应用电路

图 1-88 所示的电路就是一例对有害气体硫化氢、二氧化碳、二氧化硫浓度实现实时监测和报警的模拟前端电路。电路中的 RV_1、RV_2、RV_3 为三种不同的气

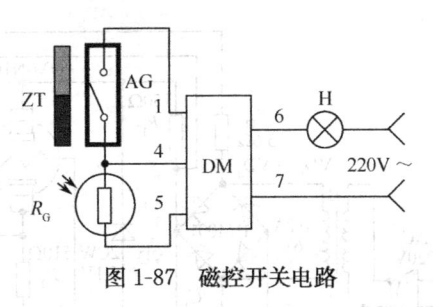

图 1-87 磁控开关电路

敏电阻。整个电路采用+5V 供电,对于硫化氢气体的检测选用的是日本 FIGARO 公司生产的半导体硫化氢(H_2S)气敏传感器,而对于二氧化碳和二氧化硫这两种气体的检测则选用英国 ALPHA 公司生产的红外气敏传感器。整个系统包括气体检测部分、数据采集部分、智能控制和数字显示部分。这三种有害气体浓度的变化反映在气敏电阻阻值的变化上,可以采用分压方式将电阻值的变化转化为电压的变化。由于气敏电阻阻值随有害气体浓度的变化很小,因此还需要对这种变换信号进行进一步的放大。将气敏电阻与一个 $20k\Omega$ 的电阻串联构成一个分压器(该电阻隐含在气敏电阻内部),将气敏电阻上的电压信号采集到后输送给具有 10 倍放大倍数的精密仪表放大器进行放大,经放大后的电压信号再输送到下一级进行其他处理。

中央处理单元电路控制显示器显示当前空气中的有害气体的浓度,并经过比较对当前空气中要检测的有害气体浓度是否超标,若超标还可进行报警。报警系统设计成具有声音和频闪等形式。

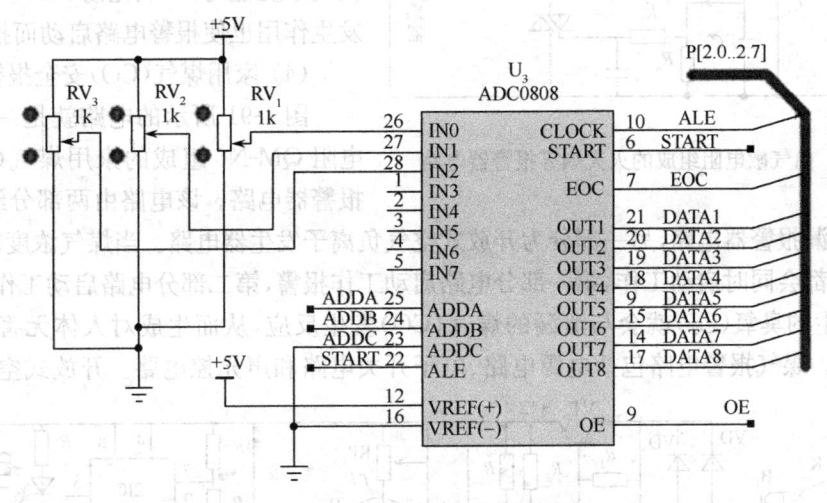

图 1-88 由气敏电阻构成的有害气体检测应用电路

(2) 自动排风控制电路

图 1-89 所示的电路就是一款由气敏电阻作为传感器的自动排风控制电路。气敏电阻 QM-N10 的加热电压由 6V 电源提供,负载电阻由 R_2 和 R_3 组成。电阻 R_4、二极管 VD_6、电容 C_2 以及集成电路 IC_1 组成开机延迟电路,为了防止开机瞬间由于上冲而导致的误动作,特将延迟时间调整为 60s。当环境中有害气体的浓度超标时,IC_1 的 2 端和 IC_4 均输出高电平,使晶体三极管 VT_2 导通,继电器吸合而启动排风扇排风。另外,当 IC_4 输出高电平时,由 IC_2、IC_3 组成的压控振荡器起振,其输出使晶体三极管 VT_1 工作在开关状态,这样一来红色 LED 就会产生频闪报警。绿色 LED 为不排风状态指示。

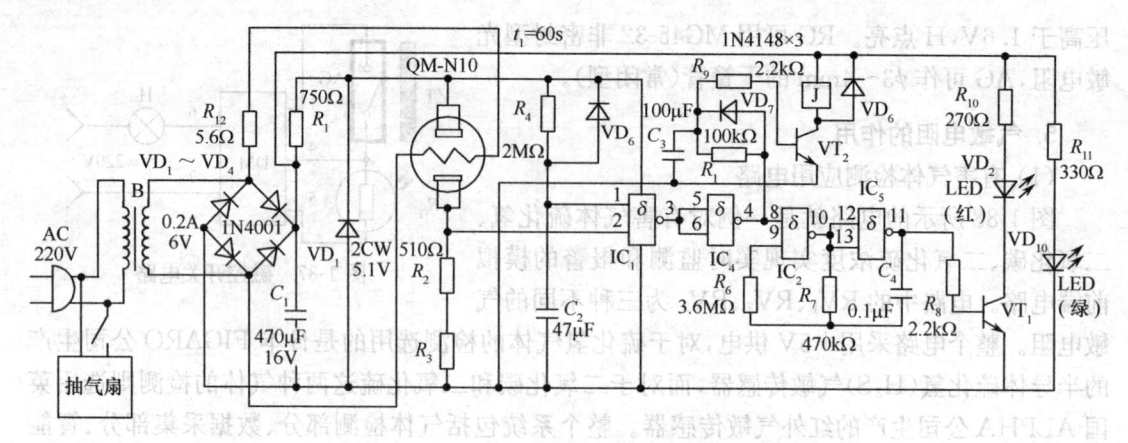

图 1-89　由气敏电阻构成的自动排风控制电路

(3) 火灾烟雾报警器电路

图 1-90 所示的电路就是一款由气敏电阻组成的火灾烟雾报警器电路。电路中的 R_{13} 为二氧化锡(SnO_2)气敏电阻，BZ 为蜂鸣器。当火灾发生时现场环境温度就会升高，达到一定值时，热传感器就会动作，蜂鸣器 BZ 开始报警；当烟雾或可燃性气体达到设定浓度值时，二氧化锡(SnO_2)气敏电阻发生作用也使报警电路启动而报警。

(4) 家用煤气(CO)安全报警器电路

图 1-91 所示的电路就是一款由气敏电阻 QM-N6 组成的家用煤气(CO)安全报警器电路。该电路由两部分组成，一部分是煤气泄漏报警器电路，另一部分为开放式空气负离子发生器电路。当煤气浓度超标时，这两部分电路都会同时启动工作，第一部分电路启动工作报警，第二部分电路启动工作产生臭氧(O_3)，所产生的臭氧(O_3)就会与泄漏的煤气(CO)发生反应，从而生成对人体无害二氧化碳(CO_2)气体。煤气报警电路包括电源电路、电子开关电路和声光控电路。开放式空气负离子

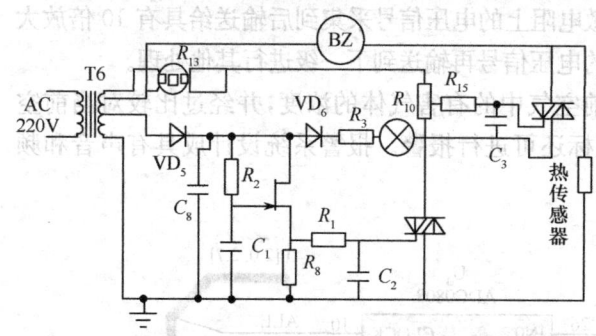

图 1-90　由气敏电阻组成的火灾烟雾报警器电路

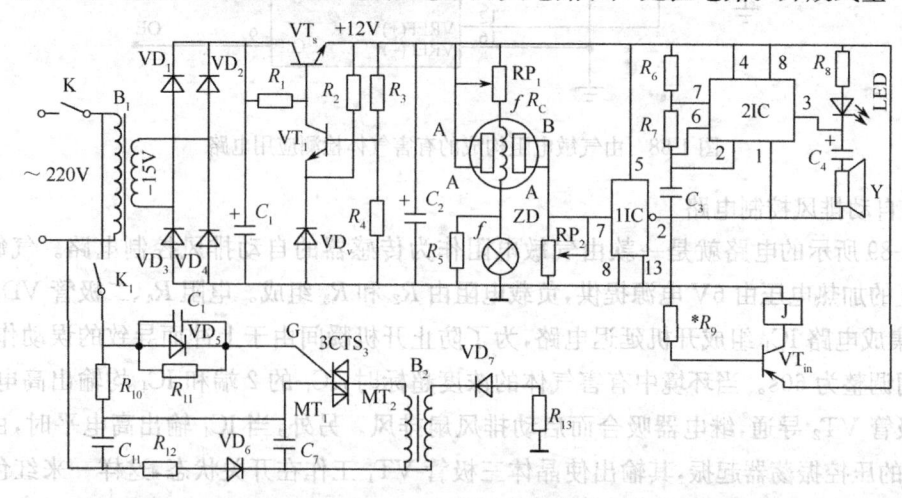

图 1-91　由气敏电阻 QM-N6 组成的家用煤气(CO)安全报警器电路

发生器电路由电阻 $R_{10} \sim R_{13}$、电容 $C_5 \sim C_7$、晶体管 $VT_5 \sim VT_7$、双向可控硅 3CTS3 和变压器 B_2 组成。这种负离子发生器电路结构简单、元器件少、价格低，通常无须特别调试便可正常工作。调节电路中的电阻 R_{12} 的阻值，便可改变负离子的浓度。

（5）酒精探测器电路

图 1-92 所示的电路就是一款由气敏电阻组成的酒精探测器电路。电路中的气敏传感器是由二氧化锡（SnO_2）气敏电阻来担任，拉杆是用来接通直流电源 12V，经稳压以后供给二氧化锡（SnO_2）气敏电阻作为加热电源和整个回路的工作电源。当探测到酒精气体时，气敏电阻的阻值降低，测量回路有信号输出，指示器有显示。

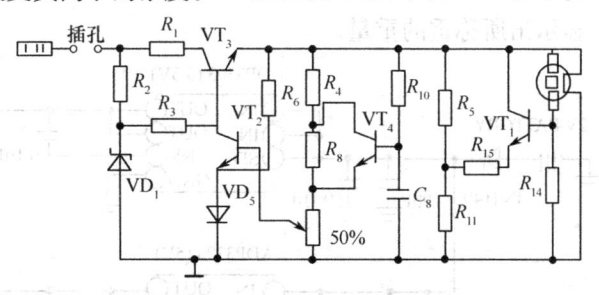

图 1-92 由气敏电阻组成的酒精探测器电路

6. 力敏电阻的作用

（1）物料称重和控制仪表电路

图 1-93 所示的电路就是一款由力敏传感器 BP1—3 组成的物料称重和控制仪表电路。电路中的力敏传感器 BP1—3 的内部是由 4 片应变片（力敏电阻）组成的，4 个由应变片构成的力敏电阻连接成全桥电路形式，4 个引出端分为红、黑、绿、白，其各端的连接方式见图所示。

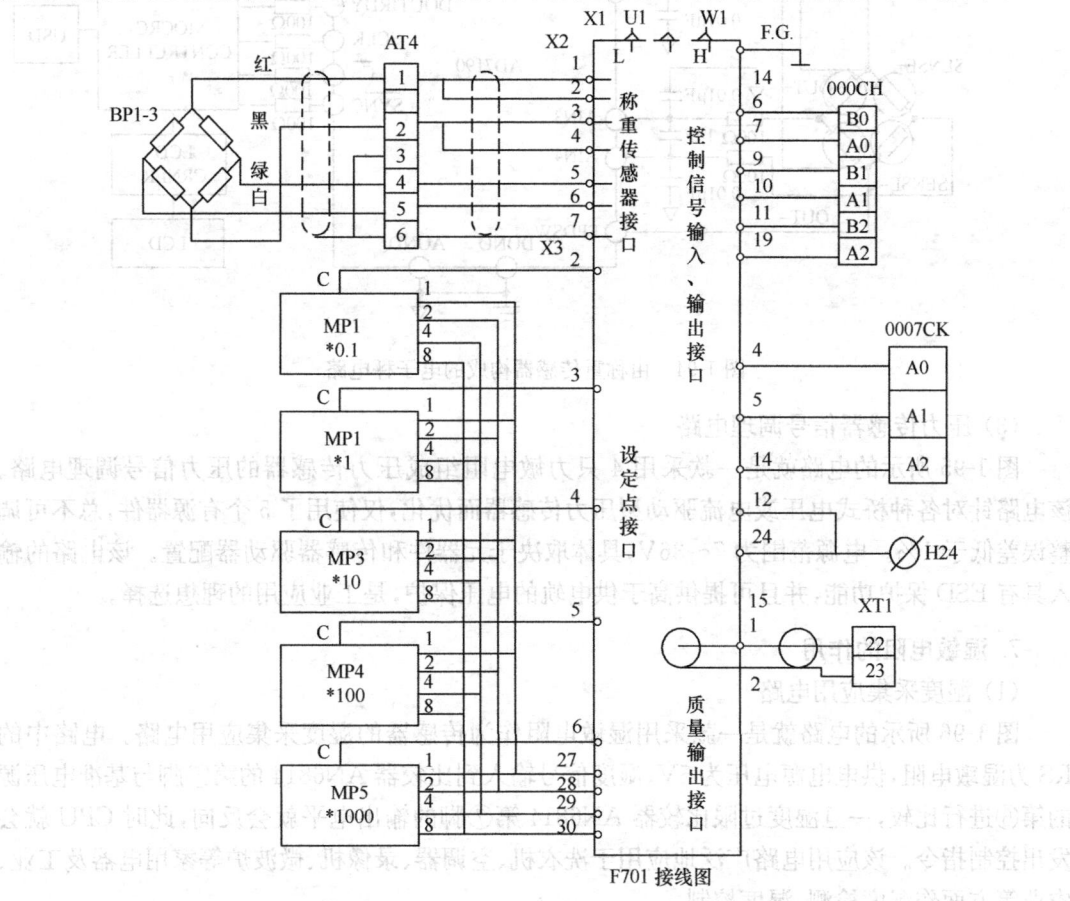

图 1-93 由力敏传感器 BP1—3 组成的物料称重和控制仪表电路

(2) 电子秤电路

图1-94所示的电路就是一款由称重传感器构成的电子秤电路。电路中的称重传感器由4个力敏电阻组成,其输出直接输入到AD7190,再由微控制器控制LCD驱动器,最后在LCD上显示出所称重的重量。

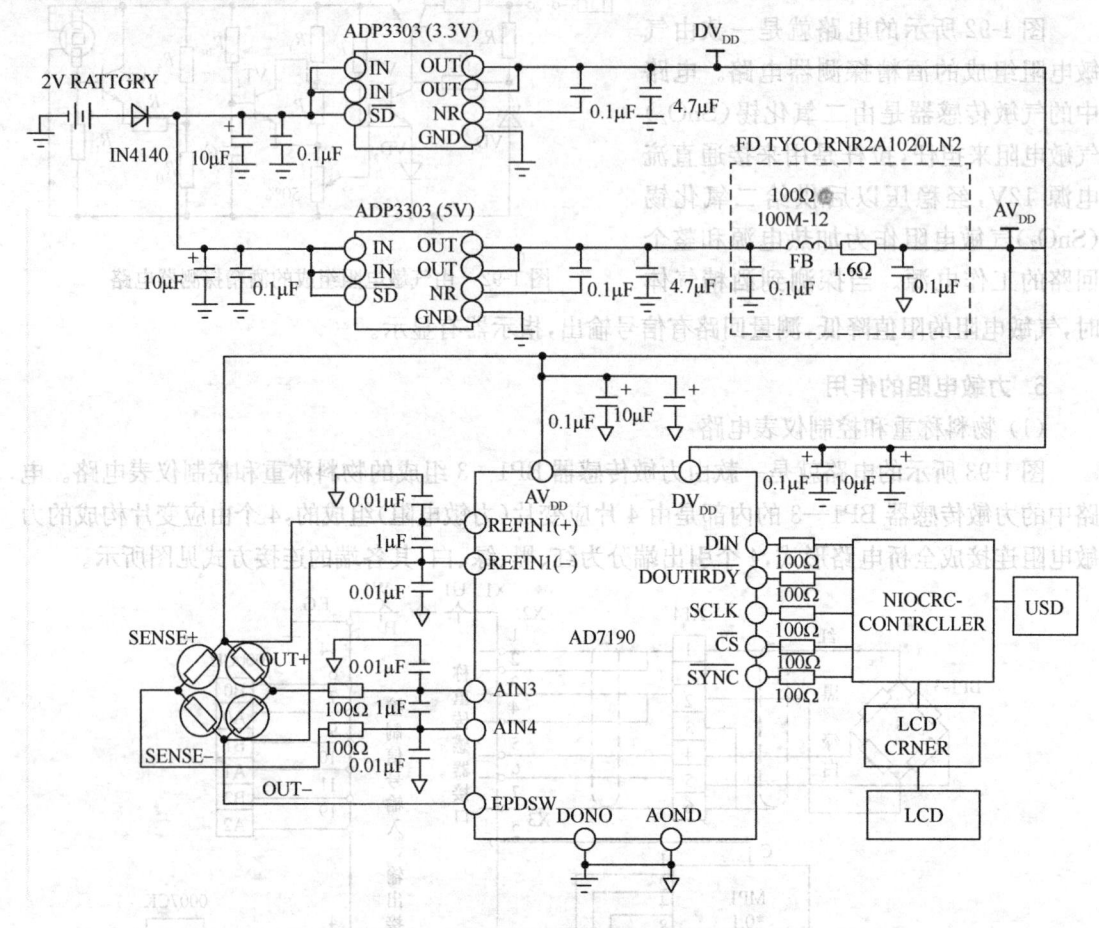

图1-94 由称重传感器构成的电子秤电路

(3) 压力传感器信号调理电路

图1-95所示的电路就是一款采用4只力敏电阻组成压力传感器的压力信号调理电路。该电路针对各种桥式电压或电流驱动型压力传感器而优化,仅使用了5个有源器件,总不可调整误差低于1‰。电源范围为7～36V,具体取决于元器件和传感器驱动器配置。该电路的输入具有ESD保护功能,并且可提供高于供电轨的电压保护,是工业应用的理想选择。

7. 湿敏电阻的作用

(1) 湿度采集应用电路

图1-96所示的电路就是一款采用湿敏电阻作为传感器的湿度采集应用电路。电路中的RS为湿敏电阻,供电电源电压为5V,湿度信号输入到比较器AN6814的第⑤脚与基准电压源的第⑥进行比较,一旦湿度过限比较器AN6814第⑦脚的输出电平就会反向,此时CPU就会发出控制指令。该应用电路广泛地应用于洗衣机、空调器、录像机、微波炉等家用电器及工业、农业等方面作湿度检测、湿度控制。

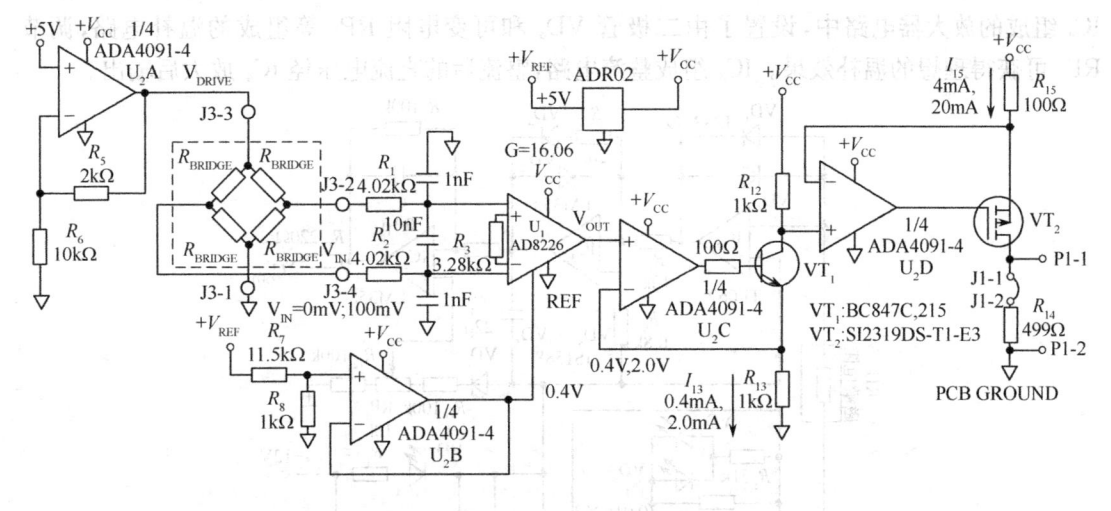

图 1-95 压力传感器信号调理电路

(2) 半导体陶瓷式湿敏传感器应用电路

图 1-97 所示的电路就是一款采用湿敏电阻作为传感器的应用电路。电路中的 R 为湿敏电阻，起温度补偿作用。为了提高检测湿度的灵敏度，传感器的输出电压通过跟随器并经整流和滤波后，一方面输入到比较器 1 与基准电压 U_1 进行比较，其输出信号控制某一湿度；另一方面输入到比较器 2 与基准电压 U_2 进行比较，其输出信号控制加热电路，以便按一定时间加热清洗。

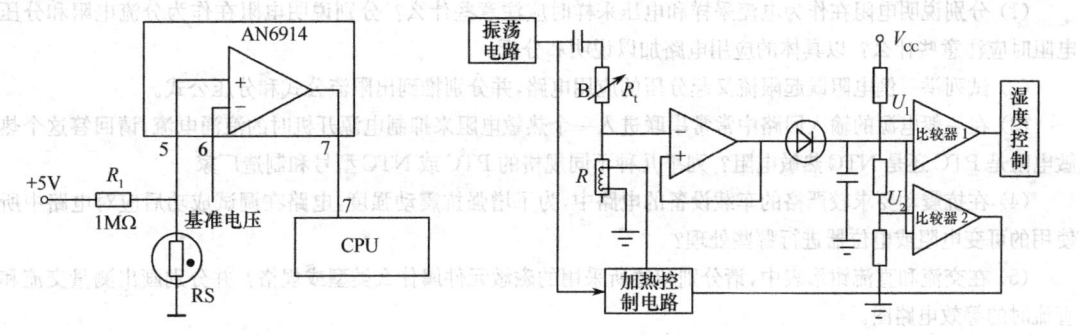

图 1-96 湿度采集应用电路　　　　图 1-97 半导体陶瓷式湿敏传感器应用电路

(3) 金属氧化物湿敏电阻应用电路

金属氧化物湿敏电阻由于电阻值与相对湿度的特性为非线性，而且存在着温度系数，因此它们在使用中存在着互换性差的缺点。为了克服湿敏元件的这种缺点，就要求在电路设计中必须考虑线性化处理和温度补偿问题。如若不然，将会使测量误差增大到无法实用的地步。

图 1-98 所示的电路就是一款具有线性化处理和温度补偿功能的金属氧化物湿敏电阻的实际应用电路。由 IC_1 和外围器件组成低频振荡器，在它的反馈回路中串有两个 LED 发光二极管 VD_2、VD_3，以提高振荡幅值的稳定性。振荡器可输出频率为 900Hz、1.3V 的正弦波信号，作为湿敏元件的工作电压源。IC_2 与外围器件组成对数压缩电路，它是利用硅二极管 VD_4、VD_5 正向压降与电流成对数关系的特性来实现对数压缩的，从而实现线性化处理，用来补偿湿敏电阻的非线性。由于硅二极管 VD_4、VD_5 具有 $-2mV/℃$ 的温度特性，所以可对湿敏电阻起到一定的温度补偿作用，但这种补偿是初步的，可能过大或过小。为了得到精确的补偿效果，在由

IC$_4$ 组成的放大器电路中，设置了由二极管 VD$_8$ 和可变电阻 RP$_1$ 等组成的温补电路，调节 RP$_1$ 可获得理想的温补效果。IC$_3$ 组成整流电路，整流后的直流电压经 IC$_4$ 放大后输出。

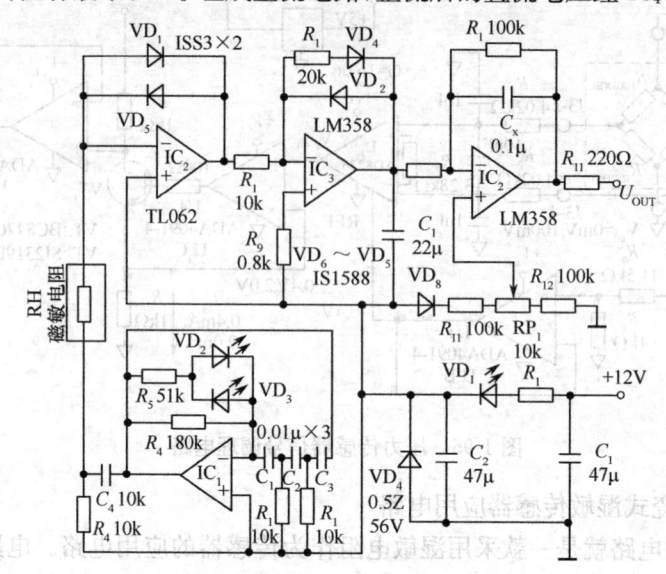

图 1-98　金属氧化物湿敏电阻应用电路

1.5.4　习题 5

（1）分别说明电阻在作为电流采样和电压采样时应注意些什么？分别说明电阻在作为分流电阻和分压电阻时应注意些什么？以具体的应用电路加以说明和分析。

（2）试列举一例电阻既起限流又起分压的应用电路，并分别推到出限流公式和分压公式。

（3）在一般电源的输入回路中常常串联进入一个热敏电阻来抑制电源开机时的浪涌电流，请回答这个热敏电阻是 PTC 还是 NTC 热敏电阻？列举几种不同规格的 PTC 或 NTC 型号和制造厂家。

（4）在抗震动要求较严格的车载设备的电路中，为了增强抗震动强度，电路在调试成功后应对电路中所使用的可变电阻或电位器进行哪些处理？

（5）在交流和直流钳形表中，请分别叙述所采用的磁敏元件属什么类型或规格？并分别画出测量交流和直流时的等效电路图。

第 2 章　电感和变压器

2.1　电　感

2.1.1　自感的基本概念

通常磁通或磁链是流过线圈的电流 i 产生的。如果线圈中磁介质的磁导率 μ 为常数时，ψ（ϕ）与 i 成正比关系，即

$$\psi = Li \tag{2-1}$$

如果磁通 ψ 全部匝链激励线圈，且线圈的匝数为 N 时则有

$$L = \frac{\psi}{i} = \frac{N\phi}{i} \tag{2-2}$$

式(2-2)中 L 是匝数为 N 的线圈的自感系数，通常称为自感电感的电感量。由式(2-1)就可得到电感量 L 的定义，即单位电流产生的总磁通链。对于给定线圈磁路，线圈电流越大产生的磁链就越多。

将式(2-1)代入楞次定律 $e = -N\dfrac{\mathrm{d}\phi}{\mathrm{d}t} = -\dfrac{\mathrm{d}\psi}{\mathrm{d}t}$ 后，可以得到

$$e = -L\frac{\mathrm{d}i}{\mathrm{d}t} \tag{2-3}$$

由式(2-3)便可定义电感量的单位为流过电感线圈的电流在 1s 内匀速变化 1A，且产生的感应电动势正好为 1V 时，则此线圈的电感量就定义为 1 亨利，用符号 H 表示之。即

$$L = \frac{1\mathrm{V} \cdot 1\mathrm{s}}{1\mathrm{A}} = 1\mathrm{H} \tag{2-4}$$

从式(2-4)可见亨利是伏·秒/安培，因此电感的单位也可用欧姆·秒来表示。式(2-3)右边的负号表示电感两端的感应电动势总是阻止电流的变化的。当电流增大时，自感电动势与电流方向相反；当电流减小时，自感电动势与电流方向相同。总之自感电动势总是试图维持流过电感的电流不变，即维持线圈中的磁通不变，也就是我们常说的电感中的电流不能突变。电感阻止其电流变化的性质表明电感具有储能特性。将电源电压加到电感量为 L 的线圈两端时，在线圈两端就会产生由式(2-3)所决定的感应电动势，从而导致在线圈中产生感应电流。在时间 t 内电流到达 i，电源传输给电感的能量便可由下式决定：

$$W_\mathrm{e} = \int_0^t ui \cdot \mathrm{d}t = \int_0^t iL \cdot \frac{\mathrm{d}i}{\mathrm{d}t} \cdot \mathrm{d}t = \int_0^i L \cdot i \cdot \mathrm{d}i = \frac{1}{2}Li^2 (\mathrm{J}) \tag{2-5}$$

从式(2-5)中就可以看出，电源输出的电能变为了磁能。在含有磁性元件的电路中，磁性元件所储存的能量与其电感量的一次方成正比，与电流的二次方成正比。反映在电路中的磁场能量实际上就是电感电流，电感电流存在时磁场存在，电流为零时磁场消失。建立磁场或让磁场消失，需要从电源向电感输入电量或将电感中的磁能释放掉。由于有能量的输入或输出，因此要是电感电流减小或增加都必须经相应的时间来完成。实际上，电感阻止电流变化的特性就是阻止电感磁芯中磁通变化的特性。

2.1.2 自感电感的阻抗特性

(1) 低频阻抗特性

自感电感在低频电路中所呈现的阻抗可由下式求出：

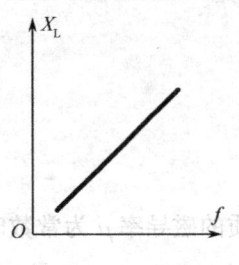

$$Z_L = \frac{\overset{*}{U}_L}{\overset{*}{I}_L} = jX_L \tag{2-6}$$

电感两端的电压超前电流 90°，电感的感抗与频率之间的关系可由式(2-7)给出，阻抗特性与频率之间的关系如图 2-1 所示。

$$X_L = \frac{U}{I_L} = \omega L = 2\pi f L \tag{2-7}$$

图 2-1 电感的低频阻抗特性曲线

(2) 高频阻抗特性

电感通常是由绝缘导线(漆包线或纱包线)在圆柱形绝缘骨架或磁芯上绕制而成，因此电感除了要考虑导线电阻以外，还要考虑线圈之间的分布电容。电感的等效电路模型如图 2-2 所示，其中寄生电容 C 和串联等效电阻 R 分别由分布电容和损耗电阻带来的综合效应而引起。实际高频电感存在分布电容和损耗电阻，因此具有自身的谐振频率 f_{SR}。在 f_{SR} 上，高频电感的阻抗幅值最大，而相角为零，其特性如图 2-3 所示。

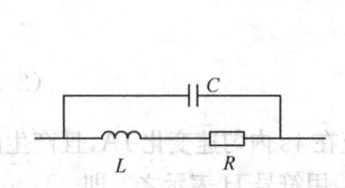

图 2-2 电感的高频等效电路模型 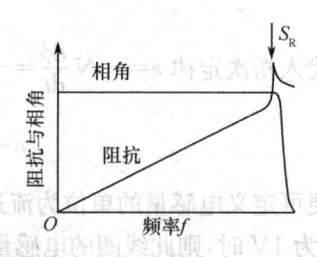　　图 2-3 电感的阻抗与自身谐振频率 f_{SR} 之间的关系曲线

真正电感的高频阻抗特性与理想电感的高频阻抗特性是不相同的，如图 2-4 所示。首先当频率接近谐振点时，高频电感的阻抗迅速升高；其次当频率继续升高时，寄生电容 C 的影响就成为主导地位，电感的阻抗就逐渐降低。

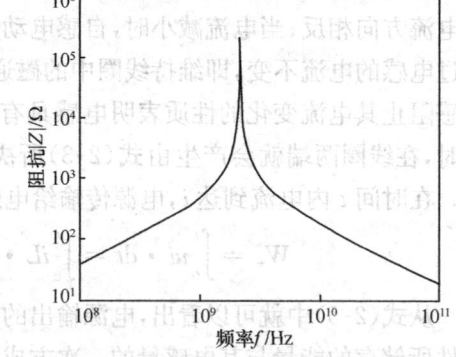

总之，在高频电路中，连接线(其中也包括 PCB 连接线)以及电阻 R、电容 C 和电感 L 这些最基本的无源器件的阻抗特性明显与理想元器件特征不同。低频时呈现为恒定的电阻值，而到高频时便显示出具有谐振点的二阶系统响应；在低频时电感的阻抗响应随频率的增加而线性增加，到达谐振点前开始偏离理想点，最终又呈现容性阻抗的特性。这些无源的最基本的元件在高频的阻抗特性都可以通过谐振曲线中的品质因数 Q 描述，对于电容和电感来说，最终都要达到谐振的目的，也就是希望尽可能地提高品质因数 Q。

图 2-4 电感阻抗绝对值与频率之间的关系曲线

(3) 品质因数(Q)

品质因数是表示电感线圈质量的一个物理量，Q为感抗X_L与其等效的电阻的比值，即

$$Q=\frac{X_L}{R} \tag{2-8}$$

电感线圈的Q值愈高，回路的损耗愈小。电感线圈的Q值与导线的直流电阻，骨架的介质损耗，屏蔽罩或铁芯引起的损耗，高频趋肤效应的影响等因素有关，电感线圈的Q值通常为几十到一百。为了提高电感线圈的品质因数，可以采用镀银铜线，以减小高频电阻；用多股的纱包绝缘线代替具有同样总截面的单股漆包线，以减小趋肤效应；采用介质损耗小的高频陶瓷作为骨架，以减小介质的损耗。虽然采用磁芯增加了其损耗，但可以大大减少电感线圈的匝数，从而减小导线的直流电阻，提高电感线圈的品质因数值。

2.1.3 电感的分类

(1) 按结构分类

电感按其结构的不同可划分为线绕式电感和非线绕式电感(多层片状、印制电感等)，还可分为固定式电感和可调式电感。线绕式电感又可划分为空气电感和磁芯电感。其封装形式有贴片式和插件式，同时对电感有外部屏蔽的成为屏蔽式电感，线圈裸露的一般称为非屏蔽式电感。根据其结构外形和引脚方式还可分为立式同向引脚电感、卧式轴向引脚电感、大中型电感、小巧玲珑型电感和片状电感等。可调式电感又分为磁芯可调电感、铜芯可调电感、滑动接点可调电感、串联互感可调电感和多抽头可调电感。

(2) 按工作频率分类

电感按工作频率可划分为高频电感、中频电感和低频电感。空心电感、磁芯电感和铜芯电感一般为中频或高频电感，而铁芯电感多数为低频电感。

(3) 按用途分类

电感按用途可划分为振荡电感、校正电感、显像管偏转电感、阻流电感、滤波电感、隔离电感、补偿电感、电磁透镜电感、储能电感和加热电感等。振荡电感又分为显像管行振荡电感、东西枕形校正电感等。显像管偏转电感又分为行偏转电感和场偏转电感。阻流电感(也称阻流圈)分为高频阻流圈电感、低频阻流圈电感、电子镇流器用阻流圈电感、显像管行频阻流圈电感和显像管场频阻流圈电感等。滤波电感又分为工频(电网频率)滤波电感、中频(400Hz)滤波电感和高频滤波电感等。

2.1.4 电感的表示符号

电感在电路中的表示符号如图2-5所示，电感的外形如图2-6所示。

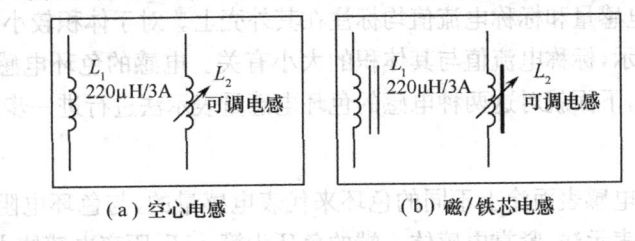

(a) 空心电感　　　(b) 磁/铁芯电感

图2-5　自感电感的表示符号

(a)贴片式电感

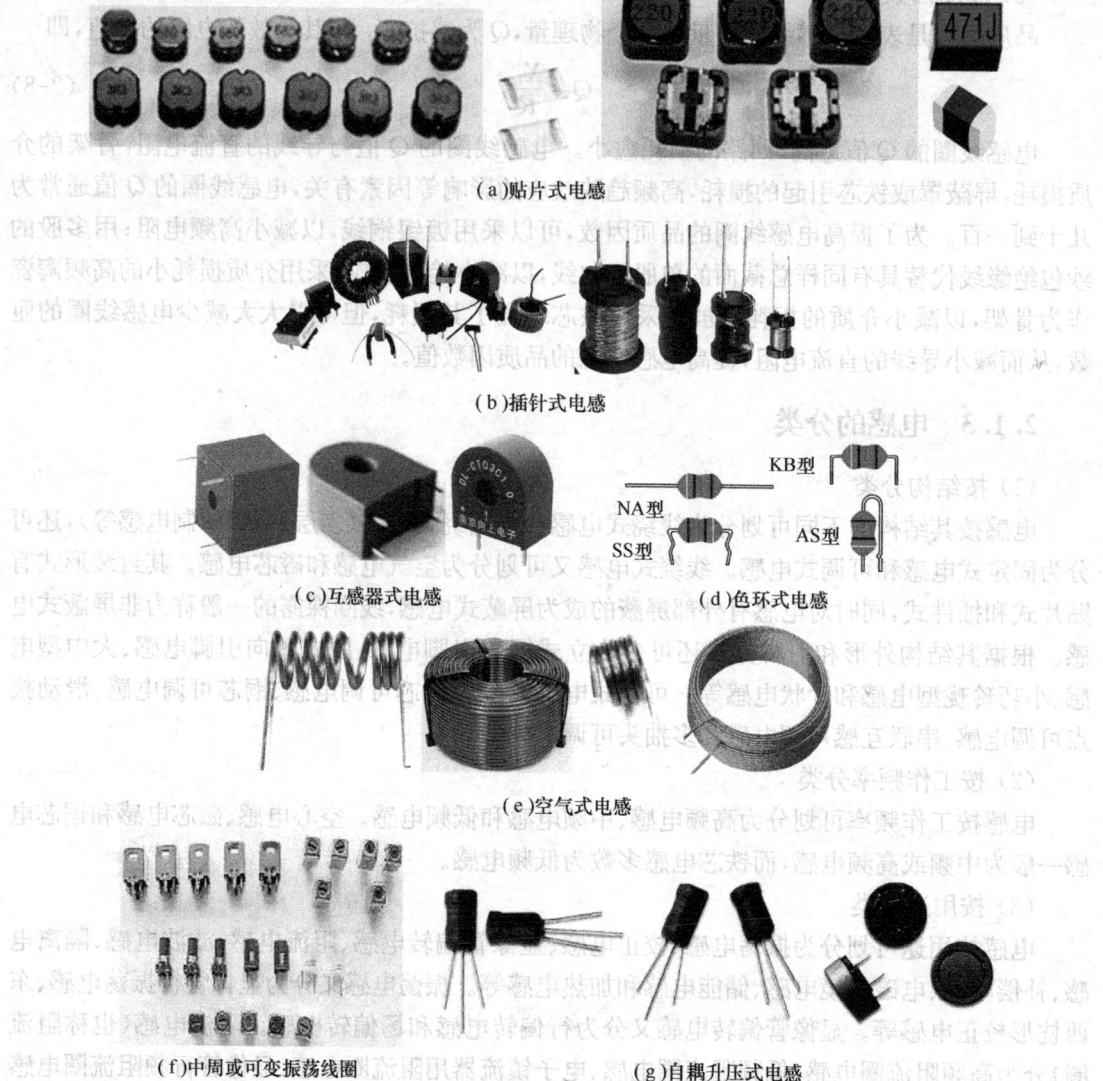

(b)插针式电感

(c)互感器式电感　　　　　　　　(d)色环式电感

(e)空气式电感

(f)中周或可变振荡线圈　　　　　(g)自耦升压式电感

图2-6　电感的外形图

2.1.5　电感量的表示方法

在实际应用电感时,最关心的两个技术参数为电感的电感量和最大通过电流。对体积较大的插针式电感,其电感量和标称电流值均标注在其外壳上。对于体积较小的插针式电感,电感量均采用色环来表示,标称电流值与其体积的大小有关。电感的色环电感量表示方法有四色环和五色环表示法,下面就对这两种电感的色环电感量表示法进行进一步的说明。

1. 色环表示法

色环表示法是在电感表面涂上不同的色环来代表电感量的,与色环电阻类似。通常具有四色环和五色环两种表示法,紧靠电感体一端的色环为第一环,距离电感体本色较远的另一端为末环。特别应注意的是这种方法读出的电感量的默认单位为 μH。

（1）四色环电感量表示法

对于一个四色环电感,第四道色环一般离其他三道色环的距离较远一些,并且第四色环的颜色也只有金、银和本色三种颜色,没有第四道色环的即为本色。电感四色环电感量表示法规则列于表2-1中。

表2-1 电感四色环电感量表示法规则表

颜色		无	银	金	黑	棕	红	橙	黄	绿	蓝	紫	灰	白
第1道色环	第1位有效值	—	—	—	0	1	2	3	4	5	6	7	8	9
第2道色环	第2位有效值	—	—	—	0	1	2	3	4	5	6	7	8	9
第3道色环	倍乘10的几次方	—	—2	—1	0	1	2	3	4	5	6	7	8	9
第4道色环	误差(%)	±20	±10	±5	—	±1	±2	—	—	±0.5	±0.25	±0.1	±0.05	—

(2)五色环电感量表示法

五色环电感量表示法与四色环电感量表示法之间的不同之处有:前三色环是有效数值,第四色环是倍乘,第五色环是误差,五色环电感量表示法规则列于表2-2中,请读者参考。

表2-2 电感五色环电感量表示法规则表

颜色		无	银	金	黑	棕	红	橙	黄	绿	蓝	紫	灰	白
第1道色环	第一位有效值	—	—	—	0	1	2	3	4	5	6	7	8	9
第2道色环	第二位有效值	—	—	—	0	1	2	3	4	5	6	7	8	9
第3道色环	第三位有效值	—	—	—	0	1	2	3	4	5	6	7	8	9
第4道色环	倍乘10的几次方	—	—2	—1	0	1	2	3	4	5	6	7	8	9
第5道色环	误差(%)	±20	±10	±5	—	±1	±2	—	—	±0.5	±0.25	±0.1	±0.05	—

2. 直标法

直标法就是直接表示法,也就是将电感的标称电感量(标称值)用数字和文字符号直接标在电感主体上,电感量单位后面的字母表示偏差。常见电感的直标法如图2-7所示。

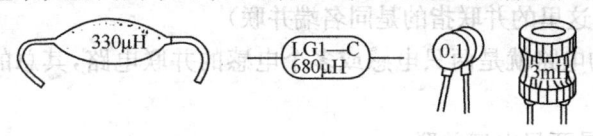

图2-7 电感量的直标法示图

3. 文字表示法

文字表示法是将电感的标称值和偏差值用数字和文字符号的形式按一定的规律组合标示在电感主体上。采用文字符号法表示的电感通常是一些小功率电感,单位通常为nH或μH。用μH做单位时,"R"表示小数点;用"nH"表示单位时,"N"表示小数点。常见电感的文字符号表示法如图2-8所示。例如,R47表示电感量为$0.47\mu H$,4R7则表示电感量为$4.7\mu H$;10N表示电感量为10nH。

图2-8 电感量的文字表示法示图

4. 数码表示法

数码表示法是用三位数字来表示电感量的方法,常用于贴片式电感。常见电感的数码表示法如图 2-9 所示。三位数字中,从左到右的第一位、第二位为有效数字,第三位数字为有效数字后面所加的"0"的个数。这种表示方法应注意的是用这种方法读出的色环电感量的默认单位为 μH。如果所表示的电感量中有小数点,则用"R"表示,并占一位有效数字。例如,表示为"330"的电感为 $33 \times 10^0 = 33\mu H$,表示为"4R7"的电感为 $4.7\mu H$。

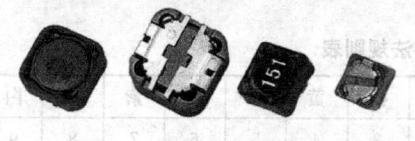

图 2-9 电感量的数码表示法

2.1.6 电感的串并联

(1) 电感的串联(这里的串联指的是同名端串联)

如图 2-10 所示的电路就是两只电感或多个电感的串联电路,其总的等效电感值的计算如下。

对于图(a),也就是两只电感串联:

$$L = L_1 + L_2 \tag{2-9}$$

对于图(b),也就是多只电感串联:

$$L = L_1 + L_2 + \cdots + L_n \tag{2-10}$$

(a) 两只电感串联　　(b) 多只电感串联

图 2-10 电感的串联电路图

(2) 电感的并联(这里的并联指的是同名端并联)

如图 2-11 所示的电路就是两只电感或多个电感的并联电路,其总的等效电感值的计算如下。

对于图(a),也就是两只电感并联:

$$\frac{1}{L} = \frac{1}{L_1} + \frac{1}{L_2} \tag{2-11}$$

对于图(b),也就是多只电感并联:

$$\frac{1}{L} = \frac{1}{L_1} + \frac{1}{L_2} + \cdots + \frac{1}{L_n} \tag{2-12}$$

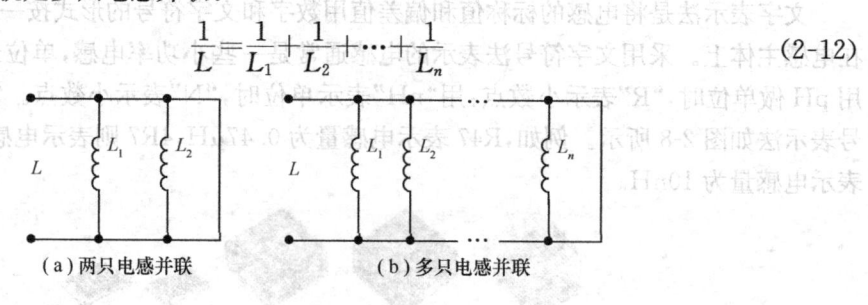

(a) 两只电感并联　　(b) 多只电感并联

图 2-11 电感的并联电路图

2.1.7 电抗器

在电气系统的主回路中主要有电阻、电容、电感几部分组成。通常电感是有抑制电流变化的作用,它能使交流电的相位发生变化,因此把具有电感作用的绕线式带有铁芯(矽钢片)的静止感应装置称为电抗器。在电力系统中为了校正功率因数(PFC)和抑制电磁辐射(EMI),经常采用的方法有串联电抗器或并联电抗器。在电力系统中不管是串联电抗器,还是并联电抗器均是针对容性负载的,最终的目的就是要实现阻抗匹配,与负载构成LC串联谐振或并联谐振。有时串联电抗器也可用来限制短路电流,在滤波器中与电容串联或并联用来限制电网中的高次谐波,其外形如图2-12所示。

直流电抗器　　单相电抗器

三相进线电抗器　　三相出线电抗器

图 2-12 电抗器的外形图

2.1.8 电感的作用

1. 滤波电感

滤波电感有低频和高频滤波电感两种。在线性稳压电源的输出端与大容量电解电容一起构成 L 形滤波器或 π 型滤波器,这种电路中的滤波电感便为低频滤波电感,其中的电容 C 起滤除低频电压纹波,电感 L 起滤除低频电流纹波。在开关稳压电源的输出端与电解电容一起构成 L 形滤波器或 π 型滤波器,这种电路中的滤波电感便为高频滤波电感,其中的电容 C 起滤除高频电压纹波,电感 L 起滤除高频电流纹波。另外,在一些信号处理电路中,供电电源的引入端常常串联一个小电感,这种电感主要起滤除外界干扰和噪声的,因此被称为噪声滤波电感。下面就是滤波电感的应用电路实例。

(1) LC 低通滤波器(LPE)应用电路

图 2-13 所示的电路就是滤波电感 L 与电容 C 构成的三种最基本的 LC 低通滤波器的电路结构。这里为了节约篇幅,仅对 L 形二阶低通滤波器进行介绍。该电路的幅频特性曲线如图 2-14 所示,其传输函数 $G(S)$ 为:

$$G(S)=\frac{R \cdot \frac{1}{SC} \Big/ \left(R+\frac{1}{SC}\right)}{R \cdot \frac{1}{SC} \Big/ \left(R+\frac{1}{SC}\right)+LS}=\frac{1}{LCS^2+\frac{L}{R}+1} \tag{2-13}$$

L形二阶低通滤波器　　π形三阶低通滤波器　　T形三阶低通滤波器

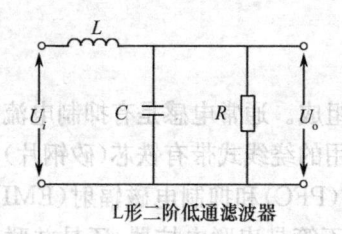

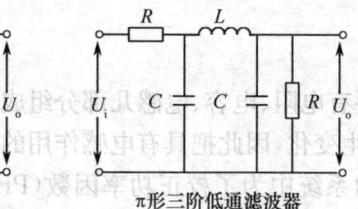

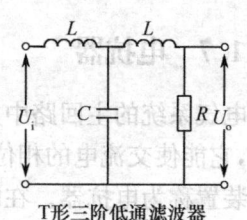

图 2-13　LC 低通滤波器

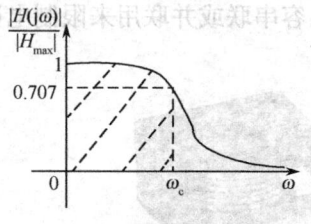

电路中的 R 为负载电阻和元器件的寄生电阻的总和。通常可以认为电阻 R 不影响滤波器增益的波特率，因此低通滤波器的谐振角频率 ω_c 或频率 f_c 可由下式决定：

$$\omega_c = \frac{1}{\sqrt{LC}} \text{ 或 } f = \frac{1}{2\pi\sqrt{LC}} \tag{2-14}$$

图 2-14　LC 低通滤波器的幅频特性曲线

低通滤波器的品质因数为 Q，并且满足公式 $\frac{1}{RC} = \frac{\omega_c}{Q}$。$Q$ 衡量的是转折频率处响应的峰值。若 Q 很大，则滤波器就工作在欠阻尼状态；若 Q 很小，则滤波器就工作在过阻尼状态；若 $Q = 0.707$ 时，则滤波器就工作在临界阻尼状态，此时滤波器具有最佳的通带特性。在工程应用中，设计 LC 二阶低通滤波器参数时，应尽可能使滤波器的品质因数 Q 接近于 0.707。

(2) LC 高通滤波器（HPF）应用电路

图 2-15 所示的电路就是滤波电感 L 与滤波电容 C 构成的三种最基本的 LC 高通滤波器的电路结构。这里为了节约篇幅，仅对 k 形二阶高通滤波器进行介绍。该电路的幅频特性曲线如图 2-16 所示，其传输函数 $G(S)$ 为：

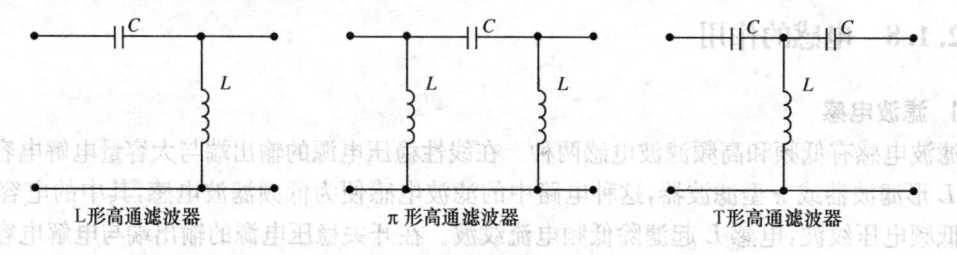

L形高通滤波器　　π形高通滤波器　　T形高通滤波器

图 2-15　三种高通滤波器的基本结构

$$G(S) = \frac{SL}{SL + \frac{1}{SC}} = \frac{LCS^2}{LCS^2 + 1} = \frac{S^2}{S^2 + \frac{1}{LC}} = \frac{S^2}{S^2 + \omega_0^2} \tag{2-15}$$

式中，$\omega_0 = \frac{1}{\sqrt{LC}}$；$C = \frac{1}{4\pi f_0 R} = \frac{1}{2\omega_0 R}$ 为串联电容；$L = \frac{R}{2\pi f_0} = \frac{R}{\omega_0}$ 为并联电感；R 为负载电阻。对于这类 k 形滤波器只能在一个频点上达到阻抗匹配，k 形高通滤波器电容总是串联的，而电感又总是并联的，与 k 形低通滤波器正好相反。

图 2-16　LC 高通滤波器的幅频特性曲线

(3) LC 带通滤波器(BPF)应用电路

图 2-17 所示的电路就是滤波电感 L 与滤波电容 C 构成的三种最基本的 LC 带通滤波器的电路结构。从图 2-18 所示的传输特性曲线中就可以看出,带通滤波器实际上就是由一个低通滤波器和一个高通滤波器串联而成的,只不过是 ω_{c1} 为高通滤波器的截止频率,而 ω_{c2} 为低通滤波器的截止频率,并且 $\omega_{c2} > \omega_{c1}$,$\omega_{c1}$ 为带通滤波器的下限截止频率,ω_{c2} 为带通滤波器的上下限截止频率。

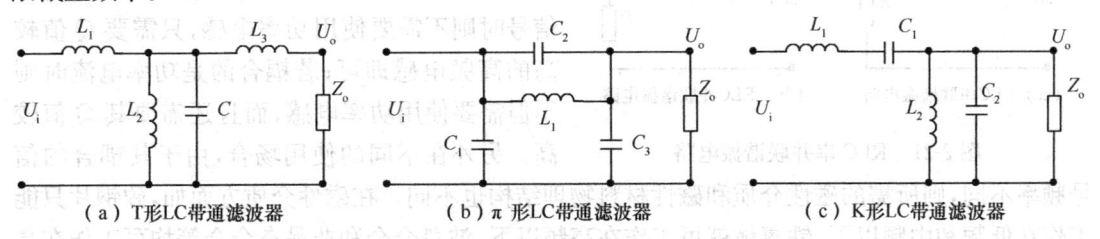

(a) T形LC带通滤波器　　(b) π形LC带通滤波器　　(c) K形LC带通滤波器

图 2-17　三种 LC 带通滤波器的基本结构

对于 k 形带通滤波器,其各电容和电感的参数值可由下式分别计算出来：

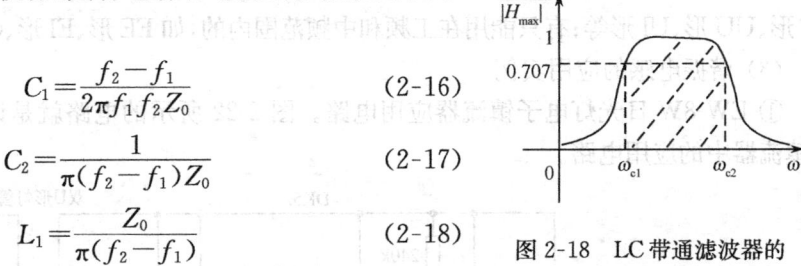

$$C_1 = \frac{f_2 - f_1}{2\pi f_1 f_2 Z_0} \quad (2\text{-}16)$$

$$C_2 = \frac{1}{\pi(f_2 - f_1)Z_0} \quad (2\text{-}17)$$

$$L_1 = \frac{Z_0}{\pi(f_2 - f_1)} \quad (2\text{-}18)$$

$$L_2 = \frac{(f_2 - f_1)Z_0}{4\pi f_1 f_2} \quad (2\text{-}19)$$

图 2-18　LC 带通滤波器的幅频特性曲线

L_1、L_2 的单位为 H；C_1、C_2 的单位为 F；Z_0 为负载电阻,单位为 Ω；f_1、f_2 为上下限截止频率,单位为 Hz。

(4) LC 带阻滤波器(BBF)应用电路

图 2-19 所示的电路就是电阻 R 和滤波电感 L 与滤波电容 C 构成的最基本的 LC 带阻滤波器的电路结构。从图 2-20 所示的传输特性曲线中就可以看出,带阻滤波器实际上就是由一个低通滤波器和一个高通滤波器并联而成的,只不过是 ω_{c1} 为低通滤波器的截止频率,而 ω_{c2} 为高通滤波器的截止频率,并且 $\omega_{c2} > \omega_{c1}$,$\omega_{c1}$ 为带阻滤波器的下限截止频率,ω_{c2} 为带阻滤波器的上限截止频率。

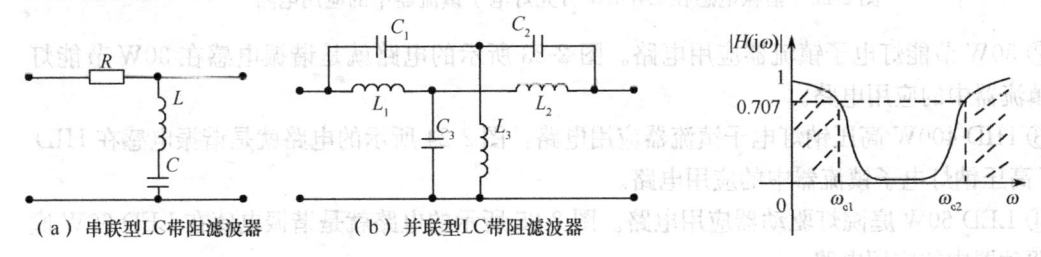

(a) 串联型LC带阻滤波器　　(b) 并联型LC带阻滤波器

图 2-19　LC 带阻滤波器电路结构　　图 2-20　LC 带阻滤波器的幅频特性曲线

2. 谐振电感

(1) 谐振电感的定义

在对高频交流信号进行处理和放大时,级与级之间的耦合多半是采用RLC串联或并联谐振电路进行耦合传输的。其中R为下一级电路的输入阻抗,LC为外接的谐振电容和谐振电感,如图2-21所示。

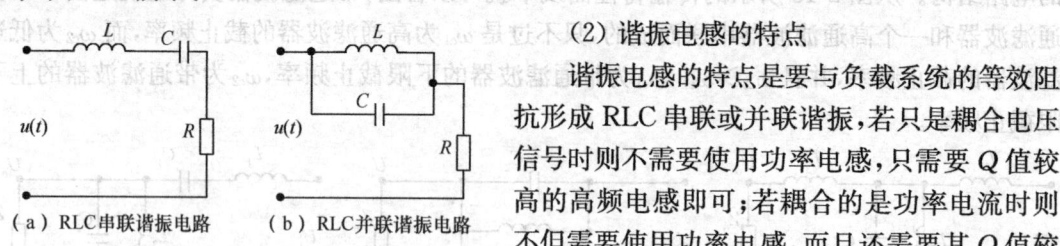

（a）RLC串联谐振电路　（b）RLC并联谐振电路

图2-21　RLC串并联谐振电路

(2) 谐振电感的特点

谐振电感的特点是要与负载系统的等效阻抗形成RLC串联或并联谐振,若只是耦合电压信号时则不需要使用功率电感,只需要Q值较高的高频电感即可;若耦合的是功率电流时则不但需要使用功率电感,而且还需要其Q值较高。另外在不同的使用场合,由于其耦合的信号频率不同,则所需的磁性介质和磁性材料物理结构也不同。在磁性介质方面如,矽钢片只能工作在低频和中频以下、铁氧体就可工作在高频以下、波莫合金和非晶态合金等均可工作在高频和射频以下。在物理结构方面,有些具有无闭合磁回路的磁性物理结构的,如棒状和工字形等;有些具有闭合磁回路的磁性物理结构的,如环形、EE形、EC形、EI形、PQ形、罐形、口字形、UF形、UU形、UI形等;有只能用在工频和中频范围内的,如EE形、EI形、C形和R形矽钢片。

(3) 谐振电感的应用实例

① EW-8W日光灯电子镇流器应用电路。图2-22所示的电路就是谐振电感在日光灯电子镇流器中的应用电路。

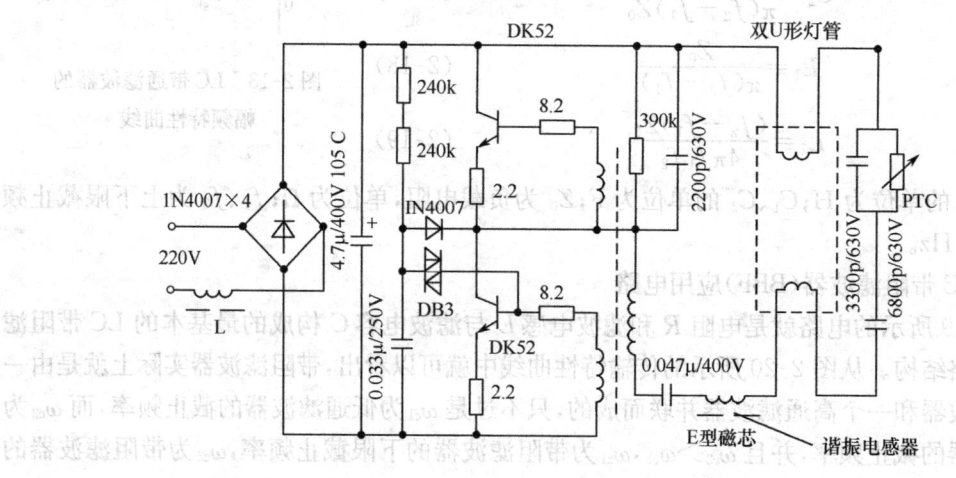

图2-22　谐振电感在EW-8W日光灯电子镇流器中的应用电路

② 30W节能灯电子镇流器应用电路。图2-23所示的电路就是谐振电感在30W节能灯电子镇流器中的应用电路。

③ HID-400W高压钠灯电子镇流器应用电路。图2-24所示的电路就是谐振电感在HID-400W高压钠灯电子镇流器中的应用电路。

④ LED-60W庭院灯驱动器应用电路。图2-25所示的电路就是谐振电感在LED-60W庭院灯驱动器中的应用电路。

3. 镇流电感

(1) 镇流电感的定义

镇流电感顾名思义就起稳流作用的电感。这种电感主要是用于气体放电灯的,如节能灯、

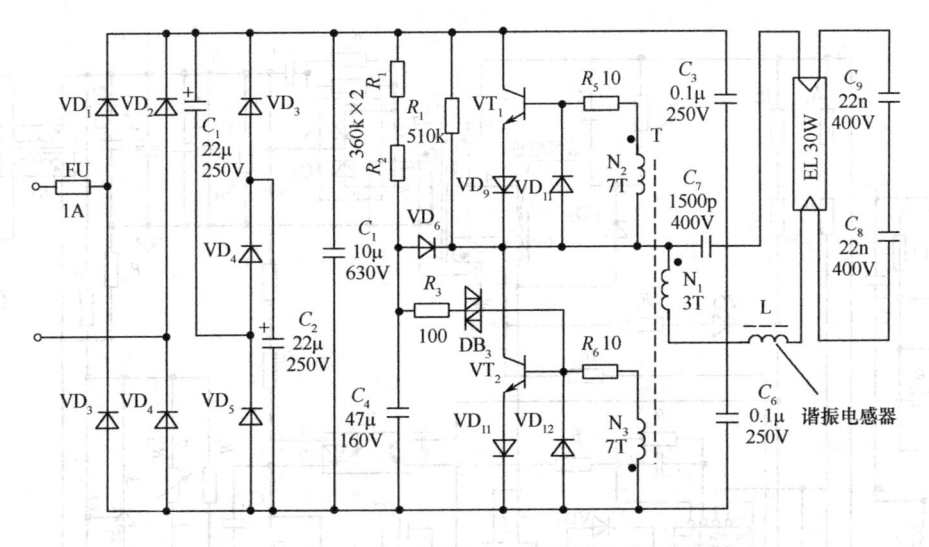

图 2-23　谐振电感在节能灯电子镇流器中的应用电路

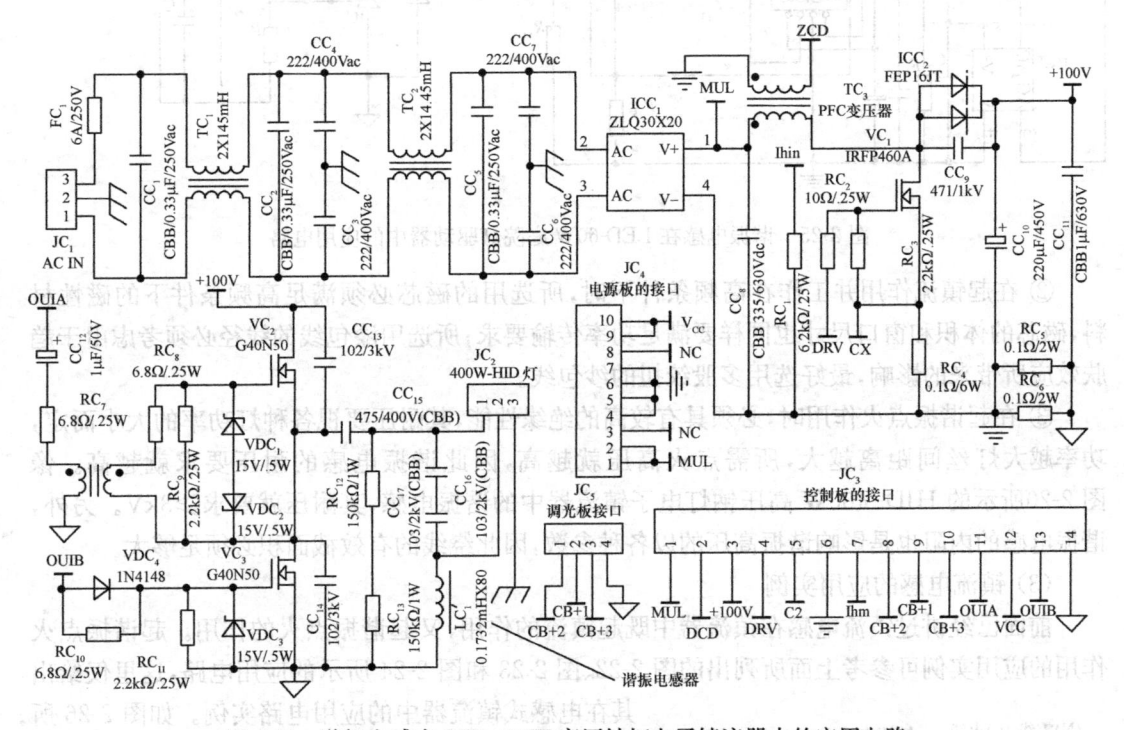

图 2-24　谐振电感在 HID-400W 高压钠灯电子镇流器中的应用电路

日光灯、HID 灯、无极灯等。由于工作的频率不同，由镇流电感构成的镇流器又分为电感镇流器（50Hz 工频）和电子镇流器（>2kHz），因此它们的技术参数和工作原理有着本质上的差别。不管是工作在低频或高频条件下的镇流器中的电感均具有双重作用，除了其镇流作用以外，还起着谐振点火的作用，因此它在镇流器电路中是一个至关重要元件。

(2) 镇流电感的特点

由于镇流电感在镇流器中起着双重作用，因此它具有以下几个特点：

① 在起镇流作用时，由于传输的是功率电流信号，因此所设计和加工的镇流电感必须具有较大的功率传输能力。

· 59 ·

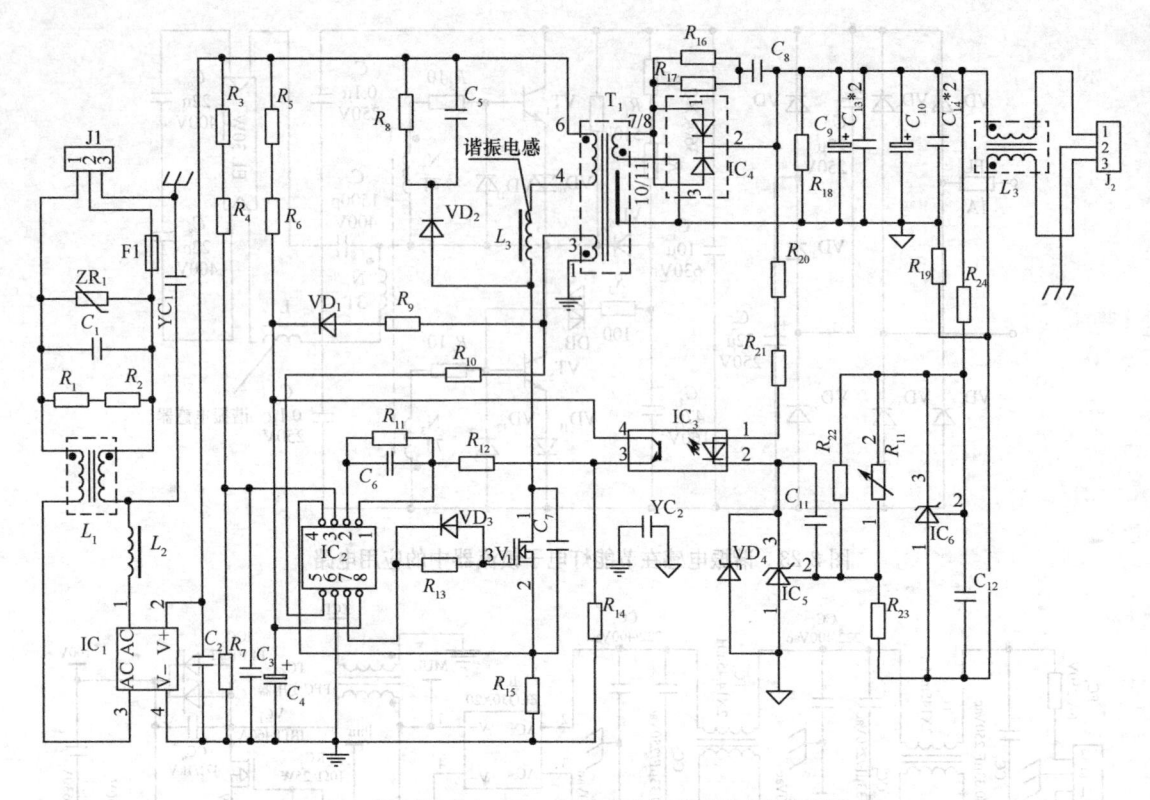

图 2-25 谐振电感在 LED-60W 庭院灯驱动器中的应用电路

② 在起镇流作用并工作在高频条件下时,所选用的磁芯必须满足高频条件下的磁性材料,磁芯的体积和窗口尺寸也同样要满足功率传输要求;所选用漆包线的线径必须考虑由于趋肤效应所带来的影响,最好选用多股绞扭的纱包线。

③ 在起谐振点火作用时,必须具有较高的绝缘性能,其耐压要视各种灯功率的大小而定,功率越大灯丝间距离越大,所需点火高压就越高,因此谐振电感的耐压要求就越高。像图 2-20 所示的 HID-400W 高压钠灯电子镇流器中的谐振电感,其耐压就要求≥3kV。另外,谐振电感的内阻也是影响谐振高压的以各种参数,因此绕线的有效截面积必须足够大。

(3) 镇流电感的应用实例

前面已经讲过镇流电感在镇流器中既起镇流的作用,又起谐振点火的作用。起谐振点火作用的应用实例可参考上面所列出的图 2-22、图 2-23 和图 2-24 所示的应用电路,这里仅给出其在电感式镇流器中的应用电路实例。如图 2-26 所示的电路就是镇流电感在电感镇流器中的应用实例。

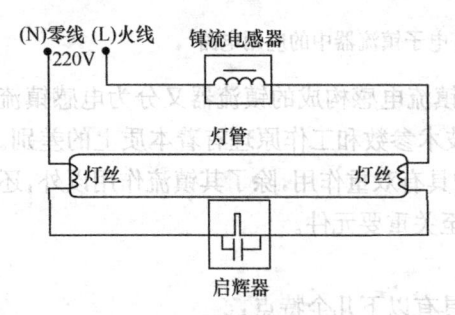

图 2-26 镇流电感在电感镇流器中的应用电路

4. 功率因数校正电感

(1) 功率因数校正电感的定义

① 无源功率因数校正(PFC)电路中的电感。电气设备来于工频电网传统的整流电源普遍采用的电容滤波型桥式整流电路,如图 2-27 所示。这种电路的基本工作过程是:在交流输入电压的正半周,VD_1、VD_3 导通,交流电压通过 VD_1、VD_3 对滤波电容 C 充

电,若 VD₁、VD₃ 的正向电阻用 r 表示,交流电源的输出阻抗用 R 表示,则充电时间常数可近似表示为:

$$\tau = (R+r) \cdot C \tag{2-20}$$

由于二极管的正向电阻 r 和交流电源输出阻抗 R 都很小,故 τ 也很小。滤波电容 C 很快被充电到交流输入电压的峰值,当交流电源输入电压小于滤波电容 C 的端电压时,VD₁、VD₃ 就处于截止状态;同理,可分析负半周 VD₂、VD₄ 的工作情况。由分析不难看出,当电路达到稳态后,在交流输入电压的一个周期内二极管导通时间很短,输入电流波形畸变为幅度很大的窄脉冲电流如图 2-28 所示。由上图可分析出,这种畸变的电流含有丰富谐波成分,严重影响电器设备的功率因数。因此,降低电器设备的输入电流谐波含量是提高功率因数的根本措施。为了提高效率,减少谐波畸变率,必须进行功率因数校正。人们都知道,电容两端的电压不能突变,电感两端的电流不能突变,传统的整流电源只对电压进行了电容滤波,而对电流却没有采取任何滤波措施,因此就会导致电流的畸变。在传统的整流电源电路中加进去一个对电流进行滤波的电感就会抑制电流的畸变,使功率因数得到较大地提升。

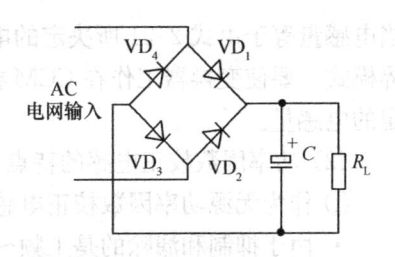

图 2-27 电气设备来于工频电网传统的整流电源电路

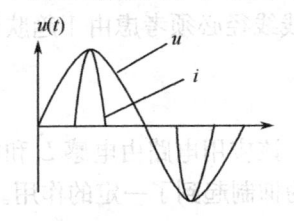

图 2-28 使用传统整流电源以后导致电网电流畸变的波形

② 有源功率因数校正(APFC)电路中的电感。图 2-29 所示的电路就是一个有源功率因数校正电路的等效原理图。由图 2-27 可知,有源功率因数校正电路其实就是一个由全波整流器 IC₁、高频去耦电容 C_{in}、电感 L、功率开关 k、整流二极管 VD、输出滤波电容 C_o 和控制芯片 IC₂ 所组成的升压式(Boost)变换器,与传统的 DC/DC 变换器不同的是其输入供电电压不是稳定的直流电压,而是全波整流后的正弦波波动电压。

有源功率因数校正电路的作用是凭借控制芯片 IC₂ 依据电压和电流的检测量,经模拟运算而产生的高频驱动 PWM 信号来控制功率开关 V 的导通与关断状态,从而控制流经电感 L 的电流,迫使交流电网输入电流的波形及相位均与输入电压的波形和相位趋于一致,使功率因数得到很大的改

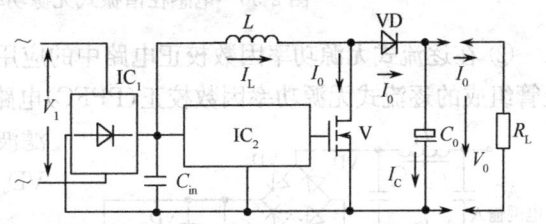

图 2-29 有源功率因数校正电路的等效原理图

善。当然,输入电流各次谐波的幅值和总谐波失真(THD)亦随之显著降低。有源功率因数校正电路因所选用控制芯片 IC₂ 的类型不同,所选用的电感必须与之相适应,可使其工作在临界模式(CRM)或连续模式(CCM)。CRM APFC 常用于 100W 以下的电子设备,CCM APFC 则适应于 200W 以上的电子设备,至于 100~200W 之间电子设备设计人员则应根据产品的技术和经济指标选择合适的电路拓扑。

临界电感值就是使有源功率因数校正电路工作在临界模式(CRM)下所需电感的电感量,它可由下式给出:

$$L_0 = \frac{\eta \cdot I_{LM}^2}{4 \cdot f \cdot P_O} \tag{2-21}$$

式中,η 为转换效率;I_{LM} 为电感电流的平均值;f 为驱动信号(PWM)的频率;P_O 为输出功率。

当电感量等于由式 2-21 所决定的电感量时,电感电流中就没有直流分量,变换器就工作在临界模式。要使变换器工作在 CCM 模式,电路中电感的电感量只要满足大于由式(2-21)所决定的电感量。

(2) 功率因数校正电感的特点

① 作为无源功率因数校正电感时,应具有如下的特点:

- 由于抑制和滤除的是工频~3 倍工频范围的电流谐波信号,因此必须使用高磁导率的磁性材料和具有较高的电感量。
- 线包绕线应选用耐压较高、线径较粗的漆包线。

② 作为有源功率因数校正电感时,应具有如下的特点:

- 由于变换器为单端升压式变换器(Boost),电感单向激磁,因此所设计和加工的电感必须要考虑磁芯气隙的计算。
- 由于变换器工作在高频的 PWM 状态,因此所选用的漆包线线径必须考虑由于趋肤效应所带来的影响,最好选用多股绞扭的纱包线。

(3) 功率因数校正电感的应用实例

① 在谐振式无源功率因数校正电路中的应用如图 2-30 所示。该应用电路由电感 L 和电容 C 所决定的谐振点一般均设计在 3 倍的工频点处,对电流谐波的抑制起到了一定的作用。

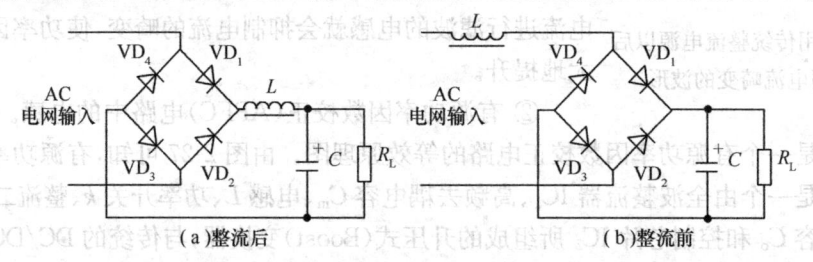

图 2-30 电感在谐振式无源功率因数校正电路中的应用

② 在逐流式无源功率因数校正电路中的应用如图 2-31 所示。该电路是一种由电容和二极管组成的逐流式无源功率因数校正(PPFC)电路,其中电感 L_1 和 L_2、电容 C_1 和 C_2 组成复式滤波器电路,$VD_1 \sim VD_4$ 全桥式整流电路,二极管 $VD_5 \sim VD_7$ 和电容 C_3、C_4 组成 PPFC 电路。

③ 在有源功率因数校正电路中的应用如图 2-32 所示,电路中的 T_1 就是功率因数校正电感。

5. 振荡电感

(1) 振荡电感的定义

振荡电感又称中周,它是三点式 LC 振荡器中的一个重要非线性元器件。在三点式 LC 振荡器中由两个电感和一个电容组成就称为电感三点式振荡器如图 2-33(a)所示,由两个电容和一个电感组成就称为电容三点式振荡器如图 2-33(b)所示。在这两种三点式 LC 振荡器中,图(a)中的 L_1 和 L_2 与图(b)中的 L 均为振荡电感。这种振荡器也称为哈特莱(Hartley)振荡器。

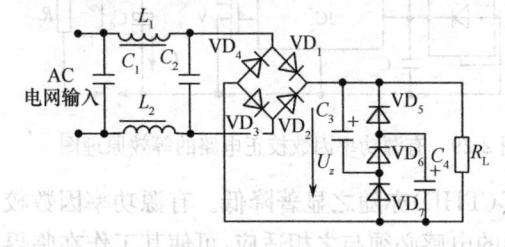

图 2-31 电感在逐流式无源功率因数校正中的应用电路

(2) 振荡电感的特点

工作在非功率传输振荡器中的振荡电感(如正弦波发生器、方波发生器和函数发生器等),仅要求具有较高的 Q 值即可。工作在功率传输振荡器中的振荡电感(如自激式开关电源、超声

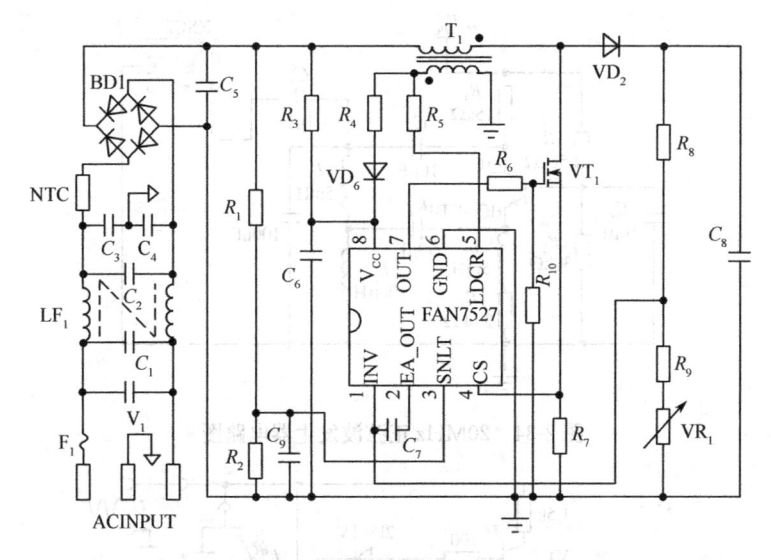

图 2-32 电感在有源功率因数校正中的应用电路

波发生器、雾化器、清洗器和测距仪等)、微波炉、电磁灶等),由于既作镇荡器电感又作功率传输电感,因此绕制和加工时除了必须具有较高的 Q 值以外,还必须具有一定的功率储存能力。也就是电感所选用的磁芯必须满足高频下储能电感的要求,磁滞回线所围成的面积要尽可能的大。所选用的绕制线包的导线必须要考虑高频下由于趋肤效应的影响所引起的线损,所选用的绕制方法必须将分布电容、分布电感和静态电阻减到最小。

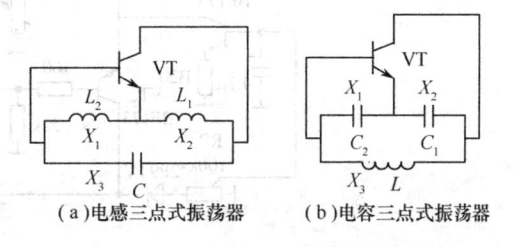

图 2-33 三点式 LC 振荡器原理电路

(3) 振荡电感的应用实例

① 20MHz 正弦波发生器。图 2-34 所示的电路就是一个 20MHz 正弦波发生器的电路图,电路中的 L_1 和 L_2 即为振荡电感。为保证三极管能够正常放大,要合理设置静态偏置,取 $R_1=150\mathrm{k}\Omega$, $R_2=30\mathrm{k}\Omega$, $V_b=R_2/(R_1+R_2)$, $V_e=V_b-0.7$, $V_e=1\mathrm{V}$, $V_e>V_b>V_c$,发射级正偏,集电极反偏,三极管处于放大区。为了防止高频信号干扰直流电源,故接一滤波电容以消除影响。由于频率较高,如果在输出端直接接示波器,由于示波器电容的影响,振荡回路频率将发生变化。为了减少示波器对振荡回路的影响,故加入射极跟随器。旁路电容 $10\mu\mathrm{F}$,起到隔直导交的作用。

② 可调范围为 $(1\mathrm{k}\sim 1\mathrm{M})\mathrm{Hz}$ 正弦波振荡器电路。图 2-35 所示的电路就是一个可调范围为 $(1\mathrm{k}\sim 1\mathrm{M})\mathrm{Hz}$ 正弦波振荡器电路图,电路中的 L 就为振荡电感,其结构可采用中周式电感结构,通过调节中心磁芯的上下位置使其电感量得到改变。在很多测量仪器和仪表中要求正弦波振荡器电路结构简单和价格低廉,并且对于振荡回路要求外接高频地线,不能利用电感线圈中间抽头实现反馈,这时就可以选用图示的电路。振荡回路的起振由电位器 RP_2 来调整,目的是使 VT_1 和 VT_2 两晶体管具有相同大小的基极电流。晶体管 VT_3 用以控制 VT_1 和 VT_2 振荡回路的电流,其大小可通过调节电位器得以实现。电路输出正弦波信号的频率可在 $(1\mathrm{k}\sim 1\mathrm{M})\mathrm{Hz}$ 范围内调节,输出电压幅度可在 $(100\mathrm{mV}\sim 5\mathrm{V})$ 范围内调节。

图 2-34 20MHz正弦波发生器电路图

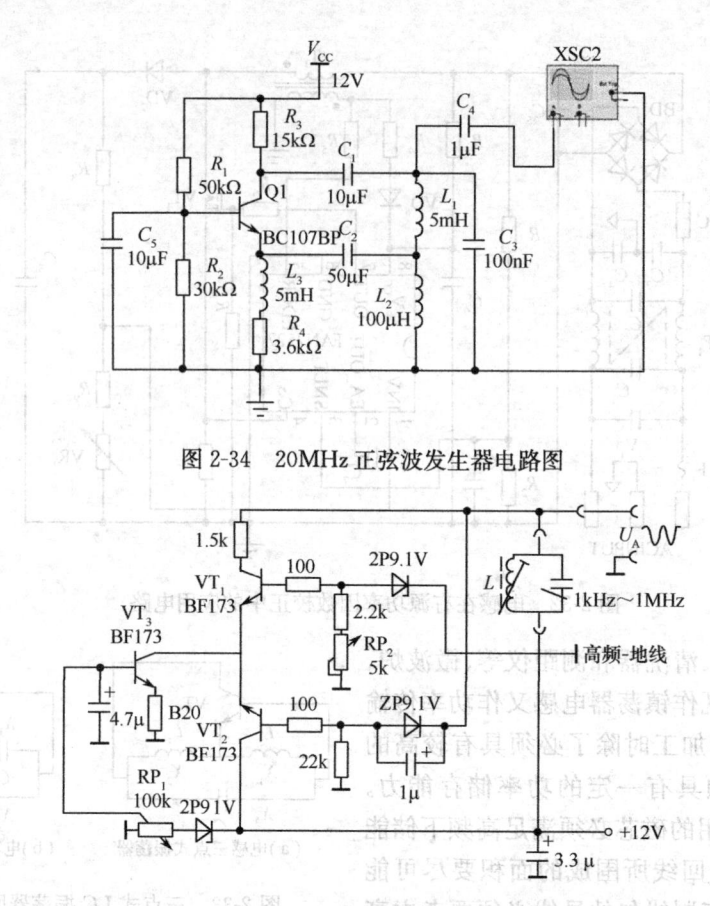

图 2-35 可调范围为(1k~1M)Hz正弦波振荡器电路

③ 具有一定驱动能力的正弦波发生器电路。图 2-36 所示的电路就是一个具有一定驱动能力的正弦波发生器电路图,电路中的 L_3 和 L_4 就为振荡电感。电感三点式正弦波振荡电路不仅容易起振,而且采用可变电容能在较宽的范围内调节振荡频率,其工作频率范围可以从数百千赫至数十兆赫兹,所以用在经常改变频率的场合(如收音机、信号发生器等)。图中所示的电感三点式 LC 振荡电路,正弦波振荡器静态工作点应设计在放大区,并略偏向于截止的方向上,也就是工作在软激励工作状态,应尽量避免将静态工作点设计在接近于截止区或截止区的硬激励工作状态。放大器能对振荡器输入端所加的输入信号予以放大使输出信号具有一定的驱动能力。正反馈电路保证向振荡器输入端提供的反馈信号是相位相同的,只有这样才能使振荡维持下去。选频网络则只允许某个特定频率通过,使振荡器产生单一频率的输出。图中利用两个共基极放大器,由 L_3、L_4、C_3 和 V_{C1} 组成一个电感三点式振荡回路,后级的共基极放大器输出前级的输出电压提供给负载 R_L。电感 L_1 和 L_2 起到通直阻交的作用,电容 C_2、C_4、C_5、C_6 有通交阻直的作用。振荡回路中所加的调节电容是为了方便调试,其中还有 C_1 等的反馈作用,R_{b1}、R_{b2}、R_b、R_{b3} 等偏置电阻给三极管提供合适的偏置电压,使三极管获得稳定的静态工作点,以便于放大和振荡回路起振。

④ 超声波雾化器振荡器电路。如图 2-37 所示的电路就是一个超声波雾化器振荡器电路,电路中的 $L_1 \sim L_3$ 均为振荡器电感。振荡器电路由晶体管 VT、电容 $C_3 \sim C_6$、电感 $L_1 \sim L_3$ 和晶体超声波换能器 B 组成。交流 220V 电压经变压器 T 降压(降为 36V)、$VD_1 \sim VD_4$ 整流及 C_1、C_2 滤波后,为水位控制电路和振荡器提供工作电压。在水位检测电极检测到水槽内有

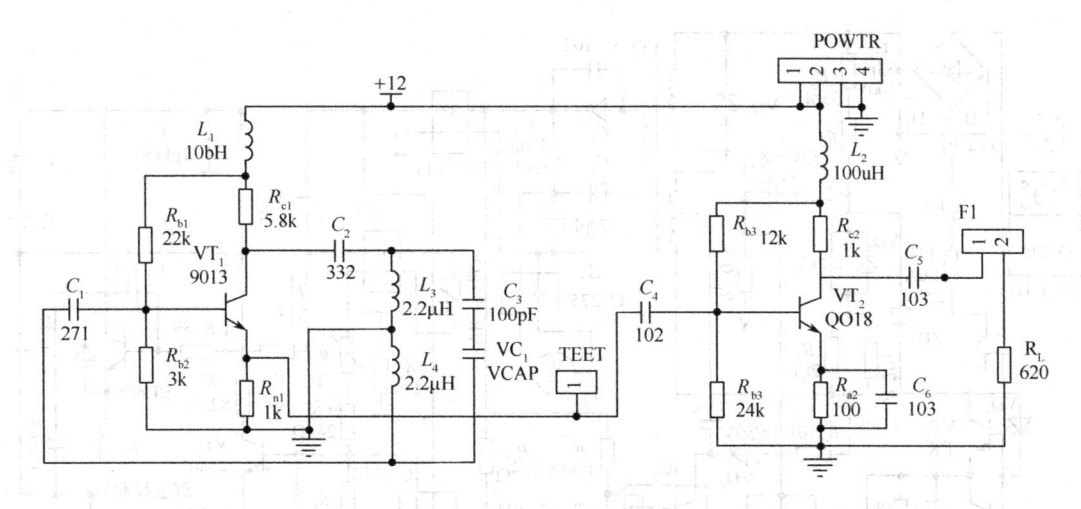

图 2-36 具有一定驱动能力的正弦波发生器电路

水时,整流后的直流电压经两个水位电极之间水的电阻,为 VT$_1$ 的发射极提供工作电压,使 VT$_1$ 导通,VT$_1$ 集电极输出高电平,使 VT$_2$ 也导通,为振荡器提供偏置电压。振荡器起振后,晶体超声波换能器 B 产生高频振动(频率约为 1.6MHz),将水雾化。R_1~R_7 选用 1/4W 碳膜电阻或金属膜电阻。C_1 选用耐压值为 50V 以上的铝电解电容;C_2~C_4 和 C_6 选用独石电容或涤纶电容;C_5 选用高频瓷介电容。VD$_1$~VD$_5$ 均选用 1N4007 型硅整流二极管。VS$_1$ 和 VS$_2$ 均选用 1W/4.7V 的硅稳压二极管。VT$_1$ 选用 S9015 或 C8550 型硅 PNP 晶体管;VT$_2$ 选用 2SC1815 或 C8550 型硅 NPN 晶体管;VT$_3$ 选用 BU406 或 MJE13005 型硅 NPN 高反压晶体管。L_1~L_3 选用 TDK 色环电感或用漆包线自制。T 选用 30W、次次输出电压 36V 的电源变压器。B 选用加温器专用压电式超声波雾化头。水位电极可用不锈钢针制作。

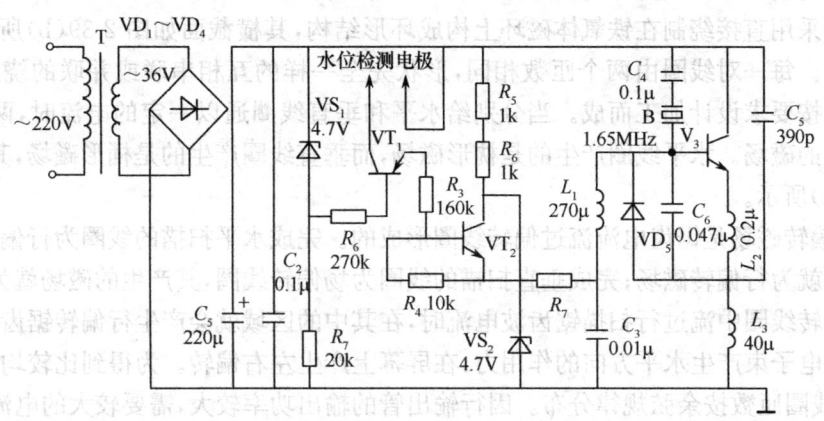

图 2-37 超声波雾化器振荡器电路

⑤ 使用开关电源的超声波雾化器振荡器电路。图 2-38 所示的电路是一款使用开关电源的超声波雾化器电路图。该电路主要由电源和超声波振荡器两部分电路组成。电源由 AC220V 市电通过以 MOSFET 功率开关管 4N60B 作振荡的开关稳压电源,输出 38V 和 12V 两路。其中 38V 为超声波振荡器电路供电,12V 为直流电机 FA(风扇)供电。图中 VR$_2$(5.1kΩ)为调节雾化加湿程度控制器,LED$_1$(红色)为缺水指示灯(该家电应注意随时加水),LED$_2$ 为(绿色)加湿指示灯。

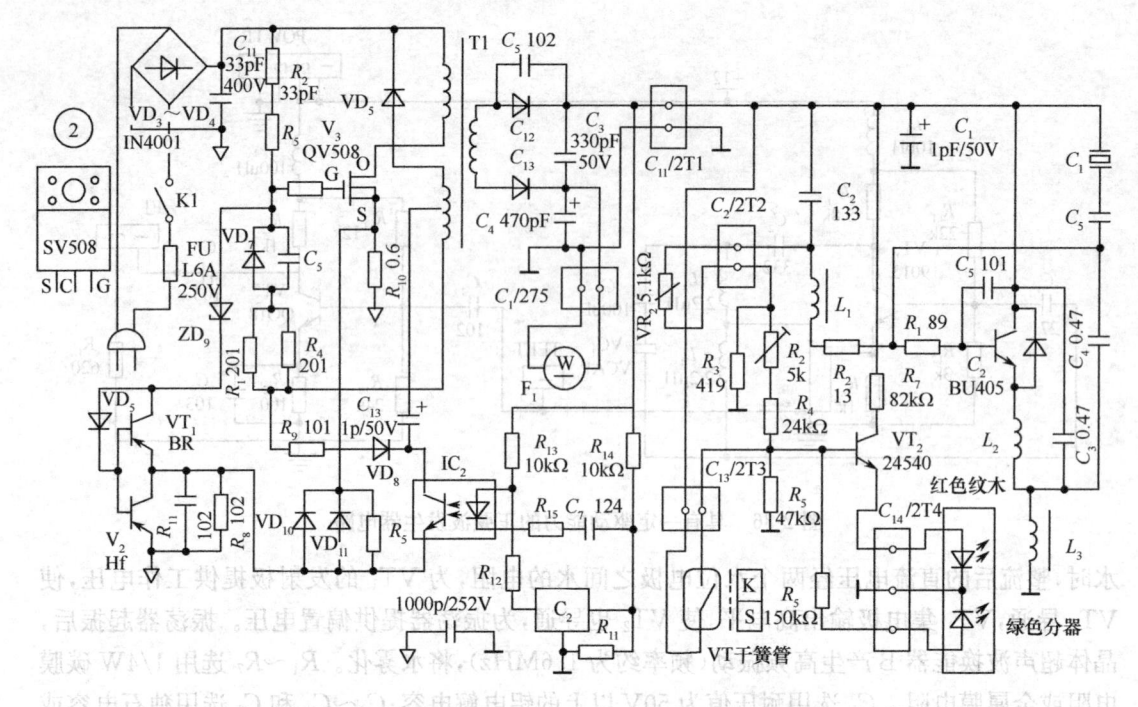

图 2-38 使用开关电源的超声波雾化器振荡器电路

6. 显像管偏转线圈

(1) 显像管偏转线圈的组成与磁场

组成：偏转线圈是由一对水平线圈和一对垂直线圈组成的,水平线圈称为行偏转线圈,垂直线圈称为场偏转线圈。行偏转线圈分成两组为平面绕制呈水平方位上、下套在显像管颈外。场偏转线圈采用直接绕制在铁氧体磁环上构成环形结构,其横截面如图 2-39(b)所示,上、下各一组线圈。每一对线圈由两个匝数相同,形状完全一样的互相串联或并联的绕组所组成。线圈的形状按要求设计加工而成。当分别给水平和垂直线圈通以一定的电流时,两对线圈分别产生一定的磁场。水平线圈产生的是枕形磁场,而垂直线圈产生的是桶形磁场,其外部形状如图 2-39(a)所示。

磁场：偏转磁场是锯齿电流流过偏转线圈形成的。完成水平扫描的线圈为行偏转线圈,其产生的磁场就为行偏转磁场；完成垂直扫描的线圈为场偏转线圈,其产生的磁场就为场偏转磁场。当行偏转线圈中流过行扫描锯齿波电流时,在其中的区域就会产生行偏转锯齿波磁场,对穿过其间的电子束产生水平方向的作用力,在屏幕上产生左右偏转。为得到比较均匀的磁场,通过计算,线圈匝数按余弦规律分布。因行输出管的输出功率较大,需要较大的电流流过行偏转线圈,在偏转线圈外部套有铁氧体磁环,使磁力线通过磁环形成闭合回路,可使内部磁场强度提高,磁环同时起屏蔽作用。为减小漏磁线匝形状做成马鞍形。场偏转线圈中流过的电流方向如图 2-39(b)所示,根据右手定则磁力线穿过磁环,形成闭合回路使在管颈中磁场方向为由左到右(或由右到左)水平方向,使穿过的电子束在该磁场作用下在屏幕上产生垂直偏转。场偏转线圈的外形示意如图 2-39(b)所示。在实际的显像管上,绕在磁芯上的场偏转线圈套在行偏转线圈外面,组成一个整体,紧紧地套箍在显像管锥体上。

(2) 显像管偏转线圈的特点

① 行偏转线圈的匝数按余弦规律分布,外形呈现马鞍形。行偏转线圈的外部套有铁氧体

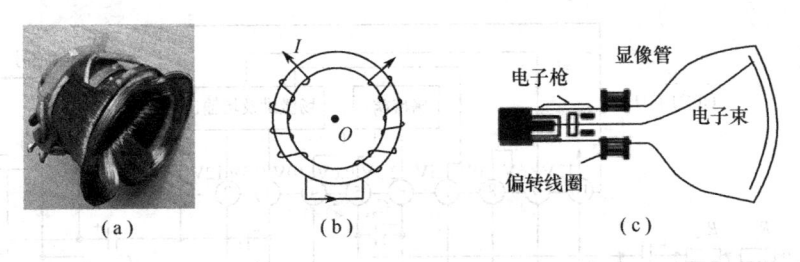

图 2-39 显像管偏转线圈的外形、结构和示意图

磁环既可使内部磁场强度提高,又可以起屏蔽的作用。

② 场偏转线圈绕在磁环上,磁环分成两部分,分别绕一组偏转线圈,然后将两组线圈并联起来。场偏转线圈是套在行偏转线圈的外面,组成一个整体,紧紧地套箍在显像管锥形颈体上。

(3) 显像管偏转线圈的应用实例

① 彩色电视机显像管偏转线圈应用电路。图 2-40 所示的电路是海信 HDTV-3201、HDTV3202、HDTV-3601 型彩色电视机显像管偏转线圈的应用电路。

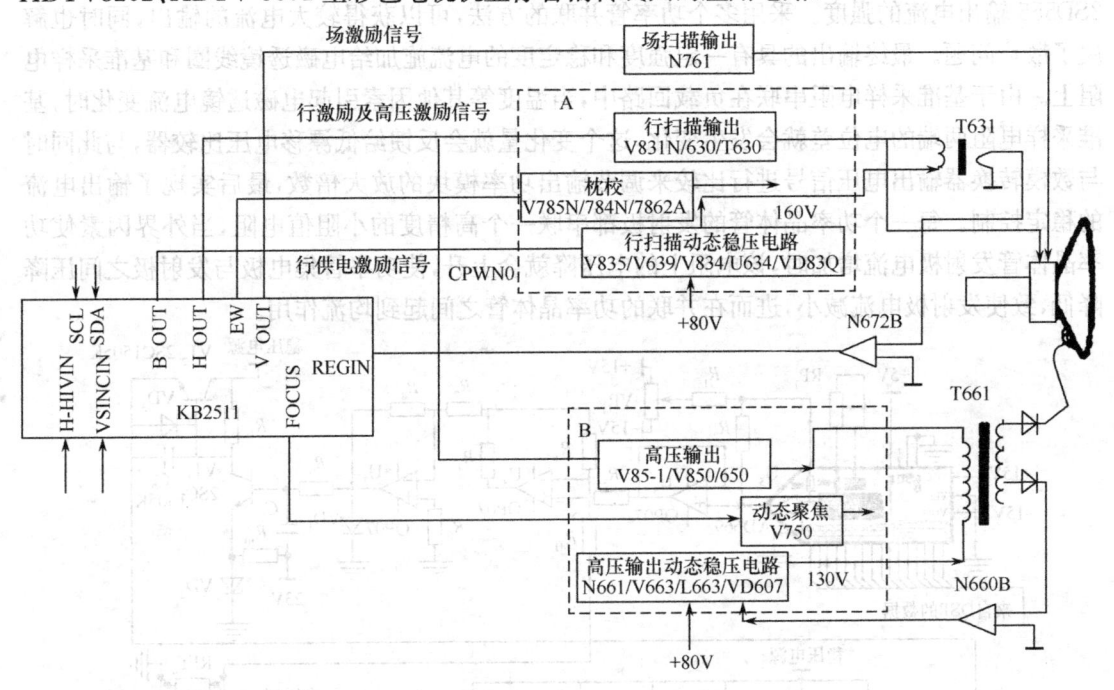

图 2-40 彩色电视机显像管偏转线圈应用电路

② 黑白电视机显像管偏转线圈应用电路。图 2-41 所示的电路是红岩 SQ-3528 型黑白电视机显像管场偏转线圈的应用电路。

③ 电磁透镜线圈的典型应用电路。如图 2-42 所示的电路就是透射电子显微镜中对电子枪发射的电子束进行磁聚焦的磁透镜线圈的应用电路。透射电子显微镜磁透镜线圈中流过电流的稳定度是磁透镜对电子束进行聚焦的关键。其稳流原理为:设备启动后,根据电子光学的要求,计算机将各磁透镜的电流参数发送给 DSP 控制单元,它依次选通各磁透镜稳流单元,将所对应的电流参数经光电隔离器传输给磁透镜稳流单元的数模转换器 AD669,经数模转换后的模拟电压加到高精度低漂移运放 OP07 上,再经电流输出前置驱动来调节功率晶体管

图 2-41 黑白电视机显像管偏转线圈应用电路

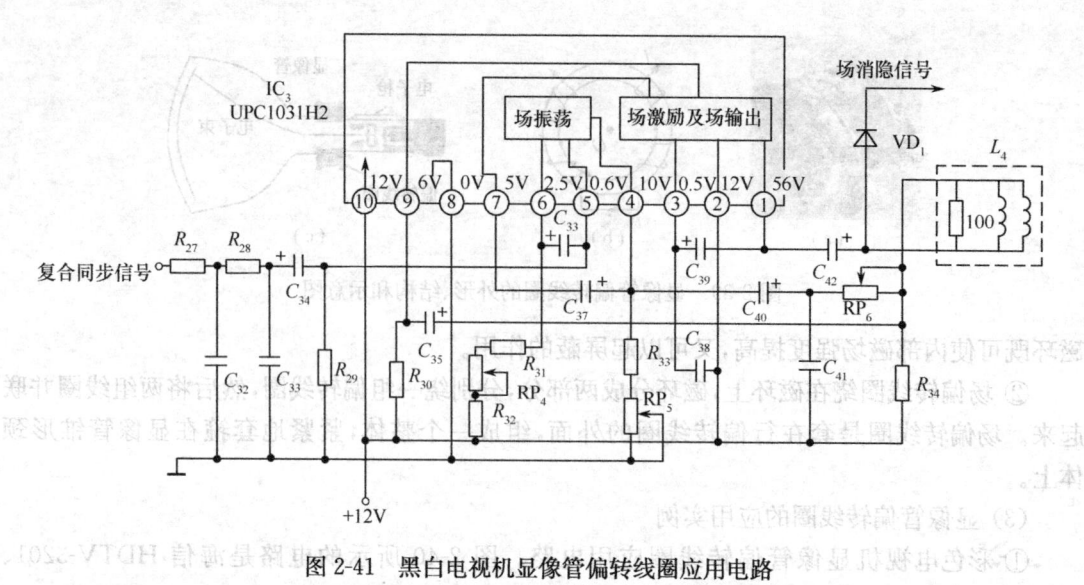

2SD555输出电流的强度。采用多个功率管并联的方法，可以获得较大电流的输出，同时也解决了散热问题。最终输出的具有一定强度和稳定度的电流施加给电磁透镜线圈和基准采样电阻上。由于基准采样电阻串联在负载回路中，当温度等其他因素引起电磁透镜电流变化时，基准采样电阻两端的电位差就会发生变化，这个变化量就会反馈给低漂移电压比较器，与此同时与数模转换器输出电压信号进行比较来调节输出功率模块的放大倍数，最后实现了输出电流的稳定控制。每一个功率晶体管的发射极都串联一个高精度的小阻值电阻，当外界因素使功率晶体管发射极电流增加时，该电阻上的电压降就会上升，使功率管集电极与发射极之间压降降低，致使发射极电流减小，进而在并联的功率晶体管之间起到均流作用。

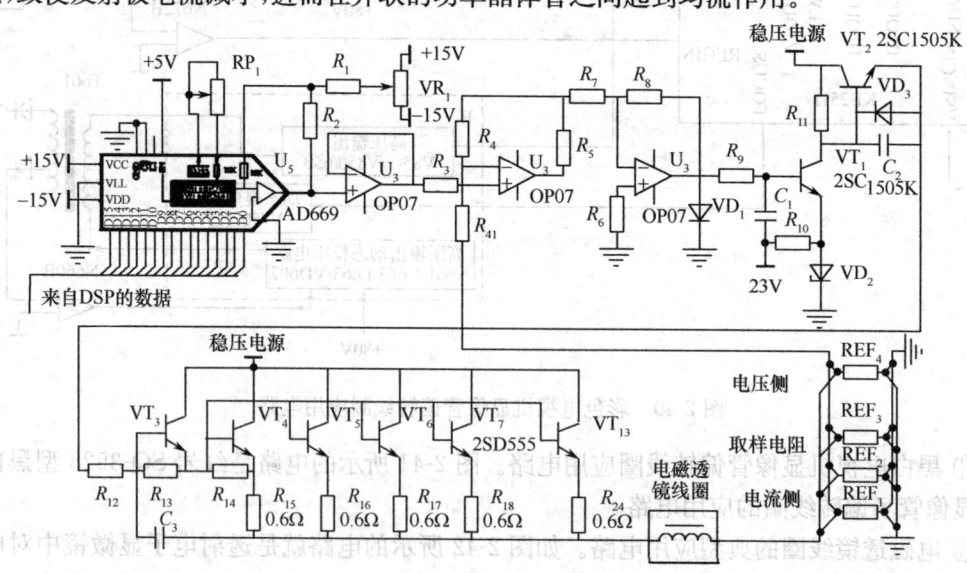

图 2-42 电磁透镜线圈的典型应用电路

7. 电磁加热电感

（1）电磁加热电感的定义

电磁加热电感线圈成平板状，其结构如图 2-43 所示，其主体部分是圆盘状空芯线圈、塑料骨架、铁氧体偏磁棒被黏合剂粘接而成。其工作原理为,当高频大电流通过电磁加热电感线圈时,电流在线圈附近就会产生强大的高频谐振磁场。这种磁场感应到靠近线圈的铁锅内,迅速产生强大的铁芯损耗,即铁损热。铁锅越厚电阻率就会越低,其产生的热量就越大,锅就越热得快。

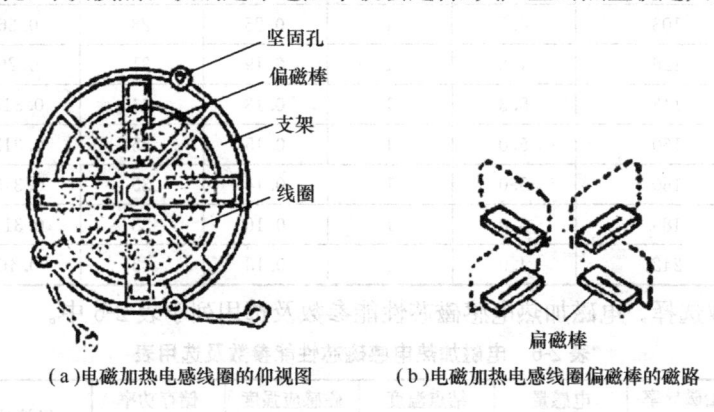

(a)电磁加热电感线圈的仰视图　　(b)电磁加热电感线圈偏磁棒的磁路

图 2-43　电磁加热电感线圈的结构示意图

(2) 电磁加热电感的特点

电磁加热电感线圈是在高温高湿的环境下工作的,因此制作电磁加热电感线圈必须考虑如下几点:

① 辅材选择参数。能耐高温和高湿,且加工工艺简单而价格又低廉的塑料骨架材料的选择列于表 2-3 中,黏合剂的选择列于表 2-4 中。

表 2-3　可选塑料部分参数性能和选用表

参数 代号	最高软化温度 /℃	冲击强度 /(kg/m²)	抗电强度 /(kV/mm)	经济性	选用程度
PF	≥180	5	10～16	好	可选用
UP	≥230	8	14～16	成型性好	暂不用
PBTP	≥210	10	18～24	较好	可选用
PETP	≥210	10	18～24	较好	可选用
PPS	≥240	10	18～24	较贵	不选用

注:塑料中均应掺入一定比例的玻璃纤维。

表 2-4　可选黏合剂参数性能和选用表

参数 名称	耐温温度 /℃	固化温度 /℃	固化时间 /h	黏接能力	选用性
乙烯基酚醛	≥130	20～60	24	较弱	不选用
环氧树脂	≥150	120～160	4	强	不选用
改性环氧树脂	≥190	70～100	1	强	选用
有机硅胶	≥320	100～150	12	弱	不选用

注:表中各黏合剂的抗电强度均大于 20kV/mm。

② 线圈选择参数。电磁加热电感线圈主要性能参数列于表 2-5 中。

表2-5 电磁加热电感线圈主要性能参数表

参数序号	电感量$L(\pm 3\%)$/μH	Q值($\geq$)	测试频率/kHz	直流电阻D/Ω	匝数N/N	线径ϕ/mm	交合股数/股
1	103	4.5	1	0.25	28	0.26	17
2	126	4.8	1	0.19	31	0.26	26
3	143	5.3	1	0.13	33	0.315	24
4	160	5.0	1	0.15	35	0.315	20
5	160	5.0	1	0.14	35	0.315	22
6	189	5.0	1	0.16	38	0.315	22
7	242	4.0	1	0.13	43	0.46	12

③ 磁芯参数选择。电磁加热电感磁芯性能参数及选用列于表2-6中。

表2-6 电磁加热电感磁芯性能参数及选用表

参数 种类	初始磁导率μ_i/H/m	电感量L/μH	结点温度T_c/℃	磁感应强度B_m/mT	储存功率P_0/(mW/g)	经济性	选用程度
Mn-Zn(A)	2000	360	180	500	≥ 10	差	可用
Mn-Zn(B)	400	300	260	360	≥ 14	好	勉强用
Mn-Cu-Zn	700	330	220	350	≥ 15	好	用
Ni-Zn	700	330	140	320	≥ 13	差	不可用

④ 漆包线的选择。电磁加热电感线圈漆包线性能参数及选用列于表2-7中。

表2-7 电磁加热电感漆包线性能参数及选用表

型号	QZ-2	QZY-2	QZYN-2	Q(ZY/XY)-2	QY-2
漆的种类	聚酯漆	聚酯亚胺漆	聚酯亚胺漆自粘漆	聚酯亚胺,聚酰胺亚胺复合漆	聚酰亚胺漆
耐温/℃	150	180	180	200	220
抗电强度/kV	4000	4500	4500	4500	4500
选用情况	不选用	勉强用	勉强用	选用	可用

⑤ 束线的选定。电磁加热电感束线性能参数及选用列于表2-8中。

表2-8 电磁加热电感束线性能参数及选用表

项目 序列	功率/kW	电流/A	单根线径ϕ/mm	束线根数/股	束线截面积S/mm²
1	0.8	3.6	0.26	17	1.0
2	1.2	5.5	0.26	26	1.4
3	1.5	6.8	0.315	22	1.7
4	1.8	8.2	0.315	27	2.1
5	2.2	10	0.35	26	2.5
6	1.8	8.2	0.46	12	2.0

(3) 加热电感的应用实例

① 加热电感应用实例1。使用加热电感构成的永华∑MO-88电磁炉电路如图2-44所示。

② 加热电感应用实例2。使用加热电感构成的三角牌C18B电磁灶电路如图2-45所示。

③ 加热电感应用实例3。使用加热电感构成的HF-10型电磁炉电路如图2-46所示。

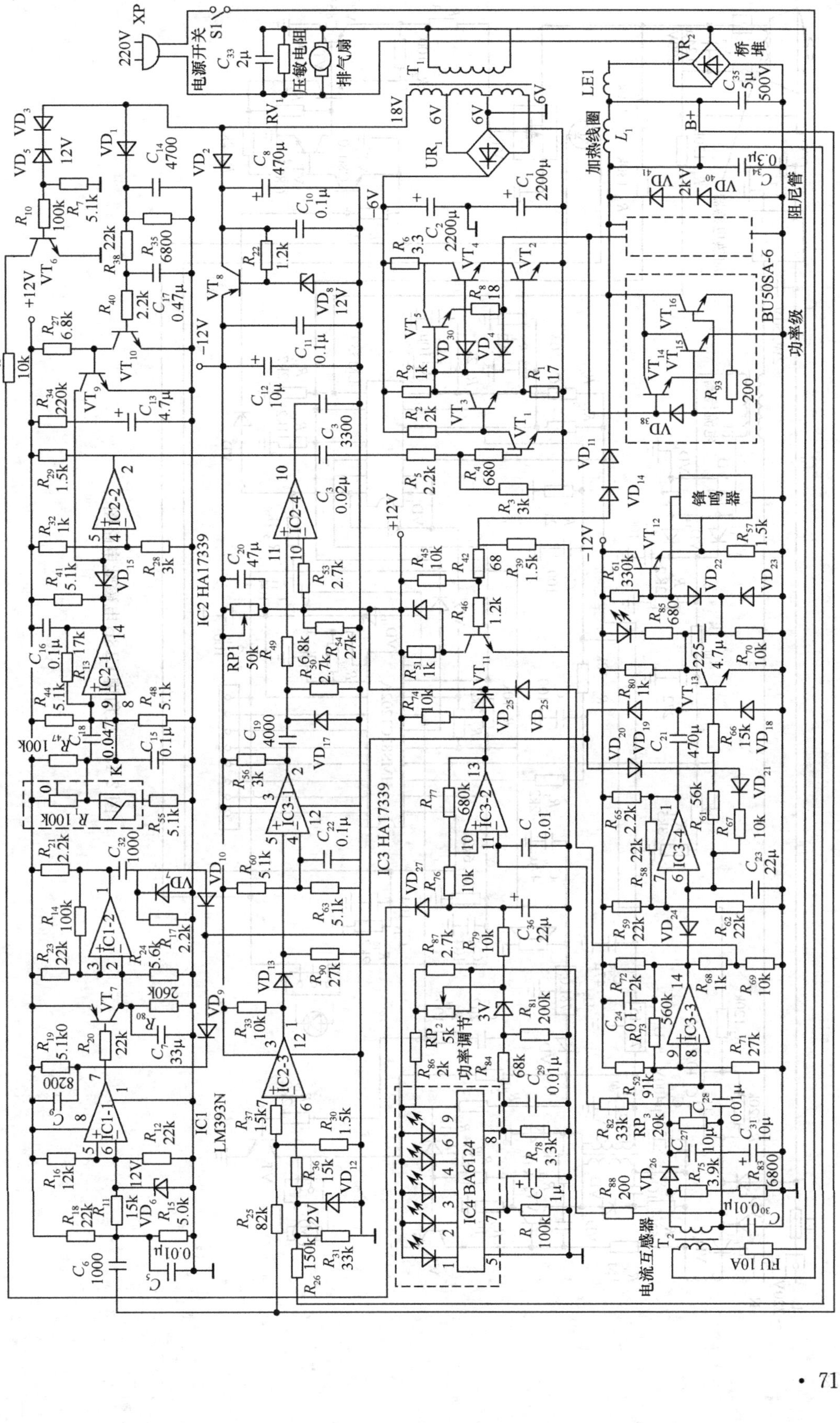

图 2-44 永华ΣMO-88 电磁炉电路图

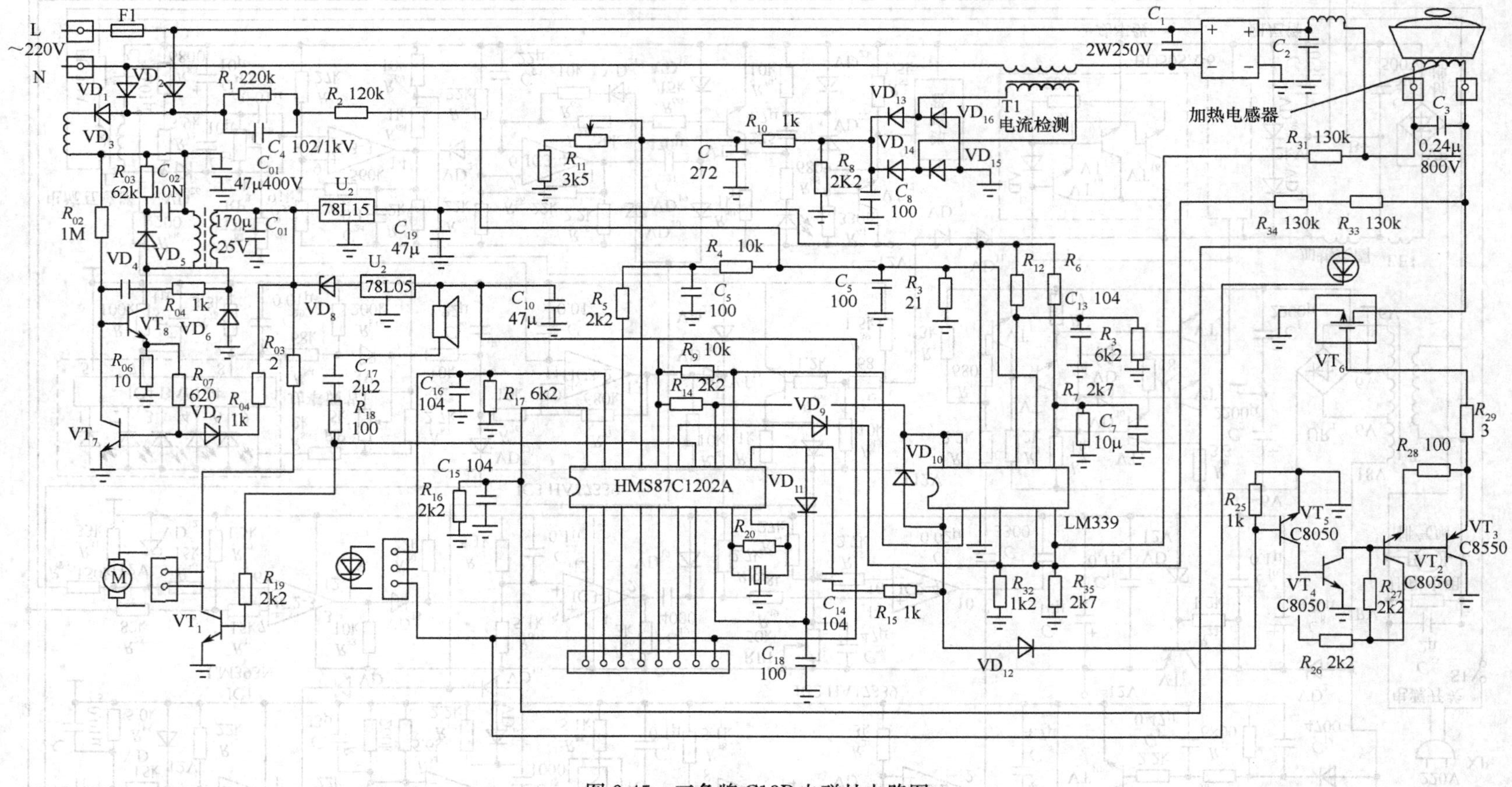

图 2-45 三角牌 C18B 电磁灶电路图

图 2-46 HF-10 型电磁炉电路图

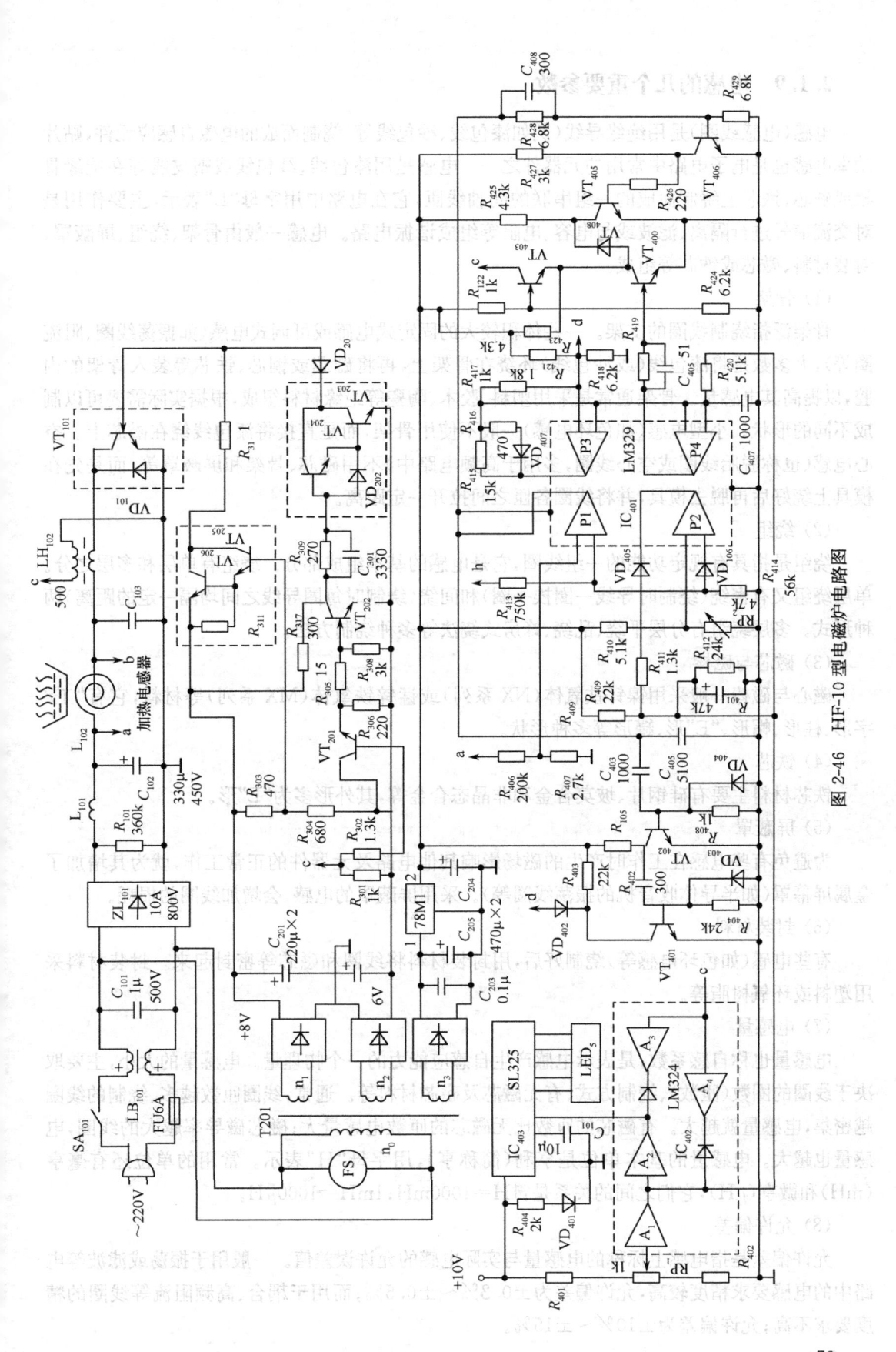

2.1.9 电感的几个重要参数

电感(电感线圈)是用绝缘导线(例如漆包线、纱包线等)绕制而成的电磁自感应元件,贴片功率电感也是电子电路中常用的元器件之一。电感是用漆包线、纱包线或塑皮线等在绝缘骨架或磁芯、铁芯上绕制而成的一组串联的同轴线匝,它在电路中用字母"L"表示,主要作用是对交流信号进行隔离、滤波或与电容、电阻等组成谐振电路。电感一般由骨架、绕组、屏蔽罩、封装材料、磁芯或铁芯等组成。

(1) 骨架

骨架泛指绕制线圈的支架。一些体积较大的固定式电感或可调式电感(如振荡线圈、阻流圈等),大多数是将漆包线(或纱包线)环绕在骨架上,再将磁芯或铜芯、铁芯等装入骨架的内腔,以提高其电感量。骨架通常是采用塑料、胶木、陶瓷等绝缘材料组成,根据实际需要可以制成不同的形状。小型电感(如色环电感)一般不使用骨架,而是直接将漆包线绕在磁芯上。空心电感(也称脱胎线圈或空心线圈,多用于高频电路中)不用磁芯、骨架和屏蔽罩等,而是先在模具上绕好后再脱去模具,并将线圈各匝之间拉开一定距离。

(2) 绕组

绕组是指具有规定功能的一组线圈,它是电感的基本组成部分。绕组有单层和多层之分。单层绕组又有密绕(绕制时导线一圈挨一圈)和间绕(绕制时每圈导线之间均隔一定的距离)两种形式。多层绕组有分层平绕、乱绕、蜂房式绕法等多种绕制方法。

(3) 磁芯与磁棒

磁心与磁棒一般采用镍锌铁氧体(NX 系列)或锰锌铁氧体(MX 系列)等材料,它有"工"字形、柱形、帽形、"E"形、罐形等多种形状。

(4) 铁芯

铁芯材料主要有硅钢片、坡莫合金和非晶态合金等,其外形多为"E"形。

(5) 屏蔽罩

为避免有些电感在工作时产生的磁场影响其他电路及元器件的正常工作,就为其增加了金属屏幕罩(如半导体收音机的振荡线圈等)。采用屏蔽罩的电感,会增加线圈的损耗。

(6) 封装材料

有些电感(如色环电感等)绕制好后,用封装材料将线圈和磁芯等密封起来。封装材料采用塑料或环氧树脂等。

(7) 电感量

电感量也称自感系数,是表示电感产生自感应能力的一个物理量。电感量的大小,主要取决于线圈的圈数(匝数)、绕制方式、有无磁芯及磁芯材料等。通常,线圈匝数越多、绕制的线圈越密集,电感量就越大。有磁芯的匝数比无磁芯的匝数电感量大;磁芯磁导率越大的线圈,电感量也越大。电感量的基本单位是亨利(简称亨),用字母"H"表示。常用的单位还有毫亨(mH)和微亨(μH),它们之间的关系是:1H=1000mH;1mH=1000μH。

(8) 允许偏差

允许偏差是指电感上标称的电感量与实际电感的允许误差值。一般用于振荡或滤波等电路中的电感要求精度较高,允许偏差为±0.2%～±0.5%;而用于耦合、高频阻流等线圈的精度要求不高;允许偏差为±10%～±15%。

(9) 品质因数

品质因数也称 Q 值或品质因数，是衡量电感质量的主要参数。它是指电感在某一频率的交流电压下工作时，感抗 X_L 与其等效的电阻的比值，即：$Q = X_L/R$。线圈的 Q 值愈高，回路的损耗愈小。线圈的 Q 值与导线的直流电阻，骨架的介质损耗，屏蔽罩或铁芯引起的损耗，高频趋肤效应的影响等因素有关。线圈的 Q 值通常为几十到一百。电感的品质因数的高低与线圈导线的直流电阻、线圈骨架的介质损耗及铁芯、屏蔽罩等引起的损耗等有关。

(10) 分布电容

分布电容是指线圈的匝与匝之间、匝与层之间、匝与磁芯之间存在的电容。电感的分布电容越小，其稳定性越好。

(11) 额定电流

额定电流是指电感正常工作时允许通过的最大电流值。若工作电流超过额定电流，则电感就会因发热而使性能参数发生改变，甚至还会因过流而烧毁。

2.1.10 磁珠

1. 磁珠与电感的区别

磁珠是专门用于抑制信号线、电源线上，也就是传输线上的高频噪声和尖峰干扰的，同时还具有吸收静电脉冲的能力。磁珠所吸收的噪声和尖峰干扰是超高频信号，像一些 RF 电路、PLL 电路、振荡电路、含超高频存储器电路(DDR SDRAM,RAMBUS)等均需要在电源输入部分加磁珠，而电感是一种蓄能元件，用在 LC 振荡电路，中低频的滤波电路等，其应用频率范围很少超过 50MHz。

磁珠的功能主要是消除存在于传输线结构(电路)中的 RF 噪声，RF 能量是叠加在直流传输电平上的交流正弦波成分，直流成分是需要的有用信号，而射频 RF 能量却是无用的电磁干扰沿着线路传输和辐射(EMI)。要消除这些不需要的信号能量，使用片式磁珠扮演高频电阻的角色(衰减器)，该器件允许直流信号通过，而滤除交流信号。通常高频信号为 30MHz 以上，然而，低频信号也会受到片式磁珠的影响。

磁珠有很高的电阻率和磁导率，它等效于电阻和电感串联，但电阻值和电感值都随频率变化。它比普通的电感有更好的高频滤波特性，在高频时呈现阻性，所以能在相当宽的频率范围内保持较高的阻抗，从而提高调频滤波效果。

作为电源滤波，可以使用电感。磁珠的电路符号就是电感的符号，但是型号上可以看出使用的是磁珠在电路功能上，磁珠和电感是原理相同，只是频率特性不同罢了。磁珠由铁氧体组成，电感由磁芯和线圈组成，磁珠把交流信号转化为热能，电感把交流存储起来，缓慢的释放出去。磁珠对高频信号才有较大的阻碍作用，一般规格有 100Ω/100mHz，它在低频时电阻比电感小得多。铁氧体磁珠是目前应用最广泛的一种抗干扰组件，它廉价、易用，滤除高频噪声效果非常显著。

在电路中只要导线穿过它即可。当导线中电流穿过时，铁氧体对低频电流几乎没有什么阻抗，而对较高频率的电流会产生较大衰减作用。高频电流在其中以热量形式散发，其等效电路为一个电感和一个电阻串联，两个组件的值都与磁珠的长度成比例。磁珠种类很多，制造商应提供技术指标说明，特别是磁珠的阻抗与频率的关系曲线。

有的磁珠上有多个孔洞，用导线穿过时可通过增加穿过的匝数来增加组件的阻抗，不过在高频时所增加的抑制噪声能力不可能如预期的多，而用多串联几个磁珠的办法会更好一些。

铁氧体是磁性材料,会因通过电流过大而产生磁饱和,磁导率急剧下降。大电流滤波应采用结构上专门设计的磁珠,还要注意其散热措施。铁氧体磁珠不仅可用于电源电路中滤除高频噪声(可用于直流和交流输出),还可广泛应用于其他电路,其体积可以做得很小。特别是在数字电路中,由于脉冲信号含有频率很高的高次谐波,也是电路高频辐射的主要根源,所以可在这种场合发挥磁珠的作用。

2. 磁珠的原理

磁珠的主要原料为铁氧体。铁氧体是一种立方晶格结构的亚铁磁性材料。铁氧体材料为铁镁合金或铁镍合金,它的制造工艺和机械性能与陶瓷相似,颜色为灰黑色。电磁干扰滤波器中经常使用的一类磁芯就是铁氧体材料,许多厂商都提供专门用于电磁干扰抑制的铁氧体材料。这种材料的特点是高频损耗非常大,具有很高的磁导率,它可以是电感的线圈绕组之间在高频高阻的情况下产生的电容最小。对于抑制电磁干扰用的铁氧体,最重要的性能参数为磁导率 μ 和饱和磁通密度 B_s。磁导率 μ 可以表示为复数,实数部分构成电感,虚数部分代表损耗,随着频率的增加而增加。因此,它的等效电路为由电感 L 和电阻 R 组成的串联电路,L 和 R 都是频率的函数。当导线穿过这种铁氧体磁芯时,所构成的电感阻抗在形式上是随着频率的升高而增加,但是在不同频率时其机理是完全不同的。

在低频段,阻抗由电感的感抗构成,低频时 R 很小,磁芯的磁导率较高,因此电感量较大,L 起主要作用,电磁干扰被反射而受到抑制,并且这时磁芯的损耗较小,整个器件是一个低损耗、高 Q 特性的电感,这种电感容易造成谐振因此在低频段,有时可能会出现使用铁氧体磁珠后干扰增强的现象。在高频段,阻抗由电阻成分构成,随着频率升高,磁芯的磁导率降低,导致电感的电感量减小,感抗成分减小。但是,这时磁芯的损耗增加,电阻成分增加,导致总的阻抗增加,当高频信号通过铁氧体时,电磁干扰被吸收并转换成热能形式而耗散掉。

铁氧体抑制元件广泛应用于印制电路板、电源线和数据线上。如在印制板的电源线入口端加上铁氧体抑制元件,就可以滤除高频干扰。铁氧体磁环或磁珠专用于抑制信号线、电源线上的高频干扰和尖峰干扰,它也具有吸收静电放电脉冲干扰的能力。两个元件的数值大小与磁珠的长度成正比,而且磁珠的长度对抑制效果有明显影响,磁珠长度越长抑制效果越好。

3. 磁珠的选择

(1) 片式磁珠

片式磁珠的功能主要是消除存在于传输线结构(PCB 电路)中的 RF 噪声,RF 能量是叠加在直流传输电平上的交流正弦波成分,直流成分是需要的有用信号,而射频 RF 能量却是无用的电磁干扰沿着线路传输和辐射(EMI)。要消除这些不需要的噪声能量,使用片式磁珠扮演高频电阻的角色(衰减器),该器件允许直流信号通过,而滤除交流信号。通常高频信号为 30MHz 以上,然而,低频信号也会受到片式磁珠的影响。

片式磁珠由软磁铁氧体材料组成,构成高体积电阻率的独石结构。涡流损耗同铁氧体材料的电阻率成反比。涡流损耗随信号频率的平方成正比。使用片式磁珠的好处为:小型化和轻量化。在射频噪声频率范围内具有高阻抗,消除传输线中的电磁干扰。闭合磁路结构,更好地消除信号的串绕,极好的磁屏蔽结构。降低直流电阻,以免对有用信号产生过大的衰减。

① 显著的高频特性和阻抗特性(更好的消除 RF 能量)。在高频放大电路中消除寄生振荡。有效地工作在几个兆赫兹到几百兆赫兹的频率范围内。要正确地选择磁珠,必须注

意以下几点：不需要信号的频率范围为多少；噪声源是谁；需要多大的噪声衰减；环境条件是什么（温度，直流电压，结构强度）；电路和负载阻抗是多少；是否有空间在PCB板上放置磁珠等。

② 使用片式磁珠和片式电感的原因。使用片式磁珠还是片式电感主要还在于：应用在谐振电路中需要使用片式电感，而需要消除不需要的EMI噪声时，使用片式磁珠是最佳的选择。

③ 片式磁珠和片式电感的应用场合。片式电感的应用场合为：射频（RF）和无线通讯，信息技术设备，雷达检波器，汽车电子，蜂窝电话，寻呼机，音频设备，PDAs（个人数字助理），无线遥控系统以及低压供电模块等。片式磁珠的应用场合为：时钟发生电路，模拟电路和数字电路之间的滤波，输入/输出内部连接器（比如串口、并口、键盘、鼠标、长途电信、本地局域网），射频（RF）电路和易受干扰的逻辑设备之间，供电电路中滤除高频传导干扰，计算机、打印机、录像机（VCRS）、电视系统和手提电话中的EMI噪声抑止。

(2) 大电流贴片积层磁珠

采用封闭磁路结构，可高密度安装、并避免干扰，良好的焊锡性、及耐热性，大电流达6A。

4. 磁珠的物理特性

(1) 磁珠的单位

磁珠的单位是欧姆，而不是亨特，这一点要特别注意。因为磁珠的单位是按照它在某一频率产生的阻抗来标称的，阻抗的单位也是欧姆。磁珠的参数表中一般会提供频率和阻抗的特性曲线图，一般以100MHz为标准，比如600R@100MHz，意思就是在100MHz频率时磁珠的阻抗相当于600Ω。

(2) 吸收滤波器

普通滤波器是由无损耗的电抗元件构成的，它在线路中的作用是将阻滞频率反射回信号源，所以这类滤波器又叫反射滤波器。当反射滤波器与信号源阻抗不匹配时，就会有一部分能量被反射回信号源，造成干扰电平的增强。为解决这一弊病，可在滤波器的进线上使用铁氧体磁环或磁珠，利用滋环或磁珠对高频信号产生涡流损耗，把高频成分转化为热损耗，因此磁环和磁珠实际上对高频成分起吸收作用，所以有时也称之为吸收滤波器。

(3) 磁珠的频率特性

不同的铁氧体抑制元件，有不同的最佳抑制频率范围。通常磁导率越高，抑制的频率就越低。此外，铁氧体的体积越大，抑制效果越好。在体积一定时，长而细的形状比短而粗的抑制效果好，内径越小抑制效果也越好。但在有直流或交流偏流的情况下，还存在铁氧体饱和的问题，抑制元件横截面越大，越不易饱和，可承受的偏流越大。

(4) EMI吸收磁环/磁珠

EMI吸收磁环/磁珠抑制差模干扰时，通过它的电流值正比于其体积，两者失调造成饱和，降低了元件性能；抑制共模干扰时，将电源的两根线（正负）同时穿过一个磁环，有效信号为差模信号，EMI吸收磁环/磁珠对其没有任何影响，而对于共模信号则会表现出较大的电感量。磁环的使用中还有一个较好的方法是让穿过磁环的导线反复绕几下，以增加电感量。可以根据它对电磁干扰的抑制原理，合理使用它的抑制作用。

(5) 铁氧体抑制元件应当安装在靠近干扰源的地方

对于输入/输出电路，应尽量靠近屏蔽壳的进、出口处。对铁氧体磁环/磁珠构成的吸收滤波器，除了应选用高磁导率的有耗材料外，还要注意它的应用场合。它们在线路中，对高频成分所呈现的电阻大约是十至几百欧姆，因此它在高阻抗电路中的作用并不明显，相反，在低阻抗电路(如功率分配、电源或射频电路)中使用将非常有效。

5. 磁珠的外形
磁珠的外形如图 2-47 所示。

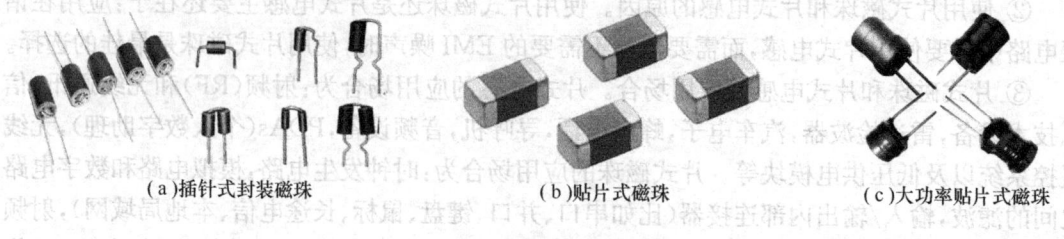

(a)插针式封装磁珠　　　　(b)贴片式磁珠　　　　(c)大功率贴片式磁珠

图 2-47　磁珠的外形图

6. 尖峰抑制磁珠
(1) 尖峰抑制磁珠的工作原理

非晶磁珠是一个具有外径 D、内径 d 和高度 h 的小型环形磁芯的单匝电感,穿在二极管任意一端的引线上作为一匝可饱和电感,用来抑制二极管反向恢复电流。以图 2-48 为例说明尖峰抑制磁珠抑制反向电流所引起尖峰的机理。

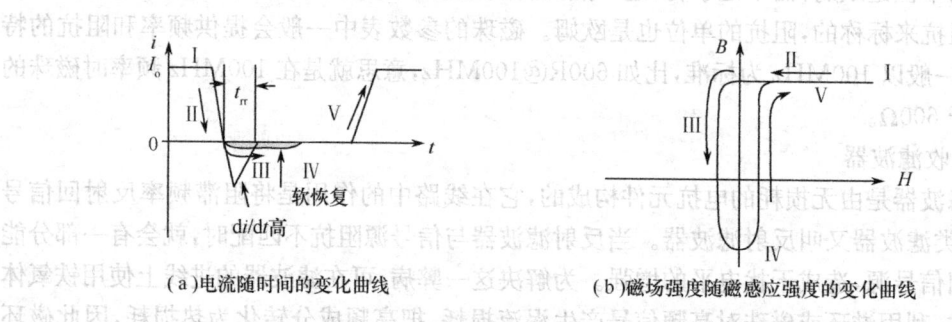

(a)电流随时间的变化曲线　　　　(b)磁场强度随磁感应强度的变化曲线

图 2-48　尖峰磁珠抑制二极管反向恢复电流的机理

当二极管导通时,流过电流 I_0[图 2-48(a)中的"Ⅰ"]使尖峰抑制磁珠饱和[图 2-48(b)中的"Ⅰ"],磁导率为空气磁导率 μ_0,磁珠的等效电感很小,相当于导线的电感。当二极管关断时,其正向电流 I_0 减小到零[图 2-48(a)中"Ⅱ"]时,磁芯沿着磁化曲线"Ⅱ"去磁直到纵坐标上的 B_r 值为止,磁芯仍呈现低阻抗值。由于二极管存在存储电荷仍然处于导通状态,而电路中存在的反向电压试图流过反向电流。若没有磁珠,在反向电压的作用下就会流过很大的反向恢复电流[图 2-48(a)中虚线所示],该大电流在寄生电感中存储能量,然后进入反向恢复时间 t_{rr},二极管反向电流下降。该反向恢复电流下降时就会造成很大的电压尖峰和电路噪声。当穿入磁珠时,二极管在反向电压的作用下开始试图流过反向电流的同时,磁珠退出饱和呈现很大的阻抗,只有极小的反向电流[图 2-48(a)中过零阴影部分"Ⅲ"]使磁芯沿磁化曲线"Ⅲ"段去磁,这里磁导率非常高,视在电感很大,有效地阻止了由于过高的 di/dt 而引起的反向恢复电流,使硬恢复变成软恢复,从而使电路噪声大大降低。磁化能量绝大部分变成了磁滞损耗和涡流损耗。

若在二极管反向恢复时间内,磁珠的伏秒足够大及二极管反向阻断[图 2-48(a)中"Ⅳ"]前没有反向饱和[图 2-48(b)中"Ⅳ"点],二极管完全恢复,则电路噪声基本上可以被抑制掉。当二极管再次导通[图 2-48(a)中"Ⅴ"]时,磁珠仍处于高阻抗,仍然可以减小二极管正向电流的上升率。在大功率二极管中,有利于改善二极管的正向恢复特性。磁芯被正向电流经"Ⅴ"向饱和磁化。这样往返循环不断重复"Ⅰ～Ⅴ"的过程。从其工作原理上就可以看出,磁珠具有良好的抑制噪声性能。

(2) 尖峰抑制磁珠的选择

要完全抑制反向恢复电流,磁珠的伏秒必须满足下式:

$$\phi_c = 2B_s A_e \geq \pi U_r t_{rr} (\text{Wb}) \tag{2-22}$$

式中,ϕ_c 为磁珠的总磁通,单位为 Wb;U_r 为施加在磁珠上的电压,单位为 V;t_{rr} 为二极管的反向恢复时间,单位为 s。根据式(2-22)便可选择合适的磁珠了。若一个磁珠的磁通不能满足该公式的要求时,可选用多个磁珠分别串在二极管的阴极或阳极引线上。若仍不能满足要求时,则应选用噪声抑制器了。

(3) 设计举例

设计一个抑制正激变换器输出续流二极管尖峰的抑制磁珠。正激变换器续流二极管参数:输出电压 $U_o=12\text{V}$,反向恢复时间 $t_{rr}=35\text{ns}$,占空比 $D=0.3$。

将所给定的参数代入式(2-22)便可得到:

$$\phi_c \geq U_c t_{rr} = \frac{12 \times 35 \times 10^{-9}}{0.3} = 1.4 \mu\text{Wb}$$

由磁芯规格表中可查得应选用 AB3×2×6Wb 的磁芯,其 $\phi_c=1.8\mu\text{Wb}>1.4\mu\text{Wb}$,满足要求。

7. 噪声抑制器

若电压高,反向恢复时间长,采用尖峰抑制磁珠不能满足要求时,可采用噪声抑制器。噪声抑制器与尖峰抑制磁珠相似,也是采用环形磁芯制成的,不同的是采用较大的环形磁芯,绕制多匝而成的饱和电感。与磁放大器十分相似,要抑制电路中的噪声必须满足下式:

$$\phi_c A_w \geq 1.5 U_r I_o t_{rr} (\text{Wb}) \tag{2-23}$$

式中,ϕ_c 为噪声抑制器的总磁通,单位为 Wb;A_w 为线圈窗口面积,单位为 mm²;U_r 为噪声抑制器上的电压,单位为 V;t_{rr} 为二极管的反向恢复时间,单位为 s。

根据式(2-23)选择合适的噪声抑制器磁芯。一旦选择好了噪声抑制器,就可以估算线圈的匝数和导线的参数了。

线圈导线直径的计算:

$$d \geq 1.5 \sqrt{I_o} \tag{2-24}$$

式中,I_o 为噪声抑制器上流过的电流,单位为 A。

线圈匝数的计算:

$$N \geq \frac{3U_o t_{rr}}{\phi_c} \tag{2-25}$$

式中,U_o 为噪声抑制器的输出电压,单位为 V。

设计举例:为正激变换器的续流二极管选择一个噪声抑制器。正激变换器的续流二极管电路参数:输出电压 $U_o=24\text{V}$,反向恢复时间 $t_{rr}=60\text{ns}$,占空比 $D=0.3$。

(1) 选择磁芯材料

将电路参数代入式(2-23)中得到

$$\phi_c A_w \geq 1.5 U_r I_o t_{rr} = \frac{1.5 \times 24 \times 2 \times 60 \times 10^{-9}}{0.3} = 14.4 \mu Wb$$

从磁芯规格表中可查得,应选用 SA7×6×4.5 磁芯较为合适。

(2) 计算线圈导线直径

将数据代入式(2-24)中得到

$$d \geq 0.5 \times \sqrt{2} \approx 0.7 mm$$

应选择线径为 0.7mm 的导线。

(3) 计算线圈匝数

由 SA7×6×4.5 查的 $\phi_c = 1.82 \times 10^{-6}$ Wb,并将有关参数代入式(2-25)中便可得到

$$N \geq \frac{3 U_c t_{rr}}{\phi_c} = \frac{24 \times 3 \times 60 \times 10^{-9}}{0.3 \times 1.82 \times 10^{-6}} \approx 7.9 \rightarrow 8(匝)$$

最后结果为:磁芯选用 SA7×6×4.5,线圈导线直径为 0.7mm,线圈匝数为 8 匝。所计算结果仅仅是估算,还要经过试验验证后进行调整才能定型。

8. 磁珠的应用实例

(1) 起谐振电感作用的应用电路。如图 2-49 所示的电路就是一例使用 35608 型磁珠起谐振电感的 30W LED 驱动器的应用电路。

(2) 起抑制浪涌电流作用的应用电路。如图 2-50 所示的电路就是一例使用磁珠来抑制浪涌电流的应用电路。

(3) 起 EMC 作用的应用电路。如图 2-51 所示的电路就是一例利用磁珠来满足 EMC 要求的应用电路。

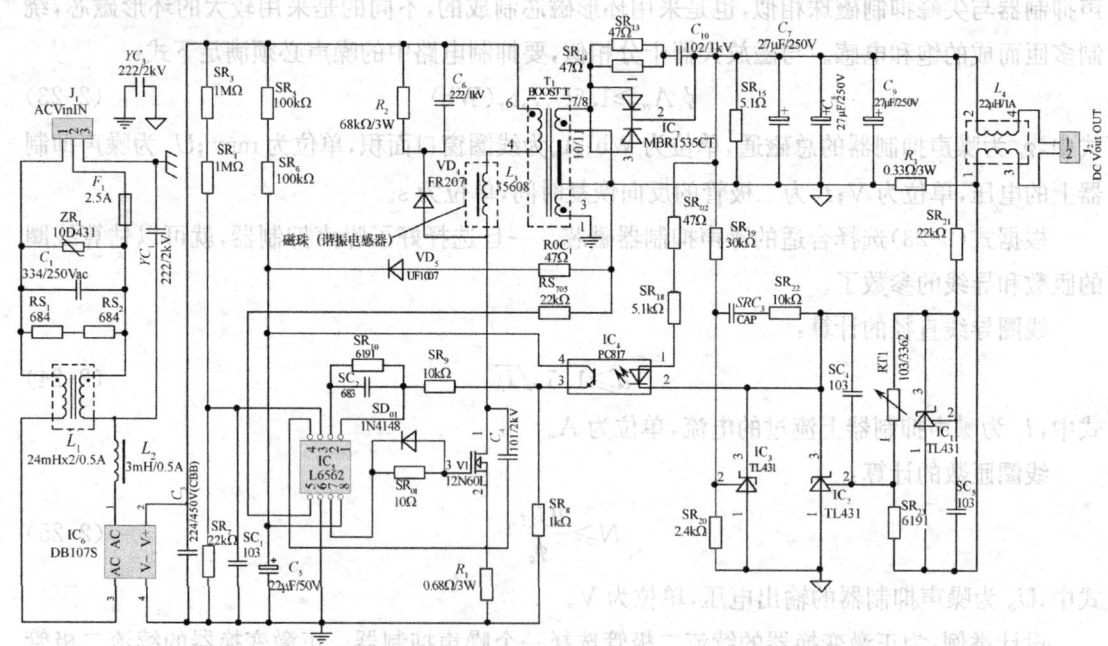

图 2-49 使用 35608 型磁珠起谐振电感的 30W LED 驱动器的应用电路

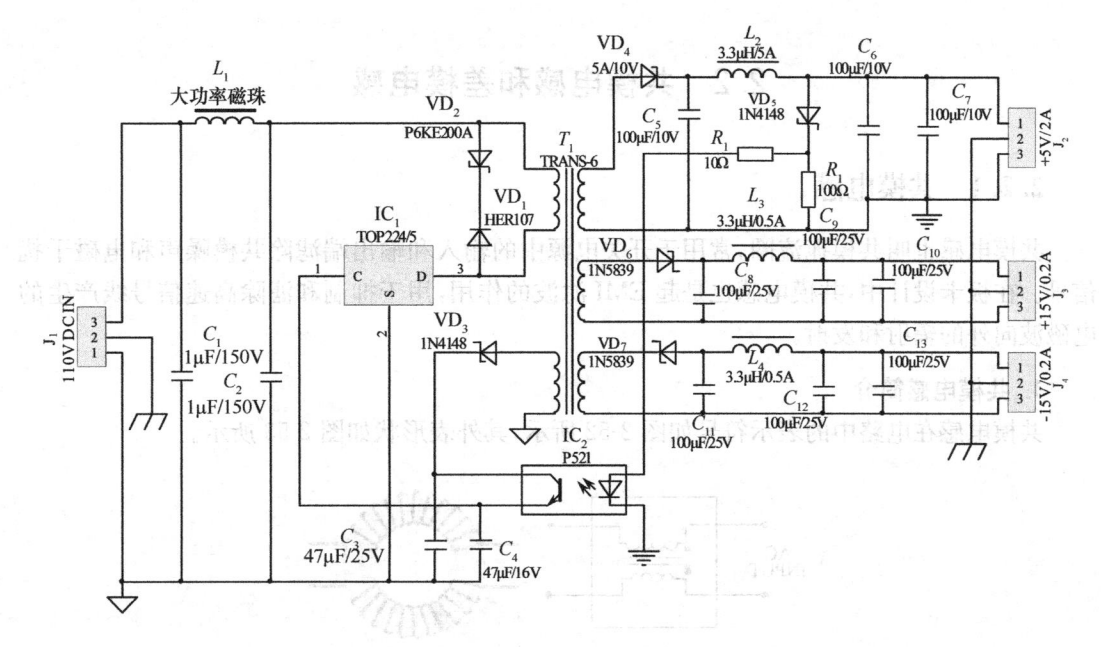

图 2-50 使用磁珠来抑制浪涌电流的应用电路

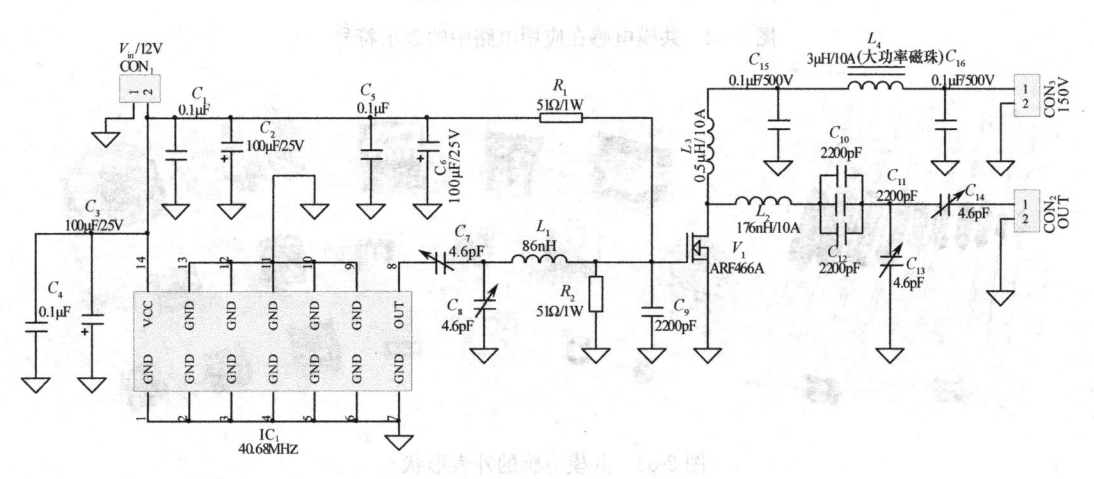

图 2-51 利用磁珠来满足 EMC 要求的应用电路

2.1.11 习题 6

(1) 试分别列举有关磁珠在起 EMC 作用和抑制二极管反向恢复电流的应用实例,并且讲述其中磁珠在电路中的抑制机理。从电路工作原理的角度出发,分别讲述尖峰抑制磁珠与噪声抑制器中的磁珠之间的差别,并且各举出一应用实例。

(2) 为反激式功率变换器的续流二极管选择或设计一个噪声抑制器/尖峰抑制磁珠。反激式功率变换器的续流二极管电路参数:输出电压 $U_o=24V$,反向恢复时间 $t_{rr}=60ns$,占空比 $D=0.3$。

(3) 为 BOOST 式功率变换器的输出续流二极管选择或设计一个尖峰抑制磁珠/噪声抑制器。BOOST式功率变换器的续流二极管参数:输出电压 $U_o=12V$,反向恢复时间 $t_{rr}=35ns$,占空比 $D=0.3$。

(4) 在真正理解图 2-31 和图 2-32 所示的功率因数校正应用电路工作原理的基础上,分别讲述有源功率因数校正应用电路中的电感与逐流式无源功率因数校正应用电路中的电感之间的区别是什么?实际绕制或加工这两种电感时,磁芯、绕线和骨架应如何选择?

2.2 共模电感和差模电感

2.2.1 共模电感

共模电感也叫共模扼流圈,常用于开关电源中的输入和输出端滤除共模噪声和电磁干扰信号。在板卡设计中,共模电感也是起 EMI 滤波的作用,用于抑制和滤除高速信号线产生的电磁波向外的辐射和发射。

1. 共模电感简介

共模电感在电路中的表示符号如图 2-52 所示,其外表形状如图 2-53 所示。

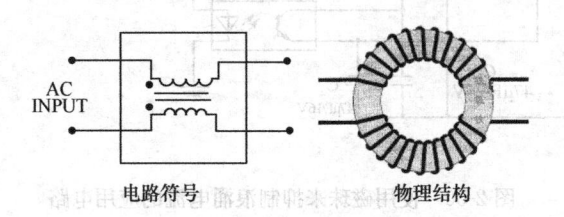

图 2-52 共模电感在应用电路中的表示符号

图 2-53 共模电感的外表形状

共模电感常常被应用在开关稳压电源中,特别是通信电源,其主板上混合了各种高频电路、数字电路和模拟功率变换电路,它们工作时会产生大量高频电磁波互相干扰,这就是电磁辐射(EMI)。EMI 还会通过主板布线或外接线缆向外发射,造成电磁辐射污染,不但影响其他的电子设备正常工作,还对人体有害。PC 板卡上的芯片在工作过程中既是一个电磁干扰对象,也是一个电磁干扰源。总的来说这些电磁干扰可分成两大类:

(1) 差模干扰(串模干扰)

差模干扰有时也叫串模干扰,指的是两条引线之间的干扰。串模干扰电流作用于两条信号线间,其传导方向与波形和信号电流一致。如果板卡产生的共模电流不经过衰减、抑制和滤除(尤其像 USB 和 IEEE 1394 这种高速接口导线上的共模电流),那么共模干扰电流就很容易通过接口数据线产生电磁辐射,这种电磁辐射是在线缆中因共模电流而产生的共模辐射。美国 FCC、国际无线电干扰特别委员会的 CISPR22,以及我国的 GB9254 等标准规范等都对信息技术设备通信端口的共模传导干扰和辐射发射骚扰有相关的限制要求。

(2) 共模干扰(接地干扰)

共模干扰有时也叫接地干扰,则是两条引线和PCB地线之间的电位差引起的干扰。共模干扰电流作用在信号线路和地线之间,干扰电流在两条信号线上各流过二分之一且同向,并以地线为公共回路。

2. 共模电感的作用

为了消除信号线上输入或穿入的干扰信号及感应的各种干扰,我们必须合理安排滤波电路来抑制、滤除和消除共模和差模干扰,共模电感就是滤波电路中的一个组成部分。共模电感实质上是一个双向滤波器:一方面要滤除信号线上共模电磁干扰,另一方面又要抑制本身不向外发出电磁干扰,避免影响同一电磁环境下其他电子设备的正常工作。在实际电路设计中,还可以采用多级共模电路来更好地抑制、滤除和消除电磁干扰。此外,在主板上也能看到一种贴片式的共模电感,其结构和功能与立式或卧式共模电感几乎是一样的。非常适应于电网共模干扰滤除,电子设备和电子仪器抗冲击干扰等领域。

3. 共模电感的性能特点

在一个较宽的频率范围之内为了得到较好抑制、滤除和消除噪声和干扰的效果,共模电感中所使用的磁芯均采用铁镍或铁钼合金。这样加工而成的共模电感具有极高的初始磁导率、高饱和磁感应强度、卓越的温度稳定性和灵活的频率特性。

(1) 高初始磁导率

共模电感具有极高的初始磁导率,是铁氧体的5~20倍,因而具有更大的插入损耗,对传导干扰的抑制作用远大于铁氧体。在低磁场下具有大的阻抗和插入损耗,对干扰具有极好的抑制作用,在较宽的频率范围内呈现出无共振插入损耗特性。

(2) 高饱和磁感应强度

共模电感具有极高的高饱和磁感应强度,一般要比铁氧体高2~3倍,在电流强干扰的场合不易磁化到饱和。

(3) 卓越的温度稳定性

共模电感具有较高的居里温度,在有较大温度波动的情况下,合金的性能变化率明显低于铁氧体,具有优良的稳定性,而且性能的变化接近于线性。

(4) 灵活的频率特性

共模电感具有灵活的频率特性,而且更加灵活地通过调整工艺来得到所需要的频率特性。通过不同的制造工艺,配合适当的线圈匝数可以得到不同的阻抗特性,满足不同波段的滤波要求,使其阻抗值大大高于铁氧体。

4. 共模电感的工作原理

共模电感中差模磁路示意图如图2-54所示。由共模电感构成的共模滤波器电路如图2-55所示,L_a和L_b分别是共模电感中的两个线圈。这两个线圈绕在同一闭合铁芯上,匝数和相位都相同(绕制反向)。这样,当电路中的正常电流流经共模电感线圈时,电流在同相位绕制的电感线圈中产生反向的磁场而相互抵消,此时正常信号电流主要受线圈电阻的影响(少量因漏感造成的阻尼);当有共模电流流经线圈时,由于共模电流的同向性,会在线圈内产生同向的磁场而增大线圈的感抗,使线圈表现为高阻抗,产生较强的阻尼效果,以此衰减共模电流而达到滤波的目的。事实上,将这个滤波电路一端接干扰源,另一端接被干扰设备,则电感线圈L_a和滤波电容C_1,电感线圈L_b和滤波电容C_2就会构成两组低通滤波器,可以使线路上的共模

EMI信号被控制在很低的电平值上。该电路既可以抑制外部的EMI信号传入,又可以衰减线路自身工作时产生的EMI信号向外的辐射,能有效地降低EMI干扰强度,起到双向滤波的作用。

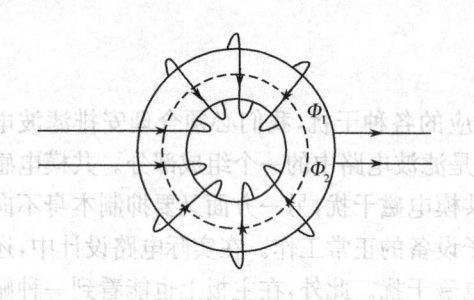

图2-54 共模电感磁路示意图 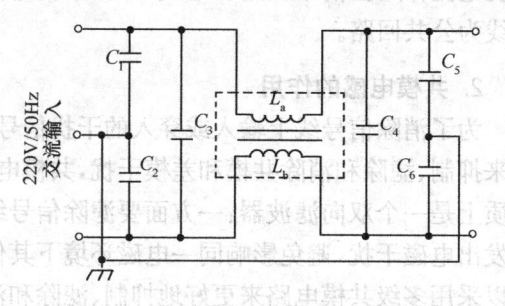   图2-55 由共模电感构成的共模滤波器

5. 共模电感的漏感和差模电感

对理想的电感模型而言,当线圈绕完后,所有磁通都集中在线圈的中心内。但通常情况下环形线圈不会绕满一周,或绕制不紧密,这样会引起磁通的泄漏。共模电感有两个绕组,其间有相当大的间隙,这样就会产生磁通泄漏,并形成差模电感。因此,共模电感一般也具有一定的差模干扰衰减能力。在滤波器的设计中,也可以利用漏感。如在普通的滤波器中,仅安装一个共模电感,利用共模电感的漏感产生适量的差模电感,起到对差模电流的抑制作用。有时,为增加共模扼流圈的漏电感,提高差模电感量,以达到更好的滤波效果。在一些主板上,能看到共模电感,但是在大多数主板上,都会发现省略了该元件,甚至有的连位置也没有预留。不可否认,共模电感对主板高速接口的共模干扰有很好的抑制作用,能有效避免EMI通过线缆形成电磁辐射影响其余外设的正常工作和周边人们的身体健康。但同时也需要指出,板卡的防EMI设计是一个相当庞大、复杂、综合和系统化的工程,采用共模电感的设计只是其中的一个小部分。高速接口处有共模电感设计的板卡,不见得整体防EMI设计就优秀。所以,从共模滤波电路只能看到板卡设计的一个方面,这一点容易被大家忽略,犯下见木不见林的错误。只有了解了板卡整体的防EMI设计,才可以评价板卡EMC的优劣。

滤波器设计时,假定共模与差模是彼此独立的。然而,这两部分并非真正独立,因为共模扼流圈可以提供相当大的差模电感。这部分差模电感可由分立的差模电感来模拟。为了利用差模电感,在滤波器的设计过程中,共模与差模不应同时进行,而应该按照一定的顺序来做。首先,应该测量共模噪声并将其滤除掉。采用差模抑制网络,可以将差模成分消除,因此就可以直接测量共模噪声了。如果设计的共模滤波器要同时使差模噪声不超过允许范围,那么就应测量共模与差模的混合噪声。因为已知共模成分在噪声容限以下,因此超标的仅是差模成分,可用共模滤波器的差模漏感来衰减。对于低功率电源系统,共模扼流圈的差模电感足以解决差模辐射问题,因为差模辐射的源阻抗较小,因此只有极少量的电感是有效的。尽管少量的差模电感非常有用,但太大的差模电感可以使扼流圈发生磁饱和。可根据式(2-26)作简单计算来避免磁饱和现象的发生。

$$I_{Lm} \leq \frac{n \cdot B_{max} \cdot A}{L_{dm}} \tag{2-26}$$

式中,I_{Lm}是差模峰值电流;B_{max}是磁通量的最大偏离;n是线圈的匝数;A是环形线圈的横截面积;L_{dm}是线圈的差模电感。

6. 共模电感的测量与诊断

电源滤波器的设计通常可从共模和差模两方面来考虑。共模滤波器最重要的部分就是共模扼流圈，与差模扼流圈相比，共模扼流圈的一个显著优点在于它的电感值极高，而且体积又小，设计共模扼流圈时要考虑的一个重要问题是它的漏感，也就是差模电感。通常计算漏感的办法是假定它为共模电感的 1%，实际上漏感为共模电感的 0.5%～4% 之间。在设计最优性能的扼流圈时，这个误差的影响是不容忽视的。

7. 共模滤波器

图 2-56 所示电路是一个共模滤波器的等效电路图，由于 C_X 对于共模噪声不起作用，故将其略去，并且以接地点 G 为对称点将电路对折。根据上面合成扼流圈的分析可知，其等效共模电感量为 L_C，两个 C_Y 的等效电容值因并联变成原先的两倍，LISN 提供的两个 50Ω 的电阻负载也并联成为 25Ω 的等效负载。这个 25Ω 的等效负载阻抗可以看作滤波器的负载阻抗，其值相对较小，而通常情况下共模噪声源阻抗 Z_{CM} 一般较大，所以根据滤波器阻抗失配原理，用电感 L_C 与滤波器负载阻抗相串联，用电容与共模噪声源阻抗 Z_{CM} 相并联，在满足 $1/2\omega C_Y \ll Z_{CM}$ 和 $\omega L_C \gg 25\Omega$ 的条件下，阻抗失配极大化，从而滤波器对于共模噪声的插入损耗也尽可能大。容易看出此等效电路为 LC 二阶低通滤波电路，其转折频率为：

$$f_{RCM} = \frac{1}{2\pi \sqrt{L_C \cdot 2C_Y}} \tag{2-27}$$

其插入损耗随着噪声频率以 40dB/dec 的斜率增加。

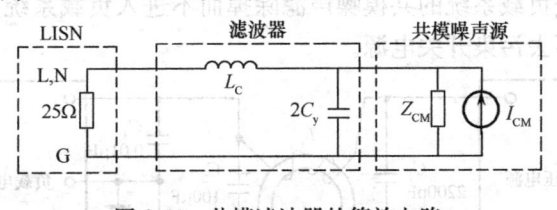

图 2-56　共模滤波器的等效电路

8. 共模滤波器元器件参数的计算

基于以上的分析，便可以计算相应的滤波器元器件参数了。首先根据测得的原始共模与差模噪声，决定需要衰减的噪声频率段与衰减量，求得共差模滤波器的转折频率，然后计算滤波器各个元件的参数。在计算元件参数时应该注意，由于滤波器电感电容值越大，其转折频率越低，对噪声的抑制效果越好，但同时成本和体积也相应增加。而且由材料特性可知，当电感电容值越大时，可持续抑制噪声的频率范围也相对变窄，因此其值不可以取得无限大。考虑到电容对于体积的影响较电感小，而且市场上出售的电容都有固定的电容值，与电感值相比缺乏弹性，故在决定电感电容值时，应优先考虑电容。在计算共模元器件参数时，由于电容 C_Y 受安规限制，其值不能太大，应该选择符合安规的最大值。选取 C_Y 后，利用已经得到的转折频率 f_{RCM}，便可计算出所需共模电感量为：

$$L_C = \left(\frac{1}{2\pi f_{RCM}}\right)^2 \cdot \frac{1}{2C_Y} \tag{2-28}$$

同时滤波器元件值的选择应考虑对滤波器电路本身造成的影响，比如稳定性等。

9. 共模电感的应用

（1）消除电源输入端共模噪声的应用。

如图 2-57 所示的开关电源电路就是一个使用共模电感 T_1 与外接电容一起构成双向共模滤波器的应用电路。该滤波器具有双向滤波的功能，也就是既可将电网上传输进电源的共模噪声滤除掉而不进入电源，又可将电源本身产生的共模噪声滤除掉而不去污染电网。这种滤波器实际上也就是为了满足 EMC 要求而衍生出来的滤波器，因此人们也将其称为 EMC 滤波器。

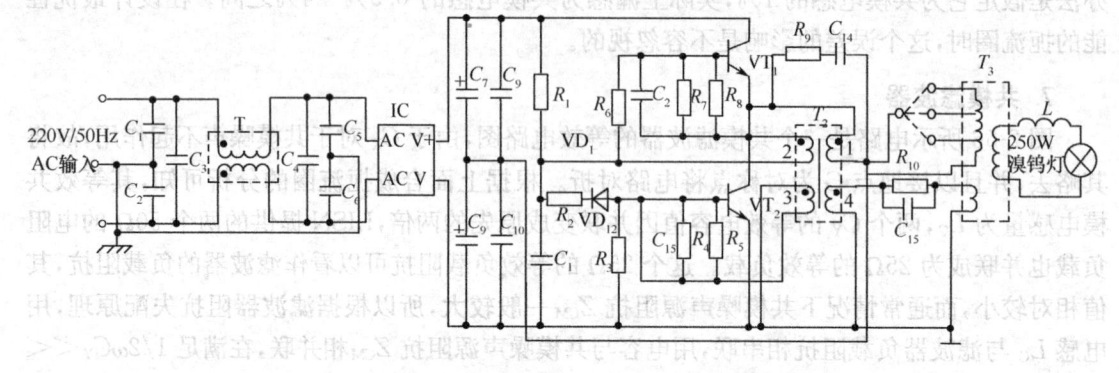

图 2-57 共模电感在消除电源输入端共模噪声的应用电路

（2）消除电源输出端共模噪声的应用。

如图 2-58 所示的开关电源电路与负载系统之间就使用了一个共模电感 L_1 与外接电容一起构成双向共模滤波器进行供电能量的传输。该滤波器也同样具有双向滤波的功能，也就是既可将开关电源传输进负载系统的共模噪声滤除掉而不进入负载系统，又可将负载系统产生的共模噪声滤除掉而不去污染开关电源。

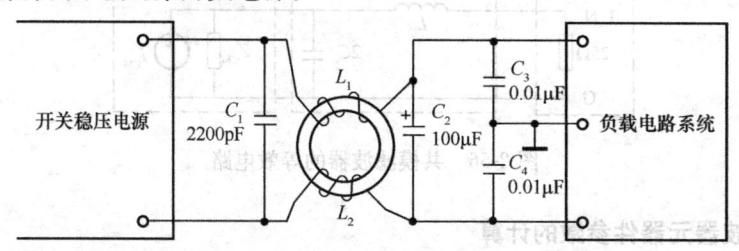

图 2-58 共模电感在消除电源输出端共模噪声的应用电路

（3）多级共模滤波器应用电路。

在对 EMC 要求较高的应用中，这种单级双向滤波器的滤波特性不是那么理想，同时在频率继续上升时，特性就会继续下落，这时滤波效果就会变差。因此，采用单级双向滤波器就不能够得到较好的滤波效果。为了弥补这一点，对于一些要求较高的应用场合，人们常常采用多级双向滤波器串联的方式，如图 2-59 所示。在实际应用中，为了使加工工艺简便，双向滤波器中的电感可不采用圆环状铁芯，而常采用 C 形、口字形或 E 形材料的铁芯来加工。滤波器中的所有电容也应采用高频特性较好的陶瓷电容或聚酯薄膜电容。C_1、C_2、C_5 和 C_6 的容量应为 2200pF/630V，C_3 和 C_4 的容量应视输出功率而定，一般均 $\geqslant 0.1\mu F/630V$。电容的连接引线应尽量短，以便减小引线电感。图 2-60 所示的电路就是一个 450W HID 高压钠灯的电子镇流器主电路，它使用了多级共模滤波器实现了 EMC 的测试认证。

2.2.2 差模电感

差模电感就是一个简单的电感，差模电感中流过的工作电流容易使磁通饱和，从而使该电

· 86 ·

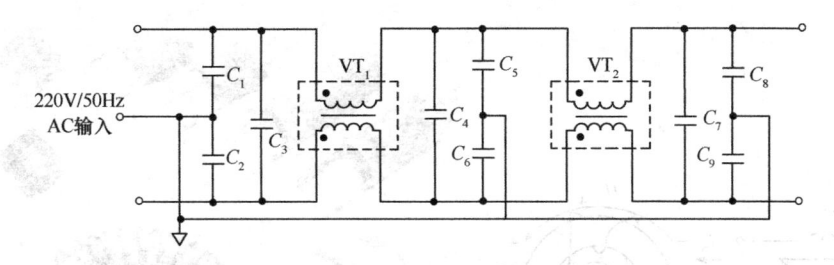

图 2-59 多级共模滤波器电路

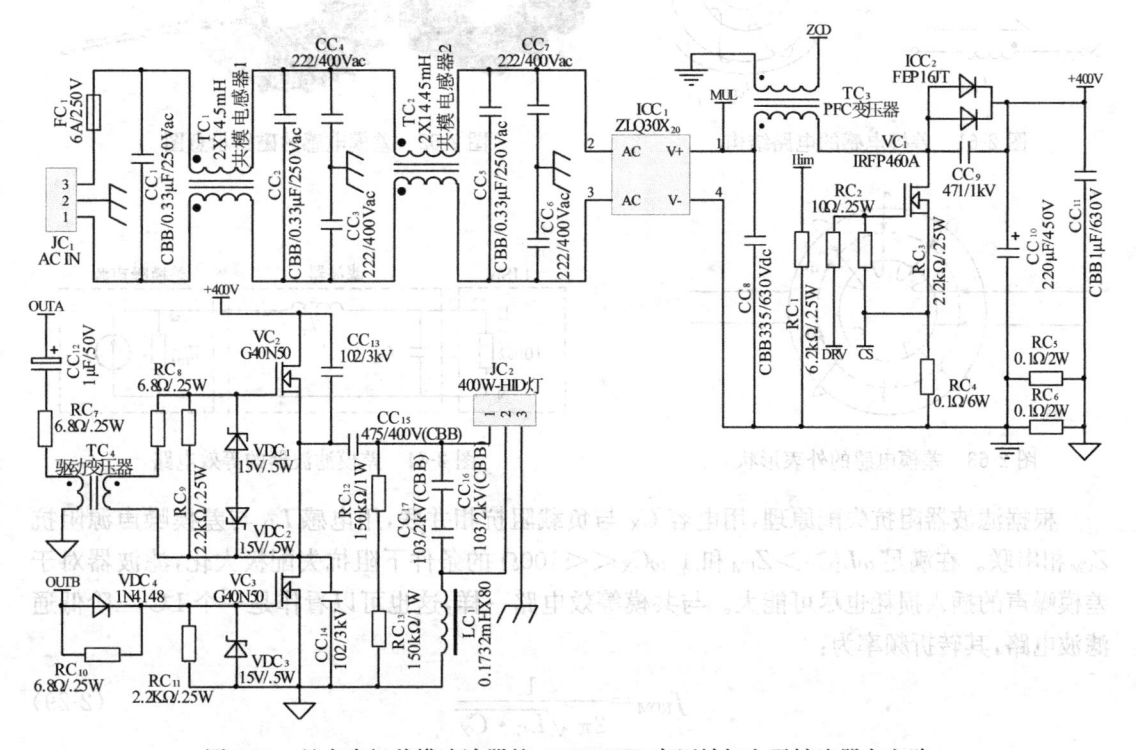

图 2-60 具有多级共模滤波器的 450W HID 高压钠灯电子镇流器主电路

感对差模噪声电流呈现不出电感而达不到滤波效果,因此差模电感的磁芯应选择不易饱和的磁粉芯。传统的扼流圈由分立的共模电感与差模电感连接而成,因此其较长引线造成的分布电感和分布电容对滤波特性有很大的影响,采用一种新型合成扼流圈来替代分立的共模电感与差模电感是下一节重点讲述内容。

1. 差模电感的电路结构

差模电感的电路结构如图 2-61 所示,磁路示意图如图 2-62 所示,外形如图 2-63 所示。

2. 差模滤波器

图 2-64 所示的电路就是一个差模滤波器的等效电路,与上面共模等效电路分析的方法相类似,合成扼流圈的等效差模电感量为 L_D,LISN 提供的两个 50Ω 的阻抗负载也串联成为 100Ω 的负载阻抗。两个 C_Y 的等效电容值因串联变为原来的一半,但由于差模噪声源阻抗 Z_{CM} 一般较小,通常满足 $2/\omega C_Y \gg Z_{DM}$,因此可将 C_Y 电容忽略不计。

图 2-61 差模电感的电路结构

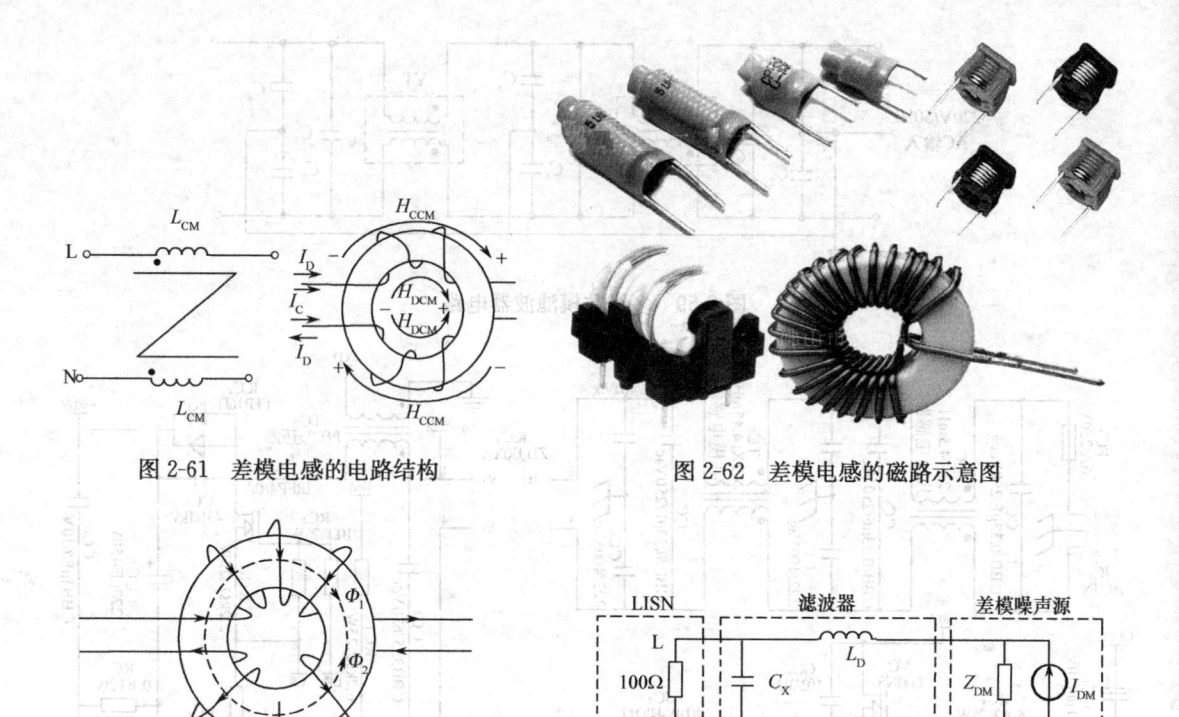

图 2-62 差模电感的磁路示意图

图 2-63 差模电感的外表形状

图 2-64 差模滤波器的等效电路

根据滤波器阻抗失配原理,用电容 C_X 与负载阻抗相并联,用电感 L_D 与差模噪声源阻抗 Z_{CM} 相串联。在满足 $\omega L_D \gg Z_{DM}$ 和 $1/\omega C_X \ll 100\Omega$ 的条件下阻抗失配极大化,滤波器对于差模噪声的插入损耗也尽可能大。与共模等效电路一样,这也可以看作是一个 LC 二阶低通滤波电路,其转折频率为:

$$f_{RDM}=\frac{1}{2\pi\sqrt{L_C \cdot C_X}} \tag{2-29}$$

其插入损耗随着噪声频率也是以 40dB/dec 的斜率增加。

3. 差模滤波器各元器件参数的计算

差模滤波器各元器件参数的计算与共模滤波器各元器件参数的计算有所不同,电感量与电容值的选择灵活性较大。在决定差模电容值 C_X 之后,差模电感的电感量可通过下式计算:

$$L_D=\left(\frac{1}{2\pi f_{RDM}}\right)^2 \cdot \frac{1}{C_X} \tag{2-30}$$

4. 差模电感的应用

(1) 消除电源输入端差模噪声的应用。

如图 2-65 所示的开关电源电路就是一个使用差模电感 L_1、L_3、L_4 与外接电容一起构成双向差模滤波器的应用电路。这些滤波器具有双向滤波的功能,也就是既可将电网上传输进电源的差模噪声滤除掉而不进入电源,又可将电源本身产生的差模噪声滤除掉而不去污染电网。这种滤波器实际上也就是为了满足 EMC 要求而衍生出来的滤波器,因此人们也将其称为 EMC 滤波器。

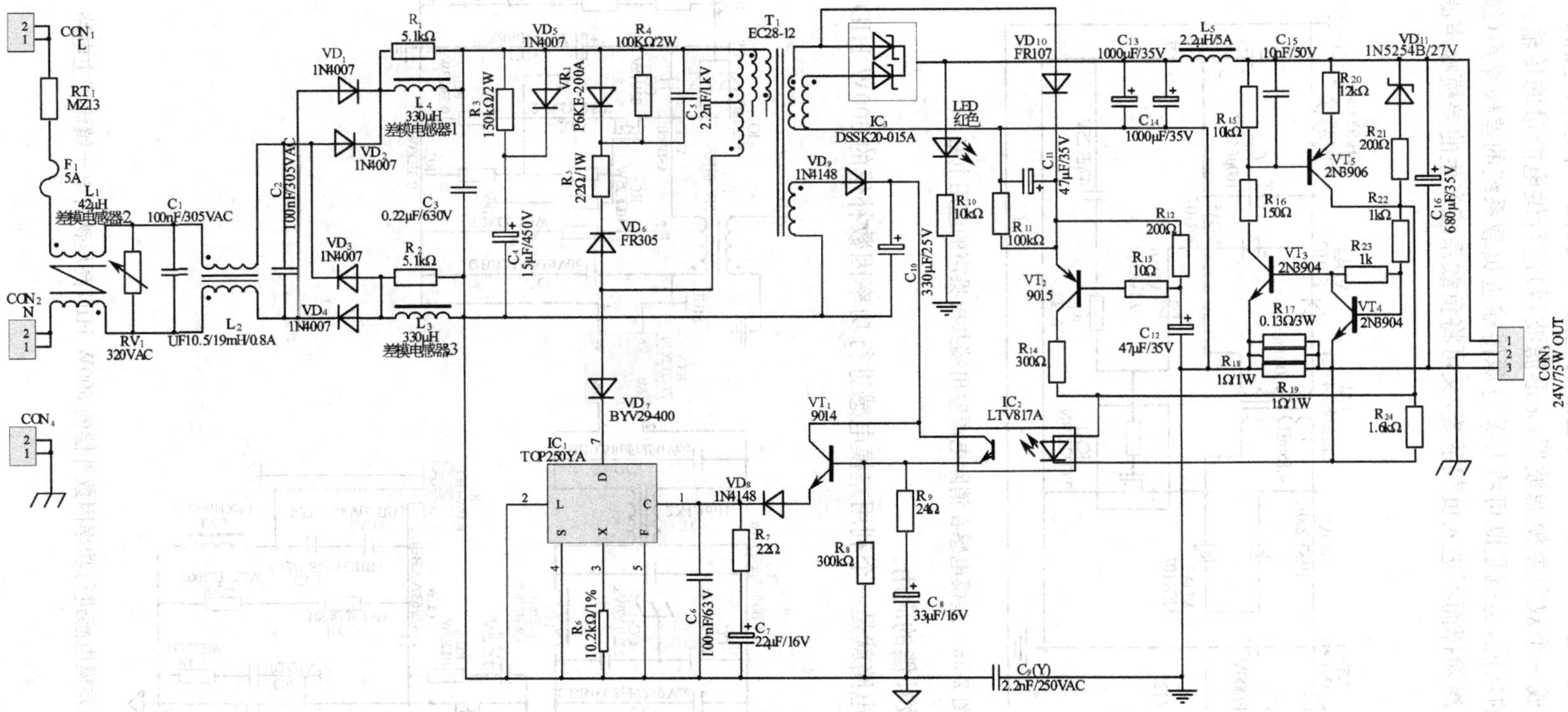

图 2-65　差模电感在消除电源输入端共模噪声的应用电路

(2) 消除电源输出端差模噪声的应用。

如图 2-66 所示的开关电源电路输出端所连接的电感 L_{A1} 就是一个差模电感器，它与电解电容 C_{A2} 和 C_{A3} 一起组成一个双向差模滤波器（π形滤波器）进行供电能量的传输。该滤波器也同样具有双向滤波的功能，也就是既可将开关电源传输进负载系统的差模噪声（纹波电压也可作为一种差模噪声）滤除掉而不进入负载系统，又可将负载系统产生的差模噪声滤除掉而不去污染开关电源。

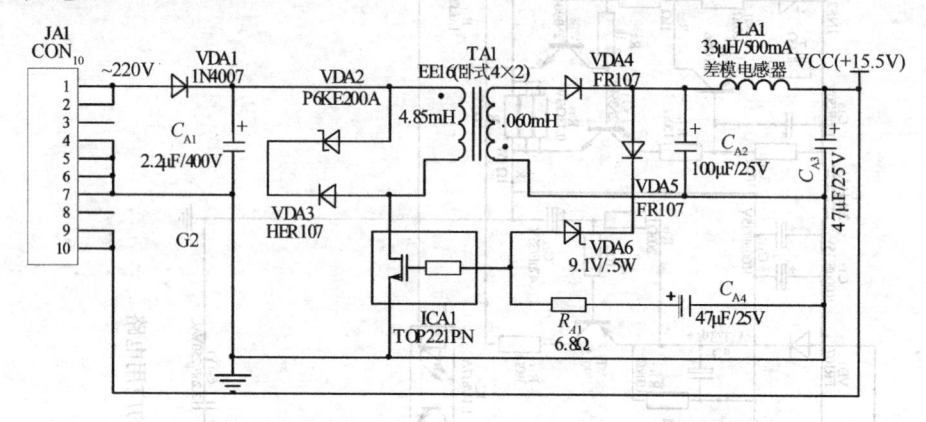

图 2-66 差模电感在消除电源输出端共模噪声的应用电路

(3) 进行功率因数补偿的应用。

如图 2-67 所示的电路就是一个利用差模电感进行功率因数补偿的 600W HID 高压钠灯电子镇流器的主电路。

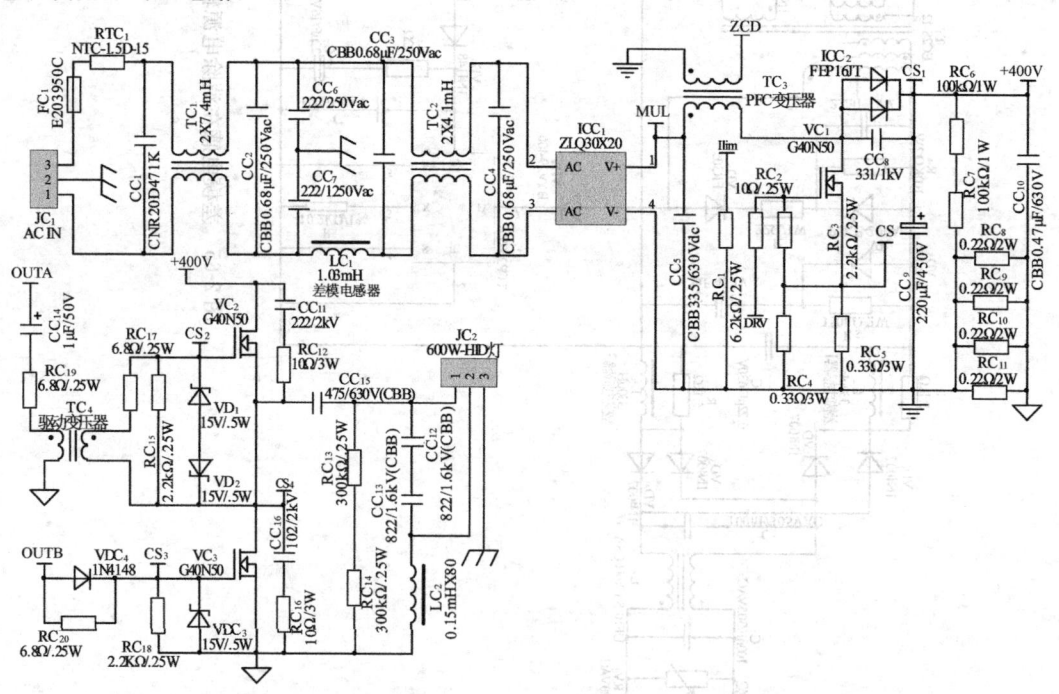

图 2-67 利用差模电感进行功率因数补偿的 600W HID 高压钠灯电子镇流器主电路

2.2.3 共差模合成电感

1. 共差模合成电感的结构

图 2-68 为集成了共模电感和差模电感的合成扼流圈,即共差模合成电感。这种合成扼流圈是在共模磁芯里面再增加了一个差模磁芯,L 线和 N 线共差模分别共用了一个绕组,共差模合成电感的电路结构如图 2-67(a)所示,绕组方向以及磁场的方向见图 2-67(b)所示。

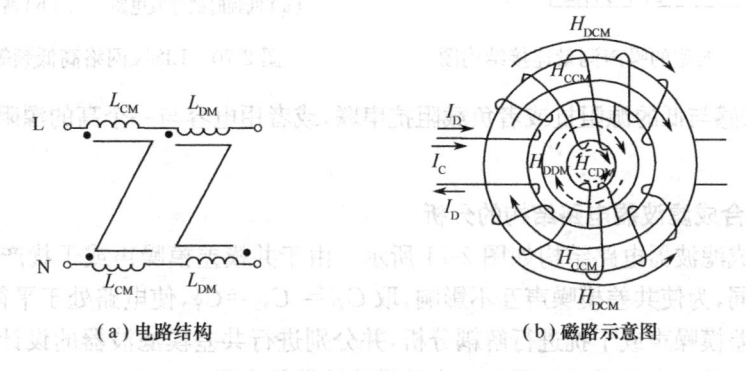

(a) 电路结构 　　　　　　　　　　　(b) 磁路示意图

图 2-68 共差模合成电感结构和磁路示意图

图 2-68 中实线箭头表示的 H_{CCM} 和 H_{DCM} 分别为共模电流与差模电流在共模磁芯内产生的磁场强度方向,虚线箭头表示的 H_{CDM} 和 H_{DDM} 分别为共模电流与差模电流在差模磁芯内产生的磁场强度方向。为使差模电感和共模电感的相互影响最小,便于对共差模电路进行解耦分析,合成扼流圈的上下两个绕组应互相对称,即在共模电感和差模电感上的绕组匝数相等,因此各磁通经过叠加之后,H_{CCM} 与 H_{DDM} 由于方向相同变为原来的两倍,H_{DCM} 和 H_{CDM} 则都由于方向相反相互抵消变为零。差模电感对于共模电流没有作用,共模电感对于差模电流也没有作用,共差模互相独立。合成扼流圈对于共模电流只表现出共模电感的作用,电感量为 $L_C=2L_{CM}$,对于差模电流只表现出差模电感的作用,电感量为 $L_D=2L_{DM}$。由此可以看出,合成扼流圈优化了线圈绕组,使得共模与差模相互独立,便于进行共差模滤波器分开设计,同时减小了 EMI 滤波器的尺寸与线圈的重量,也减小了器件之间连接的引线长度及其分布电感和电容。

2. 共差模合成滤波器

(1) 噪声测量

图 2-69 所示的电路为典型的噪声测量连接电路图。噪声的测量主要通过线路阻抗稳定网络(LISN)来实现,又称人工电源网络,是传导型噪声测量的重要工具。其内部结构连接如图 2-69 中虚线框内所示的部分。高频时,电感相当于断路,电容相当于短路;低频时相反,其等效电路如图 2-70 所示。由此可见,LISN 的作用为隔离待测试的设备和输入电源,滤除由输入电源线引入的噪声及干扰,并且在 50Ω 电阻上提取噪声的相应信号值送到接收机进行分析。

(2) 共差模滤波器阻抗匹配原则

根据信号传输理论,滤波器输入端与电源端的连接、滤波器输出端与负载端的连接应遵循阻抗极大不匹配原则。因此滤波器设计时遵循两个规则:一源内阻是高阻(低阻)的,滤波器输入阻抗就应该是低阻(高阻);二负载是高阻(低阻)的,则滤波器输出阻抗就应该是低阻(高

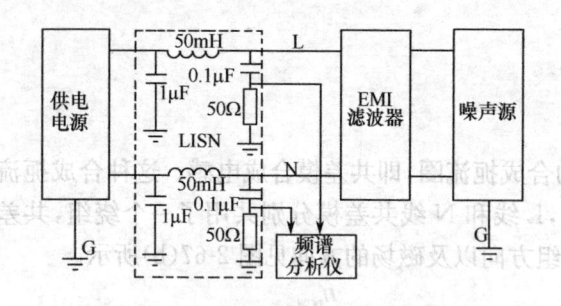

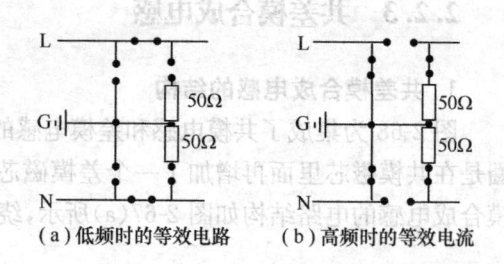

图 2-69 典型的噪声测量连接结构图

图 2-70 LISN 网络高低频等效电路图
（a）低频时的等效电路　（b）高频时的等效电流

阻）。所以用电感与低的源阻抗或者负载阻抗串联，或者用电容与一个高的源阻抗或负载阻抗并联。

3. 共差模合成滤波器电路结构的分析

共差模合成滤波器电路结构如图 2-71 所示。由于共模差模噪声或干扰产生的原因以及传播的途径不同，为使共差模噪声互不影响，取 $C_{Y1} = C_{Y2} = C_Y$，使电路处于平衡结构状态，这样就可以对共差模噪声或干扰进行解耦分析，并分别进行共差模滤波器的设计。实际上一个共差模滤波器就是一个共模滤波器与一个差模滤波器的串联。

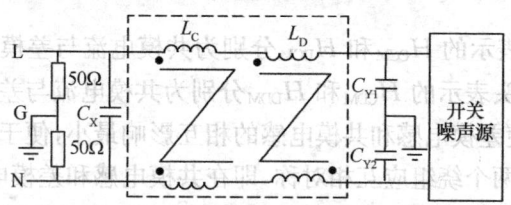

图 2-71 共差模合成滤波器电路结构

4. 共差模合成电感的应用

如图 2-72 所示的电路就是一款 90WLED 驱动器输入端的 EMC 滤波器电路，其中 L_1 和 L_6 被加工成共差模电感的形式。

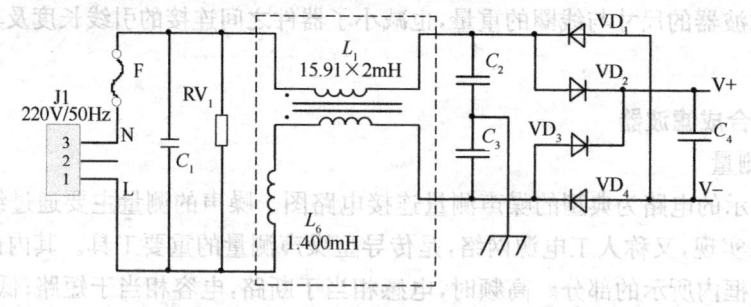

图 2-72 共差模电感在 LED 驱动器中的应用

2.2.4 习题 7

(1) 各解剖一只共模电感和差模电感产品，从中真正了解共模电感和差模电感在磁心中的绕向和引出端，用图示标注的方法标注出各绕组的同名端或异名端，从而学会共模电感和差模电感的绕制和加工方法和工艺。另外，在实际应用中，或在条件不允许的情况下，如何将一个共模电感器充当一个差模电感器？

(2) 在选定 C_Y 和 C_X 的条件下，分别利用式(2-28)和式(2-30)各设计一只电源(220V/50Hz 输入)输入端的共模电感和差模电感,并各调试成功一款电源输入端的共模滤波器和差模滤波器。

(3) 根据图 2-60 所示的具有多级共模滤波器的 450W HID 高压钠灯电子镇流器主电路中所标注的技术参数,计算出该电路中多级共模滤波器的转折频率。

(4) 根据图 2-65 所示的差模电感在消除电源输入端共模噪声应用电路中所标注的技术参数,计算出该电路中差模滤波器的转折频率。

(5) 分别根据图 2-56 所示的共模滤波器、图 2-64 所示的差模滤波器和图 2-71 所示的共差模滤波器的等效电路,总结出这三种滤波器在滤波工作原理上的共同点和不同点各分别是什么?

2.3 变 压 器

2.3.1 耦合变压器

1. 互感电感的伏安关系与同名端

(1) 互感电感的物理概念

相邻的两个线圈,当电流通过其中的一个线圈时,该电流产生的磁通不仅通过本线圈,还部分或全部通过相邻的另一个线圈。一个线圈电流产生的磁通与另一个线圈交链的现象就被称为线圈之间的互感,或磁耦合。具有磁耦合的线圈成为耦合线圈或互感电感,如图 2-73 所示。图中电流的方向与它产生的磁通链的方向符合右手螺旋关系,参考方向按这一关系设定。若线圈周围没有顺磁物质,则各磁通链与产生该磁通链的电流成正比,即

$$\phi_{11}=L_1 i_1 \quad \phi_{21}=M_{21} i_1 \tag{2-31}$$

$$\phi_{22}=L_2 i_2 \quad \phi_{12}=M_{12} i_2 \tag{2-32}$$

式中 L_1、L_2、M_{12}、M_{21} 均为正的常数,单位为亨利(H),其中 L_1、L_2 为自感电感量,M_1、M_2 为互感系数。设 $M_{12} = M_{21}$,因此当只有两个线圈耦合时,可省略下标而表示为 $M = M_{12} = M_{21}$。

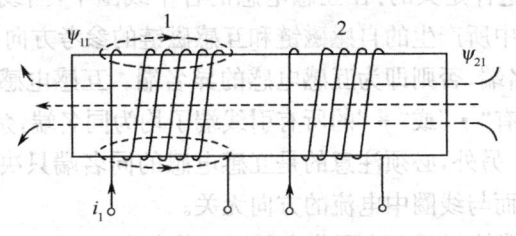

图 2-73 互感电感示意图

(2) 互感电感的伏安关系

如图 2-74(a) 所示,具有磁耦合的两个线圈 1 和 2,由于两个线圈之间具有磁耦合,每一个线圈的磁链将由通过自身的电流产生的磁链和另一个线圈通过的电流产生的磁链两部分组成。若选定线圈中各磁链的参考方向与产生该磁链的线圈电流的参考方向符合右手螺旋法则,则各线圈的总磁链在如图 2-74(a) 所示的电流参考方向下可表示为:

$$\phi_1 = \phi_{11} + \phi_{12} \tag{2-33}$$

$$\phi_2 = \phi_{22} + \phi_{21} \tag{2-34}$$

当线圈的绕向与电流的参考方向如图 2-74(b) 所示时,每一个线圈自磁链与互磁链的参考方向均不一致。因此线圈中的总磁链也可用式(2-33)和(2-34)来表示。

若线圈周围无顺磁物质时,则各磁链是产生该磁链电流的线性函数,故有

(a) 两线圈绕向相同　　　　　　　　　　(b) 两线圈绕向相反

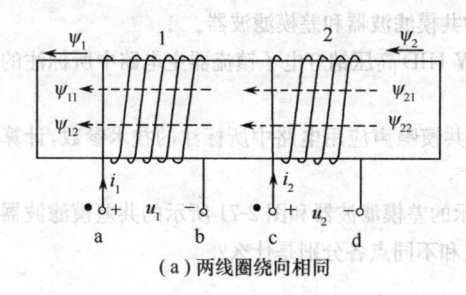

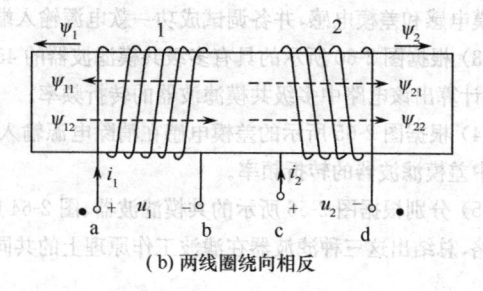

图 2-74　耦合线圈的伏安关系示意图

$$\psi_1 = L_1 i_1 \pm M_{12} i_2 \tag{2-35}$$
$$\psi_2 = L_2 i_2 \pm M_{21} i_1 \tag{2-36}$$

当耦合线圈的电流变化时，线圈中的自磁链和互磁链将也随之发生变化。由电磁感应定律可知，各线圈的两端将会产生感应电动势。若假设各线圈的电流与电压取关联参考方向，则有：

$$u_1 = \frac{d\psi_1}{dt} = \frac{d\psi_{11}}{dt} \pm \frac{d\psi_{12}}{dt} = u_{11} + u_{12} = L_1 \frac{di_1}{dt} \pm M \frac{di_2}{dt} \tag{2-37}$$

$$u_2 = \frac{d\psi_2}{dt} = \frac{d\psi_{22}}{dt} \pm \frac{d\psi_{21}}{dt} = u_{22} + u_{21} = L_2 \frac{di_2}{dt} \pm M \frac{di_1}{dt} \tag{2-38}$$

式(2-37)和式(2-38)即为耦合电感的伏安关系式。从式中可以看出，耦合电感中每一线圈的感应电动势由自感电动势和互感电动势两部分组成。当线圈的电流和电压取关联参考方向时，自感电动前面的符号总为正，而互感电动势前的符号总为负。当自感磁链与互感磁链的参考方向一致时，取正号，反之则取负号。

(3) 互感电感的同名端

① 定义。同名端是这样定义的：在互感电感的各个线圈中，当线圈电流同时流入或流出引线端子，并且各个线圈中所产生的自感磁链和互感磁链的参考方向均一致时，即将这些引线端子称为互感电感的同名端，否则即为互感电感的异名端。互感电感的同名端通常用"·"或"*"表示，互感电感中标有"·"或"*"的所有引线端子均为同名端，余下的那些没有标注的引线端子同样也为同名端。另外，必须注意的是互感电感的同名端只决定线圈绕组的绕向和线圈绕组引线端子的位置，而与线圈中电流的方向无关。

② 判断方法。同名端的判断方法可分为下列两种方法：

理论判断法：互感电压的正极性端与产生互感电压的线圈电流的流入端为同名端。利用同名端的定义，图 2-74 所示的互感电感可分别采用图 2-75 所示的电路符号表示出来。

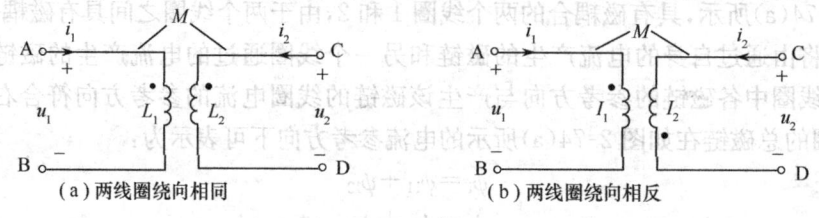

(a) 两线圈绕向相同　　　　　　　　　　(b) 两线圈绕向相反

图 2-75　耦合电感的电路表示图

实验判断法：如图 2-76 所示，当开关闭合时，电流将从线圈 1 的 A 端流入，且 $\frac{di_1}{dt} > 0$。若电压表正向偏转,表示线圈2中互感电压 $u_{21}=M\dfrac{\mathrm{d}i_1}{\mathrm{d}t}>0$,则可判定电压表正极所接的C端与 i_1 的流入端A为同名端;反之,若电压表反向偏转,$u_{21}=-M\dfrac{\mathrm{d}i_1}{\mathrm{d}t}<0$,C与A端就为异名端。

③ 耦合电感的同名端与其伏安关系式的关系。在前面所推导出来的耦合电感的伏安关系式(2-37)和式(2-38)中,正负号的选择和确定与耦合电感的同名端具有直接的关系。其具体规则为:若耦合电感的线圈电压与电流的参考方向关联参考方向时,该线圈的自感电压前就取正号,反之就取负号;若耦合电感的线圈电压的正极性端与在该线圈中产生互感电压的另一线圈的电流的流入端为同名端时,该线圈的互感电压前就取正号,否则就取负号。例如图2-75(b)所示的耦合电感的伏安关系式就应该为:

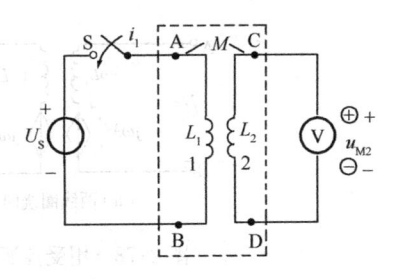

图 2-76 同名端的实验判断电路

$$u_1=u_{11}+u_{12}=-L_1\dfrac{\mathrm{d}i_1}{\mathrm{d}t}-M\dfrac{\mathrm{d}i_2}{\mathrm{d}t} \tag{2-39}$$

$$u_2=u_{22}+u_{21}=+L_2\dfrac{\mathrm{d}i_2}{\mathrm{d}t}+M\dfrac{\mathrm{d}i_1}{\mathrm{d}t} \tag{2-40}$$

④ 耦合电感的受控源形式:由于耦合电感中的互感电压反映了耦合电感线圈之间耦合关系,为了在电路模型中以较为明显的方式将这种关系表示出来,各线圈中的互感电压可用CCVS来表示。若用受控源表示互感电压,则图2-74(a)和(b)所示的耦合电感就分别可用图2-77(a)和(b)所示的电路模型表示出来。

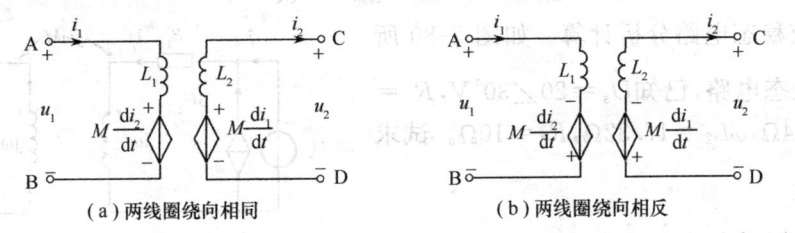

(a)两线圈绕向相同　　　　(b)两线圈绕向相反

图 2-77 采用受控源表示互感电压时耦合电感的电路模型图

在正弦稳态电路中,耦合电感的伏安关系式就应该为:

$$\dot{U}_1=\mathrm{j}\omega L_1\dot{I}_1\pm\mathrm{j}\omega M\dot{I}_2 \tag{2-41}$$

$$\dot{U}_2=\mathrm{j}\omega L_2\dot{I}_2\pm\mathrm{j}\omega M\dot{I}_1 \tag{2-42}$$

式中,$\mathrm{j}\omega L_1$ 和 $\mathrm{j}\omega L_2$ 分别称为互感电感中线圈1和线圈2的自感阻抗,$\mathrm{j}\omega M$ 为线圈之间的互感阻抗。若采用受控源表示互感电压时,则图2-74所示的互感电感电路就可采用图2-78所示的电路向量模型表示。

(4) 耦合系数(K)

耦合系数(K)表示互感电感中各个线圈之间的耦合紧密成度。其计算公式如下:

$$K=\sqrt{\dfrac{\psi_{21}}{\psi_{11}}\cdot\dfrac{\psi_{12}}{\psi_{22}}}=\dfrac{M}{\sqrt{L_1L_2}} \tag{2-43}$$

对式(2-43)应做以下几点说明:

① 由于 $\psi_{11}\geqslant\psi_{21}$,$\psi_{22}\geqslant\psi_{12}$,因此耦合系数的取值范围应为 $0\leqslant K\leqslant 1$。

(a) 两线圈绕向相同 (b) 两线圈绕向相反

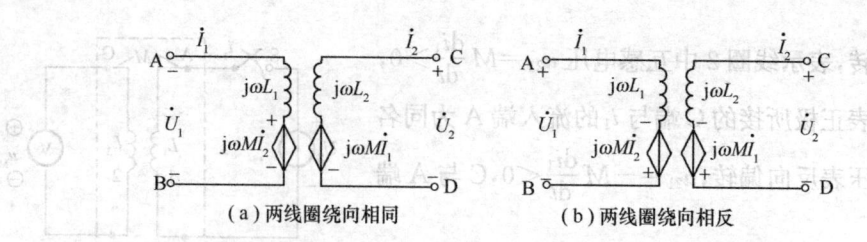

图 2-78 用受控源表示互感电压时耦合电感的向量电路模型图

② 当 $K=1$ 时，即为无漏磁通的理想状态，把这种状态称为完全耦合状态。

③ 当两个线圈相互垂直放置时，因两线圈间没有磁耦合，互感磁链为零，因此互感系数 $K=0$。

(5) 应用举例

① 非正弦稳态电路分析计算。如图 2-79 所示的电路，已知 $i_s(t)=2e^{4t}A$，$L_1=3H$，$L_2=6H$，$M=2H$。试求出 $u_{ac}(t)$、$u_{ab}(t)$、$u_{bc}(t)$ 的值来。

解：由于 BC 处于开路状态，因此电感 L_2 所在支路无电流，故有

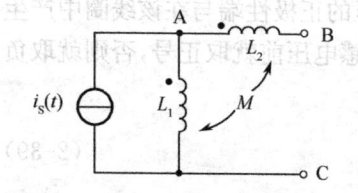

$$u_{ac}(t)=L_1\frac{di_s(t)}{dt}=-24e^{-4t}V$$

$$u_{ab}(t)=M\frac{di_s(t)}{dt}=-16e^{-4t}V$$

$$u_{bc}(t)=-u_{ab}+u_{ac}=-8e^{-4t}V$$

图 2-79 非正弦稳态电路

② 正弦稳态电路分析计算。如图 2-80 所示的正弦稳态电路，已知 $\dot{U}_s=20\angle 30°V$，$R_1=30\Omega$，$\omega L_1=4\Omega$，$\omega L_2=17.32\Omega$，$R_2=10\Omega$。试求出 $\dot{I}_0$ 的值来。

解：此题应先解出 $\dot{I}_1$、$\dot{I}_2$ 和 $\dot{U}_2$。

$$\begin{cases}(R_1+j\omega L_1)\dot{I}_1+j\omega M\dot{I}_2=\dot{U}_s\\ j\omega M\dot{I}_1+(R_2+j\omega L_2)\dot{I}_2=0\end{cases}$$

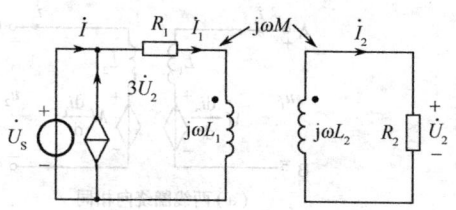

图 2-80 正弦稳态电路

代入数据后可得

$$\begin{cases}(3+j4)\dot{I}_1+j2\dot{I}_2=20\angle 30°\\ j2\dot{I}_1+(10+j17.32)\dot{I}_2=0\end{cases}$$

$$\dot{I}_1=\frac{20\angle 30°}{3+j4+\frac{2}{10+j17.32}}=\frac{20\angle 30°}{3+j4+0.1-j0.1732}=\frac{20\angle 30°}{3.1+j3.83}=4.06\angle -21°A$$

$$\dot{I}_2=\frac{-j2\times 4.06\angle -21°}{10+j17.32}=0.406\angle -171°A$$

$$\dot{U}_2=-R_2\dot{I}_2=-10\times 0.406\angle -171°=4.06\angle 9°V$$

$$\dot{I}=\dot{I}_1-3\dot{U}_2=4.06\angle -21°-3\times 4.06\angle 9°=8.87\angle -157.82°A$$

2. 互感电感的串并联

(1) 互感电感的串联

① 同名端串联。图 2-81(a)所示的电路为两个具有实际磁耦合的电感线圈的串联电路,电流均从两个电感线圈的同名端流出或流进,这种接法称为互感电感的同名端串联,或者称顺接。图 2-81(b)为其受控源去耦等效电路。同名端串联时,电流和电压的关系可表示为

$$u_1 = R_1 i + L_1 \frac{di}{dt} + u_{12} = R_1 i + L_1 \frac{di}{dt} + M \frac{di}{dt} \tag{3-44}$$

$$u_2 = R_2 i + L_2 \frac{di}{dt} + u_{21} = R_2 i + L_2 \frac{di}{dt} + M \frac{di}{dt} \tag{3-45}$$

$$u = u_1 + u_2 = R_1 i + L_1 \frac{di}{dt} + R_2 i + L_2 \frac{di}{dt} + 2M \frac{di}{dt} = (R_1 + R_2) i + (L_1 + L_2 + 2M) \frac{di}{dt} \tag{3-46}$$

在正弦稳态的情况下,应用向量法可以得到:

$$\dot{U}_1 = R_1 \dot{I} + j\omega L_1 \dot{I} + j\omega M \dot{I} = R_1 \dot{I} + j\omega (L_1 + M) \dot{I} \tag{3-47}$$

$$\dot{U}_2 = R_2 \dot{I} + j\omega L_2 \dot{I} + j\omega M \dot{I} = R_2 \dot{I} + j\omega (L_2 + M) \dot{I} \tag{3-48}$$

$$\dot{U} = \dot{U}_1 + \dot{U}_2 = (R_1 + R_2) \dot{I} + j\omega (L_1 + L_2 + 2M) \dot{I} \tag{3-49}$$

$L = L_1 + L_2 + 2M$ 称为互感电感同名端串联时的等效电感,可见同名端串联时互感的作用是增强了电感。

(a) 同名端串联电路　　　　　　　(b) 受控源去耦等效电路

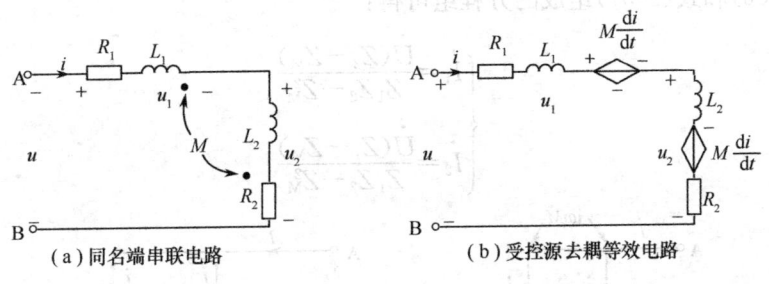

图 2-81　耦合电感同名端串联电路

② 异名端串联。图 2-82(a)所示的电路为两个具有实际磁耦合的电感线圈的串联电路,电流从其中一个电感线圈的同名端流出或流入,而从另一个线圈的同名端流入或流出,这种接法称为互感电感线圈的异名端串联,或者称互感电感线圈的反接。图 2-82(b)为其受控源去耦等效电路。互感电感线圈的异名端串联时,电流和电压的关系式可表示为

$$u_1 = R_1 i + L_1 \frac{di}{dt} - u_{12} = R_1 i + L_1 \frac{di}{dt} - M \frac{di}{dt} \tag{3-50}$$

$$u_2 = R_2 i + L_2 \frac{di}{dt} - u_{21} = R_2 i + L_2 \frac{di}{dt} - M \frac{di}{dt} \tag{3-51}$$

$$u = u_1 + u_2 = R_1 i + L_1 \frac{di}{dt} + R_2 i + L_2 \frac{di}{dt} - 2M \frac{di}{dt} = (R_1 + R_2) i + (L_1 + L_2 - 2M) \frac{di}{dt} \tag{3-52}$$

在正弦稳态的情况下,应用向量法可将电流和电压的关系式写成:

$$\dot{U}_1 = R_1 \dot{I} + j\omega L_1 \dot{I} - j\omega M \dot{I} = R_1 \dot{I} + j\omega (L_1 - M) \dot{I} \tag{3-53}$$

$$\dot{U}_2 = R_2 \dot{I} + j\omega L_2 \dot{I} - j\omega M \dot{I} = R_2 \dot{I} + j\omega (L_2 - M) \dot{I} \tag{3-54}$$

$$\dot{U} = \dot{U}_1 + \dot{U}_2 = (R_1 + R_2) \dot{I} + j\omega (L_1 + L_2 - 2M) \dot{I} \tag{3-55}$$

$L=L_1+L_2-2M$ 称为互感电感异名端串联时的等效电感,可见异名端串联时互感的作用是减弱了电感。

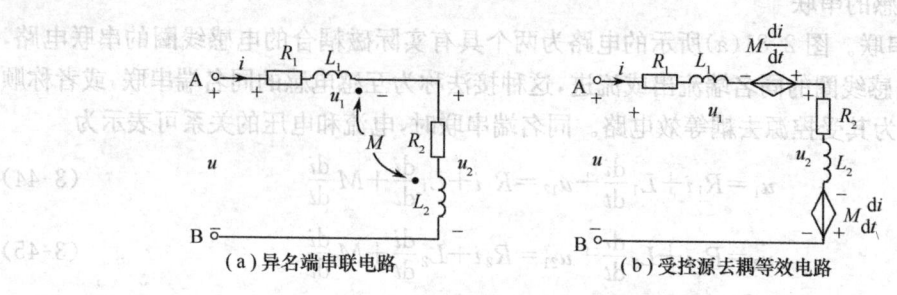

图 2-82 耦合电感异名端串联电路

(a) 异名端串联电路　　(b) 受控源去耦等效电路

(2) 互感电感的并联

① 同名端并联(同侧并联)。如图 2-83(a)所示的电路,两个线圈的同名端在同一侧,把这种并联方法就称为互感电感线圈的同名端并联,其受控源去耦等效电路如图 2-83(b)所示。同名端并联时,电流和电压的关系应用向量法可表示为

$$\dot{U}=(R_1+j\omega L_1)\dot{I}_1+j\omega M\dot{I}_2=Z_1\dot{I}_1+Z_M\dot{I}_2 \tag{2-56}$$

$$\dot{U}=(R_2+j\omega L_2)\dot{I}_2+j\omega M\dot{I}_1=Z_2\dot{I}_2+Z_M\dot{I}_1 \tag{2-57}$$

求解由式(2-56)和式(2-57)组成的方程组可得:

$$\begin{cases}\dot{I}_1=\dfrac{\dot{U}(Z_2-Z_M)}{Z_1Z_2-Z_M^2}\\ \dot{I}_2=\dfrac{\dot{U}(Z_1-Z_M)}{Z_1Z_2-Z_M^2}\end{cases} \tag{2-58}$$

图 2-83 耦合电感同名端并联电路

(a) 同名端并联电路　　(b) 受控源去耦等效电路

根据 KCL,$\dot{I}=\dot{I}_1+\dot{I}_2=\dfrac{\dot{U}(Z_1+Z_2-Z_M)}{Z_1Z_2-Z_M^2}$,把式(2-56)和式(2-57)代入该式可以得到两个互感电感同名端并联后的等效电感为:$Z=\dfrac{\dot{U}}{\dot{I}}=\dfrac{Z_1Z_2-Z_M^2}{Z_1+Z_2-2Z_M}$,在纯电感的情况下($R_1=R_2=0$),$Z=j\omega\dfrac{L_1L_2-M^2}{L_1+L_2-2M}$,即同名端并联后的等效电感为:

$$L=\dfrac{L_1L_2-M^2}{L_1+L_2-2M} \tag{2-59}$$

② 异名端并联(异侧并联)。如图 2-84(a)所示的电路,两个线圈的同名端不在同一侧,把这种并联方法就称为互感电感线圈的异名端并联,其受控源去耦等效电路如图 2-84(b)所示。异名端并联时,电流和电压的关系应用向量法可表示为

$$\dot{U}=(R_1+j\omega L_1)\dot{I}_1-j\omega M \dot{I}_2=Z_1\dot{I}_1-Z_M\dot{I}_2 \quad (2\text{-}60)$$

$$\dot{U}=(R_2+j\omega L_2)\dot{I}_2-j\omega M \dot{I}_1=Z_2\dot{I}_2-Z_M\dot{I}_1 \quad (2\text{-}61)$$

求解由式(2-60)和式(2-61)组成的方程组可得:

$$\begin{cases} \dot{I}_1=\dfrac{\dot{U}(Z_2+Z_M)}{Z_1Z_2-Z_M^2} \\ \dot{I}_2=\dfrac{\dot{U}(Z_1+Z_M)}{Z_1Z_2-Z_M^2} \end{cases} \quad (2\text{-}62)$$

根据 KCL,$\dot{I}=\dot{I}_1+\dot{I}_2=\dfrac{\dot{U}(Z_1+Z_2+Z_M)}{Z_1Z_2-Z_M^2}$,把式(2-60)和式(2-61)代入该式可以得到两个互感电感线圈异名端并联后的等效电感为:$Z=\dfrac{\dot{U}}{\dot{I}}=\dfrac{Z_1Z_2-Z_M^2}{Z_1+Z_2+2Z_M}$。在纯电感的情况下($R_1=R_2=0$),$Z=j\omega\dfrac{L_1L_2-M^2}{L_1+L_2+2M}$,即异名端并联后的等效电感为:

$$L=\dfrac{L_1L_2-M^2}{L_1+L_2+2M} \quad (2\text{-}63)$$

(a) 异名端并联电路　　(b) 受控源去耦等效电路

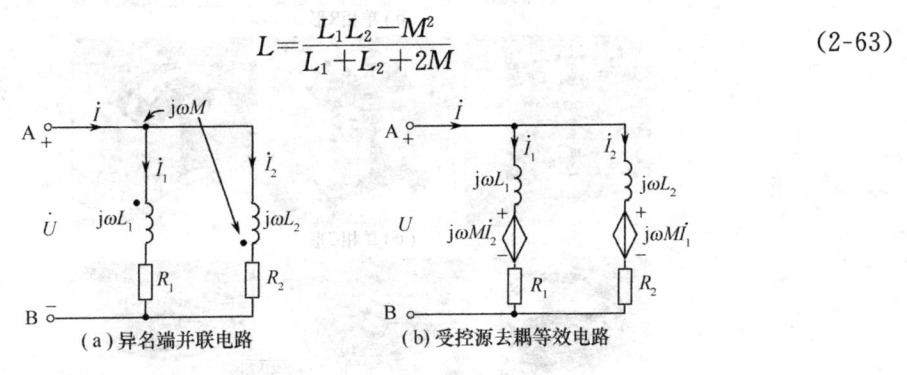

图 2-84　耦合电感线圈异名端并联电路

2.3.2　线型变压器

1. 单相线性变压器

(1) 单相线性变压器结构

单相线性变压器的内部电路结构如图 2-85 所示,外部形状如图 2-86 所示。变压器由套在一个闭合铁芯上的两个或多个线圈(绕组)构成,铁芯和线圈是变压器的基本组成部分。铁芯构成了电磁感应所需的磁路。为了减少磁通变化时所引起的涡流损失,变压器的铁芯要用厚度为 0.35～0.5mm 的硅钢片叠成,片间用绝缘漆隔开。铁芯分为心式和壳式两种。变压器和电源相连的线圈称为原边绕组(或初级绕组),其匝数为 N_1,与负载相连的线圈称为副边绕组(或次级绕组),其匝数为 N_2。绕组与绕组及绕组与铁芯之间都是互相绝缘的。变压器常用的铁芯形状一般有 E 形、C 形、R 形和 U 形等形状。

(a) 内部结构图　　　　　　　　　(b) 外部电路图

图 2-85　单相线性变压器的内部电路结构图

(a) 单相E形

(b) 单相R形

(c) 单相C形

(d) 单相环形

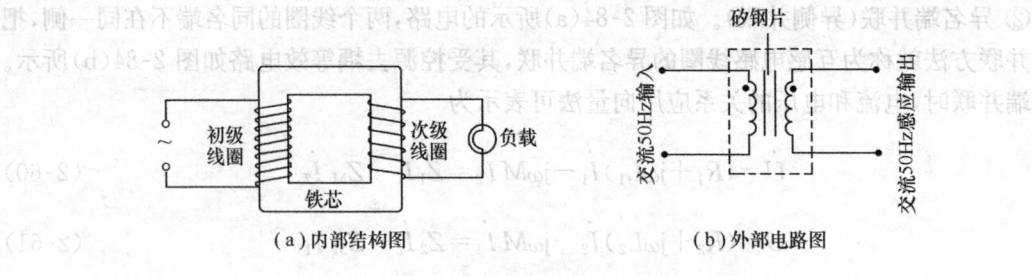

图 2-86　单相线性变压器的外形结构图

(2) 单相线性变压器的原理

变压器的是一种常见的电气设备,可用来把某种数值的交变电压变换为同频率的另一数值的交变电压,也可以改变交流电流的数值及变换阻抗或改变相位。在原、副边(或初、次级)线圈上由于有交变电流通过而发生的互相感应现象,叫做互感现象,互感现象是变压器工作的基础,其工作原理可叙述如下:

① 变压器的基本原理。图 2-85 是变压器的原理简体图,当一个正弦交流电压 U_1 加在初级线圈两端时,导线中就有交变电流 I_1 流动,并且产生交变磁通 ϕ_1,它沿着铁芯穿过初级和次级线圈形成闭合的磁路。在次级线圈中感应出互感电动势 U_2,同时 ϕ_1 也会在初级线圈上感

· 100 ·

应出一个自感电动势 E_1，E_1 的方向与所加电压 U_1 方向相反而幅度相近，从而限制了 I_1 的大小。为了保持磁通 ϕ_1 的存在就需要有一定的电能消耗，并且变压器本身也有一定的损耗，尽管此时次级没接负载，初级线圈中仍有一定的电流，这个电流称为"空载电流"。如果次级接上负载，次级线圈就会有电流 I_2 流过，并由此而产生磁通 ϕ_2，ϕ_2 的方向与 ϕ_1 相反，起着互相抵消的作用，使铁芯中总的磁通量有所减少，从而使初级自感电动势 E_1 减少，其结果使 I_1 增大，可见初级电流与次级负载有着密切的关系。当次级负载电流加大时 I_1 增加，ϕ_1 也增加，并且增加部分正好补充了被 ϕ_2 所抵消的那部分磁通，以保持铁芯里总磁通量不变。如果不考虑变压器的损耗，可以认为一个理想的变压器次级负载消耗的功率也就是初级从电源取得的电功率。变压器能根据需要通过改变次级线圈的匝数而改变次级的电压或电流，但是不能改变允许负载消耗的功率。

② 变压器的损耗。当变压器的初级线圈通电后，线圈所产生的磁通在铁芯中流动，因为铁芯本身也是导体，在垂直于磁力线的平面上就会感应电动势，这个电动势在铁芯的断面上形成闭合回路并产生电流，好像一个旋涡，于此得名"涡流"。这个"涡流"使变压器的损耗增加，并且使变压器的铁芯发热而引起变压器的温升增加。由"涡流"所产生的损耗称为"铁损"。另外，要绕制变压器需要用大量的铜线，这些铜线存在着电阻，电流流过时铜线就会消耗一定的功率，这部分损耗也同样会引起变压器温升，把这种损耗称为"铜损"，变压器的温升主要由铁损和铜损产生的。由于变压器存在着铁损与铜损，所以它的输出功率永远小于输入功率，为此引入一个重要参数转换效率 η 来对此进行描述，即

$$\eta = \frac{P_{输出}}{P_{输入}} \times 100\% \tag{2-64}$$

③ 变压器的材料。要绕制一个变压器，必须对与变压器有关的材料有一定的认识，这里就介绍一下有关这方面的知识。

- 铁芯材料。变压器使用的铁芯材料主要有铁片、低硅片、高硅片，低钢片中加入硅能降低钢片的导电性，增加电阻率，从而降低涡流的产生，最后达到减少损耗的目的。通常把加入了硅的钢片称为硅钢片，变压器的质量与所用的硅钢片的质量有着很大的关系，硅钢片的质量通常用磁通密度（磁感应强度）B 来表示，一般黑铁片的 B 值为 $(6000\sim8000)$ Gs，低硅片为 $(9000\sim11000)$ Gs，高硅片为 $(12000\sim16000)$ Gs。
- 绕制变压器通常用的材料有漆包线、纱包线、丝包线，最常用的为漆包线。对于导线的要求是导电性能好，绝缘漆层有足够耐热性能，并且要有一定的耐腐蚀能力。一般情况下最好用 Q_2 型号的高强度的聚酯漆包线。
- 在绕制变压器中，线圈框架层间的隔离、绕组间的隔离，均要使用绝缘材料，一般的变压器框架材料可用酚醛纸板制作，层间可用聚酯薄膜或电容纸作隔离垫层，绕组间可用黄蜡布作隔离垫层。
- 变压器绕制好后，还要过最后一道工序，那就是浸渍绝缘漆，它能增强变压器的机械强度和绝缘性能。

理想变压器电压和电流与匝数之间的关系如下：

$$\frac{U_1}{U_2} = \frac{I_2}{I_1} = \frac{n_1}{n_2} \tag{2-65}$$

对理想变压器各线圈上感应的电压与其匝数成正比的关系，不仅适用于原、副边线圈只有一个的情况，而且也适用于多个副边线圈的情况，这是因为理想变压器的磁通量全部集中在铁

芯内。因为穿过每匝线圈的磁通量的变化率是相同的,每匝线圈产生相同的电动势,因此每组线圈的电动势与匝数成正比。在线圈内阻不计的情况下,每组线圈两端的电压即等于电动势,故每组电压都与匝数成正比。

(3) 变压器的作用

发电厂欲将 $P = 3UI\cos\phi$ 的电功率输送到用电的区域,当式中的 P、$\cos\phi$ 为一定值时,若输送的电压愈高,则输电线路中的电流愈小,因而可以减少输电线路上的损耗,节约导电材料。所以远距离输电采用高电压是最为经济的。目前,我国交流输电的电压最高已达 500kV。这样高的电压,无论从发电机的安全运行方面或是从制造成本方面考虑,都不允许由发电机直接生产。发电机的输出电压一般有 3.15kV、6.3kV、10.5 kV、15.75 kV 等几种,因此,必须用升压变压器将电压升高才能远距离输送。电能输送到用电区域后,为了适应用电设备的电压要求,还需要通过各级变电站(所)利用变压器将电压降低为各类电器所需要的电压值。在用电方面,多数用电器所需电压是 380V、220V 或 36 V,少数电机也采用 3kV、6kV 等。

变压器几乎在所有的电子产品中都要用到,它原理简单,但根据不同的使用场合变压器的绕制工艺会有所不同。变压器的功能主要有：电压变换、电流变换、阻抗变换、隔离、稳压(磁饱和变压器)等。

(4) 变压器的分类

按其用途不同,有电源变压器、电力变压器、调压变压器、仪用互感器、电流互感器、电压互感器、隔离变压器。按结构分为双绕组变压器、三绕组变压器、多绕组变压器及自耦变压器。按铁芯结构分为壳式变压器和心式变压器。按相数分为单相变压器、三相变压器和多相变压器。变压器的种类虽多,但基本原理和结构是一样的。

2. 三相线性变压器

(1) 三相线性变压器的结构

三相线性变压器的外形结构如图 2-87 所示。

三相自耦变压器　　　三相控制变压器　　　三相隔离变压器

图 2-87　三相线性变压器的外形结构图

(2) 三相线性变压器的工作原理

三相线性变压器的基本工作原理是电磁感应原理。当交流电压加到一次侧绕组后交流电流流入该绕组就产生励磁作用,在铁芯中产生交变的磁通,这个交变磁通不仅穿过一次侧绕组,同时也穿过二次侧绕组,它分别在两个绕组中引起感应电动势。这时如果二次侧与外电路的负载接通,便有交流电流流出,于是输出电能。用三只单相变压器或如图 2-88 所示的三相变压器来完成。

三相线性变压器的工作原理和单相线性变压器基本相同。在三相线性变压器中,每一芯柱均绕有原边绕组和副边绕组,相当于一只单相变压器。三相线性变压器高压绕组的始端常

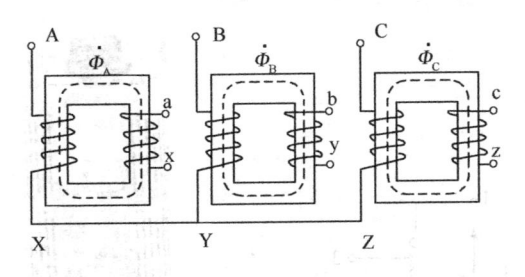

图 2-88　三相线性变压器的内部绕线结构

用大写的 A、B、C，末端用大写的 X、Y、Z 来表示。低压绕组则用小写的 a、b、c 和小写的 x、y、z 来表示，高低压绕组分别可以接成星形或三角形。在低压绕组输出为低电压大电流的三相线性变压器(例如电镀变压器)中，为了减少低压绕组的导线面积，低压绕组亦有采用六相星形或六相反星形接法。我国生产的电力配电线性变压器均采用 Y/Y₀-12 或 Y/三角形-11 这两种标准结线方法。数字 12 和 11 表示原边绕组和副边绕组线电压的相位差，也就是所谓变压器的结线组别。在单相线性变压器运行时结线问题往往不为人们所重视，然而在三相线性变压器的并联运行中，结线问题却具有重要的意义。

(3) 三相线性变压器极性及联结组的判别

三相线性变压器有两套原、副边绕组，为了使三相对称一般是每相原、副边绕组套在同一铁芯柱上。利用此特点可用实验的方法找出结构封闭、出线凌乱的三相线性变压器的三相原、副边绕组的对应关系。首先，可以用万用表测出同一绕组的两个出线端，再根据 6 个绕组电阻值的大小区别出高压绕组(电阻大)和低压绕组(电阻小)，然后给某极原边绕组加一交流电，在使用万用表测量三个副边绕组的感应电动势。其中感应电动势高的一个绕组即为加交流电压的一相原边绕组的副绕组，可以用同样的方法找出第二相绕组，剩下的即为第三相绕组。

为了使三相线性变压器正确连接，必须对三相线性变压器三个原边绕组的极性进行正确的判断。如 2-87 图所示，三相线性变压器的三相绕组是分别绕于三个磁芯柱上。而每相的原、副边绕组是绕在同一个磁芯柱上的，并且每相的绕法是一致的。若按照图中所示的方法绕制，三相线性变压器三个原边绕组的同名端就为 A、B、C，并且也定义为三相原边绕组的相头，X、Y、Z 为其相尾。若在 A 相的原边绕组 AX 加一个单相交流电压，那么就会在 BY 和 CZ 上感应出电动势。若将 BY 和 CZ 绕组看成是 AX 的副边绕组时，从磁通的进出方向来判别，此时 B 和 C 不是 A 的同名端而是 A 的异名端，这显然与上述 A、B、C 为同名端相矛盾。用导线把不同的原边绕组 X、Y 短路，并在 AX 绕组上加单相交流电压后测量 AB 端电压，当 $U_{AB}=U_{BX}+U_{BY}$ 即为"加极性"时，A、B 即为三相线性变压器原边绕组的同名端。同理可以测出 C 端也为三相线性变压器的同名端。

3. 自耦变压器(调压器)

(1) 自耦变压器的结构

自耦变压器的电路结构如图 2-89 所示，其外形结构如图 2-90 所示。

(2) 自耦变压器工作原理

自耦变压器是只有一个绕组的变压器，当作为降压变压器使用时，从绕组中抽出一部分线匝作为二次侧绕组；当作为升压变压器使用时，外部输入电压只施加到绕组的一部分线匝上。

(a) 升压式　　　(b) 降压式

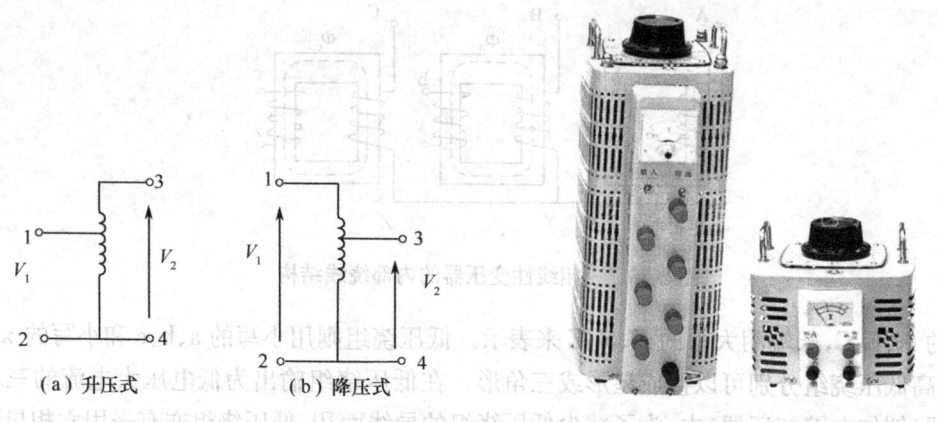

图 2-89　自耦变压器的电路结构图　　　图 2-90　自耦变压器的外形结构图

通常把同时属于一次侧和二次侧的那部分绕组称为公共绕组,其余部分称为串联绕组,同容量的自耦变压器与普通变压器相比,不但尺寸小效率高,并且变压器容量越大,电压越高,这个优点就越加突出。因此随着电力系统的发展、电压等级的提高和输送容量的增大,自耦变压器由于其容量大、损耗小、造价低而得到广泛应用。

由电磁感应的原理可知,变压器并不要有分开的原边绕组和副边绕组,只有一个绕组线圈也能达到变换电压或电流的目的。在图 2-89 中,当变压器原边绕组 V_1 接入交流电源时,变压器原边绕组每匝的电压降平均分配到变压器原边绕组两端,变压器副边绕组 V_2 的电压等于原边绕组每匝电压乘以 3、4 之间的匝数。在电源电压不变的情况下,变更 V_1 和 V_2 的比例,就得到不同的 V_2 值。这种原、副边绕组直接串联,自行偶合的变压器就叫自耦变压器,又叫单圈变压器。普通变压器的原、副边绕组是互相绝缘和隔离的,只用磁的耦合而没有电的联系,依线圈组数的不同,这种变压器又可分为双圈变压器或多圈变压器。自耦变压器中的电压、电流和匝数的关系为:

$$\frac{V_1}{V_2}=\frac{I_2}{I_1}=k \tag{2-66}$$

(3) 自耦变压器的特点

由于自耦变压器的副边绕组是原边绕组的一部分,或原边绕组是副边绕组的一部分,因此自耦变压器的特点为两个绕组部分重叠,使用铜线少、体积小、结构简单。其缺点是自耦变压器的原边绕组与副边绕组之间不能完全隔离。在降压线路中,若副边绕组因意外断开,就会使输出电压值升至和初级输入电源一样高,从而引致危险。

(4) 自耦变压器的用途

自耦变压器多用于输电用途,用作可调电源输出电压(环形自耦调压器),用作为输入电网电压拉偏实验等用途。

4. 单绕组线性旋转变压器

(1) 旋转变压器简介

旋转变压器是一种电磁式传感器,又称同步分解器。它是一种测量角度用的小型交流电动机,用来测量旋转物体的转轴角位移和角速度,由锭子和转子组成。其中锭子绕组作为变压器的原边绕组,接受励磁电压,励磁频率通常用 400Hz、3000Hz 及 5000Hz 等。转子绕组作为变压器的副边绕组,通过电磁耦合得到感应电压。旋转变压器的工作原理和普通变压器基本相似,区别在于普通变压器的原边、副边绕组是相对固定的,所以输出电压和输入电压之比是常数,而旋转变压器的原边、副边绕组则随转子的角位移发生相对位置的改变,因而其输出电压的大小随转子角位移而发生变化,输出绕组的电压幅值与转子转角成正弦、余弦函数关系,或保持某一比例关系,或在一定转角范围内与转角呈线性关系。旋转变压器在同步随动系统及数字随动系统中可用于传递转角或电信号;在解算装置中可作为函数的解算之用,故也称为解算器。

(2) 旋转变压器的分类

按输出电压与转子转角间的函数关系,旋转变压器主要分为三大类。

① 正/余弦旋转变压器。这种旋转变压器的输出电压与转子转角的函数关系成正弦或余弦函数关系,其绕组结构如图2-91所示。

② 线性旋转变压器。这种旋转变压器输出电压与转子转角的函数关系成线性函数关系,其绕组结构如图2-92所示。线性旋转变压器按转子结构又分成隐极式和凸极式两种。

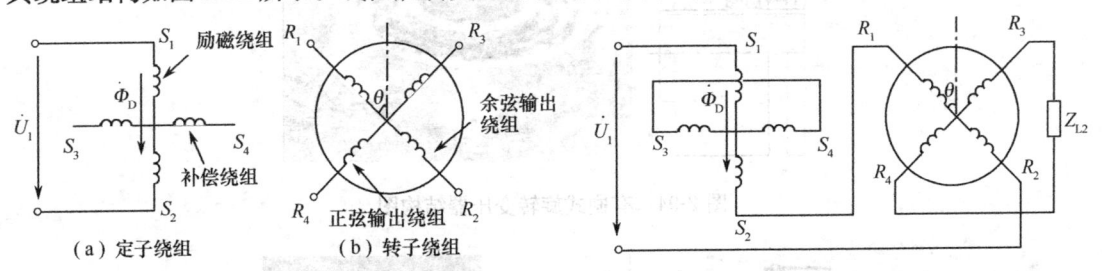

图2-91 正/余弦旋转变压器的绕组结构

图2-92 线性旋转变压器的绕组结构

③ 特种函数旋转变压器。特种函数旋转变压器是一种新型的旋转变压器,它可以实现与转角成正切函数、弹道函数、对数函数等特殊函数的电压输出。在装置中其输出电压与转角成比例关系。在装置中可以替代体积庞大、结构复杂、制造困难的凸轮和劈锥等机构,也是自动控制系统中使用较为广泛的精密元器件。线性旋转变压器是正/余弦旋转变压器中的一种特殊情况,而特殊函数旋转变压器又是在正/余弦旋转变压器的基础上发展起来的。

(3) 旋转变压器的应用

旋转变压器是一种精密角度、位置、速度检测装置,适用于所有使用旋转编码器的场合,特别是高温、严寒、潮湿、高速、强震动等旋转编码器无法正常工作的场合。由于旋转变压器的以上特点,可完全替代光电编码器,被广泛应用在伺服控制系统、机器人系统、机械工具、汽车、电力电子、冶金、纺织、印制、航空航天、船舶、兵器、矿山、油田、水利、化工、轻工、建筑等领域的角度、位置检测系统中。也可用于坐标变换、三角运算和角度数据传输、作为两相移相器用在角度—数字转换装置中。

(4) 旋转变压器的结构

图2-93是旋转变压器的外形图,图2-94是有刷式旋转变压器的内部结构图,图2-95是无刷式旋转变压器的内部结构图。它的转子绕组通过滑环和电刷直接引出,其特点是结构简单,体积小,但因电刷与滑环是机械滑动接触的,所以旋转变压器的可靠性差,寿命也较短。

旋转变压器的结构和两相绕线式异步电机的结构相似,可分为定子和转子两大部分。定子和转子的铁芯由铁镍软磁合金或硅钢薄板冲成的槽状芯片叠成。它们的绕组分别嵌入各自的槽状铁芯内。定子绕组通过固定在壳体上的接线柱直接引出。转子绕组有两种不同的引出方式。根据转子绕组两种不同的引出方式,旋转变压器又分为有刷式和无刷式两种结构形式。

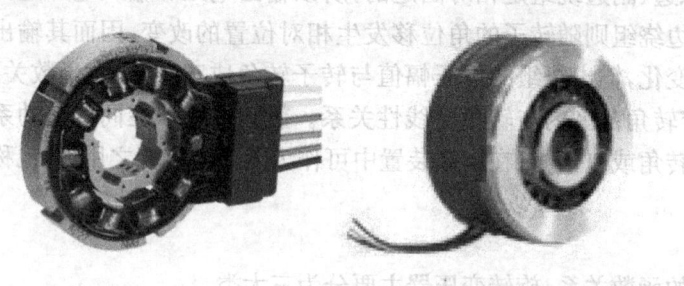

图 2-93　旋转变压器的外形图

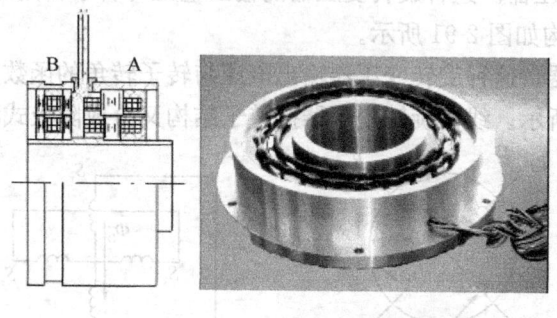

图 2-94　有刷式旋转变压器结构图

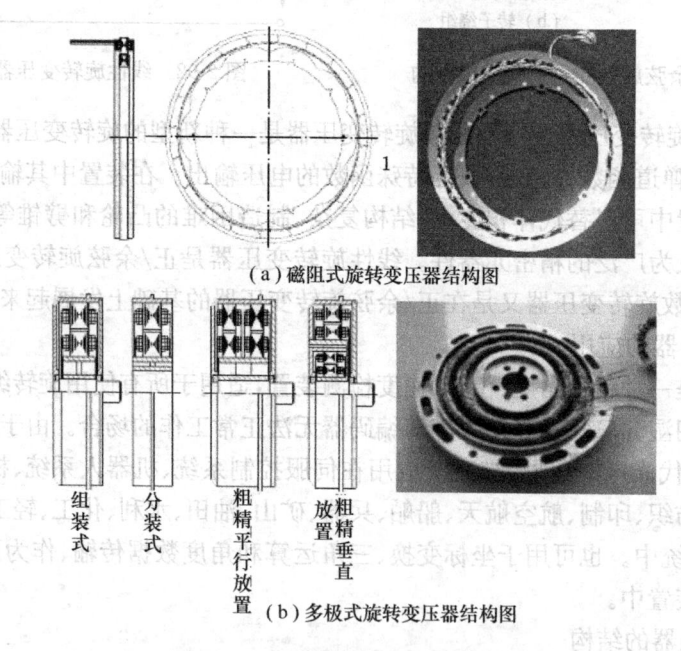

(a) 磁阻式旋转变压器结构图

组装式　分装式　粗精平行放置　粗精垂直放置

(b) 多极式旋转变压器结构图

图 2-95　无刷式旋转变压器结构图

它分为两大部分,即旋转变压器本体和附加变压器。附加变压器的原、副边铁芯及其线圈均成环形,分别固定于转子轴和壳体上,径向留有一定的间隙。旋转变压器本体的转子绕组与附加变压器原边线圈连在一起,在附加变压器原边线圈中的电信号,即转子绕组中的电信号,通过电磁耦合,经附加变压器副边线圈间接地送出去。这种结构避免了电刷与滑环之间的不良接触造成的影响,提高了旋转变压器的可靠性及使用寿命,但其体积、质量、成本均有所增加。

· 106 ·

(5) 旋转变压器工作原理

旋转变压器工作原理：由于旋转变压器在结构上保证了其定子和转子(旋转一周)之间空气间隙内磁通分布符合正弦规律，因此，当激磁电压加到定子绕组时，通过电磁耦合，转子绕组便产生感应电势。为了说明旋转变压器工作原理，这里就以两极式旋转变压器为例加以说明，图 2-96 为两极旋转变压器电气工作原理图，图中 Z 为阻抗。设加在定子绕组 S_1S_2 的激磁电压为：

$$V_S = V_m \sin\omega t \qquad (2\text{-}67)$$

根据电磁学原理，转子绕组 B_1B_2 中的感应电势则为：

$$V_B = kV_S \sin\theta = kV_m \sin\theta \sin\omega t \qquad (2\text{-}68)$$

式中，k 为旋转变压器的变化系数；V_m 为 V_S 的振幅值；θ 为转子的转角。当转子与定子的磁轴垂直时，$\theta=0$。如果转自安装在机床的丝杠上，定子安装在机床的底座上，则 θ 代表丝杠转过的角度，它间接反映了机床工作台的位移。由上式中就可以看出，转子绕组中的感应电势 V_B 为以角速度 ω 随时间 t 变化的交变电压信号。其幅值 $kV_m \sin\theta$ 随转子和定子的相对角位移 θ 以正弦函数变化。因此，只要测量出转子绕组中感应电势的副值，便可间接的得到转子相对于定子的位置，即 θ 的大小。

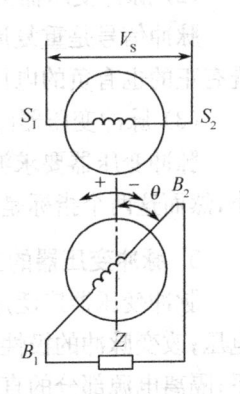

图 2-96 两级旋转变压器的工作原理图

2.3.3 脉冲变压器

1. 脉冲变压器简介

所谓脉冲变压器是一种宽频变压器。对通信用的变压器而言，非线性畸变是一个极重要的指标，因此要求变压器工作在磁芯的起始磁导率处，以至即使像输入变压器那样功率非常小的变压器，外形也不得不取得相当大。除了要考虑变压器的频率特性，怎样减少损耗也是一个很关键的问题。与此相反，对脉冲变压器而言，因为主要考虑波形传输问题。即使同样是宽频带变压器，但只要波形能满足设计要求，磁芯也可以工作在非线性区域。因此，其外形可做得比通信用变压器小很多。还有，除通过大功率脉冲外，变压器的传输损耗一般还不大。因此，所取磁芯的尺寸大小取决于脉冲通过时磁通量是否饱和，或者取决于铁耗引起的温升是否超过允许值。今日脉冲变压器的最新分析方法，是将脉冲变压器按分布参数方式来处理，被称作传输型脉冲变压器。其外形图如图 2-97 所示。

图 2-97 脉冲变压器的外形图

2. 脉冲变压器与一般变压器的比较

所有脉冲变压器其基本原理与一般普通变压器(如音频变压器、电力变压器、电源变压器等)相同，但就磁芯的磁化过程这一点来看是有区别的，分析如下：

(1) 脉冲变压器的定义

脉冲变压器是一个工作在暂态中的变压器，也就是说，脉冲过程在短暂的时间内发生，是一个顶部平滑的方波，而一般普通变压器是工作在连续不变的磁化中的，其交变信号是按正弦波形变化的。

(2) 脉冲变压器的特点

脉冲信号是重复周期,一定间隔的,且只有正极或负极的电压,而交变信号是连续重复的,既有正的也有负的电压值。

(3) 脉冲变压器的要求

脉冲变压器要求波形传输时不失真,也就是要求波形的前沿延迟抑制要小,顶部失真都要小,然而这两个指标是矛盾的。

3. 脉冲变压器的主要用途

脉冲变压器广泛用于雷达、变换技术;负载电阻与馈线特性阻抗的匹配;升高或降低脉冲电压;改变脉冲的极性;变压器次级电路和初级电路的隔离应用几个次级绕组以取得相位关系;隔离电源部分的直流成分;在晶体管(或电子管)脉冲振荡器中使集电极(阳极)和基极(栅极)间得到强耦合;采用若干个次级绕组,以便得到几个不同幅值的脉冲,使电子管的板极回路和栅极回路,或晶体管的集电极与基极间形成正反馈,以便产生自激振荡;作为功率合成及变换元件等。

2.3.4 中周

中周是中频变压器,俗称中周,是超外差式电子管或晶体管收音机中特有的一种具有固定谐振回路的变压器,但谐振回路可在一定范围内微调,以使接入电路后能达到稳定的谐振频率(465kHz)。微调借助于磁芯的相对位置的变化来完成。

收音机中的中频变压器大多是单调谐式,结构较简单,占用空间较小。由于晶体管的输入、输出阻抗低,为了使中频变压器能与晶体管的输入、输出阻抗匹配,初级有抽头,且具有圈数很少的次级耦合线圈。双调谐式的优点是选择性较好且通频带较宽,多用在高性能收音机中。晶体管收音机中通常采用两级中频放大器,所以需用三只中周进行前后级信号的耦合与传送。实际电路中的

图 2-98 中周的外部形状

中周常用 BZ₁、BZ₂、BZ₃ 等符号表示。在使用中不能随意调换它们在电路中的位置。中周的外部形状如图 2-98 所示。

2.3.5 高频变压器

1. 高频变压器简介

高频变压器是作为开关电源最主要的组成部分。开关电源中的拓扑结构有很多。比如半桥式功率转换电路,工作时两个开关三极管轮流导通来产生约 100kHz 的高频脉冲波,然后通过高频变压器进行变压或变流,输出交流电,高频变压器各个绕组线圈的匝数比例则决定了输出电压的多少。典型的半桥式变换器电路中最为显眼的是三只高频变压器:主变压器、驱动变压器和辅助变压器(待机变压器),每种变压器在国家标准中都有各自的衡量标准,比如主变压器,只要是 200W 以上的电源,其磁芯直径(高度)就不得小于 35mm。而辅助变压器,在电源功率不超过 300W 时其磁芯直径达到 16mm 就够了。其外部形状如图 2-99 所示。

在开关电源电路中,不管功率变换器的激励方式有什么不同,正激型和反激型之间的差别只不过是前者在功率变换器中的开关功率管导通期间,由高频变压器把能量传输给负载电路;

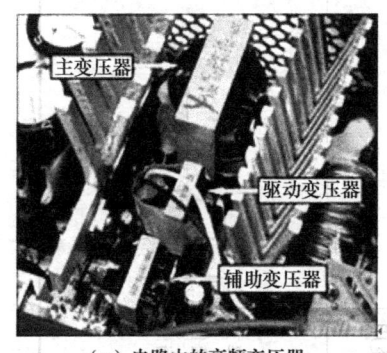

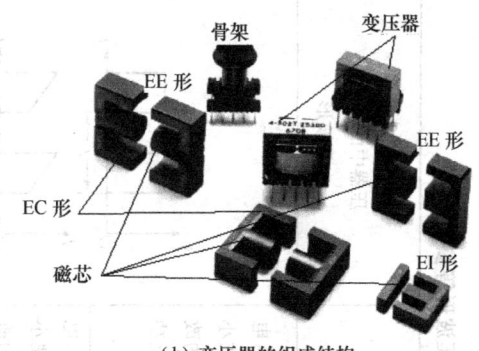

(a) 电路中的高频变压器　　　　　(b) 变压器的组成结构

图 2-99　高频变压器外部形状

而后者则是在开关功率管截止期间,把积蓄在高频变压器中的能量传输给负载电路。因此,它们除了在电路结构形式和工作原理等方面有一些差别以外,在其他电路方面,如保护、控制、驱动等方面均基本相同。另外,为了给那些初学或从事开关电源的工作者打下一个坚实的基础,本节不再对各种功率变换器进行讨论和分析,而是着重讨论和分析从事开关电源电路的设计与研制者们最感困惑和最感头疼的问题——开关电源电路中的高频变压器。

2. 功率开关变压器的工作状态

由于半导体技术和微电子技术的不断发展,大规模集成电路在各种电子设备中普遍被采用,各类电子设备体积越来越小,重量越来越轻,效率越来越高,使得具有笨重工频变压器的线性稳压电源成为各类电子设备小型化和微型化的最大障碍。以高频变压器取代工频变压器,采用脉宽调制(PWM)和脉频调制(PFM)技术的直流变换器型开关电源,具有克服这种障碍的强大优势,所以目前在各种电子设备中得到了广泛应用,而线性稳压电源只能成为各种开关电源的末级稳压电源被使用。

高频变压器在开关电源中也叫功率开关变压器。作为开关电源电路的核心技术,功率变换器电路形式各种各样,五花八门。通常应根据负载所需功率的大小、不同的使用要求、不同的输入条件和成本造价的限制等,选用不同形式的直流变换器电路。为了使设计者们能够根据自己的需要,简捷地确定符合要求的直流变换器电路结构,特将几种常用的直流变换器电路的结构形式、特点、应用场合以及电路中功率开关变压器中的电流、电压波形等参数归纳进表2-9中,可供设计者们参考。对于不同的直流变换器电路,输入到功率开关变压器初级绕组中电流、电压的波形不相同,其对应的工作特点也将不相同。通常功率开关变压器的工作状态可分为以下两大类:

(1) 单极性工作状态的功率开关变压器

单极性工作状态下的功率开关变压器是单端正激式、单端反激式等直流变换器电路中所使用的功率开关变压器。在这种工作状态下,由于功率开关变压器的初级绕组在一个周期内仅加上一个单向的脉冲方波电压,因此功率开关变压器磁芯中的磁通沿着交流磁滞回线第一象限部分上下移动,功率开关变压器的磁芯单向励磁,磁感应强度在其最大值 B_m 和剩余磁感应强度 B_r 之间进行变化,如图 2-100(a)所示。

(2) 双极性工作状态的功率开关变压器

双极性工作状态下的功率开关变压器是推挽式、半桥式、全桥式等直流变换器电路中所使用的功率开关变压器。在这种工作状态下,由于功率开关变压器的初级绕组在一个周期内要

表 2-9 常用开关稳压电源电路的结构形式、特点、应用场合以及电路中功率开关变压器中的电流、电压波形等参数

电路结构	等效电路	规定 I_p 时的最大输出功率	功率开关管的最大耐压 U_{ce}	输出电压	特点	功率开关变压器中的电流、电压波形
单端正激式		$\frac{1}{2}I_p U_i$	$3U_i \sim 4U_i$	$\frac{N_2}{N_1} \cdot \frac{t_{ON}}{T} U_i$	包括驱动、控制、保护等电路在内,电路结构简单。U_{ce}虽高,但可通过减小占空比来降低。由于功率开关管的改进,用途正在扩大,已用于千瓦以上功率的场合	
单端反激式		$\frac{1}{4}I_p U_i$	$3U_i \sim 4U_i$	$\sqrt{\frac{R_L}{2L}} \cdot \frac{t_{ON}}{\sqrt{T}} U_i$	包括驱动、控制、保护等电路在内,电路结构简单。U_{ce}虽高,但可通过减小占空比来降低。由于功率开关管的改进,用途正在扩大。由于不需要储能电感,输出电阻大等,因此电源并联使用时均流性较好	
推挽式		$I_p U_i$	$2U_i \sim 3U_i$	$\frac{N_2}{N_1} \cdot \frac{t_{ON}}{T} U_i$	可与驱动电路负端相连,输出功率二管均摊。U_{ce}较高,输入电源电压较低时,优点较为突出,工作时有发生偏磁的可能性	

续表

电路结构	等效电路	规定 I_p 时的最大输出功率	功率开关管的最大耐压 U_{ce}	输出电压	特点	功率开关变压器中的电流、电压波形
半桥式		$\dfrac{1}{2} I_p U_i$	U_i	$\dfrac{N_2}{N_1} \cdot \dfrac{t_{ON}}{T} \cdot \dfrac{U_i}{2}$	U_{ce}较低，可做到与U_i相等。驱动电路较为复杂，在输入电源电压较高时，优点较为突出	
全桥式		$I_p U_i$	U_i	$\dfrac{N_2}{N_1} \cdot \dfrac{t_{ON}}{T} \cdot U_i$	U_{ce}较低，可做到与U_i相等。驱动电路较为复杂，在输入电源电压较大时且输出功率较为突出	

加上幅值和导通时间都相等而方向相反的脉冲方波电压,因此功率开关变压器磁芯中所产生的磁通沿交流磁滞回线对称地上下移动,磁芯工作于整个磁滞回线上,如图 2-100(b)所示。在一个周期中,磁感应强度从正最大值变化到负最大值,磁芯中的直流磁化分量基本抵消。

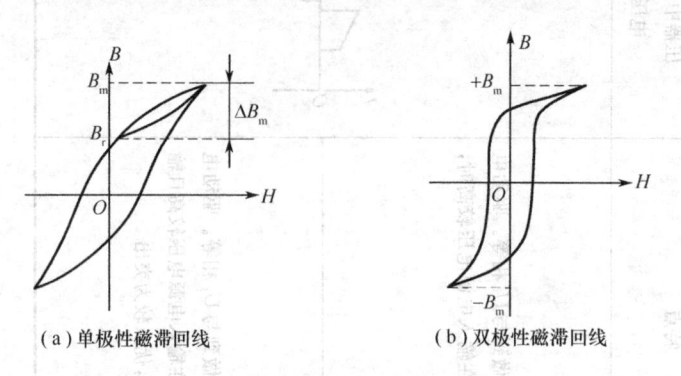

(a) 单极性磁滞回线　　　　　(b) 双极性磁滞回线

图 2-100　功率开关变压器磁芯的磁滞回线

3. 磁性材料与磁芯结构的选择

功率开关变压器通常工作在 20~100kHz 甚至更高的频率上。这样就要求磁性材料在其工作频率上的损耗尽可能小,此外还要求磁性材料的饱和磁感应强度高、温度稳定性好。铁氧体磁芯由于价格便宜、加工简单、结构形式多种多样,因此在应用中得到了非常广泛的应用。但是,铁氧体磁芯存在着许多缺点,如饱和磁感应强度值较低、温度稳定性较差、易碎等。在对体积、重量、环境条件及性能指标等方面要求较高的开关电源电路中的功率开关变压器应采用坡莫合金或非晶态合金等磁性材料。坡莫合金或非晶态合金等磁性材料通常加工成环形磁芯,有特殊要求时,也可加工成矩形或其他形状。铁氧体、坡莫合金和非晶态合金磁性材料的主要磁性能参数列于表 2-10 中,可供设计者查阅。为了减少涡流损耗,应根据不同的工作频率选择符合要求的磁芯合金带厚度。如采用坡莫合金作为磁芯时,合金带厚度的选择可参照表 2-11,不同钢带材料的叠片系数可参照表 2-12。

表 2-10　铁氧体、坡莫合金和非晶态合金磁性材料的主要磁性能参数

磁性材料	饱和磁感应强度/T	剩余磁感应强度/T	矫顽力/(A/N)	居里温度/℃	20kHz,0.5T 时的损耗/W·kg^{-1}	工作频率/kHz	工作温度/℃
Co 基非晶态合金	0.7	0.47	0.50	350	22	~100	~120
1J85-1 坡莫合金	0.7	0.60	1.99	480	30	~50	~200
Mn-Zn 铁氧体	0.4	0.14	24	150	—	~300	~100

表 2-11　坡莫合金带厚度的选择参数表

频率/kHz	4	10	20	40	70	100
厚度/mm	0.1	0.05	0.025	0.013	0.006	0.003

表 2-12 不同钢带材料的叠片系数

材料厚度/mm	0.1	0.05	0.025	0.013	0.003
叠片系数	0.90	0.85	0.70	0.50	0.30

(1) 电源变压器磁芯性能要求及材料分类

双极性工作状态下的功率开关变压器要求磁性材料具有较高的磁导率,较低的高频损耗;而单极性工作状态下的功率开关变压器则要求磁性材料具有较高的磁感应强度,较低的剩余磁感应强度,也就是要求磁性材料具有较大的脉冲磁感应强度增量 ΔB_m,可由下式计算:

$$\Delta B_m = B_m - B_r \tag{2-69}$$

式中,ΔB_m 为脉冲磁感应强度增量,单位为 T;B_m 为最大工作磁感应强度,单位为 T;B_r 为剩余磁感应强度,单位为 T。一般要求磁性材料在直流磁场下工作时不能够饱和,通常采用恒磁导材料或在磁芯中加气隙来降低剩余磁感应强度,使磁滞回线倾斜,以提高直流工作磁场。

应根据功率开关变压器所使用的变换器电路结构、使用要求、经济指标等,选用合适的磁芯结构形式。磁芯结构形式的选用应考虑下列几个因素:

① 漏磁要小,以便能够获得较小的绕组漏感。
② 便于绕制,引出线及整个功率开关变压器安装方便,有利于生产和维护。
③ 有利于散热。
④ 传输功率一定要留有足够的裕量。
⑤ 当输入电压和占空比为最大值时,磁芯不会饱和。
⑥ 在正激式直流变换器电路中,初级绕组上的电感量必须足够大;在反激式直流变换器电路中,初级绕组的电感量必须符合为获得所需功率而规定的数值。
⑦ 必须满足初、次级绕组上的铜损耗与磁芯的铁损耗相等的原则。

铁氧体磁芯由生产厂家提供标准规格,如 U 形、EE 形、EI 形、EC 形、OD 形、PQ 形以及 GU 形等。若希望漏感小,则可采用环形和罐形磁芯。若要求成本低,则可选用 E 形和 U 形磁芯,尤其是 EC 形和 PQ 形磁芯。圆柱形磁芯的中心柱线圈绕制方便,漏感比方形的要小,外形引出端带有固定用的螺钉孔,整个变压器可用压板和螺钉固定在地板或框架上。因此,EC 形和 PQ 形磁芯优点最多,应用最广。

⑧ 参数比较。表 2-13 列出了各种形式磁芯的成本、漏感、抽头等参数的比较,设计者可以根据不同的设计要求,参照表中的参数来选择符合要求的磁芯形式。

表 2-13 各种形式磁芯的成本、漏感、抽头等参数在应用中所占比例的比较表

磁芯形式	磁芯成本	线圈成本	漏感	抽头
罐形	3	1	1	4
环形	2	3	1	5
U 形	1	5	5	1
E 形	2	1	4	1

为了满足开关电源提高效率和减小尺寸、重量的要求,需要一种高磁通密度和高频低损耗的变压器磁芯。虽然有高性能的非晶态软磁合金竞争,但从性能价格比考虑,软磁铁氧体材料仍是最佳的选择;特别是在 100kHz~1MHz 的高频领域,新的低损耗的高频功率铁氧体材料更有其独特的优势。为了最大限度地利用磁芯,对于较大功率运行条件下的软磁铁氧体材料,在高温工作范围(如 80~100℃)应具有以下最主要的磁特性:

① 高的饱和磁通密度或高的振幅磁导率。这样变压器磁芯在规定频率下允许有一个大的磁通偏移,其结果为可减少匝数;这也有利于铁氧体的高频应用,因为截止频率正比于饱和磁通密度。

② 在工作频率范围有低的磁芯总损耗。在给定温升条件下,低的磁芯损耗将允许有高的通过功率。

③ 附带的要求则还有高的居里点、高的电阻率、良好的机械强度等。

新发布的《软磁铁氧体材料分类》行业标准(等同于 IEC 61332:1995),将高磁通密度应用的功率铁氧体材料分为 5 类,详见表 2-14。每类铁氧体材料除了对振幅磁导率和功率损耗提出要求外,还提出了"性能因子"参数(此参数将在下面进一步叙述)。从 PW_1 到 PW_5,其适用工作频率是逐步提高的。如 PW_1 材料适用频率为 15~100kHz,主要应用于回扫变压器磁芯;PW_2 材料适用频率为 25~200kHz,主要应用于开关电源变压器磁芯;PW_3 材料适用频率为 100~300kHz;PW_4 材料适用频率为 300kHz~1MHz;PW_5 材料适用频率为 1~3MHz。现在国内已能生产相当于 PW_1 到 PW_3 的材料,PW_4 材料只能小量试生产,PW_5 材料尚有待开发。

表 2-14 功率铁氧体材料分类

分类	f_{max}/kHz	f/kHz	B/mT	μ_B	$B\times f$(性能因子)/ (mT·kHz)	功率损耗/ (kW·m^{-3})	μ_i
PW_{1a} PW_{1b}	100	15	300	>2500	4500 (300×15)	≥300 ≥300	2000
PW_{2a} PW_{2b}	200	25	200	>2500	5000 (200×25)	≥300 ≥150	2000
PW_{3a} PW_{3b}	300	100	100	>3000	10000 (100×100)	≥300 ≥150	2000
PW_{4a} PW_{4b}	1000	300	50	>2000	15000 (50×300)	≥300 ≥150	1500
PW_{5a} PW_{5b}	3000	1000	25	>1000	25000 (25×1000)	≥300 ≥150	800

注:① f_{max}—磁性材料适用的最高频率;② B—磁性材料适用的磁通密度;③ μ_B—100℃时的振幅磁导率;④ 功率损耗—该损耗是在 100℃时进行测量得到的;⑤ μ_i—25℃时的初始磁导率。

4. 高频变压器的可传输功率

众所周知,变压器的可传输功率 P_{th} 正比于工作频率 f、最大可允许磁通密度 B_{max}(或可允许磁通偏移 ΔB)和磁路截面积 A_e,并表示为

$$P_{th} = CfB_{max}A_eW_d \tag{2-70}$$

式中,C 为与开关电源电路工作形式有关的系数(如推挽式 $C=1$,正激变换器 $C=0.71$,反激变换器 $C=0.61$);W_d 为绕组设计参数(包含电流密度 J、占空比 D、绕组截面积 A_N 等)。这里重点讨论参数 f、B_{max}、A_e(暂不讨论绕组设计参数 W_d)。增大磁芯尺寸(增大 A_e)可提高变压器可传输功率,但当前开关电源的设计目标是在给定通过功率下要减小尺寸和重量。假定固定温升,对一个给定尺寸的磁芯,可传输功率近似正比于频率。提高开关频率除了要应用快速晶体管以外,还受其他电路影响所限制,如电压和电流的快速改变在开关电路中产生扩大

的谐波谱线,造成无线电频率干扰、电源的辐射等。对变压器磁芯来说,提高工作频率则要求改进高频磁芯损耗,选择具有更低磁芯损耗的材料,允许更大的磁通密度偏移 ΔB,这样一来变压器才能提高可传输功率。磁芯总损耗 P_L 与工作频率 f 及工作磁通密度 B 的关系由下式表示:

$$P_L = KfmBnV_e \tag{2-71}$$

式(2-67)中,$n=2.5$,$m=1\sim 1.3$(当磁损耗单纯由磁滞损耗引起时,$m=1$;当 $f=10\sim 100\text{kHz}$ 时,$m=1.3$;当 $f>100\text{kHz}$ 时,m 将随频率增高而增大,这个额外损耗是由于涡流损耗或剩余损耗引起的)。很明显,对于高频运行的铁氧体材料,要努力减小 m 值。

5. 高频变压器的材料性能因子

由铁氧体磁芯制成的变压器,其通过功率直接正比于工作频率 f 和最大可允许磁通密度 B_{max} 的乘积。很明显,对传输相同功率来说,高的 fB_{max} 乘积允许小的磁芯体积;反之,相同磁芯尺寸的变压器若采用较高 fB_{max} 值的铁氧体材料,可传输更大的功率。我们将此乘积称为"性能因子"(PF),这是与铁氧体材料有关的参数,良好的高频功率铁氧体显示出较高的 fB_{max} 值。图 2-101 示出德国西门子公司几种铁氧体材料的性能因子与频率的关系,功率损耗密度定为 $300\text{mW/cm}^3(100℃)$,可用来度量变压器可传输功率。可以看到,经改进过的 N49i 材料在 900kHz 时达到最大 fB_{max} 为 $3700\text{Hz}\cdot\text{T}$,比原来生产的 N49 材料有更高的值,而 N59 材料则可使用 $f=1\text{MHz}$ 以上频率。改进性能因子可从降低材料高频损耗着手,已发现对应性能因子最大值的频率与材料晶粒尺寸 d、交流电阻率 ρ 有关,如图 2-102 所示,在考虑到涡流损耗与 d^2/ρ 之间的关系情况下,两者结果是相一致的。

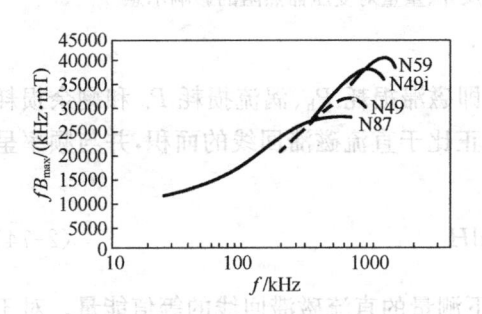

图 2-101 西门子公司铁氧体材料性能因子值对应与频率之间的关系

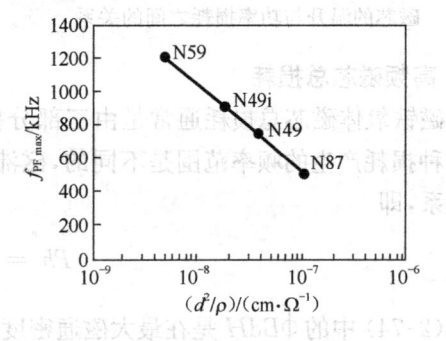

图 1-102 西门子公司铁氧体材料性能因子最大频率与 d^2/ρ 之间的关系

6. 高频变压器的热阻

为了得到最佳的功率传输,变压器温升通常分为两个相等的部分:磁芯损耗引起的温升 $\Delta\theta_{Fe}$ 和铜损引起的温升 $\Delta\theta_{Cu}$。磁芯总损耗与温升的关系如图 2-103 所示。对相同尺寸的磁芯,若采用不同的铁氧体材料(热阻系数不同),则温升值是不同的,其中 N67 材料有比其他材料更低的热阻。因此磁芯温升与磁芯总损耗的关系可用下式表示:

$$\Delta\theta_{Fe} = R_{th}\cdot P_{Fe} \tag{2-72}$$

式中,R_{th} 为热阻,定义为每瓦特总损耗时规定热点处的温升,单位为 W/℃;P_{Fe} 为磁芯总损耗。铁氧体材料的热传导系数、磁芯尺寸及形状对热阻都有影响,并可用下述经验公式来表示:

$$R_{th} = \frac{1}{S}\left(\frac{1}{\alpha} + \frac{d}{\lambda}\right) \tag{2-73}$$

式中,S 为磁芯表面积,单位为 mm^2;d 为磁芯尺寸,单位为 mm;α 为表面热传导系数;λ 为磁芯内部热传导系数。由式(2-73)可见,开关电源变压器所使用铁氧体材料必须具有低的功率损耗和较高的热传导系数。从图2-103中可以看出N67材料具有较高的热导性。从微观结构考虑,高的烧结密度、均匀的晶粒结构,以及晶界里有足够的Ca浓度的材料,将具有高的热导性。图2-104显示出了不同磁芯形状、尺寸、重量对变压器热阻的影响。从磁芯尺寸、形状考虑,较大磁芯尺寸就具有较低的热阻,其中ETD磁芯具有优良的热阻特性。另外,无中心孔的RM磁芯(RM14A)具有比有中心孔磁芯(RM14B)更低的热阻。对高频电源变压器磁芯,设计时应尽量增加暴露表面,如扩大背部和外翼,或制成宽而薄的形状(如低矮形RM磁芯、PQ磁芯等),均可降低热阻,提高可传输功率。

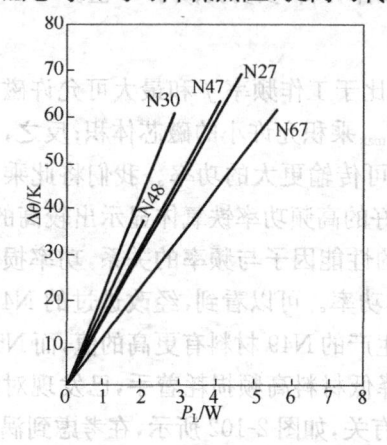

图2-103 西门子公司不同铁氧体的RM14 磁芯的温升与功率损耗之间的关系

图2-104 西门子公司N27材料不同磁芯形状、尺寸、重量对变压器热阻的影响示意

7. 高频磁芯总损耗

软磁铁氧体磁芯总损耗通常是由三部分构成,即磁滞损耗P_h、涡流损耗P_e和剩余损耗P_r。每种损耗产生的频率范围是不同的,磁滞损耗正比于直流磁滞回线的面积,并与频率呈线性关系,即

$$Ph = f \oint BdH \tag{2-74}$$

式(2-74)中的$\oint BdH$是在最大磁通密度B_{max}下测量的直流磁滞回线的等值能量。对于工作在100kHz以下频率的功率铁氧体磁芯,降低磁滞损耗是最重要的。为了降低损耗,首先要选择具有最小矫顽力H_c的铁氧体材料和最小各向异性常数K,理想情况是各向异性补偿点(即$K \approx 0$)应位于80~100℃的变压器工作温度范围。另外,这种铁氧体材料应具有较低的磁致伸缩常数λ,工艺上要避免内外应力不均匀和夹杂物。采用大而均匀的晶粒是有利的,因为$H_c \propto d-1$(d是晶粒尺寸)。涡流损耗P_e可用下式表示:

$$P_e = C_e f^2 B^2 / \rho \tag{2-75}$$

式中,C_e是尺寸常数;ρ是在测量频率f时的电阻率。随着开关电源小型化和工作频率的提高,由于$P_e \propto f^2$,因而降低涡流损耗对高频电源变压器更为重要。随着频率的提高,涡流损耗在总损耗中所占的比例逐步增大,当工作频率达200~500kHz时,涡流损耗常常已占主导地位。这从图2-105所示的R2KB1材料的磁芯总损耗(包括磁滞和涡流损耗)与频率f的关系实测曲线中就可得到证明。减小涡流损耗的方法主要是提高多晶铁氧体的电阻率。从材料微观结构考虑,应有均匀的小晶粒以及高电阻率的晶界和晶粒。由于小晶粒具有最大晶界表面,

可增大电阻率,而在材料中添加 CaO+SiO$_2$ 或者 Nb$_2$O$_5$、ZrO$_2$ 和 Ta$_2$O$_5$ 均对增大电阻率有益。

最近发现,当电源变压器磁芯工作在兆赫频率数量级时,剩余损耗已占主导地位,采用细晶粒铁氧体已成功缩小了此损耗。对 MnZn 铁氧体来说,在兆赫频率数量级所出现的铁磁谐振形成了铁氧体的损耗。最近有人提出,当铁氧体的磁导率 μ_i 随晶粒尺寸减小而降低时,Snoek 定律仍是有效的,也就是说,细晶粒材料显示出高的谐振频率,因此可应用于更高的频率。另外,对晶粒尺寸小到纳米级的铁氧体材料研究表明,在此频段还应考虑晶粒内畴壁损耗。

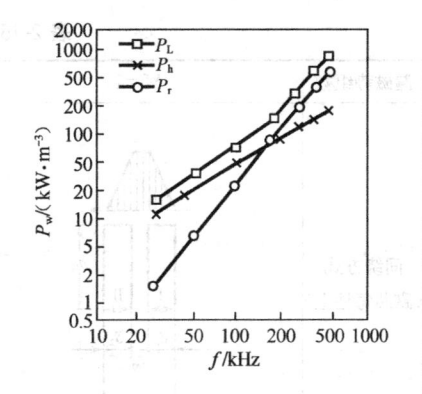

图 2-105 R2KB1 材料的磁芯总损耗与频率 f 之间的关系曲线

8. 漏感和分布电容的计算

开关电源电路中使用的功率开关变压器所传输的是高频脉冲方波信号。在传输的瞬变过程中,漏感和分布电容会引起浪涌电流和尖峰电压及顶部振荡,造成损耗增加,严重时会导致开关功率管损坏。因此,必须加以控制。功率开关变压器的设计一般主要考虑漏感的影响。在输出电压较高时,由于绕组的匝数和层数较多,因此就要考虑分布电容的影响和危害。同时,降低分布电容有利于抑制高频信号对负载的影响和干扰。对同一个变压器,要同时减小漏感和分布电容是非常困难的。因为二者的减小是相互矛盾的,所以应根据不同的工作要求,使漏感和分布电容都压缩到最低极限值为宜。

1) 漏感的计算

变压器的漏感是由于初级与次级之间、层与层之间、匝与匝之间磁通没有完全耦合而造成的。通常采用初级绕组和次级绕组交替分层绕制的方法来降低变压器的漏感。但是交替分层绕制使线圈结构复杂,绕制加工难度增加,分布电容增大。因此,在实际设计、计算和加工时,一般取线圈磁势组数 M 不超过 4 为宜。变压器线圈绕制方法和漏感的计算方法可归纳如下:

(1) 罐形和芯式磁芯漏感的计算方法

罐形和芯式磁芯漏感的计算方法见表 2-15,其计算公式中:L_s 为所计算的漏感值,单位为 H;l_m 为初、次级绕组的平均厚度,单位为 cm;h_m 为初、次级绕组的高度,单位为 cm;δ_0 为初、次级绕组的绝缘厚度,单位为 cm;δ_1 为每柱上初级绕组的厚度,单位为 cm;δ_2 为每柱上次级绕组的厚度,单位为 cm;k_1 为漏感修正系数,可由下式计算:

$$k_1 = 1 - y + 0.35y^2 \tag{2-76}$$

式 (2-76) 中的 y 为线圈结构参数,可由下式计算:

$$y = \frac{\delta}{M\pi h_m} \tag{2-77}$$

式中,δ 为线圈的总厚度(不包括内外绝缘层厚度),单位为 cm;M 为漏感势组数,$M \leqslant 4$。漏感修正系数 k_1 可从图 2-106 所示的漏感修正系数曲线上查得。环形铁氧体磁芯功率开关变压器初、次级绕组结构如图 2-107 所示。

(2) 初、次级漏感的换算

由于初级绕组绕在最里边,因此可以认为初级绕组的漏感为零。而次级绕组则绕在最外边,其漏感则肯定不为零,可采用下式计算出:

表 2-15 罐形和芯式磁芯漏感计算表

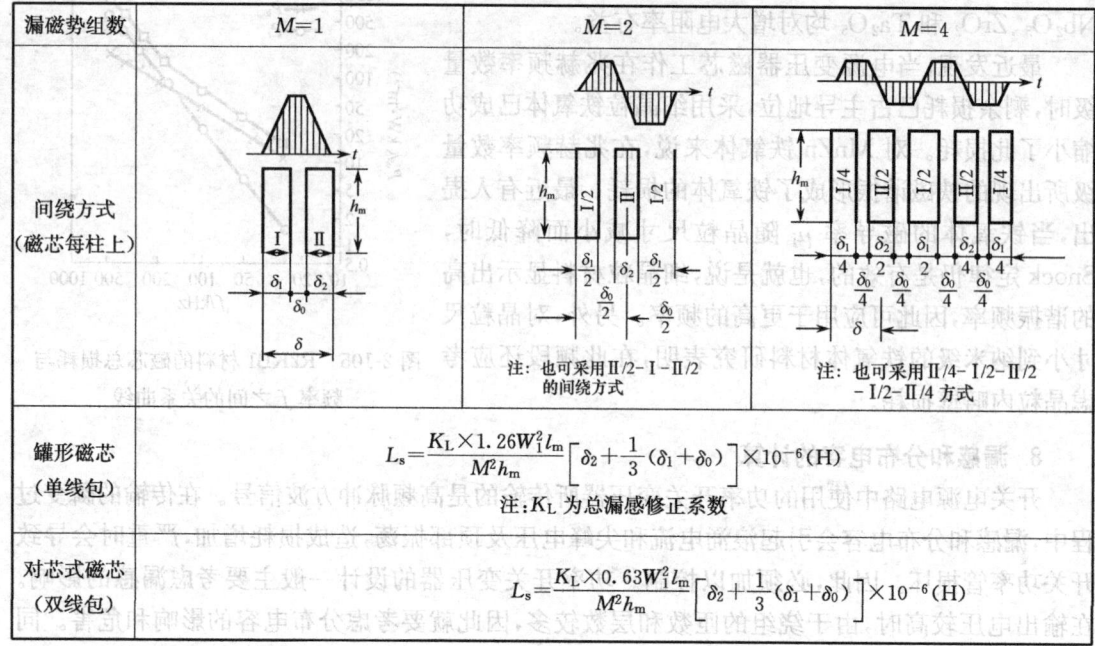

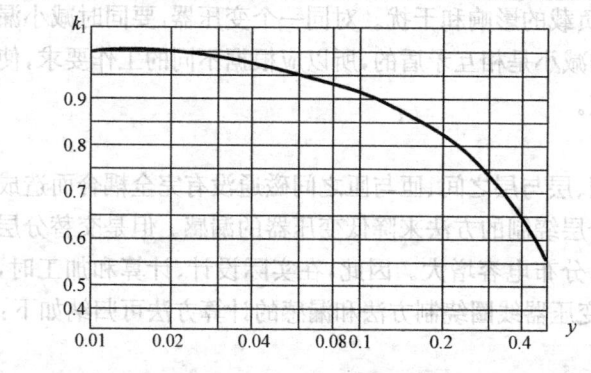

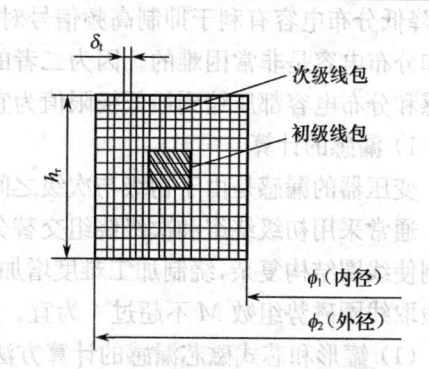

漏磁势组数	M=1	M=2	M=4
间绕方式（磁芯每柱上）	I, II 间绕，间距 δ_1, δ_2, δ_0, δ, 高度 h_m	II/2 – I – II/2 间绕方式，间距 δ_1, δ_2, $\delta_0/2$，高度 h_m 注：也可采用 II/2－I－II/2 的间绕方式	II/4－I/2－II/2－I/2－II/4 方式，间距 $\delta_1/4$, $\delta_2/2$, $\delta_0/4$, δ，高度 h_m 注：也可采用 II/4－I/2－II/2 －I/2－II/4 方式
罐形磁芯（单线包）	$L_s = \dfrac{K_L \times 1.26 W_1^2 l_m}{M^2 h_m}\left[\delta_2 + \dfrac{1}{3}(\delta_1+\delta_0)\right] \times 10^{-6}$ (H) 注：K_L 为总漏感修正系数		
对芯式磁芯（双线包）	$L_s = \dfrac{K_L \times 0.63 W_1^2 l_m}{M^2 h_m}\left[\delta_2 + \dfrac{1}{3}(\delta_1+\delta_0)\right] \times 10^{-6}$ (H)		

图 2-106 变压器的漏感修正系数曲线

图 2-107 环形铁氧体磁芯功率开关变压器初、次级绕组结构

$$L_{s2} = 0.4 N_2^2 \left[\delta_0 l_n \frac{\phi_2}{\phi_1} + \frac{1}{2} h_r L_r \frac{1+\dfrac{2\delta_t}{\phi_1}}{1-\dfrac{2\delta_t}{\phi_2}}\right] \times 10^{-8} \quad (2-78)$$

式中，L_{s2} 为次级绕组的漏感值，单位为 H；L_r 为绕组的电感量，单位为 H；ϕ_1 为环形变压器的内径，单位为 cm；ϕ_2 为环形变压器的外径，单位为 cm；h_r 为环形变压器的高度，单位为 cm；N_2 为次级绕组的匝数；δ_t 为次级绕组层与层之间的厚度，单位为 cm。将次级绕组的漏感换算至初级的漏感为

$$L_{s1} = \left(\frac{N_1}{N_2}\right)^2 L_{s2} \quad (2-79)$$

式中，L_{s1} 为次级换算至初级的漏感，单位为 H；N_1 为初级绕组的匝数。

(3) 减小漏感的措施

在功率开关变压器的设计计算和绕制加工过程中，可采取下列措施来减小漏感：

① 应尽量减小绕组的匝数,选用高饱和磁感应强度、低损耗的磁性材料。
② 应尽量减小绕组的厚度,增加绕组的高度。
③ 应尽可能减小绕组间的绝缘厚度。
④ 初、次级绕组应采用分层交叉绕制。
⑤ 对于环形磁芯变压器,不管初、次级绕组的匝数有多少,均应沿环形圆周均匀分布绕制。
⑥ 对于大电流工作状态下的环形磁芯变压器,可以采用多绕组并联方式绕制,并且线径不宜过粗。
⑦ 在输入电压不太高的情况下,初、次级绕组应采用双线并绕的加工工艺。

2) 分布电容的计算

(1) 分布电容的组成

任何导体之间都有电容存在,如果这两个导体之间的电位差处处相等,这样所形成的电容就为静电容。在变压器中,绕组线匝之间,同一绕组上、下层之间,不同绕组之间,绕组对屏蔽层(或磁芯)之间沿着某一线长度方向的电位分布是变化的,这样形成的电容不同于静电容,称为分布电容。功率开关变压器的分布电容由下列几部分组成,并且还可以用 2-108 所示的方法表示出来。

① 各绕组与屏蔽层(或磁芯)之间的分布电容。
② 各绕组线匝之间的分布电容。
③ 绕组与绕组之间的分布电容。
④ 各绕组的上、下层之间的分布电容。

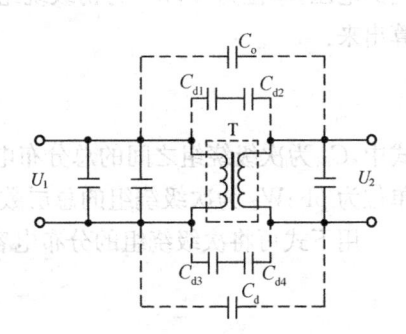

图 2-108 功率开关变压器分布电容的表示图

功率开关变压器通常每层绕组有较多的匝数,每层绕组之间的总分布电容为每匝之间分布电容的串联值,该值远远小于层间的总分布电容值,故匝间的分布电容可以忽略不计。现在就来讨论功率开关变压器各部分分布电容的计算方法。

(2) 层间或绕组间静态分布电容 C_o 的计算方法

层间或绕组间的静态分布电容 C_o 可由下式计算出来:

$$C_o = 0.0886 \frac{\varepsilon h_m I_{mc}}{\delta_c} \tag{2-80}$$

式中,C_o 为层间或绕组间的静态分布电容,单位为 pF;ε 为绝缘材料的相对介电常数;h_m 为初、次级绕组的高度,单位为 cm。I_{mc} 为所计算分布电容层间(或绕组间)的平均周长,单位为 cm;δ_c 为层间(或绕组间)的绝缘厚度与导线绝缘漆膜厚度之和,单位为 cm。

(3) 层间或绕组间动态分布电容 C_d 的计算

层间或绕组间的动态分布电容 C_d 可由下式计算出来:

$$C_d = \frac{U_{li}^2 + U_{li} + U_{hi} + U_{hi}^2}{3U^2} \tag{2-81}$$

式中,C_d 为层间或绕组间的动态分布电容,也就是表示反映在绕组电压 U 两端的分布电容,单位为 pF;U_{li} 为层间或绕组间低电压端的电位差,电位为 V;U_{hi} 为层间或绕组间高电压端的电位差,电位为 V;U 为绕组间电压,单位为 V。

(4) 多层绕组间分布电容的计算

功率开关变压器的每一个绕组一般都有很多层,并且层间的结构均相同。因此,各层之间的分布电容也都相同。初级绕组之间的总分布电容 C_{d1} 可由下式计算出来:

$$C_{d1} = \frac{4}{3}\left(\frac{U_{ni}}{U_1}\right)^2 (W_1 - M) C_{o1} \tag{2-82}$$

另外,也可以用下式来计算初级绕组之间的总分布电容 C_{d1}:

$$C_{d1} = \frac{4}{3}\left(\frac{W_1 - M}{W_1^2}\right) C_{o1} \tag{2-83}$$

式(2-82)和式(2-83)中,C_{d1} 为初级绕组之间的总分布电容,单位为 pF;C_{o1} 为初级绕组每层之间的静态分布电容,单位为 pF;U_1 为初级绕组上所加的电压,单位为 V;U_{ni} 为初级绕组每层之间的电压,单位为 V;W_1 为初级绕组的总层数。次级绕组之间的总分布电容 C_{d2} 可由下式计算出来:

$$C_{d2} = \frac{4}{3}\left(\frac{W_2 - M}{W_2^2}\right) C_{o2} \tag{2-84}$$

式中,C_{d2} 为次级绕组之间的总分布电容,单位为 pF;C_{o2} 为次级绕组每层之间的静态分布电容,单位为 pF;W_2 为次级绕组的总层数。

用下式可将次级绕组的分布电容换算成初级绕组的分布电容 C'_{d2}:

$$C'_{d2} = \left(\frac{N_2}{N_1}\right)^2 C_{d2} \tag{2-85}$$

式中,C'_{d2} 为次级绕组的分布电容 C_{d2} 换算成初级绕组的分布电容,单位为 pF;N_1 为初级绕组的匝数;N_2 为次级绕组的匝数。

为了减小功率开关变压器的漏感而采用分层交替间绕的方法绕制时,初、次级绕组分布电容的计算公式相应的应修正如下:

① 当漏磁势组数 $M=1$ 时,初、次级绕组分布电容的计算公式为

$$C_{d1} = \frac{4}{3}\left(\frac{W_1 - 1}{W_1^2}\right) C_{o1}, \qquad C_{d2} = \frac{4}{3}\left(\frac{W_2 - 1}{W_2^2}\right) C_{o2} \tag{2-86}$$

② 当漏磁势组数 $M=2$ 时,初、次级绕组分布电容的计算公式为

$$C_{d1} = \frac{4}{3}\left(\frac{W_1 - 2}{W_1^2}\right) C_{o1}, \qquad C_{d2} = \frac{4}{3}\left(\frac{W_2 - 2}{W_2^2}\right) C_{o2} \tag{2-87}$$

③ 在漏磁势组数 $M=4$ 时,初、次级绕组分布电容的计算公式为

$$C_{d1} = \frac{4}{3}\left(\frac{W_1 - 4}{W_1^2}\right) C_{o1}, \qquad C_{d2} = \frac{4}{3}\left(\frac{W_2 - 4}{W_2^2}\right) C_{o2} \tag{2-88}$$

(5) 功率开关变压器总分布电容 C_{dt} 的计算

功率开关变压器的总分布电容 C_{dt} 等于初级绕组间的总分布电容、次级绕组间的总分布电容以及绕组与屏蔽层(磁芯)之间的分布电容的并联之和,并可用下式来计算:

$$C_{dt} = \sum C_{dci} + \sum C_{d1n} + \sum C_{d2m} \tag{2-89}$$

式中,C_{dt} 为功率开关变压器总分布电容,单位为 pF;C_{dc} 为绕组与屏蔽层(磁芯)之间的分布电容,单位为 pF;n 为初级绕组的个数;m 为次级绕组的个数;i 为总绕组的个数,$i = n + m$。

(6) 减小功率开关变压器分布电容的措施

在加工功率开关变压器的过程中,可以采取下列的措施减小分布电容:

① 绕组应进行分段绕制。

② 正确安排绕组的极性,以减小各绕组之间的电位差或电势差。
③ 初、次级绕组之间应增加静电屏蔽措施,一般情况下均是采用加屏蔽绕组的方法,并且一端接地。
④ 漏磁势组数应选择 $M=4$。

9. 趋肤效应

导线中有交流电流流过时,因导线内部和边缘部分所交链的磁通不同,从而就会导致导线截面上的电流产生不均匀分布,相当于导线有效截面积减小,这种现象称为趋肤效应(又称集肤效应)。功率开关变压器工作频率一般均在 20kHz 以上,随着工作频率的不断提高,趋肤效应所带来的影响越来越大。因此,在设计和绕制绕组、选择电流密度和线径时,必须慎重考虑由于趋肤效应所引起的导线截面积的减小。

(1) 穿透深度

穿透深度指的是由于趋肤效应,高频交流电流沿导体表面能够达到的径向深度。导线流过高频交流电流时,有效截面积的减小可用穿透深度来表示。穿透深度与交流电流的频率、导线的磁导率以及电导率之间的关系为

$$\Delta H = \frac{2}{\omega \mu \gamma} \times 10^{-3} \tag{2-90}$$

式中,ΔH 为穿透深度,单位为 mm;ω 为所流过导线交流电流的角频率(与频率 f 之间的关系为 $\omega = 2\pi f$),单位为 Hz;μ 为导线的磁导率,单位为 H/m;γ 为导线的电导率,单位为 S/m。当导线为圆铜导线时,则式(2-90)可变为

$$\Delta H = \frac{66.1}{\sqrt{f}} \tag{2-91}$$

式中,f 为导线上所流过交流电流的频率,单位为 Hz。当流过圆铜导线上的高频交流电流的频率为 1~50kHz 时,由于趋肤效应所导致的穿透深度列于表 2-16 中,可供设计者们在设计功率开关变压器时参考。

表 2-16 频率从 1~50kHz 圆铜导线的穿透深度

f/kHz	1	3	5	7	10	13	15	18
ΔH/mm	2.089	1.206	0.9436	0.7899	0.6608	0.5796	0.5396	0.4926
f/kHz	20	23	25	30	35	40	45	50
ΔH/mm	0.4673	0.4538	0.4180	0.3815	0.3532	0.3304	0.3115	0.2955

(2) 导线的选择原则

在选择所要使用的功率开关变压器初、次级绕组的导线线径时,一定要满足导线的直径必须小于由于趋肤效应所引起的穿透深度两倍的要求。当导线所要求的直径大于由穿透深度所决定的最大直径时,可采用小直径的导线多股并绕或采用扁铜带导线绕制。

(3) 交流电阻的计算

当使用的导线线径大于两倍的穿透深度时,由于趋肤效应所引起的导线电阻增加,此时应以导线的交流有效电阻值来计算绕组的压降和损耗。其计算公式为

$$R_a = k_r R_d \tag{2-92}$$

式中,R_a 为导线的交流有效电阻值,单位为 Ω;R_d 为导线的直流有效电阻值,单位为 Ω;k_r 为趋表系数。趋表系数 k_r 的大小不仅与交流电流的频率有关,而且与导线材料的性质、导线的

形状有关。对于实心圆铜导线其趋表系数 k_r 可由下式求得：

$$k_r = \frac{(d/2)^2}{(d-\Delta H)\Delta H} \tag{2-93}$$

式中，d 为实心圆铜导线的直径，单位为 mm。

(4) 电流有效值的计算

在功率开关变压器中，流过变压器绕组中的电流通常分别为矩形方波、梯形波或锯齿波电流。各绕组的功率损耗应该采用电流的有效值，即均方根值来计算。当功率开关变压器中流过各种波形的电流时，其有效值的计算公式请参考表 2-17。

表 2-17 功率开关变压器中流过各种波形的电流所对应的电流有效值的计算公式

电流的波形	电流有效值的计算公式	电流的波形	电流有效值的计算公式
	$I = I_p \sqrt{2 - \dfrac{t_{ON}}{T}}$		$I = \dfrac{1}{\sqrt{2}} I_p$
	$I = I_p \sqrt{\dfrac{t_{ON}}{T}}$		$I = \dfrac{1}{\sqrt{2}} I_p$
	$I = \dfrac{1}{\sqrt{3}} I_p$		$I = I_p$
	$I = I_p \sqrt{\dfrac{t_{ON}}{3T}}$		$I = I_p \sqrt{\dfrac{t_{ON}}{3T}}$
	$I = I_p \sqrt{\dfrac{t_{ON}}{2T}}$		$I = \sqrt{\left(I_p^2 - I_p I_\phi + \dfrac{I_\phi^2}{3}\right)\dfrac{t_{ON}}{T}}$

10. 磁性材料的磁特性

1) 各种形状的磁芯图形结构、尺寸和有效参数

(1) EC 形磁芯的图形、尺寸和有效参数

表 2-18 列出了 EC 形磁芯的图形、尺寸和有效参数。

表 2-18 EC 形磁芯的图形、尺寸和有效参数

EC 形磁芯图形结构	EC 形磁芯尺寸					
	型号		EC35	EC41	EC52	EC70
	磁芯尺寸/mm	a	34.5±0.8	40.6±1.0	52.2±1.3	70±1.7
		b	28.5±0.8	33.6±1.0	44.2±1.5	59.6±1.7
		d_1	22.75±0.55	27.05±0.75	33±0.9	44.5±1.2
		d_2	9.5±0.3	11.6±0.3	13.4±0.35	34.5±0.15
		h_1	17.3±0.15	19.5±0.15	24.2±0.15	16.4±0.4
		h_2	11.9+0.7	13.5+0.8	15.5+0.8	22.3+0.3
		W	9.5±0.3	11.6±0.3	13.4±0.35	16±0.4
		S	2.75±0.25	3.25±0.25	3.75±0.25	4.75±0.25
		Y	0.5	0.7	0.8	1.0
	有效参数	l_c/cm	0.665	1	1.34	2.01
		A_c/cm²	7.74	8.93	10.5	14.4
		V_e/cm³	7.76	12.6	24.3	55.6

（2）EE 形磁芯的图形、尺寸和有效参数

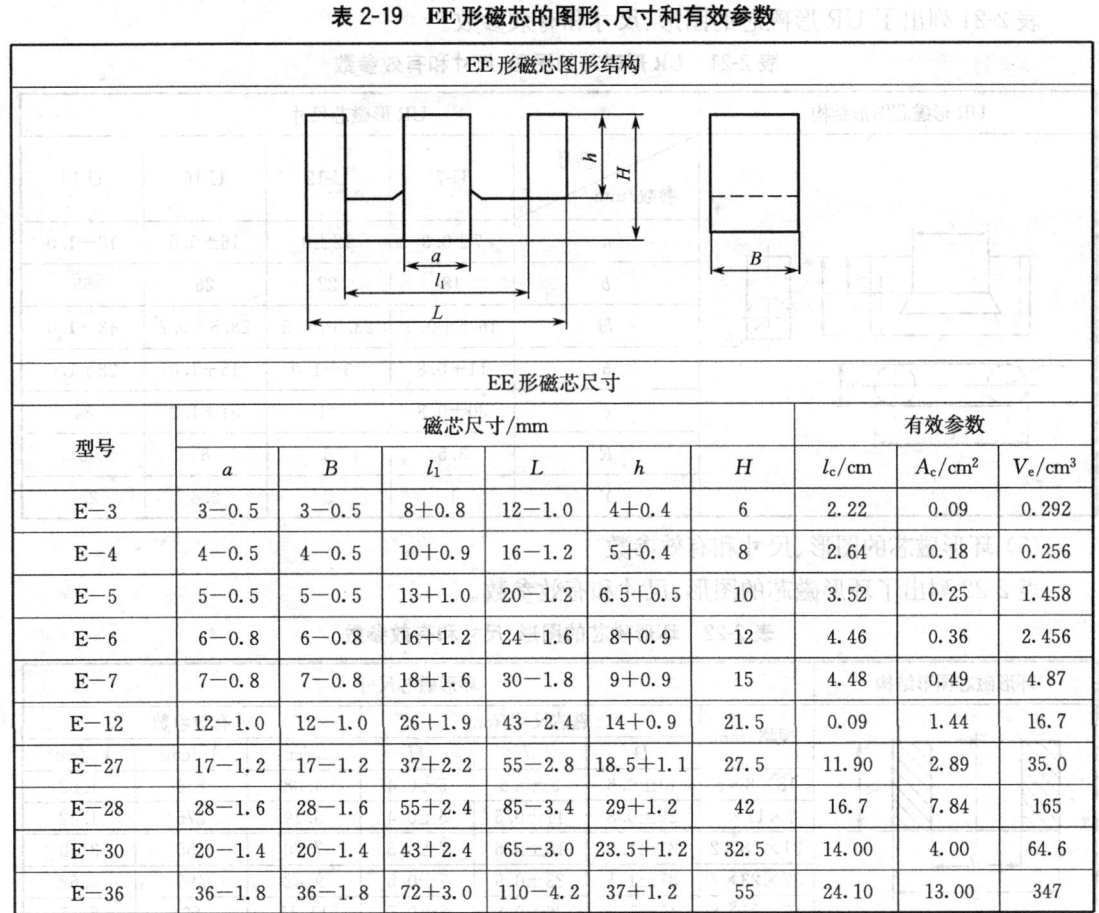

表 2-19 列出了 EE 形磁芯的图形、尺寸和有效参数。

表 2-19 EE 形磁芯的图形、尺寸和有效参数

型号	磁芯尺寸/mm						有效参数		
	a	B	l_1	L	h	H	l_c/cm	A_c/cm²	V_e/cm³
E−3	3−0.5	3−0.5	8+0.8	12−1.0	4+0.4	6	2.22	0.09	0.292
E−4	4−0.5	4−0.5	10+0.9	16−1.2	5+0.4	8	2.64	0.18	0.256
E−5	5−0.5	5−0.5	13+1.0	20−1.2	6.5+0.5	10	3.52	0.25	1.458
E−6	6−0.8	6−0.8	16+1.2	24−1.6	8+0.9	12	4.46	0.36	2.456
E−7	7−0.8	7−0.8	18+1.6	30−1.6	9+0.9	15	4.48	0.49	4.87
E−12	12−1.0	12−1.0	26+1.9	43−2.4	14+0.9	21.5	0.09	1.44	16.7
E−27	17−1.2	17−1.2	37+2.2	55−2.8	18.5+1.1	27.5	11.90	2.89	35.0
E−28	28−1.6	28−1.6	55+2.4	85−3.4	29+1.2	42	16.7	7.84	165
E−30	20−1.4	20−1.4	43+2.4	65−3.0	23.5+1.2	32.5	14.00	4.00	64.6
E−36	36−1.8	36−1.8	72+3.0	110−4.2	37+1.2	55	24.10	13.00	347

(3) EI 形磁芯的图形、尺寸和有效参数

表 2-20 列出了 EI 形磁芯的图形、尺寸和有效参数。

表 2-20　EI 形磁芯的图形、尺寸和有效参数

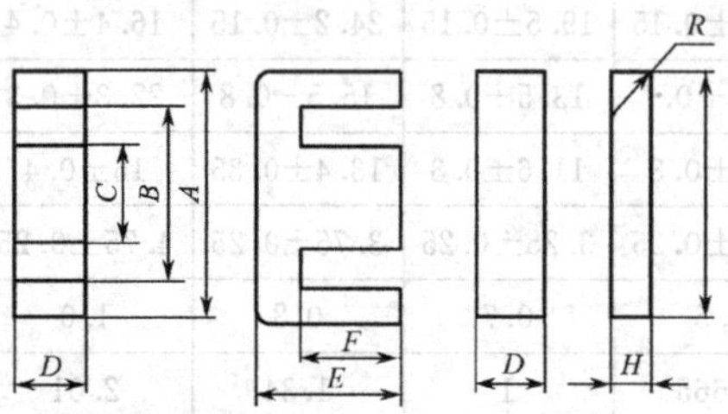

EI 形磁芯图形结构	EI 形磁芯尺寸				
	型号		EI25	EI40	EI50
	磁芯尺寸/mm	A	25.4±0.6	40±0.7	50±0.8
		B	18(min)	26.8(min)	33.5(min)
		C	6.5+0.6	12−0.6	15−0.8
		D	7−0.5	12−0.6	15−0.8
		E	17±0.5	27±0.8	33±0.8
	磁芯尺寸/mm	F	13+0.6	21+0.7	24.5+0.6
		H	3.5±0.3	6.5±0.3	9±0.3
		R	1.0	2.0	2.5
	有效参数	l_c/cm	5.01	8.31	10.30
		A_c/cm^2	0.42	1.28	2.26
		V_e/cm^3	2.1	10.6	23.3

(4) U 形磁芯的图形、尺寸和有效参数

表 2-21 列出了 UR 形磁芯的图形、尺寸和有效参数。

表 2-21　UR 形磁芯的图形、尺寸和有效参数

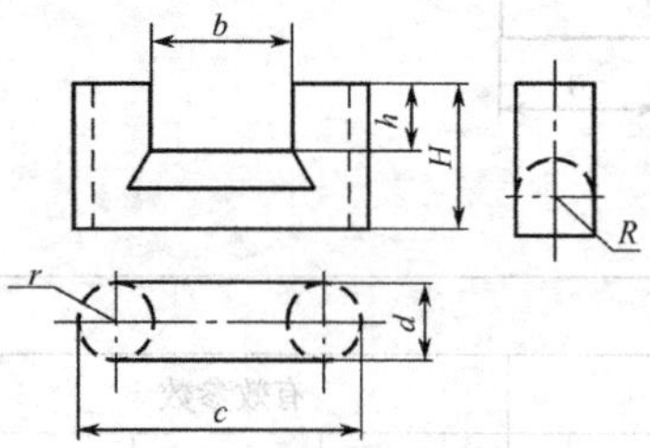

UR 形磁芯图形结构	UR 形磁芯尺寸				
	参数/mm \ 型号	U-7	U-12	U-16	U-18
	a	7±0.3	12±0	16±0.5	18−1.0
	b	18	22	26	55
	H	16.5+0.5	23.5+0.5	28.5+0.7	43+1.0
	h	11+0.8	13+1.0	15+1.0	22+1.0
	c	30±0.8	41	51+1.2	84
	R	3.5	6	8	6
	Y	1	2	2.4	2.4

(5) 环形磁芯的图形、尺寸和有效参数

表 2-22 列出了环形磁芯的图形、尺寸和有效参数。

表 2-22　环形磁芯的图形、尺寸和有效参数

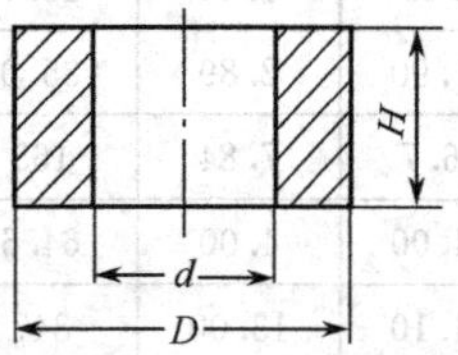

环形磁芯图形结构	环形磁芯尺寸						
	规格/mm	磁芯尺寸/mm			有效参数		
		D	d	H	l_c/cm	A_c/cm^2	V_e/cm^3
	18×8×5	13±0.6	8±0.5	5±0.4	4.08	856	1.02
	2×11×5	22±0.8	11±0.5	5±0.4	5.19	275	1.42
	31×18×2	31±1.0	18±0.6	7±0.5	7.70	455	3.50
	37×23×7	37±1.1	23±0.9	7±0.5	9.42	490	4.62
	45×26×8	45±1.2	26±0.8	8±0.5	11.15	60	8.47

(6) PQ形磁芯的图形、尺寸和有效参数

图2-109为PQ形磁芯的外形结构图，表2-23列出了PQ形磁芯的尺寸，表2-24列出了PQ形磁芯的有效参数。

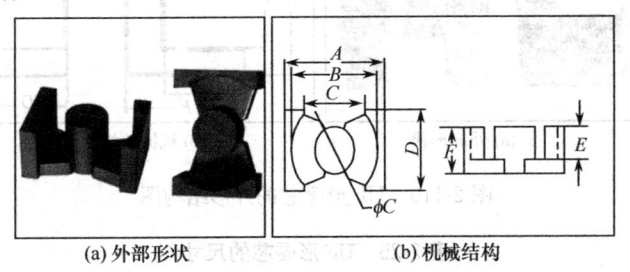

(a) 外部形状　　　　　　(b) 机械结构

图2-109　PQ形磁芯的外形结构图

表2-23　PQ形磁芯的尺寸

型号	尺寸(mm)						
	A	B_{min}	C	D	E	F	G_{min}
PQ20/16	20.5±0.4	18.0±0.4	8.8±0.2	14.0±0.4	5.2±0.2	8.1±0.1	12.0
PQ20/20	20.5±0.4	18.0±0.4	8.8±0.2	14.0±0.4	7.2±0.2	10.1±0.1	12.0
PQ26/15	26.5±0.45	22.5±0.45	12.0±0.2	19.0±0.45	3.0±0.1	7.4±0.1	15.5
PQ26/20	26.5±0.45	22.5±0.45	12.0±0.2	19.0±0.45	5.7±0.2	10.1±0.1	15.5
PQ26/25	26.5±0.45	22.5±0.45	12.0±0.2	19.0±0.45	8.0±0.2	12.4±0.2	15.5
PQ32/20	32.0±0.5	27.5±0.5	13.4±0.3	22.0±0.5	5.7±0.2	13.0±0.2	19.0
PQ32/30	32.0±0.5	27.5±0.5	13.4±0.3	22.0±0.5	10.6±0.2	15.2±0.2	19.0
PQ35/35	35.1±0.6	32.0±0.5	14.4±0.3	26.0±0.6	12.5±0.2	17.4±0.2	23.5
PQ40/40	40.5±0.9	37.0±0.6	14.9±0.3	28.0±0.6	14.7±0.2	19.9±0.2	28.0
PQ50/50	50.0±0.9	44.0±0.7	20.0±0.3	32.0±0.6	18.0±0.2	25.0±0.2	31.5

表2-24　PQ形磁芯的有效参数

型号	有效参数				AI±25%(nH/N²)	重量/g
	C_{1mm}	L_{emax}	A_{emin}^2	V_{emm}^3	ZP40	
PQ20/16	0.605	37.4	62.0	2310	3300	13
PQ20/20	0.738	45.4	62.0	2790	3100	15
PQ26/15	0.296	36.2	122.0	4416	7300	26
PQ26/20	0.391	46.3	1190	5490	6100	31
PQ26/25	0.472	55.5	118.0	6530	5200	36
PQ32/20	0.326	55.5	170.0	9420	7310	42
PQ32/30	0.464	74.6	161.0	11970	5140	55
PQ35/35	0.448	87.9	196.0	17300	4860	73
PQ4040	0.508	102	201.0	20500	4300	95
PQ50/50	0.346	113	328.0	37200	6720	195

(7) UF形磁芯的图形、尺寸和有效参数

图2-110为UF形磁芯的外形结构图，表2-25列出了UF形磁芯的尺寸，表2-26列出了UF形磁芯的有效参数。

(a) 外部形状　　　　(b) 机械结构

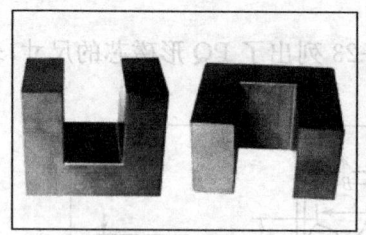

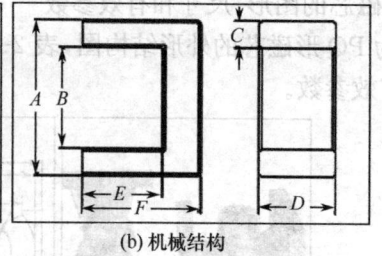

图 2-110　UF 形磁芯的外形结构图

表 2-25　UF 形磁芯的尺寸

型号	尺寸/mm					
	A	B_{min}	C	D	E	F
UF9.8	9.8±0.3	4.1	2.8±0.2	2.7±0.2	4.2±0.2	7.1±0.2
UF10.5	10.5±0.3	5.2	2.5±0.2	5.0±0.2	5.35±0.2	7.85±0.25
UF152	15.0±0.4	5.4	4.6±0.2	6.4±0.2	6.5±0.2	11.4±0.3
UF15.2	15.0±0.4	5.0	5.0±0.2	6.5±0.25	6.0±0.3	11.2±0.4
UF15.7	15.7±0.4	6.7	4.5±0.2	6.0±0.2	6.0±0.3	9.7±0.25
UF16	16.0±0.4	6.8	4.5±0.2	59±0.2	6.0±0.2	10.0±0.3
UF17	17.0±0.4	6.1	4.5±0.2	6.0±0.2	11.8±0.3	15.5±0.3
UF19	19.7±0.4	7.4	6.0±0.2	6.0±0.2	11.7±0.3	17.7±0.3
UF25	25.4±0.5	12.4	6.35±0.25	6.35±0.25	9.65±0.2	16.0±0.3
UF30	30.0±0.5	17.3	6.1±0.2	6.25±0.15	6.2±0.25	12.7±0.15
UF33	33.0±0.5	18.0	7.2±0.2	7.2±0.2	6.2±0.25	13.8±0.15
UF64	65.0±15	24.4	40.0±0.5	20.0±0.5	43±07	63.5±1.0
UF66	66.0±1.5	25.0	19.5±0.5	39.6±0.6	36.5±1.0	55.0±1.0
UF80A	80.0±2.0	36.0	21.5±0.5	29.5±0.5	43.0±0.5	64.5±0.5
UF80B	80.0±2.0	40.0	20.0±0.5	40.0±1.0	65.0±1.0	85.0±1.0
UF93	93.0±2.5	36.5	28.0±0.5	28.0±0.5	49.5±1.0	79.0±1.0
UF96	96.0±3.0	37.0	30.0±0.5	30.0±0.5	50.0±0.5	80.5±0.5
UF100	100.0±3.0	36.7	30.5±0.5	30.0±1.0	45.0±1.0	70.5±1.0
UF120A	120.0±3.0	59.0	30.0±0.5	40.0±1.5	50.0±1.0	80.0±1.0
UF120B	120.0±3.0	59.0	30.0±0.5	400±1.5	87.0±1.0	117.0±1.0

表 2-26　UF 形磁芯的有效参数

型号	有效参数				Al±25%(nH/N²)				重量/g
	C_{1mm}	L_{emax}	A_{emin}^2	V_{emm}^3	ZP40	ZH5K	ZH7K	ZH10K	
UF9.8	4.46	341	7.7	262.0	440	800	900	1200	1.3
UF10.5	3.22	40.3	12.5	503.0	650	930	1170	1690	2.5
UF15	1.74	52.5	30.1	1580.0	1400	1900	3000		8.0
UF15.2	1.53	50.40	32.90	1660.0	1400				8.2

续表

型号	有效参数				Al±25%(nH/N²)				重量/g
	C_{1mm}	L_{emax}	A_{emin}^2	V_{emm}^3	ZP40	ZH5K	ZH7K	ZH10K	
UF15.7	2.02	49.9	24.8	1240.0	1000	2600	3250		6.7
UF16	2.03	51.2	25.1	1290.0	1000	1600	2080	2700	6.9
UF17	2.99	75.6	25.3	1910.0	890	1750	2600	3200	9.0
UF19	2.25	81.0	36.0	2920.0	1000	1590	2080		15.0
UF25	2.08	83.9	40.3	3390.0	1100		2600		16.5
UF30	2.06	80.4	39.1	3140.0	1050		2800		17.0
UF33	1.59	85.7	53.7	4600.0	1360		3000		23.0
UF64	0.36	260.0	8.6	230000.0	6400				1100
UF66	0.34	260.0	759.0	197000.0	6000				925
UF80A	0.49	312.5	632.9	197812.0	4500				970
UF80B	0.54	435.0	801.0	348000.0	5500				1500
UF93	0.45	362.0	797.0	289000.0	5000				1450
UF96	0.41	369.0	900.0	331695.0	5000				1490
UF100	0.45	353.0	895.0	316000.0	5100				1670
UF120A	0.34	407.0	1846.1	482098.0	6100				2290
UF120B	0.47	564.0	1200.0	677000.0	4800				3020

(8) RM 形磁芯的图形、尺寸和有效参数

图 2-111 为 RM 形磁芯的外形结构图，表 2-27 列出了 RM 形磁芯的尺寸，表 2-28 列出了 RM 形磁芯的有效参数。

(a) 外部形状　　(b) 机械结构

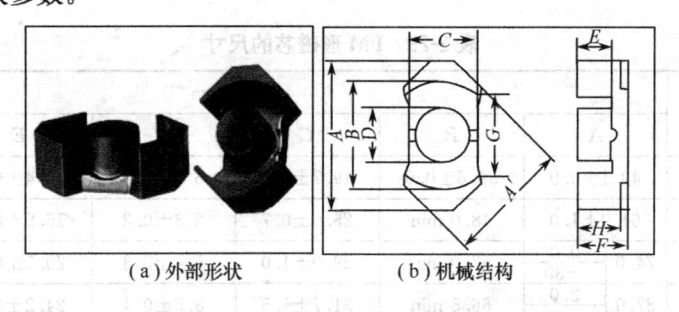

图 2-111　RM 形磁芯的外形结构图

表 2-27　RM 形磁芯的尺寸

型号	尺寸(mm)									
	Al	A	B	C	D	E	F	G_{min}	H(参考)
RM4	9.6±0.2	10.75±0.25	8.15±0.2	4.5±0.1	3.8±0.1	3.6±0.1	5.2±0.1	5.8	9.0±0.2
RM5	12.05±0.25	14.65±0.3	10.4±0.2	6.6±0.2	4.8±0.1	3.25±0.1	5.2±0.1	6.0	9.1±0.2
RM6	14.4±0.3	17.55±0.35	12.65±0.25	8.0±0.2	6.3±0.1	4.1±0.1	8.8±0.1	8.8	10.3±0.3
RM8	19.3±0.4	22.7±0.5	17.3±0.3	10.7±0.3	8.4±0.2	5.5±0.1	11.4±0.5	9.5	14.3±0.3
RM10	24.1±0.6	27.8±0.7	21.6±0.5	13.2±0.3	10.7±0.2	6.3±0.2	9.3±0.1	10.9	16.2±0.3
RM12	292.2±0.6	36.7±0.7	25.5±0.5	16.8±0.3	12.6±0.3	8.5±0.2	12.2±0.1	12.9	21.6±0.3
RM14	34.1±0.6	41.5±0.7	29.6±0.6	18.7±0.3	14.7±0.3	10.6±0.1	15.5±0.1	17.0	27.0±0.3

表2-28 RM形磁芯的有效参数

型号	有效参数				Al±25%(nH/N²)			重量/g
	C_{1mm}^{-1}	L_{emax}	A_{emm}^2	V_{emm}^3	ZP40	ZH7K	ZH10K	
RM4	1.690	23.3	13.8	322.0	950	2450	3500	2.8
RM5	0.935	23.2	24.8	574.0	1700	4700	6700	3.3
RM6	0.784	29.2	37.0	1090.0	2150	6000	8600	4.9
RM8	0.604	38.4	63.0	2440.0	3300	8750	12500	12.0
RM10	0.462	44.6	96.6	43100.0	4000	11200	16000	22.0
RM12	0.388	56.6	146.0	8340.0	5000	13000	17700	45.0
RM14	0.35	70	198.0	13900.0	5700	14500	19600	74.0

(9) PM形磁芯的图形、尺寸和有效参数

图2-112为PM形磁芯的外形结构图，表2-29列出了PM形磁芯的尺寸，表2-30列出了PM形磁芯的有效参数。

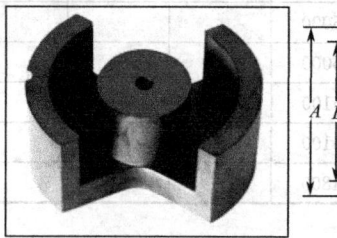

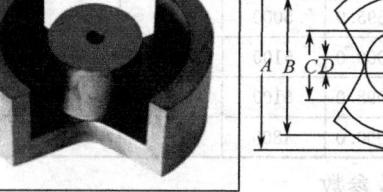

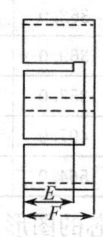

图2-112 PM形磁芯的外形结构图
(a) 外部形状　(b) 机械结构

表2-29 PM形磁芯的尺寸

型号	尺寸/mm					
	A	B	C	D	E	F
PM50	49.1±0.9	39.6±0.6	19.7±0.3	5.5±0.1	13.4±0.2	19.9±0.2
PM62	61.0±1.0	48.0 min	25.0±0.7	5.3±0.3	16.9±0.3	24.4±0.2
PM74	74.0 $^{0.0}_{-30}$	57.0 min	29.0±1.0	5.4±0.3	20.5±0.4	29.5±0.3
PM87	87.0 $^{2.0}_{-30}$	66.5 min	31.7±1.5	8.5±0.4	24.2±0.4	35.0±0.4
PM114	114.0 $^{0.0}_{-0.5}$	88.0 min	42.0±1.5	5.4±0.4	31.9±0.4	46.2±0.3

表2-30 PM形磁芯的有效参数

型号	有效参数				Al±25%(nH/N²)	重量/g
	C_{1mm}^{-1}	L_{emm}	A_{emm}^2	V_{emm}^3	ZP40	
PM50	0.227	84	370.0	31000.0	7700	140
PM62	0.190	109	570.0	62000.0	9700	280
PM74	0.162	128	790.0	101000.0	10000	515
PM87	0.161	146	910.0	133000.0	13000	770
PM114	0.116	200	1720.0	344000.0	16000	1940

（10）DS形磁芯的图形、尺寸和有效参数

图2-113为DS形磁芯的外形结构图，表2-31列出了DS形磁芯的尺寸，表2-32列出了DS形磁芯的有效参数。

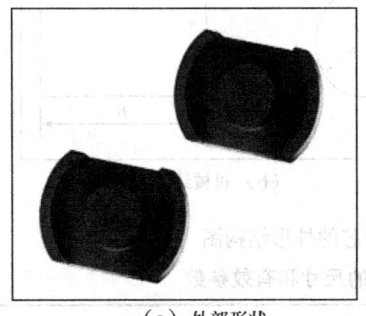

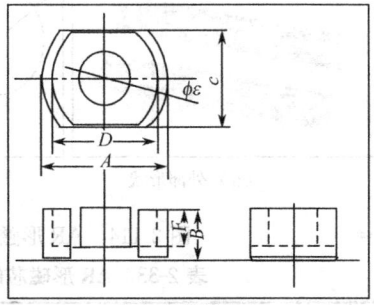

（a）外部形状　　　　　（b）机构结构

图2-113　DS形磁芯的外形结构图

表2-31　DS形磁芯的尺寸

型号	尺寸(mm)					
	A	B	C	D	E	F
DS23/11	22.9±0.45	5.55±0.15	15.2±0.25	18.25±0.3	9.75±0.15	3.75±0.15
DS25/11	25.0±0.4	5.54±0 15	15.24.0.2	20.8±0.3	8.9±0.15	3.75.0.15
DS30/19	30.0±0.5	9.4±0.15	20.3±0.3	25.4±0.4	13.3±0.2	6.6±0.15
DS31/19	31.2±0.4	9.45±0.15	20.3±0.3	25.4.0.35	13.2±0.2	6.45±0.2
DS33/14	33.2±0.5	7.1±0.15	23.7±10.3	26.6±0.4	13.5±0.2	4.3±0.15
DS33/19	33.2±0.5	9.4±0.15	23.7±0.3	26.6±0.4	13.5±0.2	6.5±0.15
DS33/24	33.2±0.5	12.05±0.15	23.7±0.3	26.6±0.4	13.5±0.2	9.25±0.15
DS40/25	39.8±0.5	12.5±0.2	28.3±0.35	33.2.0.5	16.0±0.25	8.9±0.2
DS40/27	39.8±0.5	13.5±0.2	28.3±0.35	33.2±0.5	16 0±0.25	9.9±0.2
DS40/28	39.8±0.5	14.0±0.2	28.3±0.35	33.2±0.5	16.0±0.25	10.4±0.2

表2-32　DS形磁芯的有效参数

型号	有效参数				Al±25%(nH/N^2)	重量/g
	$C_{1mm}{}^{-1}$	L_{emm}	$A_{emm}{}^2$	$V_{emm}{}^3$	ZP40	
DS23/11	0.52	26.8	51.2	1370.0	4100	8.0
DS25/11	0.54	30.26	55.7	1684.0	3880	9.8
DS30/19	0.43	49.9	117.0	5842.0	5350	27.0
DS31/19	0.39	50.2	127.5	6396.0	5400	26.0
DS33/14	0.29	42.6	145.1	6178.0	7300	24.0
DS33/19	0.35	51.4	147.4	7576.0	6000	30.0
DS33/24	0.42	61.9	147.4	9124.0	5200	36.0
DS40/25	0.33	67.3	205.0	13797.0	6400	53.0
DS40/27	0.34	71.3	205.0	14617.0	6000	56.0
DS40/28	0.36	73.3	205.0	15027.0	5900	58.0

(11) AR形磁芯的图形、尺寸和有效参数

图2-114为AR形磁芯的外形结构图,表2-33列出了AR形磁芯的尺寸和有效参数。

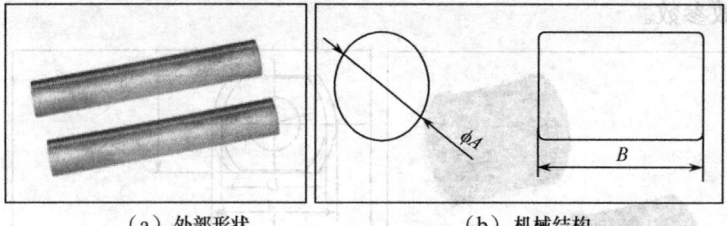

（a）外部形状　　（b）机械结构

图2-114　AR形磁芯的外形结构图

表2-33　AR形磁芯的尺寸和有效参数

型号	尺寸/mm A	尺寸/mm B	重量/g
AR1.7/14	1.7±0.1	14.0±0.5	0.15
AR2.8/12	2.8±0.2	12.0±0.5	0.35
AR3/12	3.0±0.2	12.0±0.5	0.41
AR3.8/16	3.8±0.2	16.0±0.5	0.87
AR4/18	4.0 0/−0.3	18.0±0.5	1.1
AR5.4/21	5.4 0/−0.3	21.0±0.5	2.3
AR6/15	6.0 +0.2/−0.3	15.0±0.5	2.0
AR6/20	6.0 +0.2/−0.3	20.0±0.5	2.6
AR6/25	6.0 +0.2/−0.3	25.0±0.5	3.3
AR6/30	6.0 +0.2/−0.3	30.0±0.5	4.0
AR6/45	6.0 +0.2/−0.3	45.0±0.8	6.0
AR6/70	6.0 +0.2/−0.3	70.0±7.0	9.2
AR8/20	8.0±0.2	20.0±0.5	4.8
AR8/25	8.0±0.2	25.0±0.5	6.0
AR8/30	8.0±0.2	30.0±0.5	7.2
AR8/45	8.0±0.2	45.0±0.5	10.8
AR8/70	8.0±0.3	70.0±0.5	16.9
AR8/90	8.0±0.3	90.0±1.0	21.7
AR10/24	9.75±0.25	24.0±0.5	9.0
AR10/30	10.0±0.2	30.0±0.5	11.3

(12) P形磁芯的图形、尺寸和有效参数

图2-115为P形磁芯的外形结构图,表2-34列出了P形磁芯的尺寸,表2-35列出了P形磁芯的有效参数。

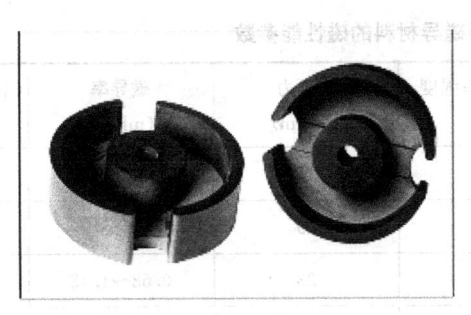

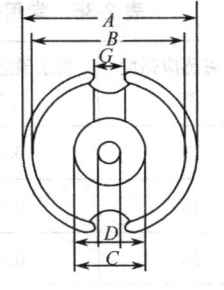

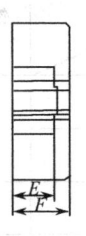

(a) 外部形状　　　　　　　　　(b) 机械结构

图 2-115　P 形磁芯的外形结构图

表 2-34　P 形磁芯的尺寸

型号	尺寸/mm						
	A	B	C	D	E	F	G
P7/4	7.25±0.15	5.9±0.1	2.95±0.05	1.4±0.05	1.45±0.05	2.05±0.15	1.61±0.1
P9/5	9.15±0.15	7.65±0.15	3.8±0.1	2.05±0.05	1.9±0.05	2.65±0.05	2.0±0.2
P11/7	11.1±0.2	9.2±0.2	4.6±0.1	2.05±0.06	2.8±0.05	3.25±0.05	2.2±0.3
P14/8	14.05±0.25	11.8±0.2	6.0±0.1	3.0±0.1	2.9±0.1	4.21±0.1	3.3±0.6
P18/11	18.0±0.4	15.15±0.25	7.45±0.2	3.05±0.1	3.7±0.1	5.3±0.1	3.8±0.6
P22/13	21.6±0.4	18.2±0.3	9.25±0.2	4.45±0.15	4.7±0.1	5.75±0.1	3.8±0.6
P26/16	25.5±0.5	21.5±0.3	11.3±0.2	5.5±0.1	5.6±0.1	8.0±0.1	3.8±0.6
P30/19	30.0±0.5	25.4±0.4	13.3±0.2	5.5±0.15	6.6±0.1	9.45±0.1	4.3±0.6
P36/22	35.6±0.6	30.4±0.5	15.9±0.3	5.5±0.15	7.4±0.1	11.0±0.1	—
P48/30	47.5±0.5	40.8min	19.2±0.4	5.8±0.20	10.6±0.3	14.8±0.3	8.4±0.6

表 2-35　P 形磁芯的有效参数

型号	有效参数				Al±25%(nH/N²)	重量/g
	$C_{1mm^{-1}}$	$L_e$mm	$A_e$mm²	$V_e$mm³	ZP40	
P7/4	1.430	10	7.0	70	950	0.5
P9/5	1.240	12.5	10.1	126	1100	0.8
P11/7	0.856	15.5	16.2	251	1500	1.8
P14/8	0.790	19.8	25.1	495	2000	3.2
P18/11	0.597	25.8	43.3	1120	2800	6.0
P22/13	0.497	31.5	63.4	2000	3500	12.0
P26/16	0.400	37.6	93.9	3530	4600	20.0
P30/19	0.330	45.2	137.0	8190	5700	34.0
P36/22	0.260	53.2	202.0	10700	7300	60.0
P48/30	0.230	72.7	313.4	22780	7300	134.0

2) 各种磁性材料的磁性能

(1) 常用恒磁导材料的磁性能

表 2-36 列出了常用恒磁导材料的磁性能参数。

表 2-36 常用恒磁导材料的磁性能参数

参数\材料	饱和磁感应强度/T	剩余磁感应强度/T	矫顽力/(A/m)	磁导率/(mH/m)	恒磁场范围/(A/m)
IJ67h	13	0.05	15	4.38	0～238
IJ34h	15	0.03	19	1.25	0～796
IJ34Kh	16	0.05	23	0.63～1.13	0～1591
IJ50h	15	0.1	34	0.13	0～7.96×10³

(2) 非晶态合金磁性材料的磁性能

表 2-37 列出了非晶态合金磁性材料的磁性能参数。图 2-116 中给出了 Co 基非晶态合金磁性材料的磁特性曲线。

表 2-37 非晶态合金磁性材料的磁性能参数

参数\材料	饱和磁感应强度/T	矫顽力/(A/m)	电阻率/(Ω·cm)	损耗/(W/kg) 0.5T,20kHz	损耗/(W/kg) 0.2T,20kHz
Sr 基非晶态合金	0.57～0.7	0.318～0.796	125～150	40	—
Pe—Ni 基非晶态合金	1.0～1.2	0.796～1.99	125～150	—	7.5
Fe 基非晶态合金	1.5～1.7	1.99～3.19	125～150	—	10

(3) 坡莫合金磁性材料的磁性能

① IJ85-1 和 IJ85-1A 坡莫合金磁性材料的磁性能参数。表 2-38 列出了 IJ85-1 和 IJ85-1A 坡莫合金磁性材料的磁性能参数。图 2-117 中给出了 IJ85-1 坡莫合金磁性材料的磁特性曲线。

表 2-38 坡莫合金磁性材料的磁性能参数

参数\材料	饱和磁感应强度/T	剩余磁感应强度/T	矫顽力/(A/m)	损耗/(W/kg) 0.5T,20kHz	损耗/(W/kg) 0.6T,20kHz
IJ85-1	0.6～0.75	0.5～0.6	1.99	30	—
IJ85-1A	0.7～0.76	0.54	1.23	25	34～38

② IJ67h 和 IJ512 坡莫合金磁性材料的磁性能参数。表 2-39 列出了 IJ67h 和 IJ512 坡莫合金磁性材料的磁性能参数。

表 2-39 IJ67h 和 IJ512 坡莫合金磁性材料的磁性能参数

参数\材料	$\Delta B_m/T$	$H/(A/m)$	$\mu_{dc}/(T/A/m)$	损耗/(W/kg)
IJ67h	≥13.5	$\leq 0.15 \times \frac{1000}{4\pi}$	$\geq \frac{1}{\pi} \times 10^{-4}$	≤2000
IJ512	≥13.0	$\leq 0.20 \times \frac{1000}{4\pi}$	$\geq \frac{12.5}{4\pi} \times 10^{-4}$	≤4000

(4) 铁氧体磁性材料的磁性能特性

① 铁氧体磁性材料的磁性能。表 2-40 列出了常用铁氧体磁性材料的磁性能参数。

② 铁氧体磁性材料的功率容量、工作频率、最大磁感应强度与电流密度的关系。表 2-41 列出了多种铁氧体磁性材料的功率容量、工作频率、最大磁感应强度与电流密度的关系。

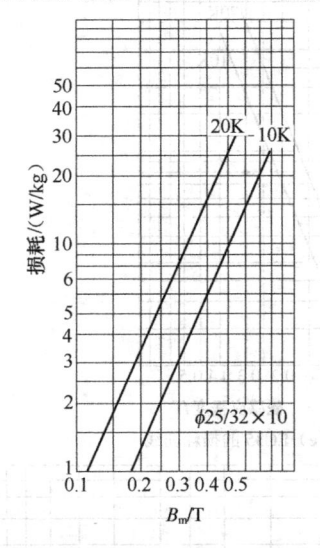

图 2-116 Co 基非晶态合金磁性材料的磁特性曲线

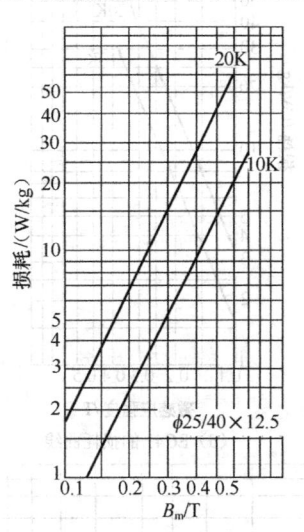

图 2-117 IJ85-1 坡莫合金磁性材料的磁特性曲线

③ 铁氧体磁性材料在不同磁感应强度条件下的磁滞损耗参数。表 2-42 列出了多种铁氧体磁性材料在不同磁感应强度条件下的磁滞损耗参数。

④ 铁氧体磁性材料的磁性能特性曲线和不同磁芯结构铁氧体的损耗特性曲线。图 2-118 分别给出了多种铁氧体磁性材料的磁性能特性曲线和不同磁芯结构铁氧体的损耗特性曲线。

⑤ 低损耗铁氧体磁性材料 3B7 和 3C8 的磁特性参数。图 2-119 分别给出了低损耗铁氧体磁性材料 3B7 和 3C8 的磁特性参数。

⑥ 铁氧体磁性材料 R2SK 的主要磁性能。采用 R2SK 铁氧体制成的 EC 形磁芯的主要磁性能见表 2-43。

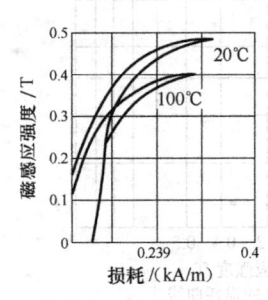

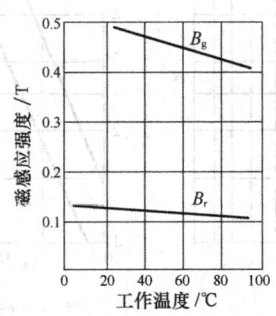

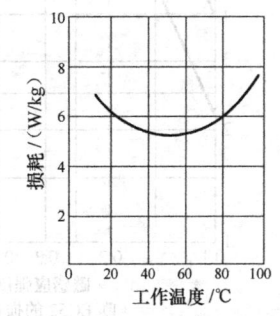

(a) 铁氧体 R2KD 的磁化曲线　(b) 铁氧体 R2KD 受温度影响的曲线　(c) 铁氧体 R2KD 的损耗与温度之间的关系曲线

图 2-118 多种铁氧体磁性材料的磁性能特性曲线和铁氧体的损耗特性曲线

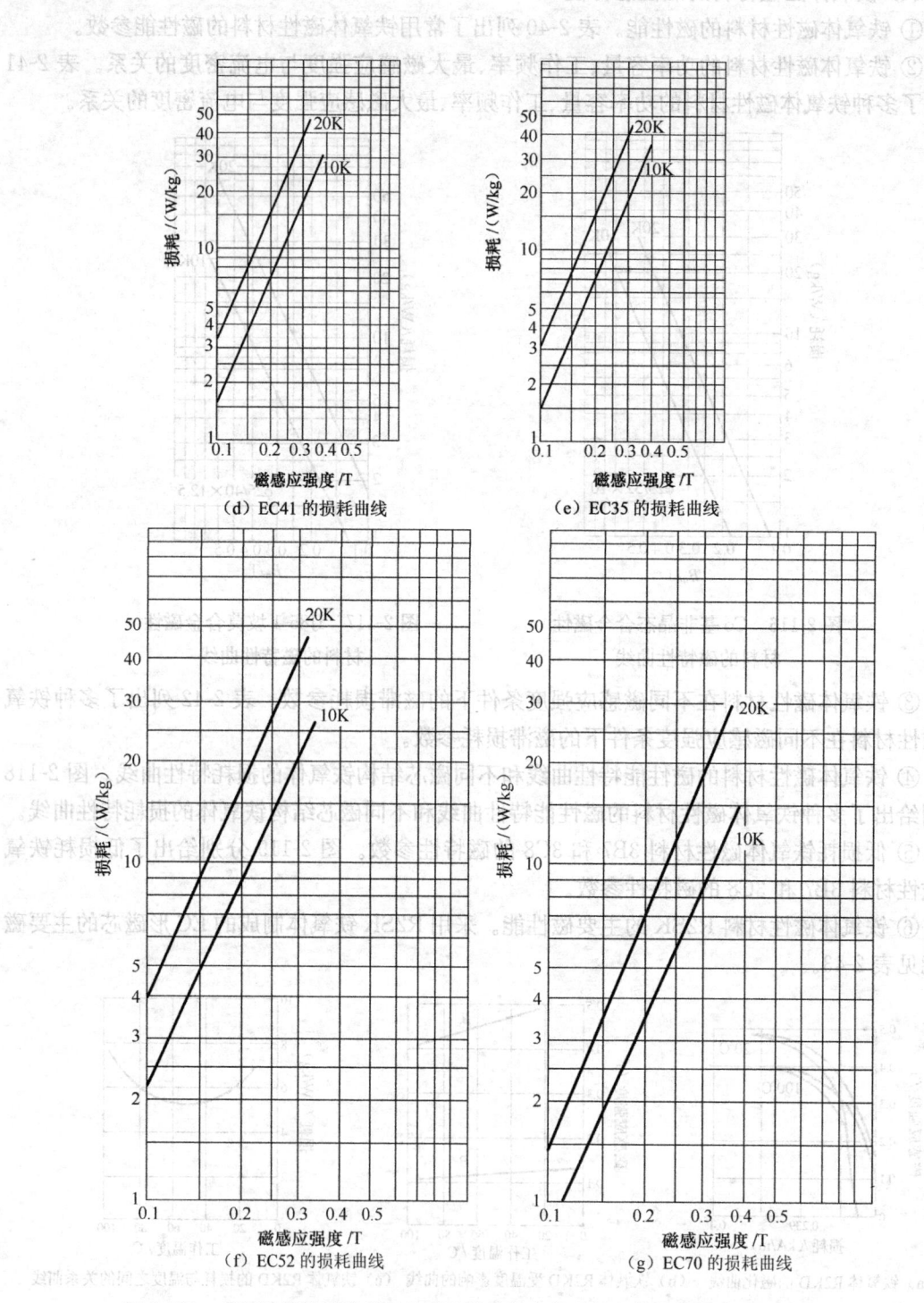

图 2-118 多种铁氧体磁性材料的磁性能特性曲线和铁氧体的损耗特性曲线(续)

表2-40 常用铁氧体磁性材料的磁性能参数

生产厂家		TDK公司			富士公司		日本东北金属工业			西门子公司			飞利浦公司	中国898厂
参数	磁性材料型号	H3T	DA3	DA3B	H45	H64	2500B	3100B	5000B	N27	N41	N47	3C8	R2KD
初始磁导率 μ		1900	2000	2500	2400	1800	2500	3100	5000	—	—	—	—	2500
饱和磁感应强度/T(150e)	25℃	0.5	0.49	0.48	0.48	0.52	0.49	0.49	0.5	0.47	0.47	0.43	0.44	0.47
	100℃	0.4	0.4	0.4	0.38	0.45	0.38	0.37	0.35	—	—	—	0.33	0.47
剩余磁感应强度/T		0.19	0.15	0.15	0.12	0.12	0.1	0.1	0.1	0.2	0.16	0.1	0.1	0.12
矫顽力 H_e(Oe)		0.25	0.2	0.2	0.16	0.16	0.2	0.2	0.12	0.25	0.25	0.43	—	0.15
单位损耗/(W/g) (16kHz,150mT)	20℃	14	12	9	10	10	—	—	—	—	—	—	12.2	10
	60℃	9	6.5	5	12	6.9	29	33	21	45	40	40	—	6
	100℃	8	5.4	4.5	13	5.8	18.7	37.5	16.7	30	50	38	11.1	10
单位损耗/(W/g) (25Hz,200mT)	20℃	33	29	21	—	—	27	50	23	35	50	60	—	—
	60℃	25	18	14	—	—	>230	>180	>180	>200	>230	>200	>210	>200
	100℃	23.6	15.5	13	>200	>230	130	20	20	100	100	100	100	100
居里温度 t_e/℃		>200	>200	>200	>200									
表面电阻率/($\Omega \cdot $cm)		30	50	20	100	100								

表2-41 多种铁氧体磁性材料的功率容量、工作频率、最大磁感应强度与电流密度的关系

B_{max}/T		0.1					0.15					0.2				
f/kHz		10	15	20	30	40	50	10	15	20	30	40	50	10	15	20	30	40	50
I_{max}	磁芯	\multicolumn{18}{l	}{最大功率容量 P_e/(W/kg)}
250mA/in²	1F10-UU	2328	3492	4656	6984	9312	1164	1746	2619	3492	5238	6984	8730	1164	1746	2328	3492	4656	5820
	144T500环形	3081	4622	6162	9243	1232	1540	2311	3467	4622	6933	9244	1155	1541	2312	3081	4623	6164	7705
	4229 罐形	398	597	796	1194	1592	1990	299	449	598	897	1196	1495	199	299	398	597	796	993
	783-608E-E	379	568	757	1136	1514	1893	284	426	568	852	1196	1420	190	285	379	569	758	948

续表

B_{max}/T		0.2					0.15					0.1				
I_{max}	f/kHz 磁芯	10	15	20	30	40	50	10	15	20	30	40	50			
								最大功率容量 P_e/(W/kg)								
500mA/in²	1F10-UU	1162	1743	2324	3486	4648	5810	872	1308	1744	1626	3488	4360	581	872	1162	1743	2324	2905
	144T500 环形	1541	2312	3082	4623	6164	7705	1156	1734	2312	3468	4624	5780	771	1157	1541	2313	3084	3855
	4229 罐形	199	299	398	597	796	995	149	224	298	447	596	745	100	150	199	300	400	500
	783-608E-E	190	285	379	569	758	948	142	213	284	426	568	710	950	143	190	285	380	475
1000mA/in²	1F10-UU	581	872	1162	1743	2324	2905	436	654	872	1308	1744	2180	291	437	581	873	1164	1456
	144T500 环形	771	1157	1542	2313	3084	3855	578	867	1156	1734	2312	2890	386	579	771	1158	1544	1930
	4229 罐形	100	150	200	300	400	500	75	113	150	225	300	375	50	75	100	150	200	250
	783-608E-E	95	143	190	285	380	476	71	107	143	214	285	356	48	71	95	143	196	238

表 2-42 多种铁氧体磁性材料在不同磁感应强度条件下的磁滞损耗参数

B/T		0.2						0.15						0.1					
磁芯型号	f/kHz	10	15	20	30	40	50	10	15	20	30	40	50	10	15	20	30	40	50
1F10-UU		0.77	1.23	2.04	2.88	4.21	6.32	0.42	0.60	0.95	1.36	2.07	3.16	0.14	0.21	0.33	0.46	0.67	1.05
144T500 环型		0.83	1.33	2.20	3.11	4.55	6.83	0.46	0.65	1.02	1.48	2.24	3.42	0.15	0.23	0.36	0.49	0.72	1.14
4229 罐型		0.40	0.64	1.06	1.49	2.18	3.28	0.22	0.31	0.49	0.71	1.07	1.64	0.07	0.11	0.17	0.24	0.35	0.55
783-608E-E		0.39	0.62	1.03	1.45	2.13	3.19	0.21	0.30	0.48	0.69	1.04	1.59	0.07	0.11	0.17	0.23	0.34	0.53

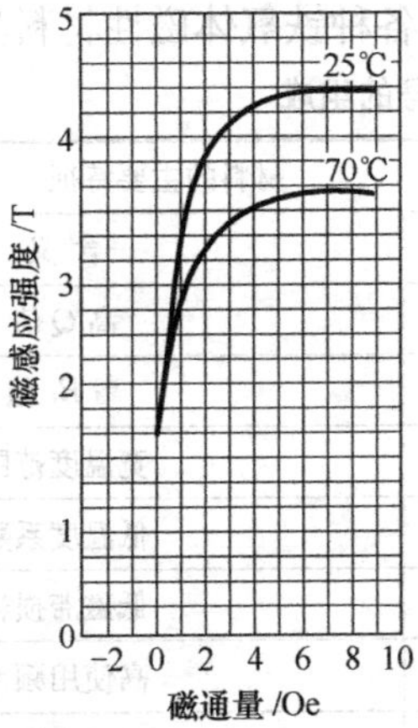

（a）3B7 的 B/H 特性

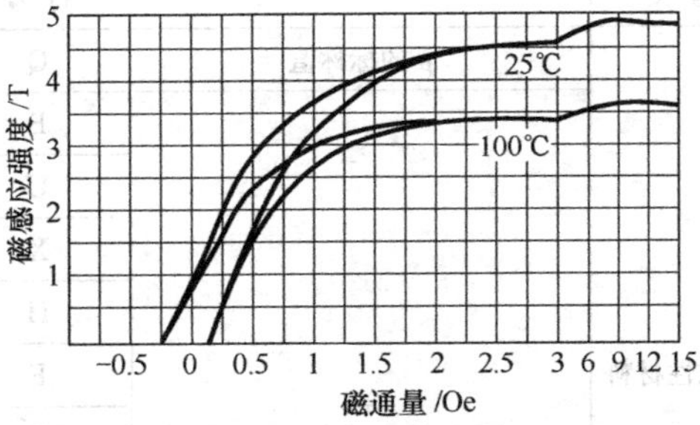

（b）3C8 的 B/H 特性

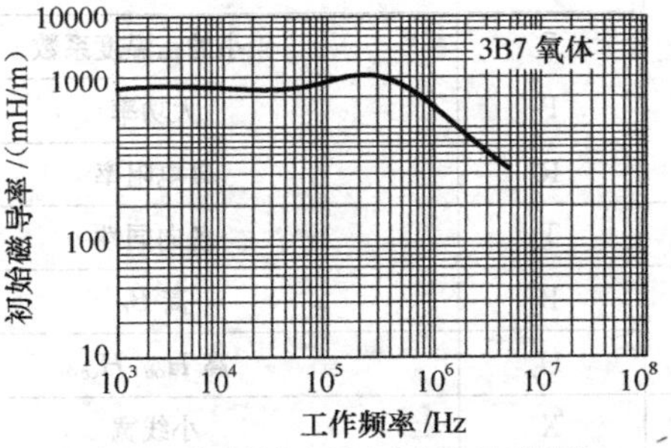

（c）3B7 的磁导率与温度之间的关系曲线

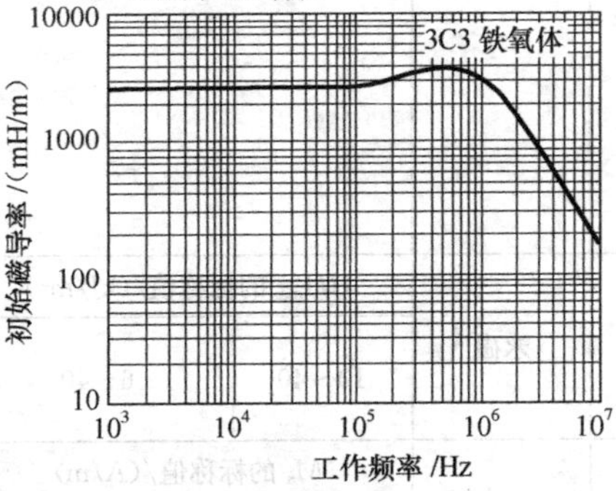

（d）3C8 的磁导率与温度之间的关系曲线

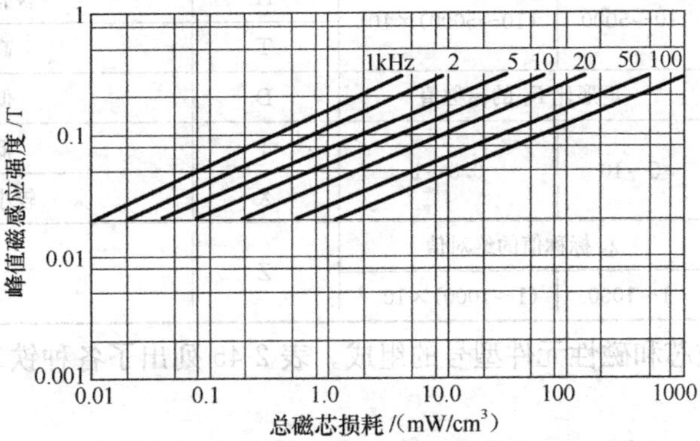

（e）3C8 的磁损耗特性曲线

图 2-119　低损耗铁氧体磁性材料 3B7 和 3C8 的磁特性参数

表 2-43　铁氧体磁性材料 R2SK 的主要磁性能

测 试 项 目	测 试 条 件	性 能 参 数
饱和磁感应强度 B_s/T	$f<50$kHz，(20±5)℃	≥47×10^{-2}
	$H=\frac{1}{4\pi}\times10^5$A/m，(20±5)℃	≥35×10^{-2}
铁损/（mW/cm³）	$f=100$kHz，$B=0.2$T	≤11×10^{-3}
居里温度/℃	—	≤20×10^{-3}
起始磁导率 μ/（H/m）	—	$8\pi\times10^{-4}$

⑦ 各种铁氧体磁性材料型号的组成。表2-44列出了各种铁氧体磁性材料型号的组成。

表2-44 各种铁氧体磁性材料型号的组成

| 材料类别 || 材料的主要性能参数 || 材料的主要特征 ||
符号	含义	符号	含义	
R	软磁性材料	μ的标称值	—	Q	高Q值
				B	高B_s值
				U	宽温度范围
				X	低温度系数
				H	低磁滞损耗
				F	高使用频率
				D	低磁芯损耗
				T	高居里温度
				Z	较小的正温度系数
				P	大功率
				R	高电阻率
Y	永磁	BH_{max}的标称值/(kJ/m⁵)		T	各向同性
		10～40	6～40	B	高B_r
				H	高H_{ob},H_{cc}
X	旋磁	M_s的标称值/(A/m)		X	小线宽
		10～5000	(10～5000)×10⁵	H	含有内场的材料
				T	高居里温度
J	矩磁	矩形比R_r的标称值		D	低开关系数
		5～10	0.5～1	I	低驱动电流
				X	较小的温度系数
A	压磁	λ_s标称值的绝对值		Z	+λ_s
		1～1000	(1～1000)×10⁻⁹		

⑧ 各种铁氧体磁芯和磁性元件型号的组成。表2-45列出了各种铁氧体磁芯和磁性元件型号的组成。

表2-45 各种铁氧体磁芯和磁性元件型号的组成

| 类别 || 形状 || 特征尺寸 |
符号	意义	符号	意义	
A	棒形	Y	圆形	直径×长
		B	扁形	长×宽×厚
		Q	其他形状	
B	片形	Y	圆片	直径×厚
		F	矩形片	长×宽×厚
		S	三角形片	边×边×边×厚
		Q	其他形状片	

续表

类别		形状		特征尺寸
符号	意义	符号	意义	
C	拱形	X	带有气隙的圆环	
		C	小半环或大半环	半径×内径×厚
		W	小半环	外半径×内半径×厚
		Q	其他拱形	
D	帽形	M	有螺纹	外径×高
		K	有孔	外径×高
		Z	有中心柱	外径×高
E	E形	C	中心柱截面为方形	底边长
		I	中心柱截面为圆形	底边长
		TD	EI形	底边长×总高
			ETD形	底边长×总高
G	罐形	K	有中心柱(有或无孔)	外径×总高
			无中心柱(有孔)	外径×总高
H	环形	Q	截面为矩形	外径×内径×高
			其他形状	外径×内径×高
I	工字形	W	工字形	外径×高×芯柱外径
	王字形		王字形	外径×高×芯柱外径
K	有孔磁芯	S	双孔	孔内径×高
		D	多孔	孔内径×高×孔数
L	L形	P	接合面为平面	柱截面积(长×宽)×长
		Y	接合面为圆弧面	柱截面积(长×宽)×长
M	螺纹磁芯		实心	外径×螺距×长
		K	有孔	外径×螺距×长
P	偏转磁芯	V	喇叭形	最小内径×高
		H	环形	最小内径×高
T	T形	T	T形	柱截面积(长×宽)×长
			双T形	柱截面积(长×宽)×长
U	U形	Y	圆腿	底边×宽
		F	方腿	底边×宽
Z	柱形		截面为矩形	长×宽×高
		Y	截面为圆形	外径×高
		D	截面为正多边形	边数×边长×高
		K	有孔	外径×内径×长
O	管形		串珠形	外径×内径×高
		Y	圆形	外径×内径×长
		Q	其他形	外径×长

续表

类别		形状		特征尺寸
符号	意义	符号	意义	
PM	PM磁芯	—	PM形	外径×总高
RM	方形	—	方形	印制电路板网络数
X	交叉形	—	X形(有或无中心孔)	边柱内径

⑨ 功率开关变压器所用铁氧体磁芯规格。表2-46列出了彩色电视机开关电源电路中常用的功率开关变压器所用铁氧体磁芯规格。

表2-46 常用功率开关变压器所用铁氧体磁芯规格

产品型号	可配用机型	引进机型及原产品代号	电路工作方式	工作频率/kHz	磁芯规格	备注
KDB-1C1	北京	东芝Ⅱ TPW3025	PWM 反激式	15～70	EE42,R2K材料	磁芯开气隙
KDB-2C1	虹美,熊猫 36cm	夏普 20182CE-29	PWM 反激式	约38	EE42,EC40 R2K材料	磁芯开气隙
KDB-2C2	47cm	夏普 20182CE-25	PWM 反激式	30～38	EE42,EC40 R2K材料	磁芯开气隙
KDB-3C1	昆仑	三洋 AE0017	PFM 反激式	15～50	EC40,EE40	磁芯开气隙
KDB-4C1	熊猫 长虹	松下 P15756	PFM 正激式	行频	EI35,2K材料	磁芯开气隙
KDB-5C1	金星,福日 36cm	日立 14英寸	PWM 反激式	行频	EE50,R2K材料	磁芯开气隙
KDB-5C2	56cm	日立	PWM 反激式	行频	EE42,2K材料	磁路中加钐钴
KDB-5C3	环宇 36cm	日立 P222016	PFM 正激式	10～25	EE22,R2K材料	磁芯开气隙
KDB-6C1	上海 36cm	JVC,14英寸 C40514-00A	PFM 正激式	15～70	EE42,EC40 R2K材料	—
KDB-6C2	—	JVC 18英寸	—	—	EC40 R2K材料	
KDB-7C1	孔雀 36cm	索尼 14英寸	PWM 反激式	16	FE-3,方圆腿 U形磁芯	加垫片产生气隙
KDB-1C2		东芝Ⅲ TPW3067	PWM 反激式		EI35	磁芯开气隙

⑩ 磁性材料工作磁感应强度的确定。变压器的工作磁感应强度 B_m 是功率开关变压器设计中的一个重要磁性参数,它与磁性材料的性能、磁芯结构、工作频率、输出功率的大小等因素有关。确定工作磁感应强度时,应满足温升对损耗的限制,使磁芯不饱和。工作磁感应强度若选得太低,则变压器的体积和重量就要增加许多,并且由于匝数的增多就会造成分布电容和漏

感的增加。工作频率为 20kHz 时，常用磁性材料的工作磁感应强度见表 2-47。

表 2-47　工作频率为 20kHz 时，常用磁性材料的工作磁感应强度

磁性材料	铁氧体	1J85-1 坡莫合金	Co 基非晶态合金
工作磁感应强度/T	0.15～0.25	0.4～0.5	0.5～0.6

11. 功率开关变压器绕组导线规格的确定

在功率开关变压器的设计和加工过程中，根据所给定的条件和所需的输出功率等要求，一旦磁性材料和磁芯结构确定以后，接下来的任务就是各绕组导线的确定和选择。根据功率开关变压器各绕组的工作电流和所规定的电流密度就可以确定所要采用的导线规格，其计算公式如下：

$$S_{mi}=\frac{I_i}{J} \tag{2-94}$$

式中，S_{mi} 为各绕组导线的截面积，单位为 mm^2；I_i 为各绕组中通过的电流有效值，单位为 A；J 为电流密度，单位为 A/mm^2。使用该公式计算出所需的绕组导线截面积后，选择适应于各绕组的导线时，还应考虑趋肤效应的影响。然后从导线规格表中选取合适的导线。下面分别给出各种规格的漆包线技术参数，供设计者在设计功率开关变压器时参考和查阅。

① 聚氨酯漆包线的规格。表 2-48 列出了聚氨酯漆包线的规格参数。

表 2-48　聚氨酯漆包线的规格参数

商品名	型号	规范编号	绝缘等级	直径/cm	耐热级别/℃
日氨酯	UEW	JISC3211	0 1 2 3	0.5～1.5 0.02～1.0	E(120) B(130)
日氨酯-E	UEW-E	SP01-70-9204	0 1 2	0.32～1.0	E(120)
日氨酯-P	UEW-P	SP01-70-9208	0 1 2	0～1.5 0.1～1.0	E(120) B(130)
低温操作自黏合日氨酯	BL-UEW	JISC3212	0(面漆) 1(面漆) 2(面漆)	0.1～1.5 0.06～0.6	A(105)
高温操作自黏合日氨酯	BB-UEW	SP01-70-9202	0(面漆) 1(面漆) 2(面漆)	0.1～1.5 0.06～0.6	E(120)

② 聚酯漆包线的规格。表 2-49 列出了聚酯漆包线的规格参数。

表 2-49　聚酯漆包线的规格参数

商品名	型号	规范编号	绝缘等级	直径/cm	耐热级别/℃
日酯	PEW	JISC3210	0 1 2	0.1～3.2 0.06～1.0	B(130)
日酯(方线)	PEW	SP01-70-9001	—		F(155)

续表

商品名	型号	规范编号	绝缘等级	直径/cm	耐热级别/℃
日酯-E	PEW-E	SP01-70-9214	0 1 2	0.32~1.0	B(130)
日酯-V	PEW-V	SP01-70-9215	0 1	0.5~2.0	F(155)
日酯-P	PEW-P	SP01-70-9213	0 1 2	0.2~2.0 0.1~1.0	B(130) F(155)
低温操作自黏合日酯	BL-PEW	SP01-70-9216	0(面漆) 1(面漆)	0.1~2.0	A(105)
高温操作自黏合日酯	BB-PEW	SP01-70-9212	0(面漆) 1(面漆)	0.1~2.0	E(120)

③ QZ-1 型高强度漆包线的规格。表 2-50 列出了 QZ-1 型高强度漆包线的规格参数。

④ QZ-2 型高强度漆包线的规格。表 2-51 列出了 QZ-2 型高强度漆包线的规格参数。

12. 绝缘材料及骨架材料的技术参数

功率开关变压器中的绝缘材料和浸漆封装直接影响着功率开关变压器的转换效率和安全可靠性，下面就来讨论这个问题。

1) 绝缘压敏粘胶带

绝缘压敏粘胶带是近几年来刚刚研制成功后投放市场的新型绝缘材料，它以抗电绝缘强度高、使用方便、机械性能好、温度性能稳定、重量轻、厚度薄、色彩鲜艳、价格低廉等优点而被广泛应用于各种变压器绕组的层间、绕组间、绕组与骨架之间的绝缘和外包绝缘。在功率开关变压器中所使用的粘胶带以聚酯、涤纶和聚氯乙烯为基材，以丙烯酸酯聚合物为黏合剂，经涂布、烘焙、交联而制成压敏粘胶带。功率开关变压器中所使用的粘胶带必须满足以下要求：

① 粘胶性能好，抗剥离，具有一定的拉伸强度。

② 绝缘性能好，耐高压，耐有机溶剂，抗老化。

③ 温度稳定性好，随着变压器的温升，对变压器各种性能稳定性的影响极小，并且还要具有阻燃烧的良好特性。

④ 色泽光洁而鲜艳。

⑤ 导热性能良好。

2) 骨架材料

功率开关变压器的骨架与一般变压器骨架不同，除了作为线圈的绝缘与支撑材料以外，它还承担着整个变压器的安装固定、引出端应力和定位等重要作用。因此，制作骨架的材料除了需满足绝缘要求以外，还应有相当的抗拉强度、抗变形强度和抗冲击强度等机械强度。同时，为了承受引出端插针(引出脚)的耐焊接温度，要求骨架材料的热变形温度高于200℃，材料必须达到阻燃，而且还要具有良好的可加工性，易于加工成各种形状。

满足上述要求最理想的绝缘材料是阻燃增强型 PBT 塑料。此外，热固性工程塑料 4330 型酚醛玻璃纤维热压塑料也是一种较为理想的功率开关变压器骨架材料，并且该材料还具有不燃烧特性。

表 2-50 QZ-I 型高强度漆包线的规格参数

组数	规格 (AWG)	裸线直径/in 最小	裸线直径/in 标称	裸线直径/in 最大	标称截面积 /in²	绝缘层厚度/in 最小	绝缘层厚度/in 最大	绝缘层外径/in 最小	绝缘层外径/in 最大	重量 lb/in³	重量 lb/ft	重量 lb/in³	20℃时电阻 Ω/ft	20℃时电阻 Ω/lb	20℃时电阻 Ω/in²	匝数 /in	匝数 /in²
1	4	0.2023	0.2043	0.2063	41740	0.0037	0.0045	0.2060	0.2098	127.20	7.86	0.244	0.2485	0.000954	0.0000768	4.80	24.0
1	5	0.1801	0.1819	0.1837	33090	0.0036	0.0044	0.1837	0.1872	100.84	9.92	0.248	0.3124	0.003108	0.0007532	5.38	28.9
1	6	0.1604	0.1620	0.1636	26240	0.0035	0.0043	0.1639	0.1671	80.00	12.50	0.242	0.3952	0.004940	0.001195	6.03	36.4
1	7	0.1924	0.1443	0.1457	20820	0.0033	0.0041	0.1463	0.1491	63.51	15.75	0.241	0.4981	0.007843	0.001890	6.75	45.6
1	8	0.1272	0.1285	0.1298	16510	0.0032	0.0040	0.1305	0.1332	50.39	19.85	0.240	0.6281	0.01246	0.002791	7.57	57.3
2	9	0.1123	0.1144	0.1155	13090	0.0032	0.0039	0.1165	0.1189	39.98	25.0	0.239	0.7925	0.00982	0.004737	8.48	71.9
2	10	0.1009	0.1019	0.1029	10380	0.0031	0.0037	0.1040	0.1061	31.74	31.5	0.238	0.9988	0.03147	0.007490	9.50	90.3
2	11	0.0898	0.0907	0.0916	8230	0.0030	0.0036	0.0928	0.0948	25.16	39.8	0.237	1.26	0.0501	0.0119	10.6	112
2	12	0.0800	0.0808	0.0816	6530	0.0029	0.0035	0.0829	0.0847	20.03	49.9	0.236	1.59	0.0794	0.0187	11.9	142
2	13	0.0713	0.0720	0.0727	5180	0.0028	0.0033	0.0741	0.0757	15.89	62.9	0.235	2.00	0.126	0.0296	13.3	177
3	14	0.0635	0.0641	0.0647	4110	0.0032	0.0038	0.0667	0.0682	12.60	82.9	0.230	2.52	0.200	0.0400	14.8	219
3	15	0.0565	0.0571	0.0577	3260	0.0030	0.0035	0.0595	0.0609	10.04	99.6	0.229	3.18	0.317	0.0726	16.6	276
3	16	0.0563	0.0508	0.0513	2580	0.0029	0.0034	0.0532	0.0545	7.95	126	0.228	4.02	0.506	0.115	18.5	342
3	17	0.0448	0.0453	0.0458	2050	0.0028	0.0033	0.0476	0.0488	6.33	158	0.226	5.05	0.798	0.180	20.7	428
3	18	0.0399	0.0403	0.0407	1620	0.0026	0.0032	0.0425	0.0437	5.03	199	0.224	6.39	1.27	0.284	23.1	534
4	19	0.0355	0.0359	0.0363	1290	0.0025	0.0030	0.0380	0.0391	3.99	251	0.223	8.05	2.02	0.450	25.9	671
4	20	0.0317	0.0320	0.0323	1020	0.0023	0.0029	0.0340	0.0351	3.18	314	0.221	10.1	3.18	0.703	28.9	835
4	21	0.0282	0.0285	0.0288	812	0.0022	0.0028	0.0302	0.0314	2.53	395	0.219	12.8	5.06	1.11	32.2	1043
4	22	0.0250	0.0253	0.0256	640	0.0021	0.0027	0.0271	0.0281	2.00	500	0.217	16.2	8.10	1.76	36.1	1303
4	23	0.0224	0.0226	0.0228	511	0.0020	0.0026	0.0244	0.0253	1.60	625	0.215	20.3	12.7	2.73	40.2	1616

续表

组数	规格(AWG)	裸线直径/in 最小	裸线直径/in 标称	裸线直径/in 最大	标称截面积/in²	绝缘层厚度/in 最小	绝缘层厚度/in 最大	绝缘层外径/in 最小	绝缘层外径/in 最大	重量 lb/in³	重量 lb/ft	重量 lb/in³	20℃时电阻 Ω/ft	20℃时电阻 Ω/lb	20℃时电阻 Ω/in²	匝数 /in	匝数 /in²
5	24	0.0199	0.0201	0.0203	404	0.0019	0.0025	0.0218	0.0227	1.26	794	0.211	25.7	20.4	4.30	44.8	2007
5	25	0.0177	0.0179	0.0181	320	0.0018	0.0023	0.0195	0.0203	1.00	1000	0.210	32.4	32.4	6.80	50.1	2510
5	26	0.0157	0.0159	0.0161	253	0.0017	0.0022	0.0174	0.0182	0.794	1259	0.208	41.0	51.6	10.7	56.0	3136
5	27	0.0141	0.0142	0.0143	202	0.0016	0.0021	0.0157	0.0164	0.634	1577	0.205	57.4	81.1	16.6	62.3	3831
5	28	0.0125	0.0126	0.0127	159	0.0016	0.0020	0.0141	0.0147	0.502	1992	0.202	65.3	130	26.3	69.4	4816
6	29	0.0112	0.0113	0.0114	128	0.0015	0.0019	0.0127	0.0133	0.405	2469	0.200	81.2	200	40.0	76.9	5914
6	30	0.0099	0.0100	0.0101	100	0.0014	0.0018	0.0113	0.0119	0.318	3145	0.197	104	327	64.4	86.2	7430
6	31	0.0088	0.0098	0.0090	79.2	0.0013	0.0018	0.0101	0.0108	0.253	4000	0.193	131	520	100	96.0	9200
6	32	0.0079	0.0080	0.0081	64.0	0.0012	0.0017	0.0091	0.0098	0.205	4900	0.191	162	790	151	106	11200
6	33	0.0070	0.0071	0.0072	50.4	0.0011	0.0016	0.0081	0.0088	0.162	6200	0.189	206	1270	240	118	13900
7	34	0.0062	0.0063	0.0064	39.7	0.0010	0.0014	0.0072	0.0078	0.127	7900	0.189	261	2060	388	133	17700
7	35	0.0055	0.0056	0.0057	31.4	0.0009	0.0013	0.0064	0.0070	0.101	9900	0.187	331	3280	613	149	22200
7	36	0.0049	0.0050	0.0051	25.0	0.0008	0.0012	0.0057	0.0063	0.0805	12400	0.186	415	5750	959	167	27900
7	37	0.0044	0.0045	0.0046	20.2	0.0008	0.0011	0.0052	0.0057	0.0655	15300	0.184	512	7800	1438	183	33500
7	38	0.0039	0.0040	0.0041	16.0	0.0007	0.0010	0.0046	0.0051	0.0518	19300	0.183	648	12500	2289	206	42400
8	39	0.0034	0.0035	0.0036	12.2	0.0007	0.0009	0.0040	0.0045	0.0397	25200	0.183	847	21300	3904	235	55200
8	40	0.0030	0.0031	0.0032	9.61	0.0006	0.0008	0.0036	0.0040	0.0312	32100	0.183	1080	34600	6335	263	69200
8	41	0.0027	0.0028	0.0029	7.84	0.0005	0.0007	0.0032	0.0036	0.0254	39400	0.183	1320	52000	9510	294	86400
8	42	0.0024	0.0025	0.0026	6.25	0.0004	0.0006	0.0028	0.0032	0.0203	49300	0.182	1660	81800	14883	328	107600

表 2-51　QZ-2 型高强度漆包线的规格参数

标称直径/mm	漆包线最大外径/mm	铜芯截面积/mm²	漆包线直流电阻/(Ω/m)(20℃)	漆包线参考重量(g/m)	击穿电压最小值/V	载流量/mm²											
						1.5	2.0	2.5	3.0	3.5	4.0	4.5	5.0	5.5	6.0	7.0	8.0
0.06	0.090	0.00283	6.851	0.0290	500	0.00425	0.00566	0.00708	0.00849	0.00991	0.0113	0.0127	0.0142	0.0156	0.0170	0.0113	0.0226
0.07	0.100	0.00385	4.958	0.0390	500	0.00373	0.00770	0.00963	0.0116	0.00035	0.0154	0.0173	0.0193	0.0212	0.0231	0.0010	0.0308
0.08	0.110	0.00503	3.754	0.0500	600	0.00355	0.0101	0.0126	0.0151	0.0076	0.0201	0.0226	0.0252	0.0277	0.0302	0.0002	0.0402
0.09	0.120	0.00636	2.940	0.0630	600	0.00354	0.0127	0.0159	0.0191	0.0023	0.0254	0.0286	0.0318	0.0350	0.0382	0.0005	0.0509
0.10	0.130	0.00785	2.466	0.0760	600	0.0118	0.0157	0.0196	0.0236	0.0005	0.0314	0.0353	0.0393	0.0432	0.0471	0.0005	0.0623
0.11	0.140	0.00950	2.019	0.0920	600	0.0143	0.0190	0.0238	0.0285	0.0003	0.0380	0.0428	0.0475	0.0523	0.0573	0.0005	0.0760
0.12	0.150	0.0113	1.683	0.1083	900	0.0170	0.0226	0.0283	0.0339	0.0005	0.0452	0.0509	0.0565	0.0622	0.0678	0.0001	0.0904
0.13	0.160	0.0133	1.424	0.1263	900	0.0200	0.0266	0.0333	0.0399	0.0400	0.0532	0.0599	0.0665	0.0732	0.0798	0.0901	0.106
0.14	0.170	0.0154	1.221	0.1460	900	0.0221	0.0308	0.0385	0.0462	0.0500	0.0616	0.0693	0.0770	0.0847	0.0824	0.107	0.123
0.15	0.190	0.0177	1.059	0.1670	900	0.0266	0.0354	0.0443	0.0531	0.0628	0.0708	0.0797	0.0885	0.0974	0.0106	0.124	0.142
0.16	0.200	0.0201	0.9264	0.1890	900	0.0302	0.0402	0.0503	0.0603	0.0704	0.0804	0.0905	0.101	0.111	0.121	0.141	0.161
0.17	0.210	0.0227	0.8175	0.2130	900	0.0341	0.0454	0.0568	0.0681	0.0795	0.0908	0.102	0.114	0.125	0.136	0.159	0.182
0.18	0.220	0.0254	0.7267	0.2360	900	0.0381	0.0508	0.0635	0.0762	0.0889	0.102	0.114	0.127	0.140	0.142	0.178	0.203
0.19	0.230	0.0284	0.6503	0.2640	1200	0.0426	0.0568	0.0710	0.0852	0.0994	0.114	0.128	0.142	0.156	0.100	0.199	0.227
0.20	0.240	0.0314	0.5853	0.2920	1200	0.0471	0.0628	0.0785	0.0942	0.110	0.126	0.141	0.157	0.173	0.104	0.220	0.251
0.21	0.250	0.0346	0.5296	0.3220	1200	0.0519	0.0692	0.0865	0.104	0.121	0.138	0.156	0.173	0.190	0.200	0.242	0.277
0.23	0.280	0.0415	0.4399	0.3850	1200	0.0623	0.0630	0.104	0.125	0.145	0.166	0.187	0.208	0.228	0.240	0.291	0.332
0.25	0.300	0.0491	0.3708	0.4540	1200	0.0737	0.0882	0.123	0.147	0.172	0.196	0.221	0.246	0.270	0.290	0.344	0.393
0.28	0.330	0.0616	0.3053	0.5660	1500	0.0924	0.123	0.154	0.185	0.216	0.246	0.277	0.308	0.339	0.370	0.400	0.493
0.31	0.360	0.0755	0.2473	0.6930	1500	0.113	0.151	0.189	0.227	0.264	0.302	0.340	0.378	0.415	0.453	0.500	0.604
0.33	0.390	0.0855	0.2173	0.7840	1500	0.128	0.171	0.214	0.257	0.299	0.340	0.385	0.428	0.470	0.513	0.590	0.684
0.35	0.410	0.0962	0.1925	0.8840	1500	0.144	0.192	0.241	0.289	0.337	0.385	0.433	0.481	0.529	0.577	0.670	0.770
0.38	0.440	0.113	0.1626	1.0400	1500	0.170	0.226	0.283	0.339	0.396	0.452	0.509	0.565	0.622	0.678	0.790	0.904
0.40	0.460	0.126	0.1463	1.1750	1500	0.189	0.252	0.315	0.378	0.441	0.504	0.567	0.630	0.693	0.756	0.880	1.010
0.42	0.480	0.139	0.1324	1.5100	1800	0.209	0.278	0.348	0.417	0.487	0.556	0.626	0.695	0.765	0.834	0.973	1.110
0.45	0.510	0.159	0.1150	1.4450	1800	0.239	0.318	0.398	0.477	0.557	0.636	0.716	0.795	0.875	0.954	1.110	1.270
0.47	0.530	0.173	0.10520	1.6000	1800	0.260	0.346	0.433	0.519	0.606	0.692	0.779	0.865	0.952	1.04	1.21	1.38

续表

标称直径/mm	漆包线最大外径/mm	铜芯截面积/mm²	漆包线直流电阻/(Ω/m)(20℃)	漆包线参考重量/(g/m)	击穿电压最小值/V	载流量/mm²													
						1.5	2.0	2.5	3.0	3.5	4.0	4.5	5.0	5.5	6.0	7.0	8.0
0.50	0.560	0.196	0.09269	1.8650	1800	0.294	0.392	0.490	0.588	0.686	0.784	0.882	0.980	1.08	1.18	1.37	1.57
0.53	0.600	0.221	0.08231	2.0400	1800	0.332	0.442	0.553	0.663	0.774	0.884	0.995	1.11	1.22	1.33	1.55	1.77
0.56	0.630	0.246	0.07357	2.2750	1800	0.369	0.492	0.615	0.738	0.861	0.984	1.11	1.23	1.35	1.48	1.72	1.97
0.60	0.670	0.283	0.06394	2.5890	1800	0.425	0.566	0.708	0.849	0.991	1.13	1.27	1.42	1.56	1.70	1.98	2.26
0.63	0.700	0.312	0.05790	2.8220	2400	0.468	0.624	0.780	0.936	1.09	1.25	1.40	1.56	1.72	1.87	2.18	2.50
0.67	0.750	0.353	0.05109	3.2190	2400	0.530	0.706	0.883	1.06	1.24	1.41	1.59	1.77	1.94	2.12	2.47	2.82
0.71	0.790	0.396	0.04608	3.6160	2400	0.594	0.792	0.990	1.19	1.39	1.58	1.78	1.98	2.18	2.38	2.77	3.17
0.75	0.840	0.442	0.04120	4.1140	2400	0.663	0.884	1.11	1.33	1.55	1.77	1.99	2.21	2.43	2.65	3.09	3.54
0.80	0.890	0.503	0.03612	4.6100	2400	0.755	0.101	1.26	1.51	1.76	2.01	2.26	2.52	2.77	3.02	3.52	4.02
0.85	0.940	0.567	0.03192	5.2350	2400	0.851	1.13	1.42	1.70	1.98	2.27	2.55	2.84	3.12	3.40	3.97	4.54
0.90	0.990	0.636	0.02842	5.9360	3000	0.954	1.27	1.59	1.91	2.23	2.54	2.86	3.18	3.50	3.82	4.45	5.09
0.95	1.040	0.709	0.02546	6.7640	3000	1.06	1.42	1.77	2.13	2.48	2.84	3.19	3.55	3.90	4.25	4.96	5.67
1.00	1.110	0.785	0.02294	7.2400	3000	1.18	1.57	1.96	2.36	2.75	3.14	3.53	3.93	4.32	4.71	5.50	6.28
1.06	1.170	0.882	0.02058	8.5050	3000	1.32	1.76	2.21	2.65	3.09	3.53	3.97	4.41	4.85	5.29	6.17	7.06
1.12	1.230	0.985	0.01839	8.9400	3000	1.48	1.97	2.46	2.96	3.45	3.94	4.43	4.93	5.42	5.91	6.90	7.88
1.18	1.290	1.09	0.01654	9.8900	3000	1.64	2.18	2.73	3.27	3.82	4.36	4.91	5.45	6.00	6.54	7.63	8.72
1.25	1.360	1.23	0.01471	11.200	3000	1.85	2.46	3.08	3.69	4.31	4.92	5.54	6.15	6.77	7.38	8.61	9.84
1.30	1.410	1.33	0.01358	12.10	3600	2.00	2.66	3.33	3.99	4.66	5.32	5.99	6.65	7.32	7.98	9.31	10.6
1.40	1.510	1.54	0.01169	14.00	3600	2.31	3.08	3.85	4.62	5.39	6.16	6.93	7.70	8.47	9.24	10.8	12.3
1.50	1.610	1.77	0.01016	16.10	3600	2.66	3.54	4.43	5.31	6.20	7.08	7.97	8.85	9.74	10.6	12.4	14.2
1.60	1.720	2.01	0.008915	18.12	3600	3.02	4.02	5.03	6.03	7.04	8.04	9.05	10.1	11.1	12.1	14.1	16.1
1.70	1.820	2.27	0.007933	20.46	3600	3.41	4.54	5.68	6.81	7.95	9.08	10.2	11.4	12.5	13.6	15.9	18.2
1.80	1.920	2.54	0.007064	22.91	3600	3.81	5.08	6.35	7.62	8.89	10.2	11.4	12.7	14.0	15.1	17.8	20.3
1.90	2.020	2.84	0.006331	25.50	3600	4.26	5.68	7.10	8.52	9.94	11.4	12.8	14.2	15.6	17.0	19.9	22.7
2.00	2.120	3.14	0.005706	28.21	4200	4.71	6.28	7.85	9.42	11.0	12.6	14.1	15.7	17.3	18.8	22.0	25.1
2.12	2.240	3.53	0.005095	31.52	4200	5.30	7.06	8.83	10.6	12.4	14.1	15.9	17.7	19.4	21.2	24.7	28.2
2.24	2.360	3.94	0.004557	36.13	4200	5.91	7.88	9.85	11.8	13.8	15.8	17.7	19.7	21.7	23.6	27.6	31.5
2.36	2.480	4.37	0.004100	41.35	4200	6.56	8.14	10.9	13.1	15.3	17.5	19.7	21.9	24.0	26.2	30.6	35.0
2.50	2.620	4.91	0.003648	44.63	4200	7.87	9.82	12.3	14.7	17.2	19.6	22.1	24.6	27.0	29.5	34.4	39.3

(1) 阻燃增强型 PBT 塑料

阻燃增强型 PBT 塑料是由聚对苯二甲酸丁二醇树脂、玻璃纤维、阻燃剂以及其他添加剂配合加工而成的一种热塑性强、阻燃性高的工程塑料。其特点如下：

① 因为采用玻璃纤维进行增强，并经特殊耐老化处理，因此大大提高了 PBT 的机械强度、使用温度和使用寿命，使用该材料生产出来的产品可以在 140℃ 以下长期使用。根据用途不同，玻璃纤维的添加量也不同，其含量可在 0～30% 的范围内调节。

② 由于在加工合成的过程中配用了高效的阻燃剂，因此在正常的加工过程中不会分离和腐蚀机械加工模具，在使用过程中阻燃剂也不会析出。阻燃级别可由 UL94HB 到 V-O 级。

③ 这种工程塑料的电性能（包括电阻率、击穿电压强度、介电损耗、弧阻和抗电弧迹等）非常良好。

④ 该种工程塑料具有吸水率低、成型收缩变形小、尺寸稳定等优点。

⑤ 耐一般的化学药品和有机溶剂的腐蚀，特别是耐汽油、机油、焊油、酒精等，特别适应于锡焊、黏合、喷涂和灌封等特殊工艺操作。

⑥ 该工程塑料在 20～60℃ 的成模温度下结晶速度很快，流动性很好，因此成型周期短，特别适宜于注射各种薄壁和形状复杂的制品。

阻燃增强型 PBT 塑料国内生产单位有北京化工研究院和上海涤纶厂，表 2-52 给出了北京化工研究院生产的阻燃增强型 PBT 塑料性能参数，可供设计者查阅。

表 2-52　北京化工研究院生产的阻燃增强型 PBT 塑料性能参数

品　种	PBT301	PBT301-G10	PBT301-G20	PBT301-G30
玻璃纤维含量	0	10%	20%	30%
密度/(g/cm³)	1.45～1.55	1.45～1.60	1.50～1.70	1.55～1.73
吸水率	0.06%～0.1%	0.05%～0.09%	0.04%～0.09%	0.03%～0.08%
成型后收缩率/(kg/cm²)（25℃下 24 小时浸泡）	1.5～2.2	0.7～1.5	0.3～1.0	0.2～0.8
抗张强度/(kg/cm²)	550～650	700～900	900～1100	1100～1300
弯曲强度/(kg/cm²)	830～1000	1100～1300	1500～1600	1700～2000
无缺口冲击强度/[(kg/cm)/cm²]	>20	20～35	25～45	30～55
有缺口冲击强度/[(kg/cm)/cm²]	4～5	4～6	5～7	6～8
热变形温度/℃	55～70	180～200	200～210	205～213
阻燃性	UL94Vo	UL94Vo	UL94Vo	UL94Vo
介电常数/10⁶Hz	3.0～4.0	3.2～4.0	3.4～4.0	3.6～4.2
介电损耗/10⁶Hz	0.015～0.02	0.014～0.02	0.013～0.02	0.012～0.02
体积电阻/(Ω·cm³)	5×10¹⁵～5×10¹⁶	5×10¹⁵～5×10¹⁶	5×10¹⁵～5×10¹⁶	5×10¹⁵～5×10¹⁶
击穿电压/(kV/mm)	18～24	17～25	19～27	20～30

(2) 4330 型酚醛玻璃纤维热压塑料

另一种较为理想的功率开关变压器骨架材料就是 4330 型酚醛玻璃纤维热压塑料，它是由苯酚和甲醛按一定配方，在酸性或碱性催化剂的作用下经缩聚而成的。为了改善其机械物理

强度性能,添加了玻璃纤维填充材料,因此是一种物理性能和化学性能都较好的热固性工程塑料。其特点如下:

① 机械强度高,坚硬耐磨,各种化学性能稳定,抗蠕变性均优于许多热固性工程塑料。

② 温度稳定性和耐热性特别好,可在200℃以上的高温下使用,而且在高温下也不软化和老化变形。

③ 热压成型后外形和尺寸稳定,不易变形,并且价格低廉,便于普及推广使用。

④ 本身为不燃烧材料,正好满足和适应功率开关变压器耐燃烧的安全要求。

⑤ 缺点为性质较脆,已损坏。

表2-53给出了4330型酚醛玻璃纤维热压塑料的性能参数。

表2-53 4330型酚醛玻璃纤维热压塑料的性能参数

型号 性能参数	4430-1	4430-2
密度/(g/cm³)	1.75~1.85	1.7~1.9
吸水性/(g/cm³)	0.05	0.05
马丁氏耐热性/℃	200	200
抗弯强度/(g/cm²)	1200	2500
抗拉强度/(g/cm²)	800	5000
抗冲击强度/[(kg/cm)/cm²]	35	150
体积电阻系数/(Ω/cm³)	1012	1012
介质损耗正切值/10⁶Hz	0.05	0.05
介质常数/10⁶Hz	8	8
平均击穿电压强度/(kV/mm)	13	13

(3) 功率开关变压器骨架的确定

根据功率开关变压器骨架在变压器中所承担的任务和作用,特对其提出如下的一些要求:

① 承受绕组导线绝缘部分的壁厚不得小于0.06mm。

② 支撑功率开关变压器重量的固定引出端插针的撑板构件应具有足够的机械强度,能够承受冲击、碰撞。焊接时不断裂,不产生变形和裂纹。

③ 骨架上应有明显的定位标志、产品标志,并且各种标志应在所规定的相应位置处。

④ 引出端插针应满足下列两种固定方法:

- 一种固定方法是与骨架压制或注塑时一起成型固定,该种方法适用于模压成型和注塑成型骨架的加工。这种固定结构的引出插针应注意不使插针镀层氧化,成型产品不能长期搁置,一般应在一个月内使用完毕。

- 另一种固定方法是冷插法,即骨架成型时留有安装插针的孔,使用时将插针铆入。这种方法只适应于热塑性材料。由于插针可以另外存放,使用时再装入骨架,能够有效防止插针镀层的氧化,是最常用的一种较为理想的方法。

- 插针必须具有足够的强度和刚性,同时还要保证具有良好的焊接性。一般采用具有刚性的CP线。镀层可采用镀银或镀铅锡合金,镀层厚度不应小于0.07mm。

3) 绝缘浸渍材料

功率开关变压器的绝缘浸渍材料都采用绝缘漆。绝缘漆是一种有机高分子胶体混合物的溶液,涂布在表面上能干结成膜,又成为有机涂料。有机涂料的构成可分为主要成膜材料、次要成膜材料和辅助成膜材料三大组成部分。主要成膜材料常被称为固着剂,有油料和树脂两种;次要成膜材料被分为增塑剂和颜料两类;辅助成膜材料被分为稀料和辅助材料两类。稀料有稀释剂、溶剂、潜溶剂,辅助材料有催干剂、稳定剂。

有机涂料的分类是以其主要成膜的物质为基础的。若主要成膜材料为混合树脂时,则按其在涂料中起决定作用的一种树脂为基础,而被称为环氧型、聚酯型等。目前我国将其分为18个大类。在成千上万种有机涂料中,人们可针对产品的需要去选择或研制应用中所需要的绝缘漆。绝缘漆除了应具有一般涂料的特性以外,还必须具备下列的电性能和工艺性能:

① 固体含量高、黏性低、渗透性好、容易浸渍。
② 干燥时间短、流动性好、干燥后膜层厚度均匀。
③ 有较高的导热性和耐热性。
④ 在通常气候下防潮性强。遭遇恶劣环境和气候时要求要具有一定的耐潮湿性、防潮性、抗老化性和稳定性。
⑤ 抗酸性、抗腐蚀、耐油抗污、耐溶剂性等。
⑥ 附着力强,有相当的硬度和一定的柔韧性。
⑦ 酸、碱值低,最好呈中性,对绝缘体和导体都不产生腐蚀。
⑧ 漆膜光亮,透明度好,保存周期长。
⑨ 电绝缘性能好。浸渍后,对各绕组之间、各绕组的层与层之间、匝与匝之间的电绝缘性能不但不影响和破坏,而且还要具有增强效果。

适合功率开关变压器浸渍用的绝缘漆有含溶剂绝缘漆和无溶剂绝缘漆两种。含溶剂的绝缘漆的溶剂不参与漆基的聚合反应,而只是挥发逸出散入大气中。它的烘干时间较长,功率开关变压器浸渍后在烘干过程中,由于大量溶剂挥发逸出,漆膜产生许多小的出气针孔,降低了功率开关变压器的导热、防潮湿和电绝缘等性能。而无溶剂绝缘漆就能克服含溶剂绝缘漆以上的缺点。虽然这两种绝缘漆均能适应功率开关变压器浸渍的要求,但以无溶剂绝缘漆为最理想。

一般均以合成树脂作为功率开关变压器绝缘浸渍的主要成膜材料。合成树脂包括缩合型树脂和聚合型树脂。功率开关变压器中大多数均采用缩合型合成树脂。这些树脂有:酚醛树脂、醇酸树脂、环氧树脂、氨基树脂、聚氨酯树脂、聚酯树脂等。次要成膜材料中的增塑剂一般有:不干性油、苯二甲酸酯、磷酸酯、氯化合物、癸二酸酯等。作为绝缘用的浸渍漆一般不使用着色颜料。辅助成膜材料中的稀释剂(溶剂)有:萜稀溶剂,包括最常用的松节油;石油溶剂,包括常用的松香水;煤焦溶剂主要有:苯、甲苯、二甲苯、氯苯等;酯类常用的有:醋酸乙酯、醋酸丁酯、醋酸戊酯等;醇类常用的有:乙醇、乙丙醇、丁醇等;酮类常用的有:丙酮、甲乙酮、甲基乙丁基酮等。辅助成膜材料催干剂主要由钴、锰、铅、锌、钙等五种金属的氧化物、盐类以及它们的各种有机酸皂类组成。固化剂是与那些合成树脂发生反应后而使涂膜干结的各种酸、胺、过氧化物等物质。表2-54列出了可应用于功率开关变压器绝缘浸渍的绝缘漆规格,可供设计者参考和查阅。

表 2-54 功率开关变压器绝缘浸渍的绝缘漆规格

名称	型号	标准号	耐热等级	颜色	干燥类型	主要组成成分
丁基酚醛醇酸漆	1031	JB874-66	B	黄色	烘干	油改性醇酸树脂与丁醇改性酚醛树脂复合而成,溶剂为二甲苯和200号溶剂油
三聚氰胺醇酸漆	1032	JB874-66	B	黄色	烘干	油改性醇酸树脂与丁醇改性三聚氰胺树脂漆复合而成,溶剂为甲苯等
环氧酯漆	1033	JB874-66	B	黄色	烘干	亚麻油脂肪酸和环氧树脂经酯化聚合后再与部分三聚氰胺树脂漆复合而成,溶剂为二甲苯和丁醇
氨基酚醛醇酸漆	A30-2	—	B	黄色	烘干	酚醛改性醇酸树脂、氨基树脂二甲苯、溶剂油等
环氧无溶剂漆	H30-1	—	E~B	黄色	烘干	环氧聚酯和苯乙烯共聚物
醇酸绝缘漆	C30-11	HG2-644-74	B	黄色	烘干	用植物油改性醇酸树脂,以二甲苯作为溶剂稀释而成
氨基醇酸绝缘漆	A30-1	HG2-102-74	B	黄色	烘干	用油改性醇酸树脂和三聚氰胺甲醛树脂、二甲苯、丁醇调制而成
聚酯无溶剂绝缘漆	Z30-1	HG2-650-74	B	黄色	烘干	采用不饱和丙烯酸聚酯和蓖麻油改性酯混合后,再加催化剂、引发剂制成

13. 功率开关变压器的装配与绝缘处理

1) 功率开关变压器的装配

功率开关变压器的装配是指将绕制完成的线圈部件与磁芯零件装配在一起,必要时还需装配屏蔽层和固定夹框。功率开关变压器的装配工艺流程如图 2-120 所示,工艺流程可叙述如下:

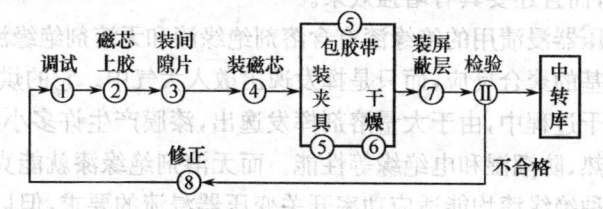

图 2-120 功率开关变压器的装配工艺流程图

(1) 调试

① 装配磁芯前调整气隙至电感量符合要求为止。该工序只在磁芯间的气隙需外加间隙片时进行,若设计所规定的气隙在磁芯制造加工时就由磁芯的生产厂家在磁芯的中柱上磨削而成的话,则该工序可以免去。

② 磁芯上胶。目的是将磁芯牢固地黏合在一起。

③ 装间隙片。选择与所计算出的气隙宽度相等的垫片分别粘于磁芯的端面上。垫片一般均选择叠层绝缘纸,并与变压器端面外形相同。

④ 装磁芯。将磁芯套入绕有线圈的骨架内将其黏合在一起。

⑤ 包胶带和装夹具。当设计文件规定在磁芯四周要包扎压敏胶带时,则可利用该胶带兼作磁芯端面胶干燥固定装置,否则磁芯黏合后还要用专用夹具将磁芯固定后进行常温干燥或高温干燥。

⑥ 干燥。磁芯上胶、浸渍后所进行的常温干燥或高温干燥。

⑦ 装屏蔽层。根据设计文件的要求和规定,在变压器的周围沿着绕线的方向采用较薄的并符合交变电磁场屏蔽要求的金属宽带材料加装屏蔽层。

(2) 功率开关变压器的绝缘处理——浸漆处理

功率开关变压器装配完成以后,还必须要进行绝缘处理,也就是浸漆处理。这是因为浸漆处理后能够起到以下作用:

① 能够提高电器绝缘性能。变压器骨架、线圈等的空隙及纤维有机绝缘材料都易储藏和吸附水分,使绝缘性能变坏。经过浸渍后,空隙充满有机绝缘漆或有机绝缘胶而密实。经验证明,经过浸渍后的纤维绝缘材料绝缘强度可提高 8～10 倍。

② 能够增强耐潮湿性能。经过浸渍后的线圈,如果浸渍的是无溶剂漆时,就可以排除空气,杜绝了吸收潮气的可能和条件;如果浸渍的是有溶剂漆,也同样可以提高防潮湿性能。

③ 能够增强耐热性能和提高热导率。浸渍后变压器的空隙中充满了有机漆和有机胶,排除了空气组热层,可大大提高变压器的热传导性,使线圈和磁芯所产生的热量快速传导到变压器的表面,再通过空气对流而散发出去。同时,浸渍后的变压器还可以增强绝缘材料的耐热性能。

④ 增加了机械强度,防止了匝间短路。由于变压器浸渍后,线圈的层、匝间牢固地结合成为一个整体,磁芯端面间、骨架与磁芯间等都被牢固地胶合在一起,更能够经受得住机械振动的冲击和伤害,也不至于引起匝间摩擦而造成短路故障。

⑤ 能够提高化学稳定性。由于浸渍变压器的有机绝缘漆具有耐化学腐蚀的特点,因此变压器经过浸渍后,其耐化学腐蚀的能力也得到了相应的提高。另外由于变压器浸渍后其表面光滑,因此也可以减少尘埃的堆积和潮气的吸附。

⑥ 外表更加美观,增强了防锈能力。经过浸渍后的变压器外表美观光亮。对装有金属件的变压器进行浸渍处理还可以起到防锈的作用。

2) 功率开关变压器的预烘、浸渍和干燥处理

(1) 功率开关变压器的预烘处理

功率开关变压器预烘的目的是把变压器绝缘材料和空气中的潮气和水分除掉,要完成这一过程需要一定的温度和时间,有时甚至还需要采取抽真空、循环通风等方法来实现。去潮气和水分的本质是将水分蒸发出去。因此,为了加快蒸发的速度,缩短时间,可以将温度调得稍微高一些,但温度过高将会降低绝缘材料的寿命。一般采用的预烘温度为 110～120℃(在正常压力下);若在真空烘箱中预烘,预烘温度可以适当低一些,温度一般在 80～110℃范围内。预烘一般都是在烘箱内加热干燥,可供预烘使用的烘箱有以下几种:

① 空气自然循环烘箱。这种烘箱采用电加热,结构简单、成本低、应用较广;缺点为箱内温度不均匀。

② 强迫空气循环烘箱。这种烘箱可以采用电加热,也可以采用蒸汽加热。它的优点是箱内温度均匀,由于空气流速大可以及时将潮气和水分快速排除掉。这种设备比较简单,控制也比较方便,因此应用非常广泛。

③ 真空烘箱。这种设备由于箱内的潮气不断抽出,气压低,潮气也已排出。采用这种烘箱预烘,可以比较彻底地把变压器各部件中的潮气除掉,而且还可以在温度较低的情况下进行。

预烘时间的长短主要取决于绝缘电阻是否达到要求,它和产品的体积、结构和预烘方法等因素有关。为了使线圈内部的水分容易蒸发出来,预烘温度要逐步增加,使热量渐渐从外部进入线圈内部,这样线圈内部的水分才容易蒸发出来。否则,骤然加热使线圈表面水分开始蒸发,表面蒸汽压力大,水分不易从内部排出。

(2) 功率开关变压器的浸渍处理

功率开关变压器预烘之后便是浸渍，浸渍前先将漆基放入稀释剂内溶解，使绝缘漆的黏度调至 4 号黏度级 25~30s(在 20℃的常温下)。稀释剂有甲苯、松节油等。稀释剂的选择应根据绝缘漆和漆包线漆层的性质而定。此外，在其内还应该加入辅助材料，例如干燥剂(缩短干燥时间的催化剂)、增韧剂(增加漆质的弹性和韧性)、稳定剂、防霉剂等。常用的浸渍方法有：常压热浸、加压浸渍和真空加压浸渍等三种。

① 常压热浸。当预烘的变压器温度降到 50~60℃时，将其趁热沉入漆液内，使漆液高出变压器 100mm 左右，漆液渗入变压器线圈内，并把线圈内部的气体排出，直到停止冒出气泡时即可取出。沉浸时的温度不宜过高也不宜过低。温度过高时会引起表面漆过早结成膜，使内部溶剂与潮气不易挥发出来；温度过低时(低于 50℃)就会降低漆的渗透能力，浸渍后的线圈也易吸收空气中的水分和潮气，降低了预烘的效果。

② 加压浸渍。加压浸渍也称为压力浸渍。它比热浸法速度快，所用时间短，质量高，主要是由于增强了漆的渗透能力，浸得较透。需要使用能够承受 5~10 个大气压的球形压力浸渍罐来进行浸渍。其过程是将预烘过的线圈温度降至 50~60℃时，沉入盛有漆的球形压力浸渍罐内加盖密封，使用泵加压至 3~7 个大气压，保持 3~5min，然后降低压力 3~5min 再加压，而后又降压。如此循环重复多次，最后解除压力取出变压器滴干(用 1~2h)，擦去不需要浸渍部分的漆，就可以放入烘箱内进行烘干。

③ 真空加压浸渍。真空加压浸渍也称为真空压力浸渍。它的主要优点是浸渍质量很高，容易渗透，可以使变压器线圈吸附潮气和水分的能力降至最小限度；缺点是设备较复杂，费用较高。

(3) 功率开关变压器的烘干处理

功率开关变压器浸渍后的烘干过程要比预烘更为复杂。在烘干过程中不但有物理变化过程(稀释剂的挥发)，同时还有化学反应过程。溶剂不但可以作为稀释剂使用，而且由于干燥时它从内部挥发会形成毛细孔，能使空气进入漆的内部，因而加速了内部的氧化过程。由此可见，烘干可以分为两个阶段：第一个阶段为溶剂的挥发过程，第二个阶段为漆膜的氧化聚缩过程。对于无溶剂绝缘漆而言则主要是第二个阶段的反应过程。

① 在第一个阶段，也就是溶剂的挥发过程中，温度应该低一些，一般为 70~80℃。为了保证内部漆中的溶剂容易挥发，温度不宜过高，过高会使大量的漆挥发掉，从而造成流漆、气泡现象。同时，还会在绝缘层表面形成硬膜，从而妨碍内部的溶剂挥发出来。此阶段的时间应根据溶剂的挥发情况而定，一般需 1~3h。溶剂挥发过程如果采用真空干燥时，可以使挥发更为彻底，温度也可以降低一些，时间也可以缩短一些。

② 在第二个阶段，也就是漆膜的氧化聚缩过程中，温度应该高一些，并且还要放在热风循环炉里，以加速漆基的氧化聚缩过程，一直到彻底烘干为止。A、B 级绝缘漆的烘干温度一般为 120℃，最高不能超过 130℃。若采用无溶剂快干绝缘漆浸渍时，可使用自动循环通风浸渍烘干设备，将预烘、浸渍、烘干工序在一个通用设备中一次完成，可以大大提高生产效率，降低生产成本，减轻劳动强度。

14. 高频变压器的应用

(1) 功率开关变压器的应用

如图 2-121 所示的电路就是一款 75W-24V 单路输出自激谐振式 LED 驱动电源电路，电路中的 T_1 就是磁芯采用 EC28 铁氧体、骨架采用卧式 12×2 的功率开关变压器。

图 2-121 功率开关变压器的应用电路

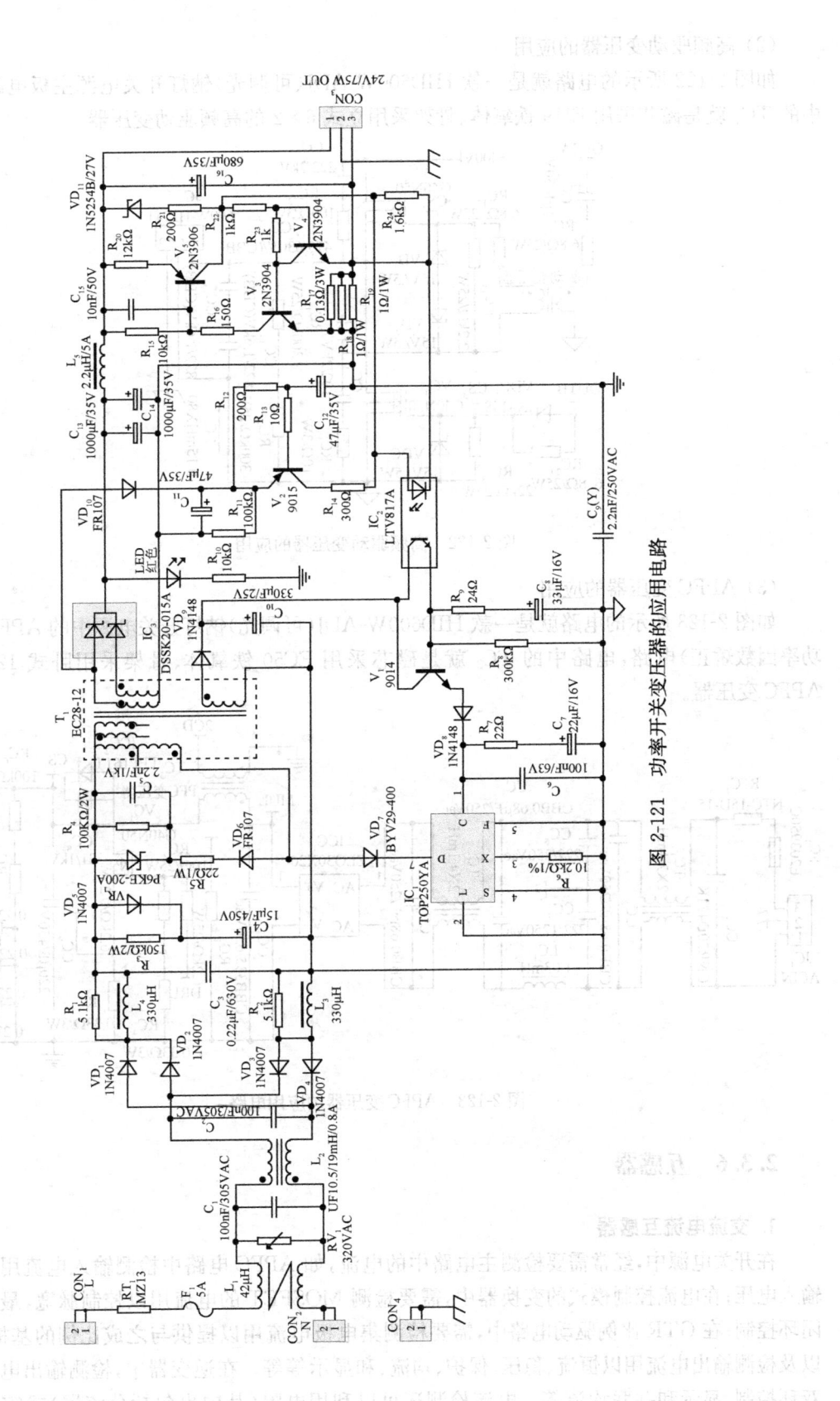

(2) 高频驱动变压器的应用

如图 2-122 所示的电路就是一款 HID600W-ADJ（可调光）钠灯开关电源主板电路，电路中的 TC_4 就是磁芯采用 EI19 铁氧体、骨架采用立式 6×2 的高频驱动变压器。

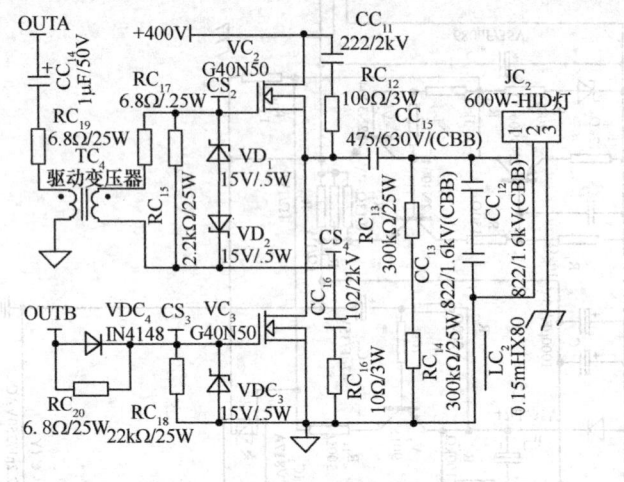

图 2-122 高频驱动变压器的应用

(3) APFC 变压器的应用

如图 2-123 所示的电路就是一款 HID600W-ADJ（可调光）钠灯开关电源中的 APFC（有源功率因数矫正）电路，电路中的 TC_3 就是磁芯采用 EC50 铁氧体、骨架采用卧式 12×2 的 APFC 变压器。

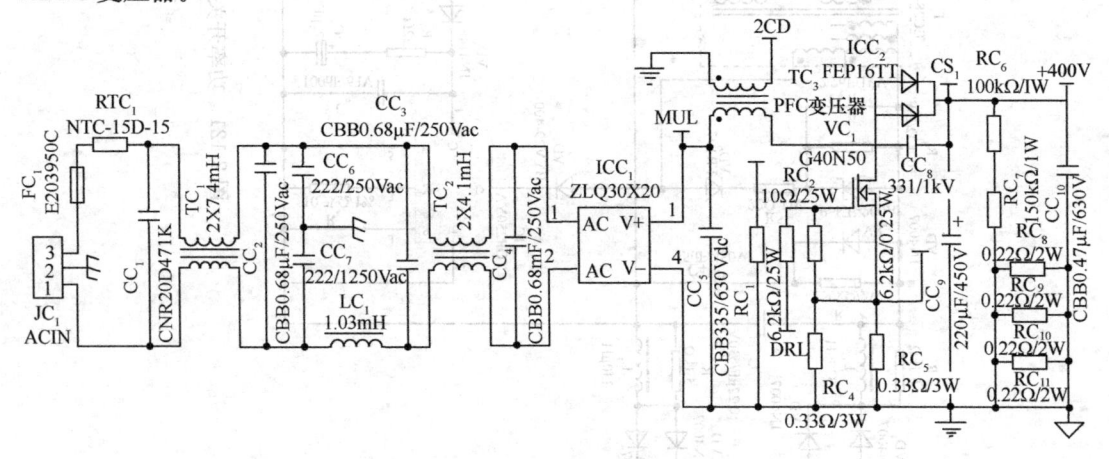

图 2-123 APFC 变压器的应用电路

2.3.6 互感器

1. 交流电流互感器

在开关电源中，经常需要检测主电路中的电流，如 APFC 电路中检测输入电流用以跟踪输入电压；在电流控制模式的变换器中，需要检测 MOSFET 的电流用以控制脉宽，最后形成闭环控制；在 GTR 比例驱动电路中，需要检测集电极电流用以提供与之成比例的基极电流；以及检测输出电流用以恒流、稳压、保护、均流、和显示等等。在逆变器中，检测输出电流用以双环控制、显示和并联均流等。电流检测还可以利用电阻（其中也包括分流器）或霍尔器件

(LEM)，但电阻和分流器检测电流，前者损耗大、易受干扰、很难做到高精度检测，只能用于小功率，后者体积大；而用 LEM 检测电流，虽然可实现高精度，但成本太高。由于电流互感器性能介于它们之间，因此得到了广泛的应用。

电流互感器要保证检测精度，就应该是恒定负载阻抗、零漏磁通、零激磁电流和无限大的磁通密度。对于用以检测电流的互感器来说负载阻抗一定是恒定的，由于采用了环形磁芯，次级绕组又均匀分布在磁环的圆周上，漏感很小可以做到忽略不计的程度。但零激磁电流和无限大磁通密度是绝对做不到的，这是因为磁导率不是无穷大和磁通密度是有限的，因此在设计电流互感器时应在精度、尺寸和成本之间进行权衡。设计原理与变压器基本相同，设计步骤和磁芯选择与变压器稍有不同。初级一般只有 1 匝或很少几匝，次级匝数很多，匝比一般为 100 或更多。

（1）交流互感器的基本原理

交流互感器的磁芯采用的是环形磁芯，初级绕组匝数 N_1 为 1 匝或数匝，而次级绕组匝数 N_2 较多。为了便于测量次级通常接有检测电阻 R，将电流信号转换成电压信号，如图 2-124 所示。假设初级流过正弦波交流电流 I_1 时，次级上的感应电压就会在电阻 R 上产生一个输出电流 I_2。根据回路安培定律就可以得到

$$i_1 N_1 - i_2 N_2 = Hl \tag{2-95}$$

式中，H 为磁芯中磁感应强度；l 为磁芯的磁路长度；i_1 和 i_2 为初次级绕组中的瞬时电流。次级反射到初级的电流有效值 I'_2 为

$$I'_2 = \frac{N_2}{N_1} I_2 \tag{2-96}$$

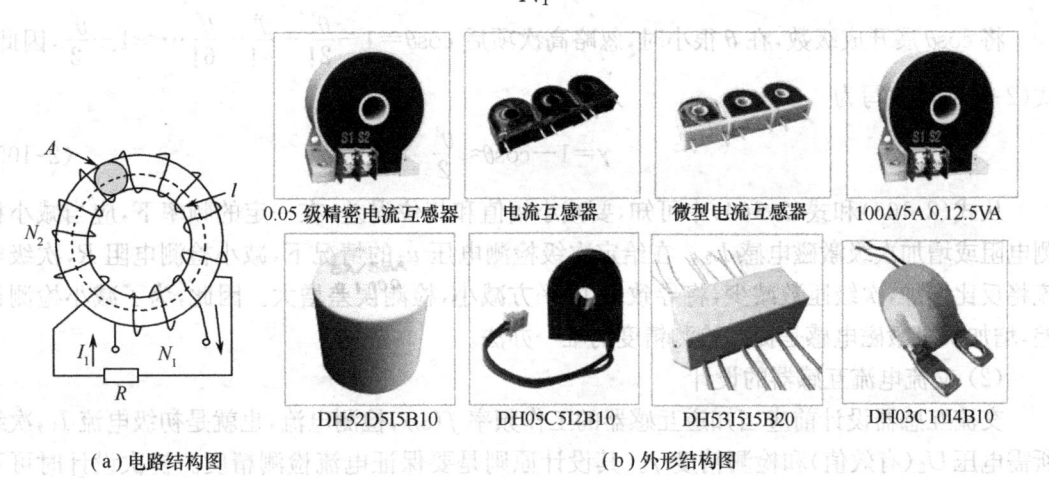

图 2-124 交流电流互感器结构图

因此初级电流有效值矢量形式为

$$\dot{I}_1 = \dot{I}_2 + \dot{I}_m \tag{2-97}$$

式中，$\dot{I}_m$ 为磁化电流。等效电路和电流关系如图 2-125 所示，理想状况下互感器的激磁电感无穷大，激磁电流 $\dot{I}_m = 0$，则

$$\dot{I}_1 = \dot{I}_2 \tag{2-98}$$

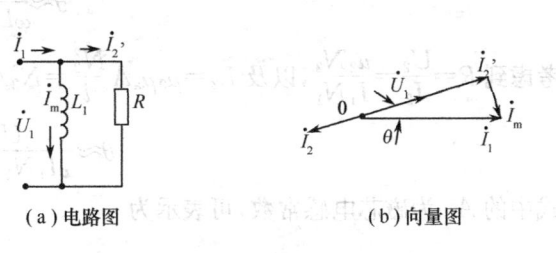

图 2-125 交流电流互感器等效电路

实际上激磁电感不可能无穷大,总是存在着激磁电流。为了维持 I_2,次级感应电势为

$$e_2 = I_2(R+R_{Cu}) = 4.44fBAN_2 \tag{2-99}$$

式中,R_{Cu} 为次级绕组的电阻,单位为 Ω;f 为电流的频率,单位为 Hz;B 为磁芯工作峰值磁感应强度,单位为 T;A 为磁芯的截面积,单位为 m^2;R 为检测电阻,单位为 Ω。由矢量图可知,次级反射电流与初级电流的相位差为

$$\theta = \arctan\frac{R'}{\omega L_1} \tag{2-100}$$

式中,R' 为次级反射到初级的阻抗,可由下式给出

$$R' = (R+R_{Cu})\left(\frac{N_1}{N_2}\right)^2 \tag{2-101}$$

而初级激磁电感为

$$L_1 = N_1^2 \mu_0 \mu_a \frac{A}{l} \tag{2-102}$$

式中,μ_a 为磁芯的幅值磁导率,由于 $L_2 = L_1\left(\frac{N_2}{N_1}\right)^2$,再将式(2-101)一起代入式(2-100)中便可得到

$$\theta = \arctan\frac{R+R_{Cu}}{\omega L_2} \tag{2-103}$$

因此,便可得到次级检测电流与初级电流的幅值相对误差(检测幅值精度)为

$$\gamma = \frac{I_1 - I_1\cos\theta}{I_1} = 1-\cos\theta \tag{2-104}$$

将 $\cos\theta$ 展开成级数,在 θ 很小时,忽略高次项后 $\cos\theta = 1-\frac{\theta^2}{2!}+\frac{\theta^4}{4!}-\frac{\theta^6}{6!}\cdots \approx 1-\frac{\theta^2}{2}$,因此,式(2-100)可改写为

$$\gamma = 1-\cos\theta \approx \frac{\theta^2}{2} \tag{2-105}$$

从式(2-103)和式(2-104)中可知,要减小幅值和相位误差,在一定的频率下,应当减小检测电阻或增加次级激磁电感 L_2。在给定次级检测电压 u_2 的情况下,减小检测电阻 R,次级电流将反比增加,次级匝数减少,将导致 L_2 的平方减小,检测误差增大。因此,为了减小检测误差,增加次级激磁电感是提高检测精度的唯一办法。

(2) 交流电流互感器的设计

交流互感器设计前应当知道互感器的工作频率 $f(\omega)$,检测电流,也就是初级电流 I_1,次级所需电压 U_2(有效值)和检测精度 γ。其设计原则是要保证电流检测精度。初次设计时可不考虑绕组线圈电阻 R_{Cu},在次级激磁电感的感抗远大于检测电阻时,式(2-103)可近似变成

$$\theta \approx \frac{R}{\omega L_2} \tag{2-106}$$

考虑到 $R = \frac{U_2}{I_2} = \frac{u_2 N_2}{I_1 N_1}$,以及 $L_2 = \mu_0\mu_a A\frac{N_2^2}{l} = N_2^2 A_L$,可以得到

$$\theta \approx \frac{U_2}{\omega I_1 N_1 N_2 A_L} \tag{2-107}$$

式中的 A_L 为磁芯电感常数,可表示为

$$A_L = \mu_0\mu_a\frac{A}{l} \tag{2-108}$$

对于交流电流互感器来说,一般初级线圈的匝数 $N_1=1$,考虑到式(2-101)后便可得到

$$N_2A_L=\frac{U_2}{\omega I_1\theta}=\frac{U_2}{\omega I_1\sqrt{2\gamma}} \tag{2-109}$$

根据给定的允许幅值误差 γ 或允许的相位误差 θ,就可以选择磁芯尺寸和次级线圈的匝数了。选择较多的次级匝数对提高测量精度是有益的。但次级匝数过多,一方面绕制困难,另一方面绕组导线过长,线圈电阻就会增加,这样又会降低测量精度,因此必须权衡。通常应遵循 $N_2\leqslant500$ 匝的原则为好。根据工作频率选取磁芯材料,例如 50Hz 时应选用厚度为 0.35mm 的矽钢片环形磁芯,400Hz 时应选用厚度为 0.1mm 的高硅薄带环形磁芯,高于 10kHz 频率时应选用非晶态、坡莫合金或铁氧体磁性材料等等,无论如何都应选择尽 μ 量高的磁性材料。若要求检测相位误差极小,低频时应选择 μ 极高的坡莫合金或非晶态磁芯。还应当注意,μ_a 为幅值相对磁导率,在一般的磁性材料手册中是找不到的。在低磁感应强度时一般和初始磁导率 μ_i 相似,初始设计时可用 μ_i 代替 μ_a。

在选定次级线圈绕组匝数 N_2 后,由式(2-109)求得 A_L 值。低频时硅钢片或非晶态材料手册中并未给出 A_L 值,可根据手册中环形磁芯结构参数计算,其计算公式为

$$A_L=\mu_0\mu_i\frac{A_e}{l_e} \tag{2-110}$$

式中,l_e 为有效磁路长度,单位为 m;A_e 为磁芯有效截面积,单位为 m²。已知次级线圈匝数 N_2 后就可通过下式计算出次级的检测电阻 R。

$$R=\frac{U_2}{I_1}\cdot\frac{N_2}{N_1}=\frac{U_2}{I_1}\cdot N_2 \tag{2-111}$$

若仅关心幅值检测精度,且幅值检测精度为 $\gamma=1\%$ 时,相位误差 θ 可达 $8°$(约为 0.14 弧度),因此可选择尺寸较小的磁芯。

(3) 讨论

① 交流互感器在次级接有检测电阻时,初级电流中只有很小一部分或者是检测电流的百分之几用来磁化磁芯。为了提高检测精度,磁芯中磁感应强度远低于饱和磁感应强度。若次级开路,次级去磁磁势 I_2N_2 就会消失。但是由于初级电流是由负载决定的,因此是不会改变的,初级的磁势 I_1N_1 全部用来磁化磁芯,故磁芯中就会产生较大的峰值磁通,磁芯通常就会进入饱和,次级产生很高的电压,就会导致线圈的绝缘破坏。同时由于磁芯将进入饱和,ΔB 将会剧增,导致磁芯发热严重。这也是交流互感器与一般变压器的不同之处。

② 在低频时,要满足检测精度,由式(2-109)可知,U_2 越小精度越高,或者互感器的体积可以减小。若需要较大的检测电压,可增加一级线性放大器,如图 2-126 所示。U_2 近似为零(虚地),运算放大器反馈电阻中流过的电流等于互感器次级电流 I_2,而运放的输出电压为 $U_2=I_2R=I_1R\frac{N_1}{N_2}$,正比于输入电流,因此可用于弱电流的检测。若需要检测大电流时,图 2-126(a)中的放大器 A 就必须设计成输出连续功率放大器,或采用图 2-126(b)所示的电路。图 2-126(b)所示电路中的 R 应选取阻值较小的检测电阻,并满足:$R_1\geqslant R$,即可忽略 R_1 对 R 的分流作用,这样就可得到其输出电压为

$$U_o=-U_2\frac{R_2}{R_1} \tag{2-112}$$

当需要直流输出时,若直接将次级整流输出,整流二极管的正向导通压降将成为次级电压的一部分,尤其是当检测电压小于 1V 时,整流二极管的正向导通压降就会成为 U_2 的主要成

分,因此就会增大检测误差。为了消除整流二极管的影响,在互感器之后再外接一级绝对值电路,便可获得较高的精度,如图 2-127 所示。

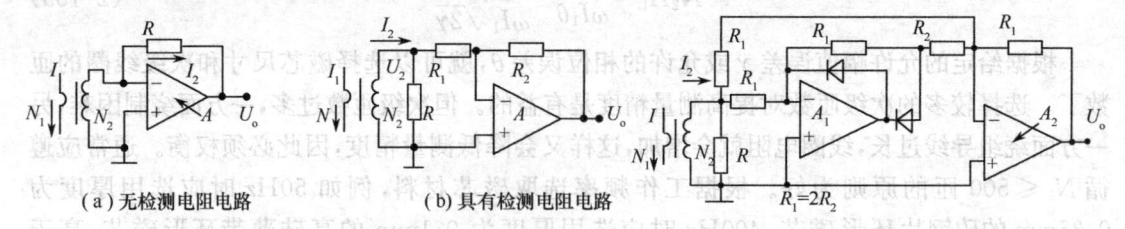

(a) 无检测电阻电路　　　(b) 具有检测电阻电路

图 2-126　采用互感器进行高精度电流检测的电路

图 2-127　直流输出的精密交流互感器电流检测电路

③ 从式(2-109)和式(2-110)中可以看出,当工作频率高于检测频率时,相位差减小,检测误差也随之减小。因此只要基波频率满足误差要求,高频误差就会很小,或者说波形畸变就会较小。但是在高频时,应注意磁芯损耗和分布电容的影响。

④ 互感器设计时,要保证精度就要求激磁电流要小,因此低频时选择高磁导率合金带料可是体积减小,而高频时一般体积不是问题,为了使磁芯损耗降低到忽略不计的程度,就必须选择磁感应强度很低的磁性材料。互感器的损耗可近似为取样电阻的损耗与铜损耗之和,即

$$P = I_1 U_1 \cos\theta \approx \frac{I_1^2 (R+R_{Cu})}{N_2^2} \tag{2-113}$$

⑤ 次级绕组线圈电阻也是影响检测精度的主要因素,刚开始时应首先估计次级绕组线圈的电阻,使次级输出电压 U_2 加大,按式(2-111)计算出检测电阻与绕组线圈电阻之和,可以根据要求的绕组线圈电阻选择次级导线的线径。

2. 直流脉冲互感器

在电流控制模式的 DC-DC 变换器电路中,需要检测电感电流或功率开关管集电极(漏极)电流的互感器,以及双极型晶体管比例放大器电路中用来检测集电极电流的反馈互感器均为直流脉冲互感器,如图 2-128 所示。

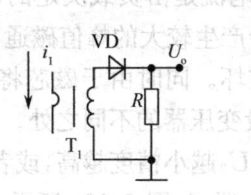

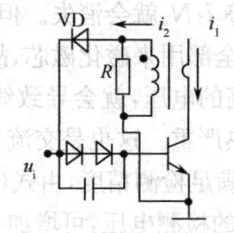

(a) 电感电流检测电路　　　(b) 比例放大器集电极电流检测电路

图 2-128　直流脉冲互感器应用电路

(1) 直流脉冲互感器的工作原理

直流脉冲互感器与交流电流互感器不同,交流信号使磁芯双向磁化,而直流脉冲互感器是单向磁化,属于正激变换器工作方式,如图 2-129 所示。若采用环形磁芯,在初级电流开通的时间内(T_{on}),磁芯的剩磁感应强度由小迅速增大;在初级电流被关断的时间内,次级感应电势使二极管正向偏置而导通,使磁芯复位到剩磁感应强度 B_r。磁芯工作在局部磁化曲线上。以初级电流为矩形波为例,如图 2-130 所示。另外,还可以在次级二极管前采用一个较大阻值的电阻来完成磁芯复位,如图 2-128(b)中的电阻 R,为了复位,若次级电感为 L_2,最小截止时间

应当满足下式：

$$T_{\text{off}} > 4\frac{L_2}{R} \tag{2-114}$$

如前所述，互感器是一种特殊的变压器。根据变压器原理，磁芯的正负伏秒面积应相等，计应满足下式：

$$e_2 T_{\text{on}} = V_{\text{DB}} T_r \tag{2-115}$$

式中，e_2 为次级感应电势，等于二极管压降与次级电流 i_2 在次级回路电阻上的压降总和；T_{on} 为脉冲宽度，也就是功率开关管的导通时间；V_{DB} 为二极管的正向压降；T_r 为磁芯复位时间。通常绕组线圈只需一匝，根据全电路电流定律，在导通期间 T_{on} 有

$$i_1 - i_m = i_2 N_2 \tag{2-116}$$

式中，i_m 为磁化电流。若磁芯磁导率为无穷大，磁化电流为零，则次级电流为

$$i_2 = \frac{i_1}{N_2} \tag{2-117}$$

则次级检测电阻上的电压为

$$u_2 = i_2 R = i_1 \frac{R}{N_2} \tag{2-118}$$

从式(2-118)中就可以看出次级检测电阻上的电压与初级输入电流 i_1 成正比关系。

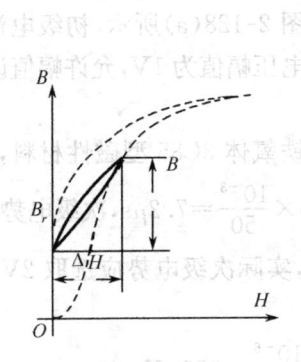

图 2-129 直流脉冲互感器磁芯磁化特性曲线 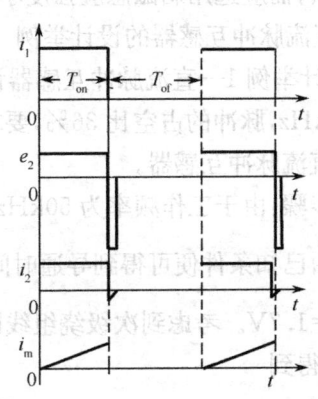　　图 2-130 直流脉冲互感器波形图

(2) 直流脉冲互感器的设计

直流脉冲互感器设计与交流互感器设计基本类似。次级感应电势

$$e_2 = N_2 A_e \frac{\text{d}B}{\text{d}t} \tag{2-119}$$

若初级电流波形为图 2-130 所示的矩形波，或次级负载是几个二极管的正向压降，而线圈电阻可以忽略不计时，次级感应电势就近似为电压源。因此就有

$$e_2 T_{\text{on}} = N_2 A_e \Delta B \tag{2-120}$$

若磁芯增量磁导率 μ_Δ 为常数，并考虑到 $i_m N_1 = H l_e$，互感器激磁电流为

$$i_m = \frac{e_2 l_e T_{\text{on}}}{\mu_\Delta \mu_0 N_2 N_1 A_e} \tag{2-121}$$

如 $N_1 = 1$，上式可改成

$$i_m = \frac{e_2 l_e T_{\text{on}}}{\mu_\Delta \mu_0 N_2 A_e} = \frac{e_2 T_{\text{on}}}{N_2 A_L} \tag{2-122}$$

式中，l_m 为磁芯磁路的有效长度，单位为 m；A_e 为磁芯磁路的有效截面积，单位为 m^2；μ_Δ 为增量磁导率，一般比初始磁导率 μ_0 低；A_L 为磁芯的电感系数。

从波形图上就可以看出，磁化电流随导通时间延长而增加，在导通时间结束时达到最大。由式(2-118)可知，次级电流由于初级激磁电流增加而产生平顶降落，即波形失真，也就是检测误差。若定义幅值误差为

$$\gamma = \frac{i_m}{i_1} = \frac{e_2 T_{on}}{i_1 N_2 A_L} \tag{2-123}$$

得到

$$N_2 A_L = \frac{i_m}{i_1 \gamma} = \frac{e_2 T_{on}}{i_1 \gamma} \tag{2-124}$$

在给定次级电压和允许评定误差 γ 后，就可以设计直流脉冲互感器了。对于比例驱动互感器，通常已知晶体管的工作电流下的 β，为了保证初次激励下进入比例驱动，当初级为 1 匝时，应满足 $N_2 < \beta$。次级电压为串联二极管正向压降之和。因此有

$$A_L = \frac{e_2 T_{on}}{\gamma i_1 N_2} \tag{2-125}$$

通常采用环形磁芯，直流脉冲互感器磁芯工作在局部磁化曲线上，不能应用矩形磁滞回线的磁性材料，而应选用剩磁感应强度小、磁导率大的磁性材料。

(3) 直流脉冲互感器的设计举例

① 设计举例 1——直流脉冲互感器设计。电路如图 2-128(a)所示，初级电流为 22A，工作频率为 50kHz，脉冲的占空比 36%，要求次级的检测电压幅值为 1V，允许幅值误差 $\gamma = 0.2\%$。试设计此直流脉冲互感器。

设计步骤：由于工作频率为 50kHz，因此应选择铁氧体 3C85 型磁性材料，磁芯结构为环形结构。由已知条件便可得到导通时间为 $T_{on} = 0.36 \times \frac{10^{-3}}{50} = 7.2\mu s$，次级电势为 $e_2 = u_2 + U_{Df} = 1 + 0.7 = 1.7V$。考虑到次级绕组线圈电阻的压降，实际次级电势应选取 2V 为好。根据公式(2-120)得到

$$N_2 A_L = \frac{e_2 T_{on}}{i_1 \gamma} = \frac{2 \times 7.2 \times 10^{-6}}{22 \times 2 \times 10^{-3}} = 322\mu H$$

根据 $N_2 A_L = 322\mu H$ 有多种选择，选择较大的 A_L 时，磁芯体积大，次级匝数较少，次级电流大，检测电阻损耗大，但绕线方便。在损耗允许的情况下，选择较大的 A_L 是有利的。本设计实例中选择 3C85 磁性材料和 TN19/15 型磁环，有效截面积 $A_e = 61.2mm^2$，其 $A_L = 3.5\mu H$，$D = 19.5mm$，$d = 9.8mm$，$h = 15.5mm$，最大平均匝长 $l_{av} = 60mm$。因此次级匝数为

$$N_2 = \frac{322}{3.5} = 92 \text{ 匝}，取 N_2 = 100 \text{ 匝}$$

次级电流

$$I_2 \approx \frac{i_2}{N_2} = \frac{22}{100} = 0.22A$$

次级检测电阻

$$R = \frac{u}{I_2} = \frac{1}{0.22} = 4.545\Omega，取 R = 4.7\Omega/0.5W$$

次级绕组线圈允许电阻

$$R_w=\frac{e_2-U_2}{I_2}=\frac{2-1.7}{0.22}\approx 1.4\Omega$$

次级绕组线圈导线每米阻值

$$r=\frac{R_w}{N_2 l_{av}}=\frac{1.4}{100\times 6}=0.00233\Omega/\mathrm{m}$$

根据每米阻值，从表 2-55 中查的裸线直径为 0.33mm，带漆皮直径为 0.39mm，每米电阻值为 0.232Ω，截面积为 $A_{Cu}=0.0855\mathrm{mm}^2$，电流密度 $I_{2rms}/A_{Cu}=1.54\mathrm{A/mm}^2$。在实际应用中，为了降低温升以提高检测精度，常常将电流密度选的低一些。

表 2-55　国际 QQ-2 型高强度漆包线规格表

标称直径 mm	外皮直径 mm	截面积 mm^2	电阻 Ω/m(20℃)	标称直径 mm	外皮直径 mm	截面积 mm^2	电阻 Ω/m(20℃)
0.06	0.09	0.00288	6.18	0.63	0.70	0.312	0.056
0.07	0.10	0.0038	4.54	0.67	0.75	0.353	0.0496
0.08	0.11	0.005	3.48	0.69	0.77	0.374	0.047
0.09	0.12	0.0064	2.75	0.71	0.79	0.396	0.0441
0.10	0.13	0.0079	2.23	0.75	0.84	0.442	0.0396
0.11	0.14	0.0095	1.84	0.77	0.86	0.466	0.0377
0.12	0.15	0.0113	1.55	0.80	0.89	0.503	0.0348
0.13	0.16	0.0133	1.32	0.83	0.92	0.541	0.0324
0.14	0.17	0.0154	1.14	0.85	0.94	0.5675	0.0308
0.15	0.19	0.0177	0.988	0.90	0.99	0.636	0.0275
0.16	0.20	0.0201	0.876	0.93	1.02	0.679	0.0258
0.17	0.21	0.0227	0.77	0.95	1.04	0.709	0.0247
0.18	0.22	0.0256	0.686	1.00	1.11	0.785	0.0223
0.19	0.23	0.0284	0.616	1.06	1.17	0.882	0.0198
0.20	0.24	0.0315	0.557	1.12	1.23	0.985	0.0178
0.21	0.25	0.0347	0.506	1.18	1.29	1.094	0.016
0.23	0.28	0.0415	0.423	1.25	1.36	1.227	0.0145
0.25	0.30	0.0492	0.356	1.30	1.41	1.327	0.0132
0.27	0.32	0.0573	0.306	1.35	1.46	1.431	0.0123
0.28	0.33	0.0616	0.284	1.40	1.51	1.539	0.0114
0.29	0.34	0.066	0.265	1.45	1.56	1.651	0.0106
0.31	0.36	0.0755	0.232	1.50	1.61	1.767	0.00989
0.33	0.39	0.0855	0.205	1.56	1.67	1.911	0.00918
0.35	0.41	0.0965	0.182	1.60	1.72	2.01	0.0087
0.38	0.44	0.114	0.155	1.70	1.82	2.27	0.0077
0.40	0.46	0.1257	0.133	1.80	1.92	2.545	0.00687
0.42	0.48	0.138	0.127	1.90	2.02	2.835	0.00617

续表

标称直径 mm	外皮直径 mm	截面积 mm²	电阻 Ω/m(20℃)	标称直径 mm	外皮直径 mm	截面积 mm²	电阻 Ω/m(20℃)
0.45	0.51	0.159	0.11	2.00	2.12	3.14	0.00557
0.47	0.53	0.1735	0.101	2.12	2.24	3.53	0.00495
0.50	0.56	0.1963	0.089	2.24	2.36	3.94	0.00444
0.53	0.60	0.221	0.0793	2.36	2.48	4.37	0.004
0.56	0.63	0.2463	0.071	2.50	2.62	4.91	0.00356
0.60	0.67	0.283	0.0618				

校核实际参数：铜线的总面积 $A_{Cu} = N_2 \times 0.0855 = 8.55 \text{mm}^2$。窗口填充系数

$$k = \frac{A_{Cu}}{A_w} = \frac{8.55 \times 4}{\pi \times 9.8^2} = 0.113 < 0.3$$

式中，A_w 为窗口面积，即内径包围的面积，看起来虽然窗口利用率很低，但加工时绕制很方便。

实际可能的最大绕组线圈电阻为

$$R_{Cu} = l_{cp} \times N_2 \times r = 0.06 \times 100 \times 0.232 = 1.392\Omega < 1.4\Omega$$

实际次级感应电势为

$$e_2 = u_2 + U_{DF} + I_2 R_{Cu} = 1 + 0.7 + 0.22 \times 1.392 = 2.0067\text{V}$$

实际初级激化电流

$$i_m = \frac{e_2 T_{on}}{N_2 A_L} = \frac{2.0067 \times 7.2 \times 10^{-6}}{100 \times 3.5 \times 10^{-6}} = 0.0413\text{A}$$

校核检测精度：$\gamma = \dfrac{i_m}{i_1} = \dfrac{0.0413}{22} = 0.187\% < 0.2\%$

校核磁芯磁感应密度：$\Delta B = \dfrac{e_2 T_{on}}{N_2 A_e} = \dfrac{2.0067 \times 7.2 \times 10^{-6}}{100 \times 61.2 \times 10^{-6}} = 0.00236\text{T} = 23.6\text{Gs}$

在设计中应用了磁芯的电感常数，磁芯的电感常数对应的是 μ_i，磁芯工作在局部磁化曲线上，应采用增量磁导率 μ_Δ。一般情况下 $\mu_\Delta < \mu_i$，因此在允许的情况下，选取较多的次级匝数。因磁芯工作在极低的磁通密度下，因此磁芯损耗可以不考虑，总损耗主要就是线圈损耗：

$$P = (R + R_{Cu}) I_{2\text{rms}}^2 = (4.7 + 1.224) \times 0.132^2 = 0.1\text{W}$$

② 设计举例2——比例驱动互感器设计。比例驱动互感器电路中开关频率为33kHz，占空比为0.3，晶体管峰值工作电流为16A，在此工作电流子下晶体管的 β 值为10，允许检测误差小于5%。设计此比例驱动互感器。

设计步骤：因为晶体管的 β 值为10，为了保证在温度变化等因素下晶体管能够可靠的进入饱和工作状态，选择 $N_2 = 5 > \beta_{\min}$。互感器次级电压为三个二极管的压降和一个晶体管的 U_{BE} 之和，即

$$u_2 = 3 \times 0.8 + 1 = 3.4\text{V}$$

$$T_{on} = \frac{D}{f} = \frac{0.3}{33 \times 10^3} = 9\mu\text{s}$$

所以

$$A_L = \frac{e_2 T_{on}}{\gamma i_1 N_2} = \frac{3.4 \times 9 \times 10^{-6}}{0.05 \times 16 \times 5} = 7.65\mu\text{H}$$

能满足 A_L 值的磁芯材料很多也很大,为了减小体积,可使用多个磁芯叠起来的方法来实现。本例根据工作频率 $f=33\text{kHz}$,采用 LP3 磁性材料,4 个环形 $R_{18}\times10\times8$ 磁芯叠加起来,其有效面积为 $A_e=32\text{mm}^2$。该材料磁芯每个的 A_L 值为 $2.16\mu\text{H}$。因此次级的电感量为

$$L_2=N_2^2 A_L=5^2(2.16\times4)=216\mu\text{H}$$

磁芯中的磁感应密度为

$$\Delta B=\frac{u_2 T_{on}}{N_2 A}=\frac{3.4\times0.3\times30\times10^{-6}}{5\times32\times4\times10^{-6}}=0.048\text{T}=480\text{Gs}$$

$$L_2=N_2^2 A_L=5^2\times(2.16\times4)=216\mu\text{H}$$

初级磁化电流为

$$i_m=\frac{u_2 T_{on}}{N_2 A_L}=\frac{3.4\times9\times10^{-6}}{4\times2.16\times5\times10^{-6}}=0.708\text{A}$$

允许误差为

$$\gamma=\frac{i_m}{i_1}=\frac{0.708}{16}=4.4\%$$

满足设计要求。

次级峰值电流为 3.2A,有效值近似值为 1.75A。因匝数很少,散热容易,选择电流密度 $j=5\text{A/mm}^2$。需要导线截面积为 0.35mm^2。33kHz 的趋肤效应深度为 0.41mm,采用净直径为 0.67mm 的漆包线,小于两倍的趋肤效应深度。次级匝数共 5 匝,线圈长度约 0.2mm,线圈电阻 $R_{cu}=0.2\times0.05=0.01\Omega$,线圈电阻压降为 $3.2\times0.01=0.032\text{V}$,不足 u_2 的 1%,基本不影响检测精度。

3. 磁放大器

(1) 矩形磁芯基本特性

图 2-131(a)是内外直径之比接近于 1 的环形磁芯磁性材料的矩形磁滞回线。若这种磁性材料的内外直径之比较小时,磁滞回线将发生倾斜。因为在一定的激励磁势下,由环的内径向经向方向磁场强度逐渐降低。磁性材料饱和由内圆周向外圆周逐渐扩展,磁芯中平均磁感应随平均磁场强度增加变缓慢,不饱和磁化曲线斜率变低,及磁导率变低,如图 2-131(b) 所示。

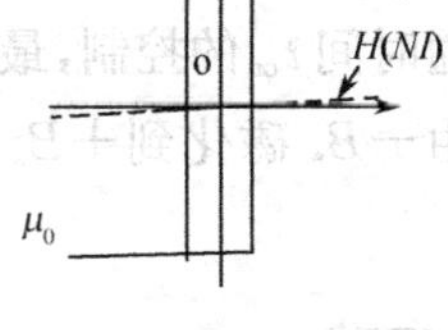

(a) 环形磁芯内外径之比接近于1的磁滞回线 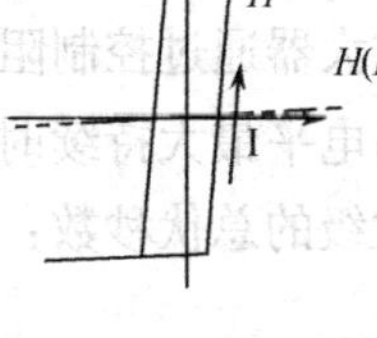　　(b) 环形磁芯内外径之比较小的磁滞回线

图 2-131 磁芯的矩形磁滞回线

在具有矩形磁滞回线的磁性材料中,环形磁芯由状态图 2-131(b) 的"Ⅰ"向"Ⅱ"磁化时,磁芯的磁导率 μ 很高,表面上带有环形磁芯的线圈电感量很大,磁化时就应当有能量储存在

磁场中。但是由于磁化曲线与纵坐标轴所包围的面积是磁芯损耗,饱和时只有 μ_0 与纵坐标轴所包围的面积才是磁场存贮的能量。也就是说,饱和磁芯线圈存储能量相当于相同尺寸空心线圈存储的能量,能量很少。因此,在饱和磁芯线圈导通转变为关断时由于储能释放引起的电压尖峰很小。

(2) 磁放大器

从磁放大器式开关电源的原理中就可以看出,在开关电源中所谓的磁放大器实际是一个饱和电抗器,或是一个可控的磁开关,其磁芯材料是一个具有矩形磁滞回线的磁性材料。通过调节磁放大器的复位时间,及控制阻断时间 t_b 达到控制磁开关的饱和时间,从而达到控制输出电压的目的。图 2-132 所示的电路就是一个具有两路输出的正激式变换器电路,U_{o1} 是主闭环调节,U_{o2} 是磁放大器调节。

(3) 磁放大器的设计

在给定工作频率的前提下,保证完全阻断输入电压脉冲所需要的伏秒(总磁通)选择适当的磁芯。设计磁放大器的关键电路参数是[具体电路如图 2-132(a)所示]:

① 给定条件

U_{22}:变压器次级电压幅值,单位为 V;D_{on}:晶体管开关最大占空比,$D_{on}=\dfrac{T_{on}}{T}$;f:工作频率,单位为 Hz,$f=\dfrac{1}{T}$;I_o:输出电流,单位为 A。

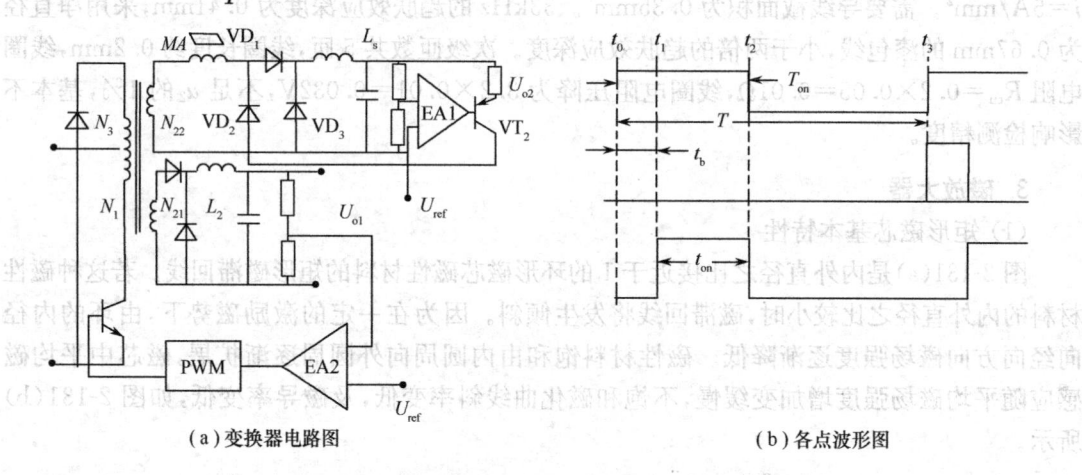

图 2-132 正激式磁放大器变换器电路及各点波形

(a) 变换器电路图　　(b) 各点波形图

② 总磁通的计算

因为磁放大器通过控制阻断时间 t_b 实现对磁开关导通时间 t_{on} 的控制,最大阻断时间就等于输入脉冲高电平最大持续时间,因此将磁放大器磁芯由 $-B_s$ 磁化到 $+B_s$ 需要的总磁链 ψ 就为变压器次级的总伏秒数:

$$\psi=\dfrac{U_{22}D_{on}}{f}=N\phi_c=2NB_sA_c(\text{Wb}) \tag{2-126}$$

式中 B_s 为磁性材料包和磁通密度,单位为 T;A_c 为磁芯有效截面积,单位为 m^2。

③ 磁芯尺寸的确定

由式(2-126)计算就可得到的总磁链。同时根据输出电流应当有足够的窗口绕制线圈。磁芯窗口面积:

$$A_c = \frac{I_o}{\sqrt{D}jk_w} \tag{2-127}$$

式中 I_o 为输出平均电流,单位为 A;N 为饱和电抗器线圈匝数,单位为 T;D 为占空比;k_w 为窗口填充系数,典型值一般选 0.4;j 为磁放大器绕组线圈的电流密度,典型值一般选(5~7) A/mm²。

磁芯尺寸应满足:

$$\phi_c A_w \geqslant \frac{\psi \times I_o}{\sqrt{D}k_w j}(\text{Wb} \cdot \text{mm}^2) \tag{2-128}$$

式中 ϕ_c 为饱和磁芯中的总磁通,单位为 Wb;A_w 为磁芯窗口面积,单位为 mm²。

式(2-128)右边获得 $\phi_c A_w$ 的计算值后便可在磁芯规格表中,选取满足 $\phi_c A_w$ 的最小磁芯尺寸。若产品数据表中没有提供 ϕ_c,也可仿效电感和变压器设计应用面积乘积公式:

$$AP = A_e A_w \geqslant \frac{U_{22} T_{on} I_o}{2\sqrt{2}B_s jk_w k_c} \tag{2-129}$$

式中 U_{22} 为变压器次级输出幅值,单位为 V;B_s 为磁芯材料包和磁通密度,单位为 T;k_c 磁芯叠片系数;T_{on} 为次级脉冲持续时间,$D=\frac{T}{f}$,单位为 s。

一旦选择了合适的磁芯,就可以决定线圈匝数和导线直径了。

④ 初级线圈匝数的确定($N=N_1=N_3$)

线圈匝数计算如下:

$$N = \frac{\psi}{\phi_c} = \frac{U_{22}T_{on}}{B_s A_e k_c} \tag{2-130}$$

通过上式计算出来的线圈匝数 N 取整数即可。

⑤ 导线直径的确定

根据输出电流 I_o 和电流密度 j 决定导线直径:

$$d = 2\sqrt{\frac{I_o}{\sqrt{2}\pi j}}(\text{mm}) \tag{2-131}$$

以上的计算仅仅才是估算,因为磁芯的有效截面积 A_w 和 ϕ_c 都有较大的公差,通过以下实际电路的实验才能最后确定真正实用的参数值来。

a. 磁芯的温升实验。从空载测量到满载,最大阻断时间下,磁滞损耗最大,磁芯温度最高,满载时线圈损耗最大。

b. 输出电压范围实验。在满载时进行实验测试验证。

c. 控制特性功能实验。主要测试电压调节的精度和重复率。

(4) 磁放大器的设计举例

正激式变换器电路如图 2-132(a)所示。两路输出:主输出 5V/20A,主反馈调节;次输出:15V/5A,磁放大器调节。当占空比 $D=0.4$ 时,变压器次级输出电压 $U_{22}=51\text{V}$,$U_{o2}=15\text{V}$,$I_{o2}=5\text{A}$,工作频率 $f=150\text{kHz}$。

设计步骤:

① 总磁链的计算。将有关参数代入式(2-122)计算出总磁链为:

$$\psi = \frac{U_{22}D_{on}}{f} = \frac{51 \times 0.4}{150 \times 10^3} = 0.136 \times 10^{-5} = 136\mu\text{Wb}$$

② 磁芯的选择。假设 $j=6A/mm^2$，将以上的值代入式(2-124)便可得到

$$\phi_c A_w \geqslant \frac{\psi I_o}{k_w j} = \frac{136 \times 10^{-6} \times 5}{0.4 \times 6} \approx 2.83 \times 10^{-4} \text{Wb} \cdot \text{mm}^2 = 283 \mu \text{Wbmm}^2$$

从东芝(TOSHIBA)磁性材料标准规格表中查的 MS14×8×4.5W 磁芯最合适。

③ 初级线圈匝数的计算。MS14×8×4.5W 磁芯的 $\phi_c = 11.14 \mu$Wb，代入式(2-126)便可计算出初级线圈匝数

$$N = \frac{\psi}{\phi_c} = \frac{136 \times 10^{-6}}{11.14 \times 10^{-6}} \approx 12.2 \approx 13 \text{ 匝}$$

④ 初级线圈导线直径的确定。由式(2-127)决定初级线圈导线直径

$$d = 2\sqrt{\frac{I_o}{\sqrt{2}\pi j}} = 2\sqrt{\frac{5}{6\pi\sqrt{0.4}}} \approx 1.3 (\text{mm})$$

为了减小涡流损耗和方便线圈绕制，采用 100×0.13mm 利兹线，MS14×8×4.5W 磁芯，用外径约 1.6mm 的利兹线，可有效减小交流电阻，绕 13 匝 1 层。

⑤ 趋肤效应深度的计算。150kHz 的趋肤效应深度可由下式计算出来

$$\Delta h = \frac{7.6}{\sqrt{150 \times 10^3}} = 0.2 \text{mm}$$

磁芯的内径周长为 $l_{in} = \pi d = 8\pi > 13 \times 1.6 = 20.8$mm，相当于叠绕 10 层，每层绕 $10 \times 13 = 130$ 匝，而 $Q = \frac{0.83 \times 0.13 \times \sqrt{0.84}}{0.2} = 0.49$，其中 $F_t = \frac{0.13 \times 10 \times 13}{(d-1.6)\pi} = 0.84$。

2.3.7 习题 8

(1) 线圈中增加磁性材料是增加磁感应强度还是增加磁场强度？说出磁感应强度与磁场强度之间差别是什么？

(2) 共模电感和差模电感在绕制结构和应用上的差别各是什么？共模噪声的特点是什么？差模噪声的特点是什么？二者的区别是什么？

(3) 线性变压器、中周、脉冲变压器、高频变压器、互感器（其中包括电流和电压互感器）和磁放大器的磁芯物理特性和选择方法有什么不同？根据它们的工作频率波段范围，分别说出它们的应用领域。

(4) 根据线性变压器的工作原理分别设计出一套单相和三相线性变压器输出全波整流和滤波电路，并且分别标注出各点的信号波形。

(5) 互感器与变压器之间的区别是什么？电流互感器与电压互感器之间的区别是什么？旋转变压器与电动机和发电机之间的区别是什么？分别找出一例有关电流互感器、电压互感器和旋转变压器的应用实例，画出它们的应用电路，并加以分析。

第 3 章 电容(C)

3.1 电容的阻抗特性

3.1.1 电容的物理特性

1. 电容的物理结构

电容的内部结构及等效电路如图 3-1 所示。其中图(a)为电容的内部结构图,图(b)为电容的等效电路图。图(a)中的 A 为电容极板的面积,d 为极板间的距离。图(b)中的 R_{ESR} 为电容的串联等效电阻,L_{ESL} 为串联等效电感,C 为理想电容。电容一般分别由带有引出线的两片导电金属极板中间再夹有绝缘介质而组成。中间介质不同而构成的电容种类就不同,如中间介质为空气时就构成了空气电容,中间介质为云母时就构成了云母电容,中间介质为纸质时就构成了纸介质电容,中间介质为陶瓷时就构成了瓷片电容,等等。

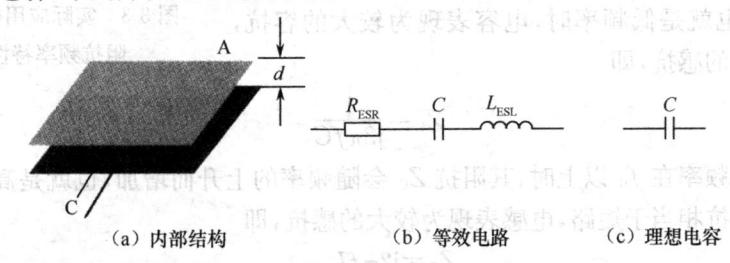

(a) 内部结构　　(b) 等效电路　　(c) 理想电容

图 3-1　电容的内部结构及等效电路

2. 电容的物理特性

(1) 电容容量的计算

电容容量的计算公式为:

$$C = \varepsilon_r \varepsilon_0 \frac{A}{d} \tag{3-1}$$

式中,ε_0 为真空中的介电常数,$\varepsilon_0 = 8.86 \times 10^{-12} \text{F/m}$;$\varepsilon_r$ 为绝缘介质的相对介电常数,不同的绝缘介质具有不同的 ε_r;A 为极板的面积,单位为 m^2;d 为两极板之间的距离,也就是绝缘介质的厚度,单位为 m。从式(3-1)就可以看出,减小电容极板之间的距离 d 和增加极板的面积 A 将会增加电容容量。电容通常存在着等效串联电阻 R_{ESR} 和等效串联电感 L_{ESL} 两个寄生参数。

(2) 电容的阻抗特性

图 3-1 所示的等效电路是实际应用中的电容,也就是市场上所能够买到电容。理想电容就应该没有串联等效电阻 R_{ESR} 和串联等效电感 L_{ESL},应呈现纯电容或纯容抗的形式,电容两端的电压滞后其流过的电流 $\frac{\pi}{2}$。理想电容的阻抗频率特性曲线如图 3-2 所示,阻抗值可由下式给出:

图 3-2　理想电容的阻抗频率特性曲线

$$Z_C = \frac{\dot{U}_C}{\dot{I}_C} = -jX_C \tag{3-2}$$

式中，Z_C 为电容的阻抗，单位为 Ω；U_C 为施加在电容两端的电压值，单位为 V；I_C 为电容中流过的电流值，单位为 A；X_C 为电容的容抗，单位为 Ω。理想电容的容抗 X_C 可由下式给出：

$$X_C = \frac{1}{\omega C} = \frac{1}{2\pi f C} \tag{3-3}$$

式中，ω 为电容两端所施加电压信号的角频率，或者为电容中所流过电流信号的角频率，与信号频率 f 之间的关系为 $\omega = 2\pi f$；C 为电容的容量，单位为 F。

实际应用中的电容在不同工作频率下的阻抗 Z_C 特性曲线如图 3-3 所示[这里仅列举了两种不同种类（瓷片电容和钽电容）和三种不同容量（1nF、10nF 和 100nF）的电容]。电容的谐振频率 f_0 可以从它自身的电容量 C 和自身的等效串联电感量 L_{ESL} 求得，即

$$f_0 = \frac{1}{2\pi \sqrt{CL_{ESL}}} \tag{3-4}$$

当一个电容工作频率在 f_0 以下时，其阻抗 Z_C 随频率的上升而减小，也就是低频率时，电容表现为较大的容抗，电感表现为较小的感抗，即

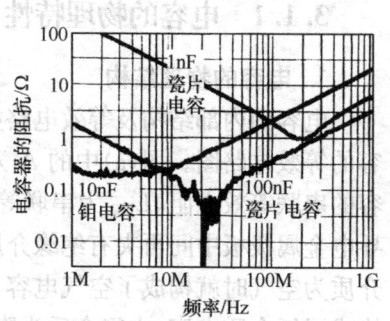

图 3-3 实际应用中的电容的阻抗频率特性曲线

$$Z_C = \frac{1}{j2\pi f C} \tag{3-5}$$

当电容工作频率在 f_0 以上时，其阻抗 Z_C 会随频率的上升而增加，也就是高频率时，电容表现出很小的容抗相当于短路，电感表现为较大的感抗，即

$$Z_C = j2\pi f L_{ESL} \tag{3-6}$$

当电容工作频率接近 f_0 时，电容的阻抗 Z_C 就等于它的等效串联电阻 R_{ESR}，即

$$Z_C = R_{ESR} \tag{3-7}$$

(3) 电容阻抗特性的改善

铝电解电容一般都有较大的电容量和较大的等效串联电感。由于它的谐振频率很低，对低频信号通过较好，而对高频信号，表现出较强的电感性，阻抗较大，所以只能使用在低频滤波上。同时大电容还可以起到局部电荷池的作用，可以减少局部干扰通过电源耦合出去。钽电容一般都有较大电容量和较小等效串联电感，因而它的谐振频率会高于铝电解电容，并能使用在中高频滤波上。瓷片电容容量和等效串联电感一般都很小，因而它的谐振频率远高于铝电解电容和钽电容，所以能使用在高频滤波和旁路电路上。由于小容量瓷片电容谐振频率会比大容量瓷片电容的谐振频率要高，因此，在选择旁路电容时不能只选用电容值过高的瓷片电容。为了改善电容的高频特性，多个不同特性的电容可以并联起来使用。图 3-4 所示的曲线就是多个不同特性的电容并联后阻抗改善的效果。

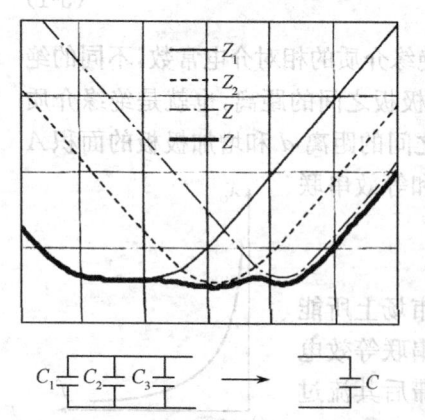

图 3-4 多个电容并联后阻抗特性得到了改善的特性曲线

3. 电容的串并联

(1) 电容的串联

如图 3-5 所示的电路就是两只或多只电容的串联电路,其总的等效电容值的计算如下。

对于图(a),即两只电容串联:

$$C=\frac{1}{\frac{1}{C_1}+\frac{1}{C_2}} \tag{3-8}$$

对于图(b),即多只电容串联:

$$C=\frac{1}{\frac{1}{C_1}+\frac{1}{C_2}+\cdots+\frac{1}{C_n}} \tag{3-9}$$

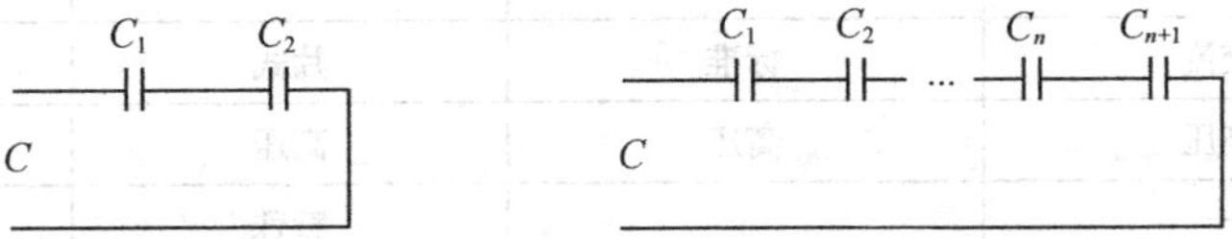

(a) 两只电容串联　　(b) 多只电容串联

图 3-5　电容的串联电路图

(2) 电容的并联

如图 3-6 所示的电路就是两只或多只电容的并联电路,其总的等效电容值的计算如下。

对于图(a),也就是两只电容并联:

$$C=C_1+C_2 \tag{3-10}$$

对于图(b),也就是多只电容并联:

$$C=C_1+C_2+\cdots+C_n \tag{3-11}$$

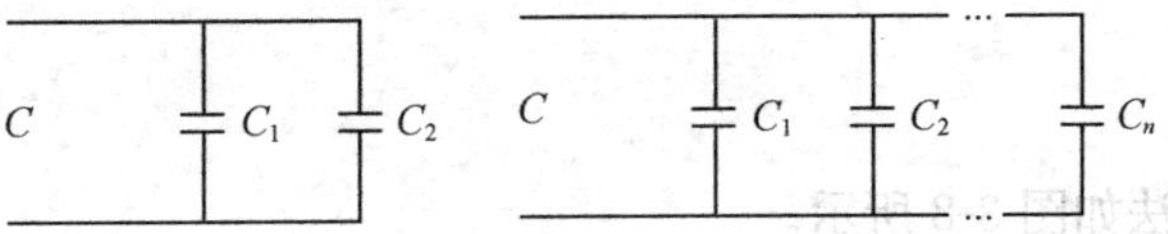

(a) 两只电容并联　　(b) 多只电容并联

图 3-6　电容的并联电路图

4. 电容的命名

电容的命名包括 4 部分(有些行业标准中具有 5 位命名法),其中每一部分的具体含义如下:

第一部分为主称,一般用大写字母 C 来表示,代表电容的意思。

第二部分为材料,一般用大写字母来表示,其各字母所代表的意义列于表 3-1 中。

表 3-1　电容命名中第二部分字母所代表的含义表

符号	意义	符号	意义	符号	意义
A	钽电容	B	非极性有机薄膜电容	C	1类陶瓷介质电容
E	其他材料电容	G	合金电容	H	复合介质电容
J	金属化纸介质电容	L	极性有机薄膜电容	N	铌电解电容
Q	漆膜电容	S	3类陶瓷电容	T	2类陶瓷介质电容
D	铝电容	I	玻璃釉电容	O	玻璃釉介质电容
Y	云母电容	Z	纸介质电容	V	云母纸介质电容

169

第三部分为特征，一般用一个大写字母或数字来表示，其各字母或数字所代表的意义列于表 3-2 中。

表 3-2 电容命名中第三部分字母或数字所代表的含义表

数字	瓷介质电容器	云母介质电容器	有机电容器	电解电容器
1	圆形	非密封	非密封（金属箔）	箔式
2	管形（圆柱）	非密封	非密封（金属化）	箔式
3	密封	密封（金属箔）	—	烧结粉非固体
4	独石	密封（金属化）	—	烧结粉固体
5	穿心	—	穿心	—
6	支柱	—	交流	交流
7	交流	标准	片式	无极性
8	高压	高压	高压	
9	—		特殊	特殊
G	大功率			

第四部分为序号，一般采用数字来表示，其代表的意义如图 3-7 所示。

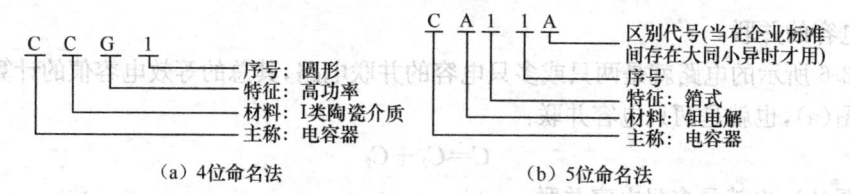

（a）4位命名法　　　　（b）5位命名法

图 3-7 电容命名的示意图

5. 电容的标志

（1）直接标志法

电容的直接标志法如图 3-8 所示。

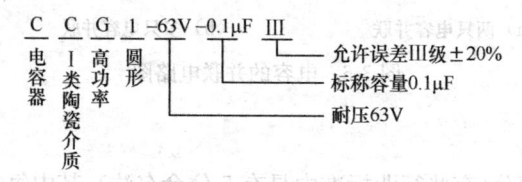

图 3-8 电容的直接标志示意图

（2）数码标志法

一般采用 3 位数字表示电容量的大小，单位为 pF。前两位为有效数字，后一位表示倍率，即乘以 10^i，i 为第三位数字，若第三位为 9 时，则乘以 10^{-1}。

例如：233 代表 23×10^3 pF $=0.023\mu$F；

　　　479 代表 47×10^{-1} pF $=4.7$ pF。

（3）色环标志法

① 模制电容的色环标志法。模制电容的色环标志法如图 3-9 所示，图中所标志的电容为 22000pF±10% 1600V。

② 轴向或单向电容的色环标志法。轴向或单向电容的色环标志法如图 3-10 所示，图中

所标志的电容为 2330pF±0.5%。

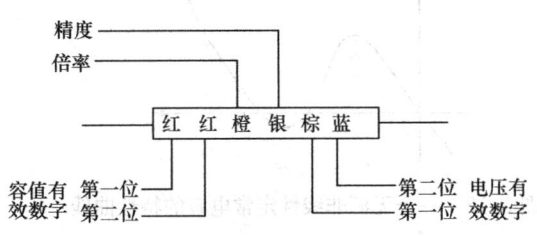

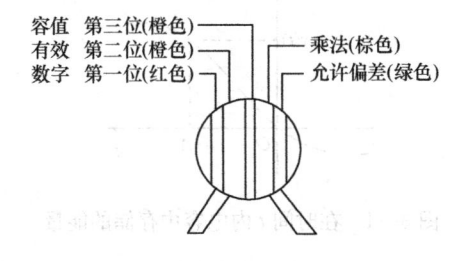

图 3-9 模制电容的色环标志法示意图　　图 3-10 轴向或单向电容的色环标志法示意图

(4) 电容误差的国外标志

电容误差的国外标志一般均采用大写字母来标识,其各字母所代表的误差内容见表 3-3。

表 3-3 电容误差的国外标志表

字母	G	J	K	L	M
误差/%	±2	±5	±10	±15	±20

3.1.2 电容的能量特性

(1) 理想状态下的能量特性

仅考虑电容存储能量而不消耗能量的情况,所以一个二端电容在时间 t 内所存储的能量就应为

$$W_E(t) = \int_{-\infty}^{t_0} v(t')i(t')dt' + \int_{0}^{t} v(t')i(t')dt'$$
$$= W_E(t_0) + W_E(t_0,t) \tag{3-12}$$

式中,t_0 为任意选择的初试时间,单位为 s;$W_E(t_0)$ 是在时间 t_0 以前已存储在电容中的电能,但是为了便于讨论问题假定 $W_E(t_0)=0$;$W_E(t_0,t)$ 是从时间 t_0 到时间 t 这段时间内外界给予电容的净能量。对于一个非线性定常电容应满足下式:

$$v = f(q) \tag{3-13}$$

如图 3-7 所示,从时间 t_0 到时间 t 电容中所存储的能量为

$$W_E(t_0,t) = \int_{t_0}^{t} v(t')i(t')dt' = \int_{t_0}^{t} v(t')\frac{dq}{dt'}dt' = \int_{q(t_0)}^{q(t)} f(q)dq = \int_{0}^{q(t)} f(q)dq \tag{3-14}$$

式中的积分下限 $q(t_0)=0$,是由于已假设 $W_E(t_0)=0$。由于上式的结果与图 3-11 中阴影的面积相等,因此对于非线性定常电容既可以用上式也可以通过计量图中阴影面积的方法来求出储存在电容中的能量。很明显,若电容的特性曲线不仅通过 $q-v$ 平面的原点,而且还仅位于第 1 和第 3 象限,则存储的能量总是正的,参照元件的无源性定义可知该电容是无源的。应特别指出的是,上述条件仅是充分条件而并非必要条件。因为一个电容若具有图 3-12 所示的特性曲线时,尽管此曲线有一部分位于第 4 象限,但只要对所有的 ql 其净面积(正负面积之差)为正时,那么这个电容仍为无源的。对于线性定常电容,其特性方程为

$$q = Cv \tag{3-15}$$

从时间 t_0 到时间 t 电容所存储的能量为

$$W_E(t_0,t) = \int_{0}^{q(t)} vdq = \int_{0}^{q(t)} \frac{q}{C}dq = \frac{1}{2}\frac{q^2(t)}{C} = \frac{1}{2}Cv^2(t) \tag{3-16}$$

可见,若线性定常电容的电容量 C 是非负的值时,则称之为无源电容;反之则称之为有源电容。

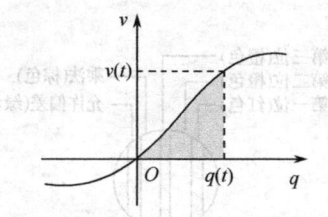

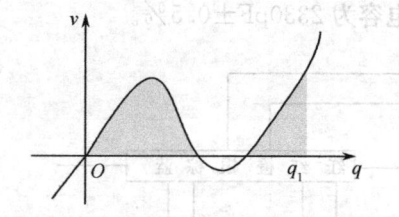

图 3-11 在时间 t 内电容中存储的能量　　图 3-12 一个无源非线性定常电容的特性曲线

(2) 实际应用中的能量特性

图 3-13 所示的电路和曲线就是在能量特性角度下实际应用中电容的等效电路和能耗曲线。I_C 为实际通过电容的电流,I_R 为电容的漏电流,I 为实际输入电容的总电流,C 为理想电容,R 为并联电阻(即等效的损耗电阻)。损耗主要包括介质损耗和金属损耗两种。

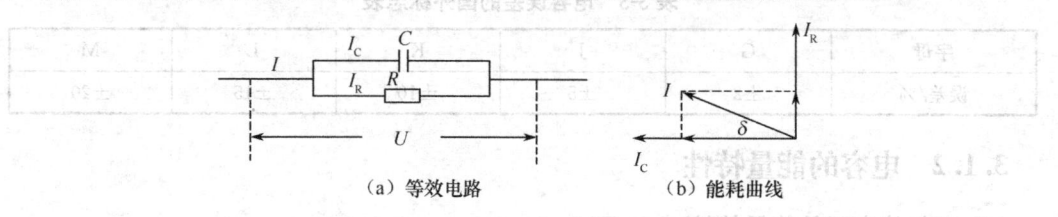

(a) 等效电路　　(b) 能耗曲线

图 3-13 在能量特性角度下实际应用中电容的等效电路和能耗曲线

电容上存储的无功功率为：
$$P_q = UI_C = UI\cos\delta \tag{3-17}$$

电容损耗的有用功率为：
$$P = UI_R = UI\sin\delta \tag{3-18}$$

电容损耗角的正切值定义为有功功率与无功功率之比,即
$$\tan\delta = \frac{P}{P_q} = \frac{UI\sin\delta}{UI\cos\delta} = \frac{\sin\delta}{\cos\delta} \tag{3-19}$$

$$P = P_q \tan\delta = UI_C \tan\delta = U^2 \omega C \tan\delta \tag{3-20}$$

式中 δ 为通过电容的电流与电压的相位差。

3.1.3 电容的种类

(1) 按介质分类

电容可分为真空电容、空气介质电容、云母介质电容、纸介质电容、有机膜介质电容(有机膜主要指聚酯电容或涤纶电容、聚丙烯电容、聚碳酸酯电容、聚四氟乙烯电容、聚苯乙烯电容,等等)、复合膜介质电容、陶瓷介质电容、由氧化铝和五氧化二钽为介质的电解电容(即铝电解电容、钽电解电容)、铁电体电容和双电层电容(超级电容)等。电容的介质若为有机物介质时则称其为有机电容,若介质为无机物介质时则称其为无机电容,若介质为电解质时则称其为电解电容。

(2) 按电极分类

电容主要可分为金属箔电容、金属化电容、由电解质构成负极的电解质电容等。

(3) 按封装形式与引线方式分类

电容主要可分为贴片电容、轴向引线电容、同向引线电容、双列直插电容、插脚式电容、螺栓式电容、穿心式电容、真空灌封式电容、高 Q 值的无分布电感电容等。

(4) 按用途分类

电容主要可分为用于功率因数补偿的电力电容、高功率瞬时放电的脉冲电容、工作电压数万甚至数十万伏的高压电容、中频感应加热或高频感应加热的感应加热电容、应用于高频场合的高频电容、用于高频功率电路的高频功率电容、工频整流滤波或直流支撑以及"高频"整流滤波的滤波电容、为降低电源阻抗的旁路电容、仅耦合交流信号而隔离直流工作点的耦合电容、用于交流电动机的启动电容和裂相电容、用于谐振回路的谐振电容、存储与释放电能的储能电容、电力电子电路中的整流滤波和旁路以及缓冲等功能的电力电子电容、用于滤除电源电磁干扰的抑制电源电磁干扰电容、钽电容、做屏蔽用的穿心电容、减缓电压上升速率的缓冲电容、作定时用的定时电容、滤除 EMI 噪声的安规电容(X 电容和 Y 电容)等。

(5) 按容量分类

电容主要分为固定容量式和可调容量式,而可调容量式电容又可分为介质式可调电容、空气式可调电容以及单联可调电容和双联可调电容。其分类树形结构如图 3-14 所示。

为了便于叙述和便于读者理解起见,本书从电容的物理结构和物理特性方面出发将电容划分为无机电容、有机电容、电解电容、超级电容和安规电容 5 个大类。

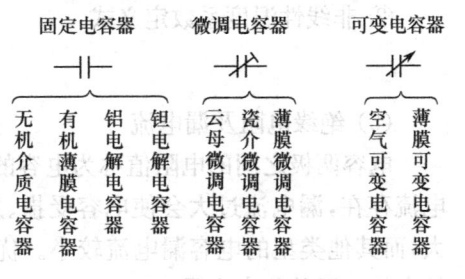

图 3-14 电容的分类图

3.1.4 电容的技术指标

(1) 优先系数

国家规定了一系列电容的容量作为电容产品的标准,这一系列容量值称为电容的优先系数,也就是电容上标有的电容量数值就是电容产品的优先系数,即标称电容量。国家标准 GB/T2471—1995 代替了原国家标准 GB/T2471—81 和部标 SJ616—73,其中规定了电容的优先系数。

(2) 额定电压

电容在长期可靠工作时,所能承受的最大直流电压就称为电容的额定电压或耐压。在短时间内使电容击穿的电压称为电容的击穿电压。国标 GB/T2471—81 和部标 SJ615—73 中规定了电容的额定电压系列,见表 3-4 中。

表 3-4 采用直接或数字和字母表示电容耐压表

	A	B	C	D	E	F	G	H	J
0	1	1.25	1.6	2	2.5	3.15	4.0	5.0	6.3
1	10	12.5	16	20	25	31.5	40	50	63
2	100	125	160	200	250	315	400	500	630

(3) 允许偏差

电容的准确度直接以允许偏差的百分数来表示的,允许偏差的定义式为:

$$\delta = \frac{C - C_R}{C_R} \times 100\% \tag{3-21}$$

式中 C 为实际电容量,C_R 为标称电容量。电容的允许偏差与级别对应的关系列于表 3-5 中。

表 3-5 电容的允许偏差与级别对应的关系表

允许误差	±1%	±2%	±5%	±10%	±20%	>±20%
级别	00级	0级	Ⅰ	Ⅱ	Ⅲ	Ⅴ

(4) 温度系数

温度系数被定义为温度改变时电容的变化量,即温度每改变 1℃ 时,电容容量值的变化量,其定义式如下。

① 线性温度系数定义式:

$$a_C = \frac{C_2 - C_1}{C_1(t_2 - t_1)} \tag{3-22}$$

② 非线性温度系数定义式:

$$a_C = \frac{1}{C} \times \frac{dC}{dt} \tag{3-23}$$

(5) 绝缘电阻及漏电流

电容两极之间的电阻值称为电容的绝缘电阻,或漏电电阻。任何电容在工作时都会有漏电流存在,漏电流过大会使电容受损、发热失效而导致电路发生故障。电解电容的漏电流较大,而其他类型的电容漏电流较小。优质电容的绝缘电阻非常大,因此常用 MΩ、GΩ、TΩ 等较大的电阻单位来表示。

(6) 损耗角正切值

一个理想的电容,它并不损耗电路中的能量。但实际使用的电容,在电场的作用下都要损耗能量,把它所存贮或传递的一部分能量转变成热能。通常把电容的损耗定义为在电场作用下,单位时间内因发热而消耗的能量,用损耗角正切值来表示。

3.1.5 习题9

(1) 请按照封装形式与引线方式对电容进行分类,并且画出分类树形结构图。

(2) 结合图 3-13 所示电容的等效电路和能耗曲线,如何测量一只实际应用电容中的并联等效电阻上流过的电流 I_R,并联等效电容上流过的电流 I_C,并计算出电容损耗角的正切值。

(3) 从市场上购买一只电容,再根据其上所标注的等级和标称容量值试计算出实际的电容的容量。另外通过计算,我们应从中学到根据自己所设计的应用电路对电容的要求,而如何选择或购买一只满足自己要求的电容器。

(4) 试根据电容的有功功率和无功功率以及电容损耗角正切值的计算公式,分别分析电容串并联以后的利弊或优劣。

(5) 电解电容并联时应遵循同极性相连容量增大,串联时则异极性相连而容量减小,但是两只电解电容串联时采用同极性相连除容量减小以外,还会将其变为无极性电容,试从电化学的角度对其原理加以分析和说明。

3.2 无机电容

3.2.1 纸介质电容

1. 纸介质电容的内部结构

纸介质电容用两块金属箔做电极,夹在极薄的电容器纸中,卷成圆柱形或者扁柱形芯子,然后压制或密封在金属壳或者绝缘材料(如铝壳、火漆、陶瓷、玻璃釉等)壳中制成。它的特点是体积较小,容量可以做得较大。但是具有固有电感和损耗能量都比较大的缺点,应用于低频场合比较合适。纸介质电容的内部结构及实物外形如图 3-15 所示。

2. 纸介质电容

用两片金属箔做电极，夹在极薄的电容纸中，卷成圆柱形或者扁柱形芯子，然后密封在金属壳或者绝缘材料壳中制成。它的特点是体积较小，容量可以做得较大。但是固有电感和损耗比较大，适用于低频电路。其实物外形如图 3-16 所示。

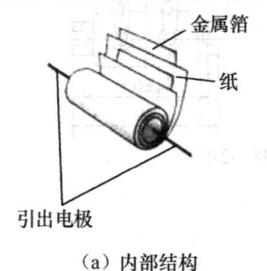

（a）内部结构　　（b）实物外部形状

图 3-15　纸介质电容的外形图　　　　图 3-16　纸介质电容实物外形

3. 金属化纸介质电容

金属化纸介电容是在涂有醋酸纤维的电容纸上再蒸镀一层厚度为 $0.1\mu m$ 的金属膜作为电极，然后用这种金属化的纸卷绕成芯子，端面喷金，装上引线并放入外壳内封装而成的。图 3-17 给出了 CJ48A 型交流密封金属化纸介质电容的机械结构，图 3-18 给出了它的实物外部形状。这种电容采用金属外壳、全密封结构，容量稳定性好，适用于交流电路。按电容固定方式可分为三种型号，其中 CJ48A-1 型为无定位片结构，CJ48A-2 和 CJ48A-3 型为有定位片结构，其主要特性见表 3-6～表 3-8。金属化纸介电容具有以下特点：

（1）体积小、容量大，在相同的容量下，它比纸介电容的体积要小。

（2）由于电极膜很薄，当电容受高压击穿后，击穿处的金属膜在短路电流的作用下，会很快被蒸发掉，因而具有自愈的能力。

（3）电容的稳定性能、老化性能以及绝缘电阻比陶瓷介质、云母介质、塑料薄膜介质电容要略差一些。

（4）容量范围较宽，一般为 6500pF～30μF。金属化纸介质电容可广泛应用于自动化仪器仪表、自动控制装置及各种家用电器中，但不适合于应用于高频电路。

表 3-6　CJ48A 型交流密封金属化纸介质电容主要特性参数表

型号	容量范围 /μF	允许误差 /%	损耗角正切值 /tgδ	耐压 极间	耐压 极壳间	额定电压 /V$_{AC}$	环境温度 /℃
CJ48A-1		±5					
CJ48A-2	0.25～10	±10	≤0.005	为1.3倍额定工作电压	绝缘电阻见表3-7	150、250 500、750	−60～+70
CJ48A-2		±20					

表 3-7　CJ48A 型交流密封金属化纸介质电容耐压及绝缘电阻表

极间耐压		绝缘电阻（+20℃下测试）	
额定电压/V$_{AC}$	耐压/V	部位	绝缘电阻
150、250	600	极间	≥1000MΩ·μF
500、750、1000	为1.3倍额定工作电压	极壳间	≥5000MΩ

(a) CJ48A-1型

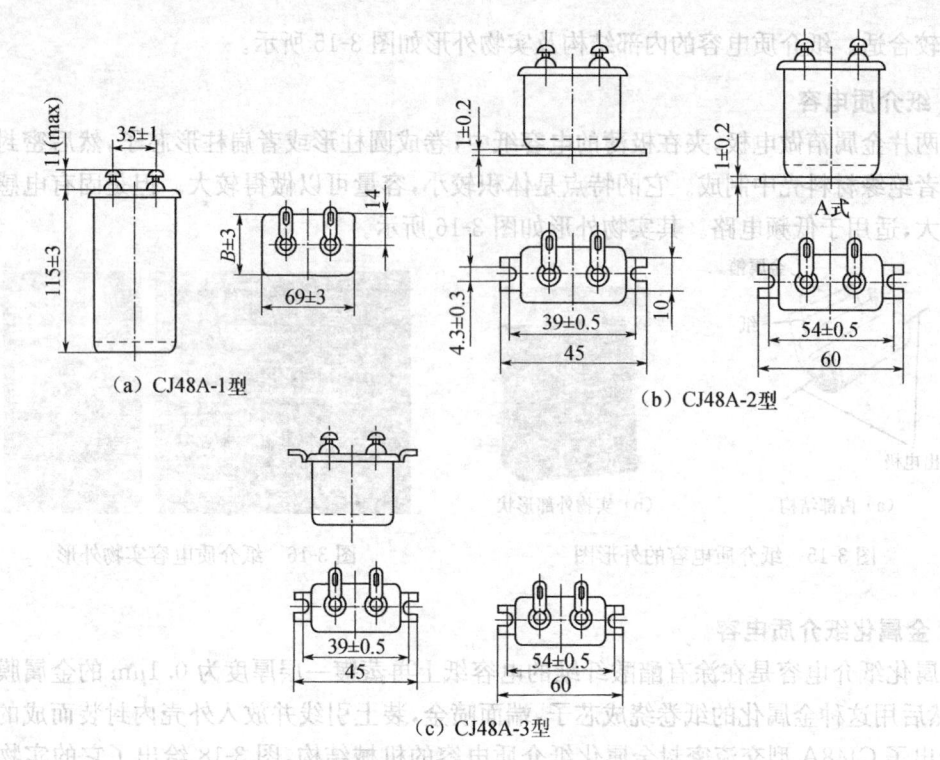

(b) CJ48A-2型

(c) CJ48A-3型

图 3-17 CJ48A型交流密封金属化纸介质电容的机械结构

图 3-18 CJ48A型交流密封金属化纸介质电容的实物外形图

表 3-8 CJ48A型交流密封金属化纸介质电容标称容量、额定电压与外形尺寸表

标称容量/μF	额定工作电压/V_{AC}				
	150	250	500	750	1000
	外形尺寸 B/mm				
0.25	—	—	31	21	31
0.5	—	16	16	31	51
1	—	—	31	56	39
2	16	16	51	39	—
4	31	31			
5	—	—	34		
10	21	61			

· 176 ·

4. 油浸式纸介质电容

油浸式纸介质电容是把纸介电容浸泡在盛有经过特别处理的电容油金属外壳内,通过陶瓷绝缘子将两级引出,然后再全部密封起来。由于具有金属外壳和陶瓷绝缘子全密封结构,因此防潮性能好的物理性能特点。又由于采用优质浸渍料,因此具有电容量大、电容量稳定、散热性好、耐压高、耐高温的电性能特点。但是这种电容却具有体积大、重量重的致命缺点。常规产品具有额定电压范围:2~30kV;气候类别:55/070/10;标称电容量范围:0.01~10μF。这种电容主要用于直流、低频交流和脉动电路中,或电网电机的启动以及无源功率因数补偿等电路中。它的实物外部形状如图 3-19 所示。

图 3-19 油浸式纸介质电容的实物外部形状

3.2.2 陶瓷电容

1. 高频陶瓷电容

(1) 简介

高频陶瓷电容又称Ⅰ类陶瓷电容,是指用介质损耗小、绝缘电阻大、介电常数随温度呈线性变化的陶瓷介质制造而成的电容。它是在陶瓷基体两面喷涂银层,然后烧成银质薄膜极板而制成。按照美国电工协会(EIA)标准为 C0G 或 NP0 以及我国标准 CC 系列型号的陶瓷介质(温度系数为 0±30PPM/℃),性能极其稳定,温度系数极低,而且不会出现老化现象,损耗因数不受电压、频率、温度和时间的影响,介电系数可达 400,介电强度相对较高。这种介质的电容非常适合应用于高频(工业高频感应加热的高频大功率振荡器和高频大功率无线发射等)、超高频等领域,或者对电容量的稳定性和工作环境有严格要求的其他领域。这种介质的电容唯一的缺点是,由于其介电系数相对要小,因此电容量不能制作的很大。通常 1206 表面贴装的 C0G 陶瓷介质电容的容量范围仅为 0.5pF~0.01μF。表贴封装的高频陶瓷电容的内部结构如图 3-20 所示,生产工艺流程如图 3-21 所示。高频陶瓷电容的实物外部形状如图 3-22所示。

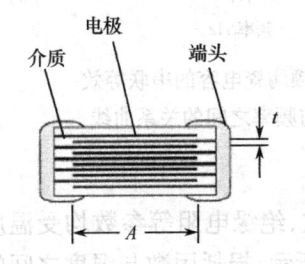

图 3-20 表贴封装的高频陶瓷电容的内部结构图

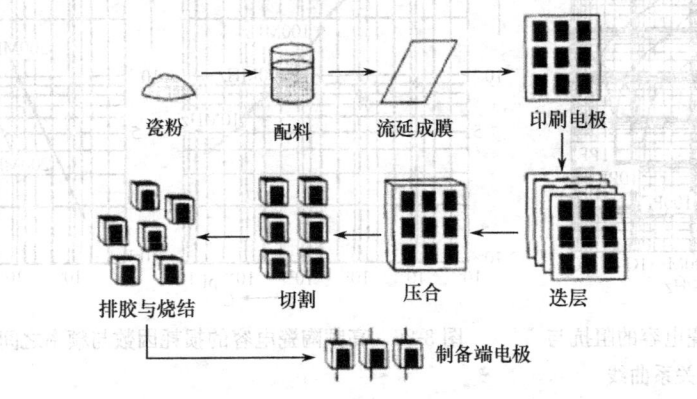

图 3-21 表贴封装高频陶瓷电容的生产工艺流程图

图 3-22 高频陶瓷电容的实物外形图

(2) 阻抗特性

高频陶瓷电容的容量与频率之间关系曲线如图 3-23 所示,串联等效电阻 ESR 与频率之间的关系曲线如图 3-24 所示,阻抗频率特性如图 3-25 所示,损耗因数与频率之间关系曲线如图 3-26 所示。

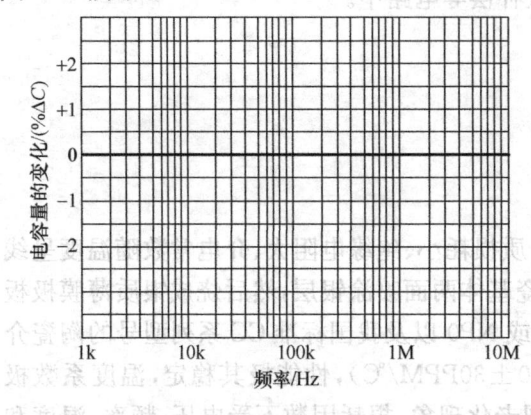

图 3-23 高频陶瓷电容的容量与频率之间关系曲线

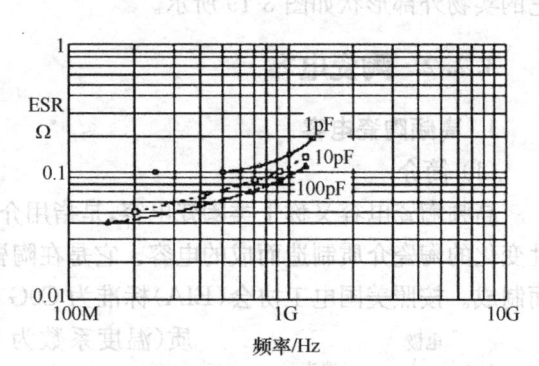

图 3-24 高频陶瓷电容的串联等效电阻 ESR 与频率之间的关系曲线

(3) 温度特性

高频陶瓷电容的电容量、串联等效电阻 ESR、阻抗、损耗因数、绝缘电阻等参数均受温度的影响不大。这种电容的容量与温度之间的关系曲线如图 3-27 所示,损耗因数与温度之间的关系曲线如图 3-28 所示,绝缘电阻与温度之间的关系曲线如图 3-29 所示。

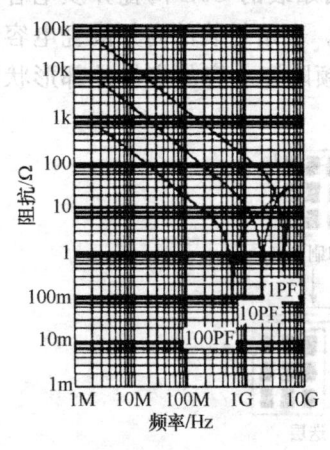

图 3-25 高频陶瓷电容的阻抗与频率之间的关系曲线

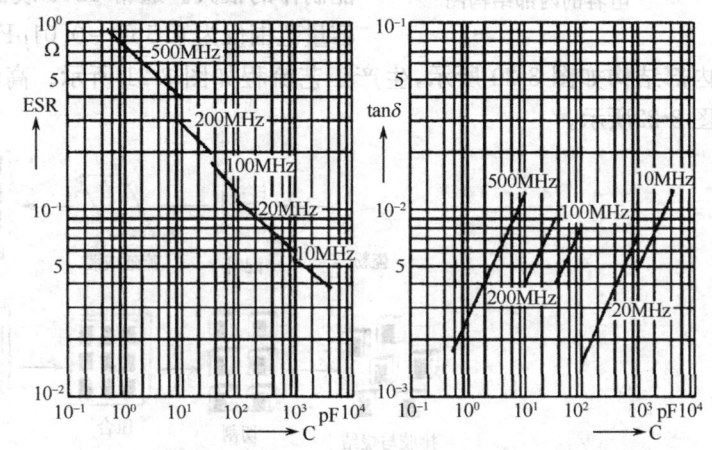

图 3-26 高频陶瓷电容的损耗因数与频率之间的关系曲线

178

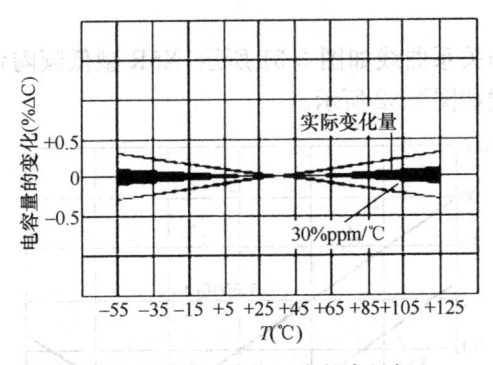

图 3-27 高频陶瓷电容的容量与温度之间的关系曲线

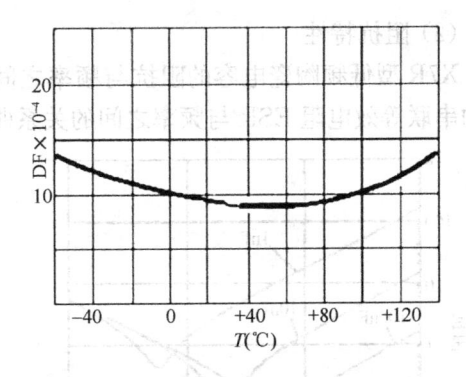

图 3-28 高频陶瓷电容的损耗因数与温度之间的关系曲线

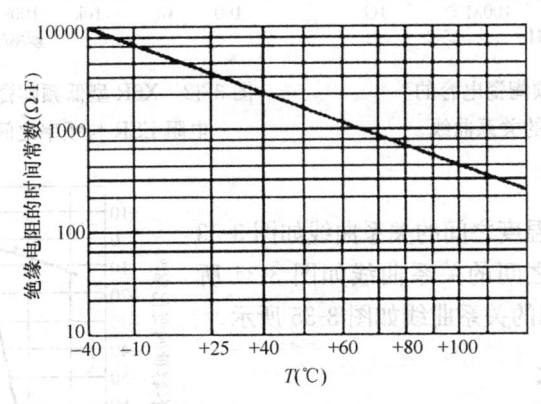

图 3-29 高频陶瓷电容的绝缘电阻与温度之间的关系曲线

2. 低频陶瓷电容

(1) 简介

低频陶瓷电容又称Ⅱ类陶瓷电容,是指用铁电陶瓷作为介质的电容,因此有时又称其为铁电陶瓷电容。这类电容的电容量与温度呈线性变化,损耗较大,常在电子设备中用于旁路、耦合或用于其他对损耗和电容量稳定性要求不高的电路中。这种陶瓷电容所使用的陶瓷介质材料如美国电工协会(EIA)标准的 Z5U、Y5V 以及我国标准的 CT 系列等型号的抵挡陶瓷介质(Z5U 的温度系数为+22%,−56%;Y5V 的温度系数为+22%,−82%),其介电系数随温度变化较大,不适应于定时器、振荡器等对温度系数要求较高的电路使用,但由于其介电系数可以做得很大(可达 1000～1200),因而电容量可以做得比较大,适应于一般工作环境温度要求(−25℃～+85℃)的耦合、旁路和滤波电路中使用。通常情况下,1206 表面贴装的 Z5U 和 Y5V 介质电容的电容量可达 $100\mu F$,在某种意义上是取代铝电解电容的竞争对手。低频陶瓷电容的实物外部形状如图 3-30 所示。

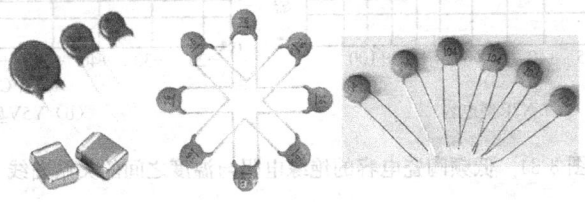

图 3-30 低频陶瓷电容的实物外部形状如图

(2) 阻抗特性

X7R 型低频陶瓷电容的阻抗与频率之间的关系曲线如图 3-31 所示，X5R 型低频陶瓷电容的串联等效电阻 ESR 与频率之间的关系曲线如图 3-32 所示。

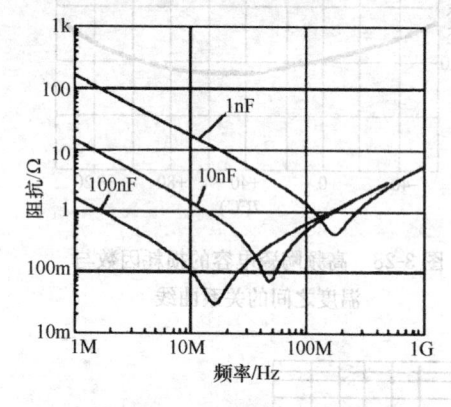

图 3-31 X7R 低频陶瓷电容的阻抗与频率之间的关系曲线

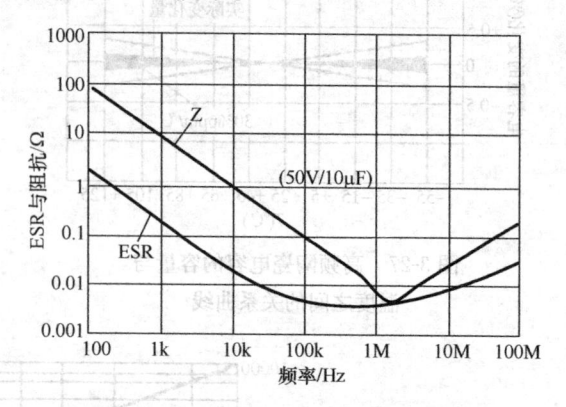

图 3-32 X5R 型低频陶瓷电容的串联等效电阻 ESR 与频率之间的关系曲线

(3) 温度特性

低频电容的容量与温度之间的关系曲线如图 3-33 所示，绝缘电阻与温度之间的关系曲线如图 3-34 所示，损耗因数与温度之间的关系曲线如图 3-35 所示。

3.2.3 云母电容

1. CY 系列云母电容

(1) 型号命名及订货说明

CY 系列云母电容型号命名及订货说明如图 3-36 所示。其中 CY 云母片装配电容器，CV 云母纸装配电容器，CDMV 大功率，MCM 超高频金属封装。22/23——独石结构，401～405——国军标独石结构，2/无数字——铜箔卡子结构，ZH——组合，CF——外壳灌封，KT——可调，其他特殊产品。

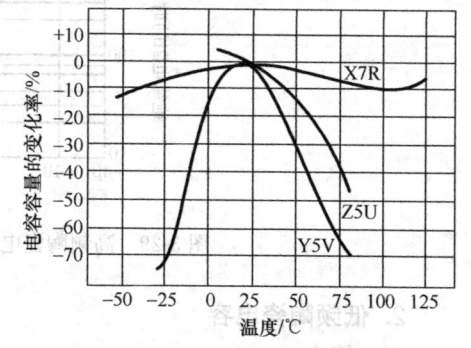

图 3-33 低频陶瓷电容的容量与温度之间的关系曲线

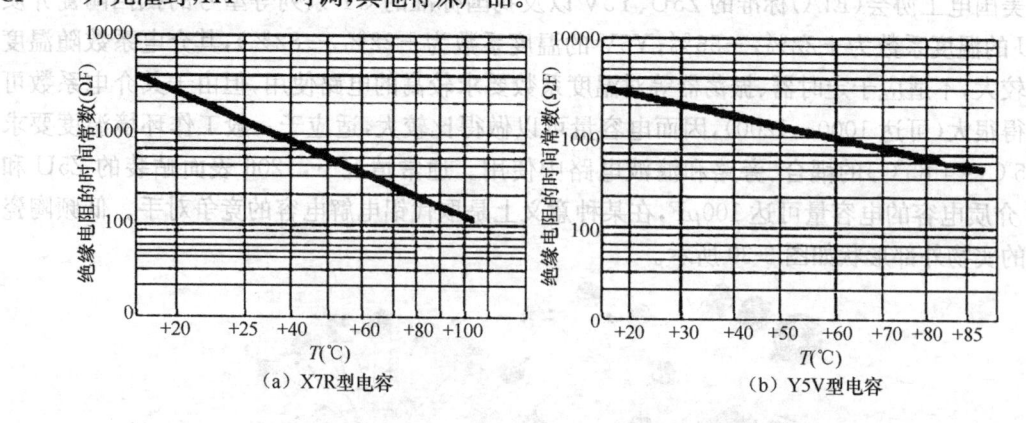

(a) X7R型电容

(b) Y5V型电容

图 3-34 低频陶瓷电容的绝缘电阻与温度之间的关系曲线

(a) X7R型电容　　　　　　　(b) Y5V型电容

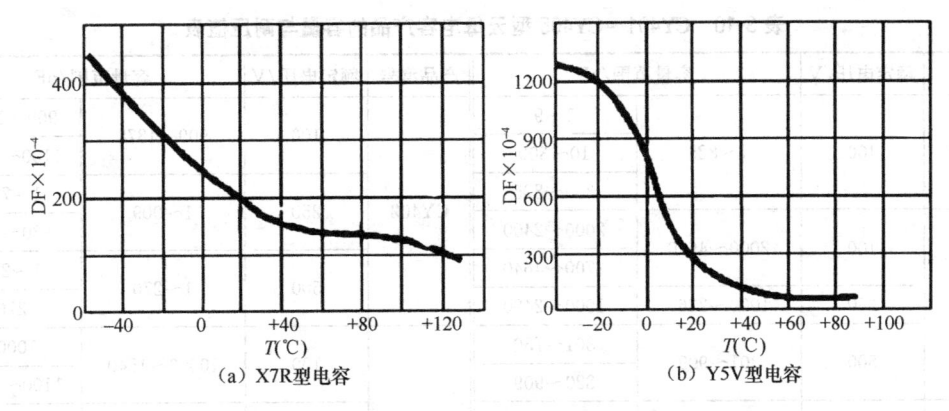

图 3-35　低频陶瓷电容的损耗因数与温度之间的关系曲线

(2) 外形封装

① CY22/CY23 和 CY401～CY405 型独石云母电容。CY22/CY23 和 CY401～CY405 型独石云母电容的实物如图 3-37 所示,产品系列所对应的容量与耐压值范围见表 3-9 和表 3-10。

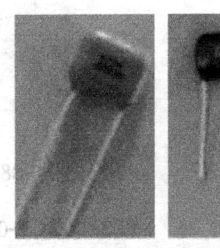

CY	22	-2	-100V	-D	-240	-I(J)
云母电容器分类	结构分类	外形尺寸代号	额定电压	温度系数组别代号	标称电容量	容量允许偏差等级代号

图 3-36　CY 系列云母电容型号命名及订货说明图　　图 3-37　CY22/CY23 和 CY401～CY405 型独石云母电容的实物图

表 3-9　CY22/CY23 型云母电容产品的容量与耐压值表

产品型号	额定电压/V	容量范围/pF	产品型号	额定电压/V	容量范围/pF
CY22/23-1	100	1～9		100	1100～2400
CY22/23-2	100	10～300	CY22/23-4	250	10～750
CY22/23-3	100	330～1000		500	330～240
	100	2700～5100		100	5600～10000
CY22/23-5	250	820～2400	CY22/23-6	250	2700～5100
	500	270～750		500	820～2400
	100	11000～18000		100	20000～30000
CY22/23-7	250	5600～10000		250	11000～18000
	500	2700～5100	CY22/23-8	500	5600～10000
	100	75000～120000		1000	100～6800
	250	51000～75000		1500	100～4300
	500	36000～62000		100	33000～68000
CY22/23-10	1000	13000～30000		250	20000～47000
	1500	8200～20000	CY22/23-9	500	11000～33000
	2000	4700～13000		1000	7500～12000
	2500	1000～5600		1500	4700～7500
	3000	510～3000		2000	1000～4300

181

表3-10　CY401~CY405型云母电容产品的容量与耐压值表

型号	额定电压/V	容量范围/pF		产品型号	额定电压/V	容量范围/pF	
CY401	100	1~825	1~9	CY402	100	909~1870	909~1000
			10~300				1100~1870
			330~825		250	1~909	1~750
CY403	100	2000~4640	2000~2400				820~909
			2700~4640		500	1~270	1~240
	250	1000~2260	1000~2490				270
	500	301~909	301~750	CY405	100	10000~1540	10000
			820~909				1100~1540
CY404	100	5110~8980	5100		250	5110~9090	5100
			5600~9090				5600~9090
	250	2490~4640	2700~4640		500	2490~5110	2400
	500	1000~2260	1000~2260				2700~51000

② CY-0~CY-3型云母电容。CY-0~CY-3型云母电容的实物如图3-38所示,其产品系列的容量与耐压值见表3-11。

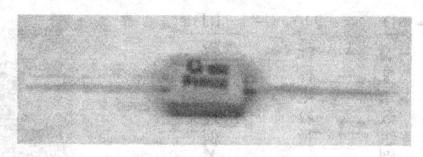

图3-38　CY-0~3型云母电容的实物图

表3-11　CY-0~3型云母电容产品的容量与耐压值表

产品型号	额定电压/V	容量范围/pF	产品型号	额定电压/V	容量范围/pF
CY-D	100	10~750	CY-1	100	820~2000
CY-2	100	2000~10000		250	51~750
	250	820~3600	CY-3	250	4300~10000
	500	100~240		500	470~6800

③ CY-4~CY-10型云母电容。CY-4~CY-10型云母电容的实物如图3-39所示,CY-5、CY-6型云母电容产品系列的容量与耐压值范围见表3-12,CY-4、CY-7、CY-10型云母电容产品系列的容量与耐压值范围见表3-13,CY-8、CY-9型云母电容产品系列的容量与耐压值范围见表3-14。

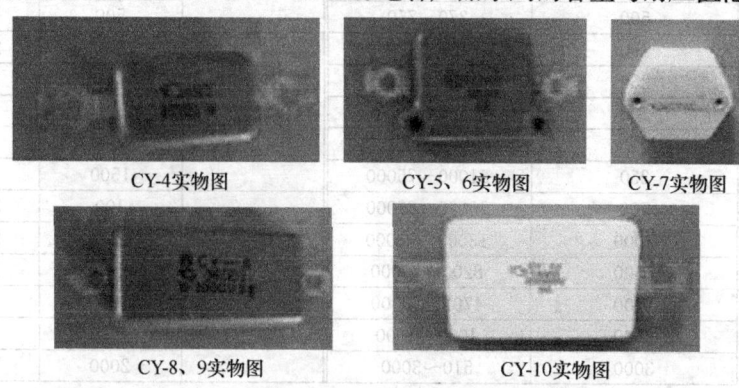

CY-4实物图　　CY-5、6实物图　　CY-7实物图

CY-8、9实物图　　CY-10实物图

图3-39　CY-4~CY-10型云母电容的实物图

表 3-12　CY-5、CY-6 型云母电容产品的容量与耐压值表

型号	额定电压/V	容量范围/pF
CY-5	1000	2400～3300
	1500	1100～2200
	2500	47～1000
CY-6	250	1000～30000
	500	1200～30000
	1000	7500～10000
	1500	4700～10000
	2000	3600～4300
	2500	1000～3300

表 3-13　CY-4、CY-7、CY-10 型云母电容产品的容量与耐压值表

型号	工作电压/V	容量范围/pF
CY-4	1000	100～2700
	250	30000～51000
	500	24000～51000
CY-7	1000	18000～20000
	1500	12000～15000
	2000	5100～10000
	2500	3600～4700
	3000	47～1000
CY-10	250	20000～51000
	500	20000～51000
	1000	12000～24000
	2000	3300～10000
	3000	1500～3900
	5000	330～1800
	7000	10～390

表 3-14　CY-8、9 型云母电容产品的容量与耐压值表

型号	额定电压/V	容量范围/pF	型号	额定电压/V	容量范围/pF
CY-8	250	6800～10000	CY-9	250	10000～20000
	500	7500～10000		500	12000～20000
	1000	3600～6800		1000	6800～10000
	2000	620～3300		2000	3300～3900
	3000	10～560		3000	680～1500
				5000	10～390

④ CY2-1～3 和 CY2-0～3A 型包封云母电容。CY2-1～3 和 CY2-0～3A 型包封云母电容的实物如图 3-40 所示，其产品系列的容量与耐压值范围见表 3-15。

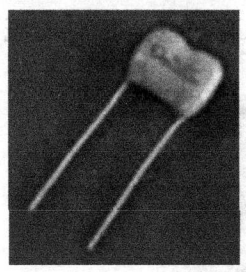

CY2-1～3型实物图 　　　　CY2-0～3A型实物图

图 3-40　CY2-1～3 和 CY2-0～3A 型包封云母电容的外形封装及实物图

表 3-15　CY2-1~3 和 CY2-0~3A 型包封云母电容产品的容量与耐压值表

产品型号	额定电压/V	容量范围/pF	产品型号	额定电压/V	容量范围/pF
CY2-0	100	10~220	CY2-3A	100	100~8200
	250	1~68		250	100~6800
CY2-1A	100	10~750		500	100~5100
	250	10~330		1000	100~2500
	500	1~200	CY2-1	100	10~1000
CY2-2A	100	10~2000	CY2-2	100	1100~2400
	250	10~1500	CY2-3	100	2700~10000
	500	1~1000			

⑤ CY21 型微带云母电容。CY21 型微带云母电容的实物如图 3-41 所示，其产品系列的容量与耐压值见表 3-16。

表 3-16　CY21 型微带云母电容产品的容量与耐压值表

型号	额定电压/V	容量范围/pF
CY21-1	63	1~9
CY21-2	63	10~300
CY21-3	63	330~1000

图 3-41　CY21 型微带云母电容的外形封装图

⑥ CY14 和 CY15 型云母电容。CY14 和 CY15 型云母电容的实物如图 3-42 所示，其产品系列的容量与耐压值见表 3-17。

表 3-17　CY14 和 CY15 型云母电容产品的容量与耐压值表

型号	额定电压/V	容量范围/pF
CY14-L	1500	82~40000
CY14-2	4000	100~7500
CY15-1	2500	10~47
		51~100
CY15-2	2500	110~36000

CY14型实物图　　CY15型实物图

图 3-42　CY14 和 CY15 型云母电容的外形封装及实物图

⑦ CY9(CV9)型云母(云母纸)电容。CY9(CV9)型云母(云母纸)电容的实物如图 3-43 所示，其产品系列的技术参数见表 3-18。

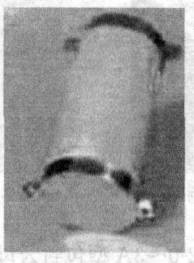

图 3-43　CY9(CV9)型云母(云母纸)电容的实物图

表 3-18　CY9(CV9)型云母(云母纸)电容产品的技术参数表

型号	额定电压/kV	容量范围/pF	1MHz 频率时工作电流	1MHz 频率强制工作 5min 电流
CY9-1	5	100000	50	70
	7.5	50000	50	70
	12.5	20000	45	64
	17.5	10000	37	52.5
	41	470	11	18.3
	37	1800	—	—
	35	2200	—	—
CY9-2 (CV9-1)	5	250000	59	83.5
	7.5	100000	57	80.5
	25	10000	42	59.5
	41	2700	23	32.5
	45	2200	22	31
	60	1000	20.2	—
	37	3300	27	—
	30	5600	33	—
CY9-3(CV9-2)	60	10000		

注：CV9 除容量精度只能达到 ±5％，±10％，±20％，损耗 tanδ≤20×10⁻⁴ 外，其他与 CY9 参数相同。

⑧ CY16(CV16)型云母(云母纸)电容。CY16(CV16)型云母(云母纸)电容的实物如图 3-44 所示，其产品系列的容量和耐压值范围见表 3-19。

表 3-19　CY16(CV16)型云母(云母纸)电容产品的容量与耐压值表

型号	额定电压/kV	容量范围/pF
CY16-1 (CV16-1)	1	1000000
	15	4700
CY16-2 (CV16-2)	1	2400000
	20	8200

注：CV16 除容量精度只能达到 ±5％，±10％，±20％，损耗 tanδ≤40×10⁻⁴ 外，其他与 CY16 参数相同

图 3-44　CY16(CV16)型云母(云母纸)电容的实物图

(3) 物理特性

CY 型系列云母电容形状多为方块状，是采用天然云母作为电容极间的介质，因此它的耐压高性能相当好。但云母电容由于受介质材料的影响容量不能做的太大，一般容量在 10000pF～10pF 之间，而且造价相对其他电容要高等等，现在已经很少使用了。云母是一种极为重要的优良的无机绝缘材料。作为介质材料，尚未发现其他材料的综合性能可以超过云母。云母的优点是介电强度高，介电常数大，损耗小，化学稳定性高，耐热性好，并且易于剥离成厚度均匀的薄片。云母具有优良的机械性能，因此可以装配成叠片式的电容。云母电容就是以天然云母为介质的电容器，正是由于云母介质的优异性能，使得云母电容具有以下优点，是其他电容不能代替的。

① 损耗小。容量小于或等于 82pF 时，损耗在 10～30×10⁻⁴ 范围内，容量大于 82pF 时，损耗都在 10×10⁻⁴ 以下，最小可达 3×10⁻⁴ 以下，即使在很高温度下，损耗仍在允许范围内。

② 耐热性好。目前可生产出耐温高达 200℃的云母电容。

③ 高频特性优良。因其固有电感小,云母电容可以在较高的频率下工作,实验证明,金属包封的这种电容最高工作频率可达 600MHz。

④ 精度高。一般可达到±1％、±2％、±5％,最高精度可达到 0.01％。

⑤ 容量稳定性好。温度系数最好的可稳定在±10×10^{-6}/℃范围内,在规定的贮存条件下,储存 14 年后,其容量变化不超过±1％。

(4) 应用领域

CY 型系列云母电容不仅广泛应用于电子、电力和通讯设备的仪器仪表中,而且还应用于对稳定性和可靠性要求很高的航天、航空、航海、火箭、卫星、军用电子装备以及石油勘探设备中。无功功率大,损耗小适用于无线电接收机、发送机和其他电子仪器设备的直流、交流和脉冲电路中。CY 型系列云母电容各型号的使用环境温度范围为:CY22 型:-55~+125℃,CY23 型:-55~+200℃,CY-0~3 型和 CY4~10 型:-55~+70℃,CY2 型:-55~+85℃,CY21 型:-55~+125℃,CY14 型和 CY15 型:-40~+70℃,CY9(CV9)型:-40~+85℃,CY16(CV16)型:-40~+70℃。

2. CVG 系列云母电容

(1) 外形封装

CVG 系列云母电容实际上是高温、高压云母纸介电容,采用性能良好的 511 云母纸作为介质,浸渍高温环氧树脂而成,适应于高温、高压环境,其外形封装如图 3-45 所示。

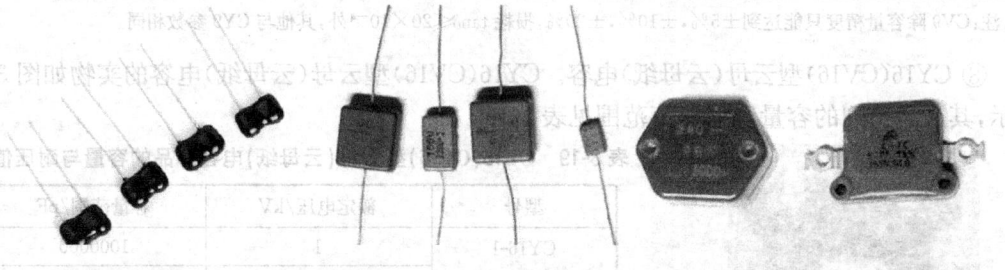

图 3-45 CVG 系列云母电容外形图

(2) 物理特性

① 使用环境
- 环境温度:-55~+200℃;
- 环境湿度:+40℃时相对湿度可达 95％~98％;
- 大气压力:4×10^{4}Pa;
- 振动特性:振动频 20~500Hz,加速度 2.7~4.5g;
- 工作电压:0.45~30kV。

② 主要技术性能
- 容量允许偏差:±3％、±5％、±10％。
- 直流试验电压:+150℃高温下保持 1 小时后,承受 1.5 倍额定工作电压 1 分钟无击穿和无飞弧。
- 绝缘电阻:正常气候条件下,$C \geq 0.1\mu H$,$R \geq 1000M\Omega$;$L_C < 0.1\mu H$,$R < 5000M\Omega$。

③ 高温特性
- 电容在+200℃的高温下保持 1 小时后,其容量 C 的变化率不大于±10％,绝缘电阻 R

>500MΩ,损耗角正切值 $\tan\delta \leqslant 5\times 10^3$(1kHz),符合直流耐压要求。
- 电容在-55℃的低温下保持 1 小时后,其容量 C 的变化率不大于±7%,绝缘电阻 $R>$500MΩ,损耗角正切值 $\tan\delta \leqslant 5\times 10^3$(1kHz),符合直流耐压要求。
- 电容在-55~+200℃的温度范围内 5 次循环后,其容量 C 的变化率不大于±5%,绝缘电阻 $R>$500MΩ,损耗角正切值 $\tan\delta \leqslant 5\times 10^3$(1kHz),符合直流耐压要求。
- 电容在温度为+40℃,相对湿度为 95%~98%的条件下,经 48 小时后,其容量 C 的变化率不大于±5%,绝缘电阻 $R>$500MΩ,损耗角正切值 $\tan\delta \leqslant 5\times 10^3$(1kHz),符合直流耐压要求。
- 电容在+195~+200℃的温度下存放 96 小时后,其容量 C 的变化率不大于±10%,绝缘电阻 $R>$500MΩ,损耗角正切值 $\tan\delta \leqslant 5\times 10^3$(1kHz),符合直流耐压要求。

④ 主要参数。CVG 系列云母电容的主要参数见表 3-20。

表 3-20　CVG 系列云母电容的主要参数表

产品型号	标称容量/μF	直流工作电压/kV
CVG-1	0.47	3
	0.47	0.25
	0.047	3
	0.033	0.25
CVG-2	3.3	3
	0.1	4
CVG-3	0.022	4

(3) 应用领域

CVG 型系列云母电容不仅广泛应用于国防、航天、航空、航海、医疗、通讯、机电、冶金、化工等领域,而且还适应于高频、高压、大电流线路(如:高频反馈电路、高频谐振电路、脉冲电路等)。

3. CDM 大功率云母电容

(1) 外形封装

CDM 型系列大功率云母电容的实物外形如图 3-46 所示。

(2) 物理特性

① 外形尺寸。CDM 型系列大功率云母电容的外形尺寸见表 3-21。

② 温度系数组别。CDM 型系列大功率云母电容的温度系数组别见表 3-22。

图 3-46　实物外形图

表 3-21　CDM 型系列大功率云母电容的外形尺寸表

型号	H	ϕ_1	ϕ_2	M
CDM9-1	54	13	50	6
CDM9-2	86	18	81	10
CDM9-3	104	18	81	10
CDM9-4	122	18	81	10

表 3-22　CDM 型系列大功率云母电容的温度系数组别表

温度系数代号	温度系数/(1/℃)	容量漂移
D	$(-100\sim100)\times 10^6$	±(0.3% 0.1pF)

③ 容量允许偏差。CDM 型系列大功率云母电容的容量允许偏差见表 3-24。

④ 其他技术参数。CDM 型系列大功率云母电容的其他技术参数见表 3-25。

表 3-23　CDM 型系列大功率云母电容的容量允许偏差表

标称容量范围	允许偏差范围/pF	代码
C_R>100pF	±1%	F
	±2%	G(0)
	±5%	J(I)

表 3-24　CDM 型系列大功率云母电容的其他技术参数表

耐压测试	U_R≤500V	测试电压为 $2U_R$
	U_R>500V	测试电压为 $1.8U_R$
绝缘电阻	C_R≤100nF	R_i≥1×10^{10}
	C_R>100nF	$R_i \cdot C_R$≥1000MΩ·μF
损耗角正切		≤10×10^{-4}

(3) 应用领域

CDM 型系列云母电容不仅广泛应用于国防、航天、航空、航海、医疗、通信、机电、冶金、化工等领域，而且还适应于高频、高压、大功率发射机中。

4. MCM 型超高频金属封装云母电容

(1) 外形封装

MCM 型系列大功率云母电容的外形如图 3-47 所示。

(2) 物理特性

① 温度系数组别。MCM 型系列大功率云母电容的温度系数组别见表 3-25。

图 3-47　MCM 型系列大功率云母电容的外形图

表 3-25　MCM 型系列大功率云母电容的温度系数组别表

温度系数代号	温度系数/(1/℃)	容量漂移
D	(−100～+100)×10^6	±(0.3%+0.1pF)

② 额定电压和标称容量范围。MCM 型系列大功率云母电容的额定电压和标称容量范围见表 3-26。

表 3-26　MCM 型系列大功率云母电容的额定电压和标称容量范围表

型号	直流额定电压/V	电容量范围/pF	电容量允许偏差/(%) 最大	电容量允许偏差/(%) 最小
MCM-1	100	5～200	±10	±5
MCM-2	100	201～1000	±5	±5
	500	10～680	±10	±5

③ 容量允许偏差。MCM 型系列大功率云母电容的容量允许偏差见表 3-27。

表 3-27　MCM 型系列大功率云母电容的容量允许偏差表

标称容量范围	允许偏差范围/pF	代码
C_R>100pF	±5%	J(I)

④ 其他技术参数。MCM 型系列大功率云母电容的其他技术参数见表 3-28。

(3) 应用领域

由于 MCM 型系列大功率云母电容具有高频损耗小，容量稳定，工作电压高，功率大等特点，因此特别适用于直流、交流和脉冲电路中使用，被广泛应用与机电设备、广播、通讯等系统。

表 3-28 MCM 型系列大功率云母电容的其他技术参数表

耐压测试	$U_R \leqslant 500V$	测试电压为 $2U_R$
	$U_R > 500V$	测试电压为 $1.8U_R$
绝缘电阻	$C_R \leqslant 100nF$	$R_i \geqslant 1 \times 10^{10}$
	$C_R > 100nF$	$R_i \cdot C_R \geqslant 1000M\Omega \cdot \mu F$
损耗角正切		$\leqslant 10 \times 10^{-4}$

5. CYZH 型组合云母电容

(1) 外形封装

CYZH 型系列组合云母电容的实物外形如图 3-48 所示。

(2) 物理特性

① 外形尺寸。CYZH 型系列组合云母电容的外形尺寸见表 3-29。

表 3-29 CYZH 型系列组合云母电容的外形尺寸表

型号	尺寸/mm			
	L	W	A	D
CYZH-1	26	9.0	4.8	3.2
CYZH-2	22	8.0	3.8	2.5
CYZH-3	26	9.0	4.8	3.2
CYZH-4	22	8.0	3.8	2.5

图 3-48 CYZH 型系列组合云母电容的实物外形图

② 温度系数组别。CYZH 型系列组合云母电容的温度系数组别见表 3-30。

表 3-30 CYZH 型系列组合云母电容的温度系数组别表

温度系数代号	温度系数/(1/℃)	容量漂移
D	$(-100 \sim +100) \times 10^6$	$\pm(0.3\% + 0.1pF)$

③ 额定电压和标称容量范围。CYZH 型系列组合云母电容的额定电压和标称容量范围见表 3-31。

表 3-31 CYZH 型系列组合云母电容的额定电压和标称容量范围表

型号	工作电压	组合总容量							
		C1	C2	C3	C4	C5	C6	C7	C8
CYZH-1	100	27	51	100	200	390	820	1600	3300
CYZH-2	100	5.1	8.2	10	20	36	75	150	300
CYZH-3	100	24	47	100	200	390	750	1500	3000
CYZH-4	100	6.8	10	13	18	20	51	100	240

④ 容量允许偏差。CYZH 型系列组合云母电容的容量允许偏差见表 3-32。

⑤ 其他技术参数。CYZH 型系列组合云母电容的其他技术参数见表 3-33。

(3) 应用领域

由于 CYZH 型系列组合云母电容具有容量范围可调的特点，具有优良的高频特性，适用于无线电接收机、发送机和其他电子仪器设备中。

表 3-32　CYZH 型系列组合云母电容的容量允许偏差表

标称容量范围	允许偏差范围/pF	代码
$C_R>100\text{pF}$	±5%	J(I)

表 3-33　CYZH 型系列组合云母电容的其他技术参数表

耐压测试	$U_R\leqslant 500\text{V}$	测试电压为 $2U_R$
	$U_R>500\text{V}$	测试电压为 $1.8U_R$
绝缘电阻	$C_R\leqslant 100\text{nF}$	$R_i\geqslant 1\times 10^{10}$
	$C_R>100\text{nF}$	$R_i\cdot C_R\geqslant 1000\text{M}\Omega\cdot\mu\text{F}$
损耗角正切		$\leqslant 10\times 10^{-4}$

3.2.4　玻璃釉电容

（1）外形封装

玻璃釉电容的实物外形封装如图 3-49 所示。

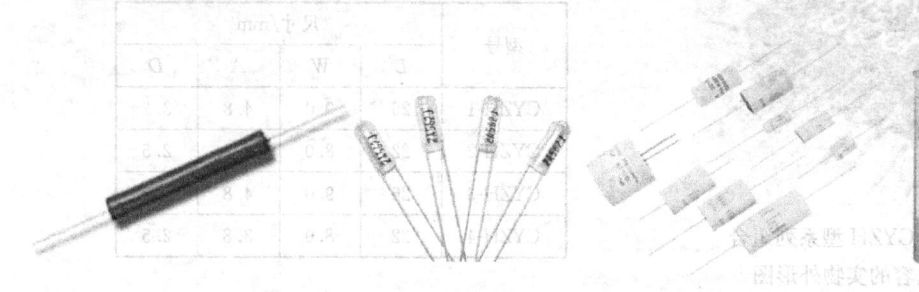

图 3-49　玻璃釉电容的实物外形封装图

（2）物理特性

玻璃釉电容的介质是玻璃釉粉加压制成的薄片。因釉粉有不同的配制工艺方法，因而可获得不同性能的介质，也就可以制成不同性能的玻璃釉电容。玻璃釉电容器具有介质介电系数大、体积小、损耗小等特点，耐温性和抗湿性也较好。

（3）应用领域

玻璃釉电容适合半导体电路和小型电子仪器中的交、直流电路或脉冲电路使用。

3.2.5　习题 10

（1）根据无极电容的种类、优点和缺点，请叙述和总结出空气电容器与其他电容器之间的区别，主要要从内部结构、介质、生产工艺、体积大小和应用等角度出发。

（2）从油浸纸介质电容器的结构和生产工艺等方面出发，请总结和叙述该种类电容器为什么常常被应用于电力系统中。

（3）主要从造价成本、制作工艺和介质材料等方面总结和叙述云母电容器、空气电容器、陶瓷电容器、玻璃釉电容器为什么不能制作成大容量？

3.3 有机电容

3.3.1 聚丙烯薄膜电容(CBB)

1. MPTB型盒式金属化聚丙烯薄膜电容

(1) 外形封装

盒式金属化聚丙烯薄膜电容的实物外形及机械结构图如图3-50所示,电容的容量和耐压与对应的机械尺寸见表3-34。

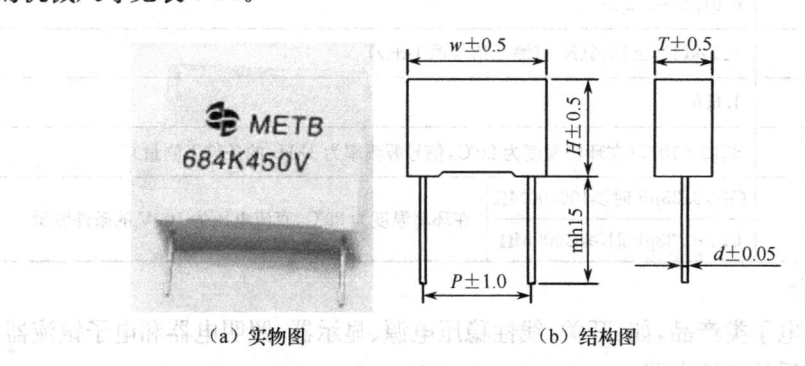

(a) 实物图　　(b) 结构图

图3-50　盒式金属化聚丙烯薄膜电容实物及结构图

表3-34　盒式金属化聚丙烯薄膜电容的容量和耐压与对应的机械尺寸表

电容量/μF	450VDC					630VDC				
	W_{max}	H_{max}	T_{max}	$P\pm1.0$	$d\pm0.05$	W_{max}	H_{max}	T_{max}	$P\pm1.0$	$d\pm0.05$
0.1	13	11	5	10	0.6	13	12	6	10	0.6
0.22	13	12	6	10	0.6	18	13.5	7.5	15	0.8
0.33	13	14	8	10	0.6	18	16.5	8.5	15	0.8
0.47	18	13.5	7.5	15	0.8	18	16	10	15	0.8
0.56	18	13.5	7.5	15	0.8	18	19	11	15	0.8
0.68	18	14.5	8.5	15	0.8	26.5	17	8.5	22.5	0.8
1.0	18	16	10	15	0.8	26.5	20	11	22.5	0.8
1.5	26.5	17	8.5	22.5	0.8	26.5	23	13	22.5	0.8
2.2	26.5	20	111	22.5	0.8	26.5	25	15	22.5	0.8

(2) 物理特性

① 特点。低噪声,26dB(max)/60Hz;安全膜设计;电容出现故障时不会着火冒烟,呈现开路状态;外壳采用高密度PBT胶壳,变形温度可高达205℃,故障时不会燃烧;采用耐高温高湿的环氧树脂灌封;采用耐温可达110℃的PP膜制成。

② 技术参数。聚丙烯薄膜电容的技术参数列于表3-35中,可供应用者参考和查阅。

表 3-35 盒式金属化聚丙烯薄膜电容的技术参数表

项目	性能要求
参照标准	GB10190（IEC60384-16）
气候类别	40/105/21
额定温度	85℃
工作温度范围	－40～＋105℃
额定电压	450V、630V
电容量范围	0.01μF～2.2μF
电容量偏差	±5%(J)，±10%(K)，(测量信号源 1kHz)
耐压强度	$1.6U_R$
损耗角正切值	$\leqslant 10\times 10^{-4}$（在环境温度为 20℃，信号源频率为 1kHz 的条件下测量）
绝缘电阻值	$C_R\leqslant 0.33\mu F$ 时$\geqslant 100000M\Omega$ ；$C_R>0.33\mu F$ 时$\geqslant 30000M\Omega$ （在环境温度为 20℃，直流电压为 100V 的条件测量）

(3) 应用场合

① 可应用于电子类产品，如：开关/线性稳压电源、显示器、照明电器和电子镇流器等。

② 电源整流后的滤波电路。

③ 开关电源中的电磁兼容(EMC)电路。

④ 开关电源中的有源或无源功率因数校正(PFC)电路。

⑤ 可适用于 120kHz 以下的电路。

2. BB60L/BB60H 启动式金属化聚丙烯薄膜电容

(1) 外形封装

BB60L/BB60H 启动式聚丙烯薄膜电容的实物外形及机械结构图如图 3-51 所示，电容的容量和耐压与对应的机械尺寸见表 3-36。

图 3-51 BB60 启动式聚丙烯薄膜电容的实物外形及机械结构图

表 3-36 容量和耐压与对应的机械尺寸

电容量 μF	170/250VAC D	L	300VAC D	L	350VAC D	L	400VAC D	L	450VAC D	L	5000VAC D	L	600VAC D	L
1.0	20	30	20	30	20	30	25	40	25	40	25	40	25	40
1.5	20	30	20	30	20	30	25	40	25	40	25	40	30	40
2.0	20	30	20	30	20	30	25	40	25	40	30	40	35	40
2.5	25	30	25	30	25	30	25	50	30	40	30	40	40	40
3.0	25	30	25	30	25	30	25	50	30	40	30	40	40	40
3.5	25	30	30	30	30	30	30	50	30	50	30	50	40	50
4.0	30	30	30	30	30	30	30	50	30	50	35	50	40	50
4.5	30	40	30	40	30	40	30	50	35	50	35	50	45	50
5.0	30	40	30	40	30	40	30	50	35	50	40	50	45	50
5.5	30	40	30	40	30	40	35	50	35	50	40	50	45	60
6.0	30	40	30	40	30	40	35	50	40	50	40	50	45	60
7.0	30	40	35	40	35	40	35	50	40	50	40	50	45	60
8.0	30	40	35	40	35	40	35	50	40	50	40	50	50	60
10.0	30	40	40	40	40	40	40	50	40	60	45	50	50	60
13.0	30	50	40	50	40	50	40	60	40	60	45	60	50	60
15.0	35	50	40	50	40	50	45	60	40	60	45	60	50	70
18.0	35	50	40	50	40	50	45	60	45	60	50	60	50	70
20.0	35	60	40	50	40	50	45	60	45	60	50	70	55	85
23.0	35	60	40	60	40	60	50	70	50	60	50	70	60	85
25.0	35	70	40	60	40	60	50	70	50	70	50	70	60	85
27.0	35	70	40	60	40	60	55	70	50	70	50	70	60	85
30.0	40	70	40	60	40	60	55	70	50	70	55	70	60	85
33.0	40	70	45	60	45	60	55	70	50	70	55	70	60	85
35.0	40	70	45	70	45	70	55	70	50	70	55	70	60	85
38.0	40	70	45	70	45	70	55	75	50	70	55	85	60	95
40.0	45	70	45	70	45	70	55	75	55	70	55	85		
45.0	45	70	45	70	45	70	55	75	55	70	55	85		
50.0	45	75	45	70	45	70	55	85	55	70	55	85		
55.0	45	75	45	70	45	70	55	85	55	85	55	85		
60.0	45	85	45	120	45	120	55	85	55	85	55	120		
65.0	45	85	45	120	45	120	55	85	55	85				
70.0	45	120	45	120	45	120	55	100	55	85				
75.0	45	120	45	130	45	130	55	100	60	85				
80.0	45	120	45	130	45	130	55	120	60	85				
85.0	45	120	50	130	50	130	55	120	60	85				
90.0	45	130	50	140	50	140	55	120	60	120				
100	48	130	50	140	50	140	55	120	60	120				

(2) 物理特性

① 特点。损耗小,内部温升小,高绝缘阻抗,负容量和负损耗温度系数,容量稳定性高,阻燃性能高,防潮性能好,具有自恢复特性。

② 技术参数。BB60启动式聚丙烯薄膜电容的技术参数列于表3-37中,可供应用者参考和查阅。

③ 引用标准:GB18489—2008(IEC61048:2006)

表3-37　BB60启动式聚丙烯薄膜电容的技术参数表

项目	性能要求		
引用标准	GGB/T14579(IEC60384-17)		
气候类别	40/105/21		
额定温度	85℃		
工作温度范围	$-40 \sim 105℃$		
额定电压	$170/250V_{AC}$、$300/350V_{AC}$、$400V_{AC}$、$450V_{AC}$、$500V_{AC}$、$600V_{AC}$		
电容量范围	$1\mu F \sim 100\mu F$		
电容量偏差	±5%,±10%,±20%(M)(1kHz)		
耐压值	$1.75U_N(5S)$		
损耗角正切值	$\leqslant 10 \times 10^{-4}(C \leqslant 15\mu F)$,$\leqslant 15 \times 10^{-4}(C \leqslant 22\mu F)(20℃;1kHz)$		
绝缘电阻值	两电极之间	≥1000S	20℃
	电极与外壳之间	≥2000S	$100V_{DC}$,1min

(3) 应用场合

① 适应于频率为50Hz/60Hz交流电源供电的电动机或气体灯的启动和运转。

② 由于具有自愈功能,因此适应于要求具有自愈功能的电路。

③ 适应于要求性能稳定,可靠性高的其他启动电路。

3. BB61金属化聚丙烯薄膜启动电容

(1) 外形封装

BB61金属化聚丙烯薄膜启动电容的实物外形及机械结构图如图3-52所示,电容的容量和耐压与对应的机械尺寸见表3-38。

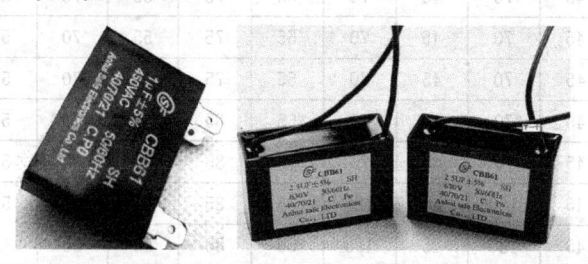

图3-52　BB61金属化聚丙烯薄膜启动电容的实物外形及机械结构图

(2) 物理特性

① 特点。损耗小,内部温升小,高绝缘阻抗,负容量和负损耗温度系数,容量稳定性高,阻燃性能高,防潮性能好,具有自恢复特性。

② 技术参数。BB61金属化聚丙烯薄膜启动电容的技术参数列于表3-40中,可供应用者参考和查阅。

表 3-38　BB61聚丙烯薄膜启动电容的容量和耐压与对应的机械尺寸表

电容量 μF	170/250VAC W	H	T	300/350VAC W	H	T	400VAC W	H	T	450VAC W	H	T	500VAC W	H	T	600VAC W	H	T
1.0	32	18	10	32	20	10	38	24	12	38	26	14	38	28	17	38	30	20
1.5	32	22	12	32	24		38	27	16	38	30	20	38	30	22	38	35	25
2.0	32	24	13	32	26	12	38	28	18	38	32	22	38	35	24	38	36	30
2.5	32	26	15	32	28	14	48	27	17	38	34	24	38	36	26	38	40	32
3.0	32	27	16	32	28	17	48	31	19	38	35	26	48	35	24	48	40	30
3.5	32	28	17	38	28	18	48	32	21	48	34	24	48	38	27	48	40	32
4.0	32	26	16	38	31	18	48	32	23	48	36	26	48	38	30	58	40	30
4.5	38	28	17	38	32	20	48	35	24	48	38	26	48	40	30	58	42	32
5.0	32	30	18	38	33	21	48	35	25	48	38	29	48	45	30	58	45	34
5.5	32	30	19	38	34	22	48	37	26	48	40	30	58	40	30	58	48	38
6.0	32	31	20	38	34	23	48	38	27	48	40	30	58	40	30	68	45	34
6.5	32	32	20	38	36	2425	48	40	28	48	42	32	58	42	32	68	45	35
7.0	32	33	21	38	37	26	48	40	30	48	45	34	58	45	32	68	45	35
8.0	32	32	24	48	35	24	58	36	28									
10.0	32	38	27	48	36	25	58	40	28									
13.0	48	35	25	48	37	26	58	45	34									
15.0	48	37	26	48	40	29	68	47	35									
18.0	51	37	27	58	38	27	68	47	35									
20.0	51	38	30	58	40	28	68	50	38									
23.0	58	40	30	58	42	30	68	50	40									
25.0	58	40	30	58	42	32	68	55	44									
27.0	68	40	30	58	45	33	68	55	45									
30.0	68	40	30															

表 3-39　BB61金属化聚丙烯薄膜启动电容的技术参数表

项目	性能要求	
引用标准	GGB/T14579(IEC60384-17)	
气候类别	40/105/21	
额定温度	85℃	
工作温度范围	−40～105℃	
额定电压	170/250V_{AC}、300/350V_{AC}、400V_{AC}、450V_{AC}、500V_{AC}、600V_{AC}	
电容量范围	1μF～30μF	
电容量偏差	±5%、±10%、±20%(M)(1kHz)	
耐压值	1.75U_N(5S)	
损耗角正切值	≤10×10^{-4}(C≤15μF)，≤15×10^{-4}(C≤22μF)(20℃；1kHz)	
绝缘电阻值	两电极之间	≥1000S
	电极与外壳之间	≥2000S

20℃
100V_{DC},1min

(3) 应用场合

① 适用于频率为 50Hz/60Hz 交流电源供电的电动机的启动和运转。

② 由于具有自愈功能，因此适应于要求具有自愈功能的电路。

③ 适应于要求性能稳定，可靠性高的其他启动电路。

4. 金属化聚丙烯薄膜冷冻柜电容

(1) 外形封装

金属化聚丙烯薄膜冷冻柜电容的实物外形及机械机构图如图 3-53 所示。

(2) 物理特性

① 特点。由于采取了特殊的抗寒设计及技术，因此具有很强的抗寒能力；损耗小，内部温升小；负容量，负损耗温度系数；容量稳定性高，阻燃性能高，防潮性能好；具有较高的容量和损耗因素稳定性；还具有自愈功能。

② 技术参数。金属化聚丙烯薄膜冷冻柜电容的技术参数列于表 3-40 中，可供应用者参考和查阅。

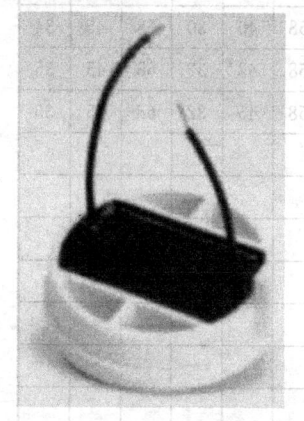

图 3-53 金属化聚丙烯薄膜冷冻柜电容的实物外形图

表 3-40 金属化聚丙烯薄膜冷冻柜电容的技术参数表

项目	性能要求		
引用标准	GGB/T14579(IEC60384-17)		
气候类别	40/105/21		
额定温度	85℃		
工作温度范围	$-55 \sim 105$℃		
额定电压	100V、250V、400V、600V		
电容量范围	$0.01\mu F \sim 10\mu F$		
电容量偏差	$\pm 5\%$(J)，$\pm 10\%$(K)，$\pm 20\%$(M)(1kHz)		
耐压值	$1.75U_N$(5S)		
损耗角正切值	$\leqslant 10 \times 10^{-4}$(20℃；1kHz)		
绝缘电阻值	$U_N > 100V$	$C_R \leqslant 0.33\mu F$ $\geqslant 1000S$	20℃
		$C_R > 0.33\mu F$ $\geqslant 2000S$	$100V_{DC}$，1min

(3) 应用场合

① 适用于频率为 50Hz/60Hz 交流电源供电的冷冻柜、冷冻库电动机的启动和运转。

② 由于具有自愈功能，因此适应于要求具有自愈功能的电路。

③ 适应于要求性能稳定，可靠性高的其他启动电路。

5. MPA 轴向椭圆形金属化聚丙烯薄膜电容

(1) 外形封装

MPA 轴向椭圆形金属化聚丙烯薄膜电容的实物外形及机械结构图如图 3-54 所示，电容的容量和耐压与对应的机械尺寸见表 3-41。

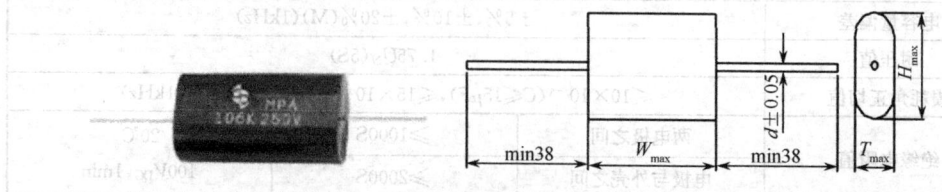

图 3-54 MPA 轴向椭圆形金属化聚丙烯薄膜电容的实物外形及机械结构图

表 3-41 MPA 轴向椭圆形金属化聚丙烯薄膜电容容量和耐压与对应的机械尺寸表

电容量 μF	100VDC W_{max}	H_{max}	T_{max}	$d±0.05$	250VDC W_{max}	H_{max}	T_{max}	$d±0.05$	400VDC W_{max}	H_{max}	T_{max}	$d±0.05$	630VDC W_{max}	H_{max}	T_{max}	$d±0.05$
0.1	14	8	5	0.6	14	8	5	0.6	19	10.5	7	0.6	25	13	6.5	0.8
0.22	14	9.5	6.5	0.6	19	9	5	0.6	25	12.5	6.5	0.8	25	17	10	0.8
0.33	14	13	8.5	0.6	19	13	8.5	0.6	25	14	8.5	0.8	25	19	12.5	0.8
0.47	19	9.5	6	0.6	25	11	6.5	0.6	25	16.5	10	0.8	25	21	15	0.8
0.68	19	12	8	0.6	25	11	8	0.6	31	16	9.5	0.8	36	23	15	0.8
1.0	25	11.5	7	0.8	31	12	8.5	0.8	31	18	13	0.8	46	23	17	0.8
2.2	31	13	9.5	0.8	31	17.5	11	0.8	46	21	14.5	0.8	56	27.5	19.5	1.0
3.3	31	17	10.5	0.8	31	19.5	13.5	0.8	46	25	18	0.8	56	33	25	1.0
4.7	31	19	13	0.8	31	22.5	16.5	0.8	46	29	22	1.0	56	37	29.5	1.0
5.6	31	20.5	14.5	0.8	36	23	16	0.8	46	32	24	1.0	56	40.5	33	1.0
6.8	46	18	12	0.8	46	22	15.5	0.8	46	34	26	1.0	56	44	36	1.0
8.2	46	19	13	0.8	46	23.5	16.5	0.8	46	37	29	1.0	56	48	40	1.0
10.0	46	21	15	0.8	46	25	18.5	0.8	46	40	30	1.0	66	48	40	1.0
15.0	46	25	20	0.8	56	27.5	21	1.0	56	46	38	1.0				
22.0	56	26	22	1.0	56	30	24.5	1.0								
30.0	56	29.5	23.5	1.0	56	35	28	1.0								
33.0	56	31	27	1.0	61	35.5	30	1.0								
47.0	56	37	34	1.0	61	41	36.5	1.0								
68.0	61	46	39	1.0												

（2）物理特性

① 特点。容量范围宽，高抗潮湿性，可靠性高。

② 技术参数。MPA 轴向椭圆形金属化聚丙烯薄膜电容的技术参数列于表 3-42 中，可供应用者参考和查阅。

表 3-42 MPA 轴向椭圆形金属化聚丙烯薄膜电容的技术参数表

项目	性能要求			
引用标准	GGB10190（IEC60384-16）			
气候类别	40/105/21			
额定温度	85℃			
工作温度范围	−40～105℃			
额定电压	100V、250V、400V、600V			
电容量范围	0.1μF～68μF			
电容量偏差	±5%（J），±10%（K）（1kHz）			
耐压值	$1.6U_N$（5S）			
损耗角正切值	$≤10×10^{-4}$（20℃；1kHz）			
绝缘电阻值	$U_N>100V$	$C_R≤0.33μF$	$≥100kΩ$	20℃ $100V_{DC}$，1min
		$C_R>0.33μF$	$≥2000S$	

(3) 应用场合

① 适应于高频电源设备中使用。

② 适应于音响设备中使用。

6. MPB型盒式金属化聚丙烯薄膜电容

(1) 外形封装

MPB盒式金属化聚丙烯薄膜电容的实物外形及机械结构图如图3-55所示,电容的容量和耐压与对应的机械尺寸见表3-43。

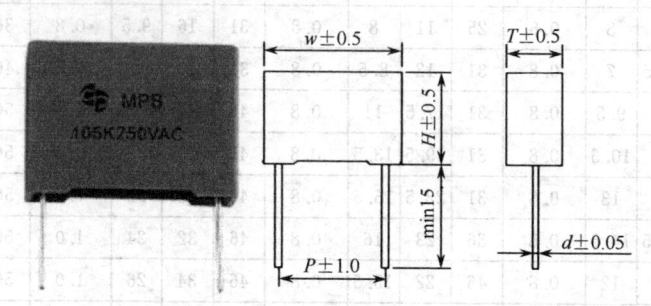

图 3-55 MPB盒式金属化聚丙烯薄膜电容的实物外形及机械结构图

表 3-43 MPB盒式金属化聚丙烯薄膜电容的容量和耐压与对应的机械尺寸表

电容量 μF	300VAC					440VAC				
	W_{max}	H_{max}	T_{max}	$P\pm 1.0$	$d\pm 0.05$	W_{max}	H_{max}	T_{max}	$P\pm 1.0$	$d\pm 0.05$
0.01	12	11	5	10	0.6	12	11	5	10	0.6
0.015	13	12	6	10	0.6	13	12	6	10	0.6
0.022	13	12	6	10	0.6	13	12	6	10	0.6
0.033	13	12	6	10	0.6	18	12	6	15	0.8
0.047	18	12	6	15	0.8	18	12	9	15	0.8
0.056	18	12	6	15	0.8	18	12	6	15	0.8
0.1	18	12	6	15	0.8	18	14.5	8.5	15	0.8
0.12	18	13.5	6	15	0.8	18	14.5	8.5	15	0.8
0.15	18	14.5	8.5	15	0.8	18	16.5	8.5	15	0.8
0.18	18	16.5	8.5	15	0.8	18	16	10	15	0.8
0.22	18	14.5	8.5	15	0.8	18	19	11	15	0.8
0.22	26.5	16.5	7	22.5	0.8	26.5	17	8.5	22.5	0.8
0.33	26.5	17	8	22.5	0.8	16.5	19	10	22.5	0.8
0.39	26.5	19	10	22.5	0.8	26.5	20	11	22.5	0.8
0.47	26.5	19	10	22.5	0.8	26.5	23	13	22.5	0.8
0.56	26.5	20	11	22.5	0.8	32	22	13	27.5	0.8
0.68	26.5	23	13	22.5	0.8	32	25	14	27.5	0.8
1	32	25	14	27.5	0.8	32	26	18	27.5	0.8

(2) 物理特性

① 特点。损耗小,内部温升小,高绝缘阻抗,负容量和损耗温度系数,高容量稳定性,阻燃

性能好,防潮性能好。

② 技术参数。MPB 盒式金属化聚丙烯薄膜电容的技术参数列于表 3-44 中,可供应用者参考和查阅。

表 3-44 MPB 盒式金属化聚丙烯薄膜电容的技术参数表

项目	性能要求			
引用标准	GB/T14579(IEC60384-17)			
气候类别	40/105/21			
额定温度	85℃			
工作温度范围	−40～105℃			
额定电压	$300V_{AC}$、$440V_{AC}$			
电容量范围	$0.01\mu F\sim1.0\mu F$			
电容量偏差	±5%(J),±10%(K)(1kHz)			
耐压值	$U_N\times2.5V_{AC}(2S)$			
损耗角正切值	$\leq10\times10^{-4}(20℃;1kHz)$			
绝缘电阻值	$U_N>100V$	$C_R\leq0.33\mu F$	≥100000MΩ	20℃ $100V_{DC}$,1min
		$C_R>0.33\mu F$	≥30000S	

(3) 应用场合

① 适应于电表等降压设备中使用。

② 适应于载波信号传输电路及设备中使用。

7. 金属化聚丙烯薄膜 MPBH 电容

(1) 外形封装

金属化聚丙烯薄膜 MPBH 电容的实物外形及机械结构图如图 3-56 所示,电容的容量和耐压与对应的机械尺寸见表 3-45。

图 3-56 金属化聚丙烯薄膜 MPBH 电容的实物外形及机械结构图

表 3-45 金属化聚丙烯薄膜 MPBH 电容的容量和耐压与对应的机械尺寸表

电容量/μF	700V			电容量/μF	850V			电容量/μF	1000V		
	W	H	T		W	H	T		W	H	T
1.2	42.5	27.5	24.5	0.82	42.5	27.5	24.5	0.68	42.5	27.5	24.5
2.0	42.5	35.5	33.5	1.0	42.5	27.5	24.5	0.75	42.5	27.5	24.5
2.2	42.5	35.5	33.5	1.5	42.5	35.5	33.5	1.2	42.5	35.5	33.5
2.5	42.5	35.5	33.5	2.0	42.5	35.5	33.5	1.5	42.5	35.5	33.5
3.0	42.5	45	33	2.2	42.5	35.5	33.5	1.75	42.5	45	33
3.3	42.5	45	33	2.5	42.5	45	33	2.0	42.5	45	33
3.5	42.5	45	33	3.0	57.5	45	33	2.2	57.5	45	30
4.0	57.5	45	30	3.3	57.5	45	30	3.0	57.5	50	35
4.7	57.5	50	35	4.0	57.5	50	35	3.3	57.5	50	35
5.0	57.5	50	35	4.7	57.5	50	35				
5.6	57.5	50	35								

续表

电容量/μF	1200V W	H	T	电容量/μF	1500V W	H	T	电容量/μF	1700V W	H	T
0.33	42.5	27.5	24.5	0.33	42.5	27.5	24.5	0.22	42.5	27.5	24.5
0.39	42.5	27.5	24.5	0.39	42.5	27.5	24.5	0.33	42.5	27.5	24.5
0.47	42.5	27.5	24.5	0.47	42.5	35.5	33.5	0.47	42.5	35.5	33.5
0.56	42.5	27.5	24.5	0.68	42.5	35.5	33.5	0.56	42.5	35.5	33.5
0.68	42.5	35.5	33.5	0.75	42.5	35.5	33.5	0.68	42.5	35.5	33.5
0.82	42.5	35.5	33.5	1.0	42.5	45	33	0.82	42.5	45	33
1.0	42.5	35.5	33.5	1.2	57.5	45	30	1.0	57.5	45	30
1.2	42.5	45	33	1.5	57.5	50	35	1.2	57.5	45	30
1.5	42.5	45	33	1.8	57.5	50	35	1.5	57.5	50	35
2.0	57.5	45	30								
2.2	57.5	50	35								
2.5	57.5	50	35								
3.0	57.5	50	35								

电容量/μF	2000V W	H	T	电容量/μF	2500V W	H	T	电容量/μF	3000V W	H	T
0.1	42.5	27.5	24.5	0.1	42.5	27.5	24.5	0.047	42.5	27.5	24.5
0.15	42.5	27.5	24.5	0.15	42.5	27.5	24.5	0.068	42.5	27.5	24.5
0.22	42.5	27.5	24.5	0.22	42.5	35.5	33.5	0.100	42.5	35.5	33.5
0.33	42.5	35.5	33.5	0.33	42.5	35.5	33.5	0.150	42.5	35.5	33.5
0.39	42.5	35.5	33.5	0.47	42.5	45	33	0.220	42.5	45	33
0.47	42.5	45	33	0.56	57.5	45	30	0.330	57.5	45	30
0.56	42.5	45	33	0.68	57.5	50	35	0.470	57.5	50	35
0.68	57.5	45	30	0.82	57.5	50	35				
0.82	57.5	45	30								
1.0	57.5	50	35								
1.2	57.5	50	35								

(2) 物理特性

① 特点。高频损耗小,内部温升小,容量、损耗受温度变化小,容量稳定性高,阻燃和防潮性能好,容量和损耗温度系数稳定性高。

② 技术参数。金属化聚丙烯薄膜 MPBH 电容的技术参数列于表 3-46 中,可供应用者参考和查阅。

表 3-46 金属化聚丙烯薄膜 MOBH 电容的技术参数表

项目	性能要求
引用标准	GB10190(IEC60384-16)
气候类别	40/105/21
额定温度	85℃

续表

工作温度范围	−40~105℃		
额定电压	700V、850V、1000V、1200V、1500V、1700V、2000V、2500V、3000V		
电容量范围	0.047μF~5.6μF		
电容量偏差	±5%(J),±10%(K)(1kHz)		
耐压值	2.0U_R(5S)		
损耗角正切值	≤$10×10^{-4}$(20℃;1kHz)		
绝缘电阻值	U_N>100V	C_R≤0.33μF ≥30000MΩ	20℃ 100V_{DC},1min
		C_R>0.33μF ≥3000S	

(3) 应用场合

① 适应于高压、高频脉冲电路中使用。

② 专业的 IGBT 吸收电容。

8. MPR 型金属化聚丙烯薄膜电容

(1) 外形封装

MPR 型金属化聚丙烯薄膜电容的实物外形及机械结构图如图 3-57 所示,电容的容量和耐压与对应的机械尺寸见表 3-47。

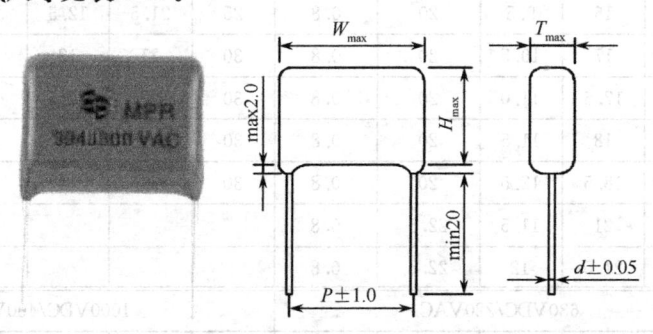

图 3-57 MPR 型金属化聚丙烯薄膜电容的实物外形及机械结构图

表 3-47 MPR 型金属化聚丙烯薄膜电容的容量和耐压与对应的机械尺寸表

电容量/μF	250VDC/160VAC					400VDC/200VAC				
	W_{max}	H_{max}	T_{max}	P±1.0	d±0.05	W_{max}	H_{max}	T_{max}	P±1.0	d±0.05
0.01	12	8	4.5	10	0.6	12	8	4.5	10	0.6
0.012	12	8	4.5	10	0.6	12	8	4.5	10	0.6
0.015	12	8	4.5	10	0.6	12	8	4.5	10	0.6
0.018	12	8	4.5	10	0.6	12	8	4.5	10	0.6
0.022	12	8	4.5	10	0.6	12	8	4.5	10	0.6
0.033	12	8	4.5	10	0.6	12	8	4.5	10	0.6
0.039	12	8	4.5	10	0.6	12	8.5	5.0	10	0.6
0.047	12	8	4.5	10	0.6	12	9.0	5.5	10	0.6
0.056	12	8	4.5	10	0.6	12	9.5	6.0	10	0.6
0.068	12	8	4.5	10	0.6	12	10	6	10	0.6

续表

电容量/μF	250VDC/160VAC					400VDC/200VAC				
	W_{max}	H_{max}	T_{max}	$P\pm1.0$	$d\pm0.05$	W_{max}	H_{max}	T_{max}	$P\pm1.0$	$d\pm0.05$
0.082	12	8	4.5	10	0.6	12	10.5	6.5	10	0.6
0.1	12	9	5	10	0.6	12	11	7.0	10	0.6
0.15	12	10	6	10	0.6	18	10.5	6.5	15	0.8
0.18	12	10	6	10	0.6	18	11	7.0	15	0.8
0.22	12	10.5	6.5	10	0.6	18	11.5	7.5	15	0.8
0.33	18	10	6.5	15	0.8	18	13.5	9.0	15	0.8
0.39	18	11	7.0	15	0.8	18	15	9.0	15	0.8
0.47	18	11.5	7.5	15	0.8	18	16	10	15	0.8
0.56	18	12	8.0	15	0.8	25	14	7.5	22.5	0.8
0.68	18	14	8.0	15	0.8	25	15	9.0	22.5	0.8
0.82	18	15	8.5	15	0.8	25	16.5	10	22.5	0.8
1.0	18	16	9.5	15	0.8	25	17.5	11	22.5	0.8
1.2	23	14.5	8.5	20	0.8	25	18.5	12	22.5	0.8
1.5	23	16	9.5	20	0.8	25	21.5	12.5	22.5	0.8
1.8	23	17	10.5	20	0.8	30	21	12	27.5	0.8
2.0	23	17.5	11.0	20	0.8	30	22	12.5	27.5	0.8
2.2	23	18	11.5	20	0.8	30	22.5	13	27.5	0.8
2.5	23	18.5	12.5	20	0.8	30	23.5	14	27.5	0.8
3.0	25	21	11.5	22.5	0.8					
3.3	25	21.5	12	22.5	0.8					

电容量/μF	630VDC/220VAC					1000VDC/400VAC				
	W_{max}	H_{max}	T_{max}	$P\pm1.0$	$d\pm0.05$	W_{max}	H_{max}	T_{max}	$P\pm1.0$	$d\pm0.05$
0.01	12	8	4.5	10	0.6	12	8	4.5	10	0.6
0.012	12	8	4.5	10	0.6	12	9	5.5	10	0.6
0.015	12	8	4.5	10	0.6	12	9.5	6.0	10	0.6
0.018	12	8	4.5	10	0.6	12	10	6.0	10	0.6
0.022	12	8.5	5.0	10	0.6	12	10.5	6.5	10	0.6
0.033	12	9	5.5	10	0.6	18	10	6	15	0.8
0.039	12	9.5	6.0	10	0.6	18	10.5	6.5	15	0.8
0.047	12	10	6.5	10	0.6	18	11	7.5	15	0.8
0.056	12	10.5	7.0	10	0.6	18	12	8.5	15	0.8
0.068	12	11	7.5	10	0.6	18	12.5	9	15	0.8
0.082	18	10	7	15	0.8	18	13	9.5	15	0.8
0.1	18	11	7	15	0.8	18	14.5	10	15	0.8
0.15	18	12.5	8.5	15	0.8	18	16.5	12	15	0.8
0.18	18	13.5	8.5	15	0.8	25	15	10.5	22.5	0.8

续表

电容量/μF	630VDC/220VAC					1000VDC/400VAC				
	W_{max}	H_{max}	T_{max}	$P\pm1.0$	$d\pm0.05$	W_{max}	H_{max}	T_{max}	$P\pm1.0$	$d\pm0.05$
0.22	18	14.5	9.5	15	0.8	25	17	11	22.5	0.8
0.33	18	16.5	11.5	15	0.8	25	19.5	13.5	22.5	0.8
0.39	25	14.5	10	22.5	0.8	25	20.5	14.5	22.5	0.8
0.47	25	16.5	10	22.5	0.8	25	23	15	22.5	0.8
0.56	25	17.5	11	22.5	0.8	30	22.5	14.5	27.5	0.8
0.68	25	18.5	12	22.5	0.8	30	24	16	27.5	0.8
0.82	25	20.5	12.5	22.5	0.8	30	25.5	17.5	27.5	0.8
1.0	25	23	13.5	22.5	0.8	30	28	19	27.5	0.8
1.2	30	20.5	14.5	27.5	0.8					
1.5	30	24	14.5	27.5	0.8					
1.8	30	25.5	16	27.5	0.8					
2.0	30	26.5	17	27.5	0.8					

(2) 物理特性

① 特点。高频损耗小，内部温升小，容量、损耗受温度变化小，阻燃性能和防潮性能优良。

② 技术参数。MPR 型金属化聚丙烯薄膜电容的技术参数列于表 3-48 中，可供应用者参考和查阅。

表 3-48 MPR 型金属化聚丙烯薄膜电容的技术参数表

项目	性能要求	
引用标准	GB10190(IEC60384-16)	
气候类别	40/105/21	
额定温度	85℃	
工作温度范围	-40～105℃	
额定电压	100V、250V、400V、630V、1000V	
电容量范围	$0.01\mu F$～$3.3\mu F$	
电容量偏差	±5%(J)、±10%(K)、±20%(M)(1kHz)	
耐压值	$1.6U_R$(5S)	
损耗角正切值	$\leqslant 10\times 10^{-4}$(20℃;1kHz)	
绝缘电阻值	$U_N>100V$	$C_R\leqslant 0.33\mu F$ $\geqslant 100000M\Omega$	20℃
		$C_R>0.33\mu F$ $\geqslant 30000S$	$100V_{DC}$,1min

(3) 应用场合

① 广泛适应于高频、直流、交流和脉冲电路中使用。

② 适应于电源整流后的滤波电路中应用。

9. MPT 轴向圆形金属化聚丙烯薄膜电容

(1) 外形封装

MPT 轴向圆形金属化聚丙烯薄膜电容(MPT)的实物外形及机械结构图如图 3-58 所示，电容的容量和耐压与对应的机械尺寸见表 3-49。

(a) 实物图　　　　　　　　　　　(b) 机械结构图

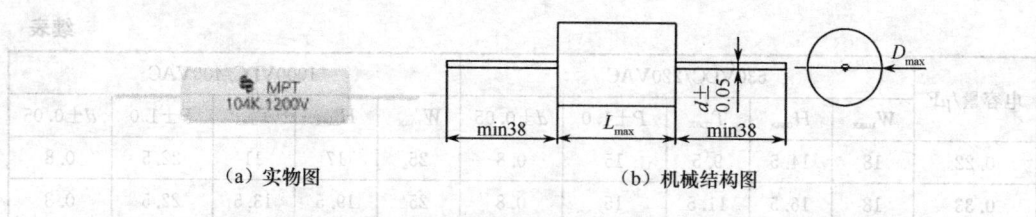

图3-58　MPT轴向圆形金属化聚丙烯薄膜电容(MPT)的实物外形及机械结构图

表3-49　MPT轴向圆形金属化聚丙烯薄膜电容的容量和耐压与对应的机械尺寸表

电容量/μF	100VDC D_{max}	L_{max}	$d\pm0.05$	250VDC D_{max}	L_{max}	$d\pm0.05$	400VDC D_{max}	L_{max}	$d\pm0.05$	630VDC D_{max}	L_{max}	$d\pm0.05$
0.01	5	14	0.6	5	14	0.6	5	14	0.6	6	14	0.6
0.022	7	14	0.6	7	14	0.6	7	14	0.6	8	14	0.6
0.033	7	14	0.6	7	14	0.6	7	14	0.6	9	14	0.6
0.047	7	14	0.6	7	14	0.6	7	14	0.6	10.5	14	0.8
0.068	7.5	14	0.6	7.5	14	0.6	10.5	19	0.8	9.5	19	0.6
0.1	6	19	0.6	6	19	0.6	8	25	0.6	10	25	0.8
0.22	6.5	19	0.6	7.5	19	0.6	9.5	25	0.6	13	25	0.8
0.33	7	19	0.6	9	19	0.6	11	25	0.8	16	25	0.8
0.47	8.5	19	0.6	9	25	0.6	13	25	0.8	19	25	0.8
0.68	9.5	19	0.6	10	25	0.6	15	31	0.8	19	36	0.8
1.0	9.5	25	0.6	10.5	31	0.8	16	36	0.8	19.5	46	0.8
2.2	11.5	31	0.8	15	31	0.8	20	46	0.8	23	56	0.8
3.3	13	31	0.8	17	31	0.8	21	46	0.8	28	56	1.0
4.0	15	31	0.8	19	31	0.8	23	46	0.8	30.5	56	1.0
4.7	16	31	0.8	20	31	0.8	25	46	0.8	33.5	56	1.0
5.6	17.5	31	0.8	21.5	31	0.8	27	46	1.0	36	56	1.0
6.8	19.5	31	0.8	23	31	0.8	30	46	1.0	40	56	1.0
8.2	17	46	0.8	21	46	0.8	32.5	46	1.0	43	56	1.0
10.0	18.5	46	0.8	23	46	0.8	32	56	1.0	43	66	1.0
15.0	22.5	46	0.8	24.5	56	0.8	41	56	1.0			
22.0	24	56	0.8	28.5	61	1.0						
30.0	28.5	56	1.0	32	61	1.0						
33.0	29.5	56	1.0	34	61	1.0						
35.0	40.5	56	1.0									
68.0	41	56	1.0									
82.0	41.5	61	1.0									

(2) 物理特性

① 特点。高抗湿性能，高阻抗，高容量稳定性，具有自恢复功能。

② 技术参数。MPT轴向圆形金属化聚丙烯薄膜电容的技术参数列于表3-50中，可供应用者参考和查阅。

表 3-50 MPT 轴向圆形金属化聚丙烯薄膜电容的技术参数表

项目	性能要求		
引用标准	GB10190(IEC60384-16)		
气候类别	40/105/21		
额定温度	85℃		
工作温度范围	−40～105℃		
额定电压	100V,250V,400V,630V		
电容量范围	0.01～82μF		
电容量偏差	±5%(J),±10%(K)(1kHz)		
耐压值	$1.6U_R$(5S)		
损耗角正切值	≤10×10^{-4}(20℃;1kHz)		
绝缘电阻值	U_N>100V	C_R≤0.33μF ≥100GΩ	20℃
		C_R>0.33μF ≥30000S	$100V_{DC}$,1min

(3) 应用场合
① 广泛适应于视听、通信、电源设备和电路中使用。
② 适应于音响分频电路等各种直流和脉动电路中应用。

10. MPTF 型金属化聚丙烯薄膜电容

(1) 外形封装

MPTF 型金属化聚丙烯薄膜电容的实物外形及机械结构图如图 3-59 所示,电容的容量和耐压与对应的机械尺寸见表 3-51。

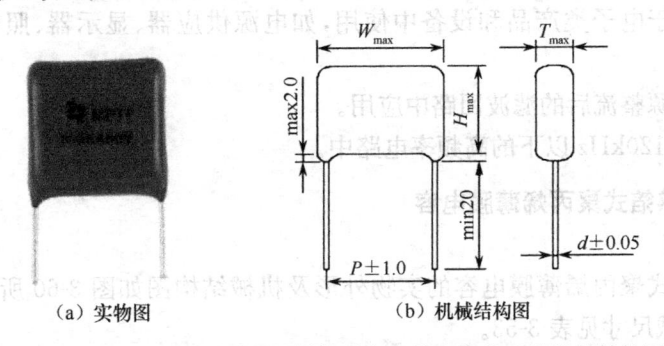

(a) 实物图　　　　　　　　(b) 机械结构图

图 3-59 MPTF 型金属化聚丙烯薄膜电容的实物外形及机械结构图

表 3-51 MPTF 型金属化聚丙烯薄膜电容的容量和耐压与对应的机械尺寸表

电容量/μF	450VDC					630VDC				
	W_{max}	H_{max}	T_{max}	P±1.0	d±0.05	W_{max}	H_{max}	T_{max}	P±1.0	d±0.05
0.1	13	9.5	4.5	10	0.6	13	10	5.0	10	0.6
0.22	13	11.5	6.5	10	0.6	13	12	7.0	10	0.6
0.33	13	13.5	7.5	10	0.6	18	14.5	8	15	0.8
0.47	13	15	9.0	10	0.6	18	16	10	15	0.8
0.56	18	13.5	7	15	0.8	18	18	10	15	0.8
0.68	18	14	8	15	0.8	18	19	11	15	0.8
1.0	18	18	8.5	15	0.8	18	22.5	13	15	0.8
1.5	18	20	10.5	15	0.8	25	21.5	12.5	22.5	0.8
2.2	18	22.5	13	15	0.8	25	24.5	15.5	22.5	0.8

(2) 物理特性

① 特点。低噪声,26dB(max)60Hz;安全膜设计;电容故障时不会着火冒烟,并呈现开路状态;使用 PP 薄膜,耐高温可达 110℃。

② 技术参数。MPTF 型金属化聚丙烯薄膜电容的技术参数列于表 3-52 中,可供应用者参考和查阅。

表 3-52　MPTF 型金属化聚丙烯薄膜电容的技术参数表

项目	性能要求		
引用标准	GB10190(IEC60384-16)		
气候类别	40/105/21		
额定温度	85℃		
工作温度范围	−40～105℃		
额定电压	450V、630V		
电容量范围	0.01～2.2μF		
电容量偏差	±5%(J)、±10%(K)(1kHz)		
耐压值	$1.6U_R$(5S)		
损耗角正切值	$\leqslant 10\times 10^{-4}$(20℃;1kHz)		
绝缘电阻值	$U_N>100V$	$C_R\leqslant 0.33\mu F$　$\geqslant 100000M\Omega$	20℃
		$C_R>0.33\mu F$　$\geqslant 30000S$	$100V_{DC}$,1min

(3) 应用场合

① 广泛适应于电子类产品和设备中使用,如电源供应器、显示器、照明电器、电子镇流器等。

② 适应于电源整流后的滤波回路中应用。

③ 可使用于 120kHz 以下的高频率电路中。

11. PPN 无感箔式聚丙烯薄膜电容

(1) 外形封装

PPN 无感箔式聚丙烯薄膜电容的实物外形及机械结构图如图 3-60 所示,电容的容量和耐压与对应的机械尺寸见表 3-53。

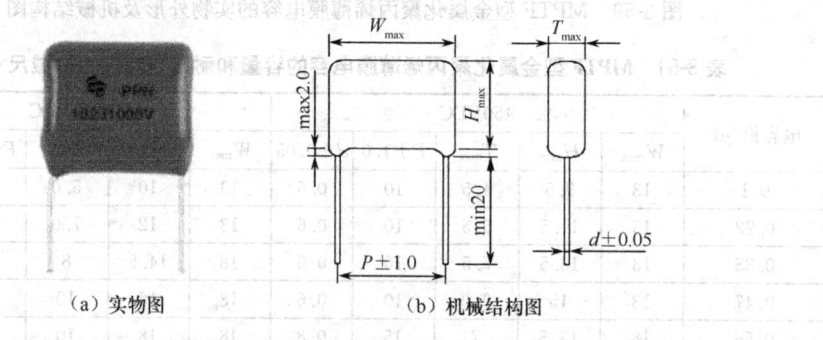

(a) 实物图　　(b) 机械结构图

图 3-60　PPN 无感箔式聚丙烯薄膜电容的实物外形及机械结构图

(2) 物理特性

① 特点。高频损耗小,内部温升小,容量、损耗受温度变化影响小,阻燃性能好,防潮性能优异,容量和损耗因素稳定,同温和同频下串联等效电阻小。

表 3-53　PPN无感箔式聚丙烯薄膜电容的容量和耐压与对应的机械尺寸表

电容量 /μF	100VDC					250VDC				
	W_{max}	H_{max}	T_{max}	$P±1.0$	$d±0.05$	W_{max}	H_{max}	T_{max}	$P±1.0$	$d±0.05$
0.001	13	9.5	5.5	10	0.6	13	10	6	10	0.6
0.0022	13	9.5	5.5	10	0.6	13	10	6	10	0.6
0.0033	13	10	6.5	10	0.6	13	10	6	10	0.6
0.0047	13	10	6.5	10	0.6	13	11.5	6	10	0.6
0.0068	13	11	7	10	0.6	13	12	7	10	0.6
0.01	13	11.5	7	10	0.6	13	13	8	10	0.6
0.015	18	11.5	6	15	0.8	18	12.5	7	15	0.8
0.018	18	11.5	6.5	15	0.8	18	12.5	7.5	15	0.8
0.022	18	12	7.5	15	0.8	18	13.5	8	15	0.8
0.027	18	13.5	7	15	0.8	18	15	8	15	0.8
0.033	18	14	7.5	15	0.8	23	15	8	20	0.8
0.039	18	14.5	8	15	0.8	23	15.5	8.5	20	0.8
0.047	18	15.5	8.5	15	0.8	23	16	9	20	0.8
0.056	23	16.5	8	20	0.8	23	17.5	9	20	0.8
0.068	23	17	8.5	20	0.8	23	18.5	10	20	0.8
0.082	23	17.5	9	20	0.8	23	19	11	20	0.8
0.1	23	18	10	20	0.8	30	18	10	27.5	0.8
0.15	25	21	11	22.5	0.8	30	21	13	27.5	0.8
0.22	30	23	11	27.5	0.8	30	25	13.5	27.5	0.8
0.27	30	25	13	27.5	0.8	30	26	14	27.5	0.8
0.33	30	26	15	27.5	0.8	30	27	15	27.5	0.8
0.39	30	28	17	27.5	0.8	30	29	17	27.5	0.8
0.47	30	29	18	27.5	0.8	30	30	20	27.5	0.8

电容量 /μF	400VDC					630VDC				
	W_{max}	H_{max}	T_{max}	$P±1.0$	$d±0.05$	W_{max}	H_{max}	T_{max}	$P±1.0$	$d±0.05$
0.001	13	10	6	10	0.6	13	10	6	10	0.6
0.0022	13	11	6.5	10	0.6	13	11.5	6.5	10	0.6
0.0033	13	12	7.5	10	0.6	13	12	7.5	10	0.6
0.0047	13	13	8.5	10	0.6	18	13	7.5	15	0.8
0.0068	18	12.5	7	15	0.8	18	15	8	15	0.8
0.01	18	14.5	7.5	15	0.8	23	15.5	8.5	20	0.7
0.015	23	15	8	20	0.8	23	16.5	10	20	0.8
0.018	23	15.5	8.5	20	0.8	23	18.5	10	20	0.8
0.022	23	16	9	20	0.8	23	19	11.5	20	0.8
0.027	23	17.5	9.5	20	0.8	23	20	14	20	0.8
0.033	23	18.5	10	20	0.8	30	19.5	11	27.5	0.8
0.039	23	19	11	20	0.8	30	20	12	27.5	0.8
0.047	23	20	11.5	20	0.8	30	21	13	27.5	0.8
0.056	30	19	11	27.5	0.8	30	22	14	27.5	0.8
0.068	30	20	12	27.5	0.8	30	23.5	15	27.5	0.8
0.082	30	22	12	27.5	0.8					
0.1	30	23	13.5	27.5	0.8					
0.15										
0.22										
0.27										
0.33										
0.39										
0.47										

② 技术参数。PPN无感箔式聚丙烯薄膜电容的技术参数列于表3-54中,可供应用者参考和查阅。

表3-54 PPN无感箔式聚丙烯薄膜电容的技术参数表

项目	性能要求		
引用标准	GB10188(IEC60384-13)		
气候类别	40/105/21		
额定温度	85℃		
工作温度范围	−40~105℃		
额定电压	100V、250V、400V、630V		
电容量范围	0.01~0.47μF		
电容量偏差	±5%(J)、±10%(K)(1kHz)		
耐压值	2.0U_R(5S)		
损耗角正切值	≤10×10^{-4}(20℃;1kHz)		
绝缘电阻值	U_N>100V	C_R≤0.1μF ≥100GΩ	20℃
		C_R>0.1μF ≥100000S	100V_{DC},1min

(3) 应用场合
① 广泛适应于开关电源电路中应用。
② 适应于灯饰产品中应用。
③ 可使用于电焊机和校正电容电路中。

12. PPS高压金属化聚丙烯薄膜/箔式电容

(1) 外形封装

PPS高压金属化聚丙烯薄膜/箔式电容的实物外形及机械结构图如图3-61所示,电容的容量和耐压与对应的机械尺寸见表3-55。

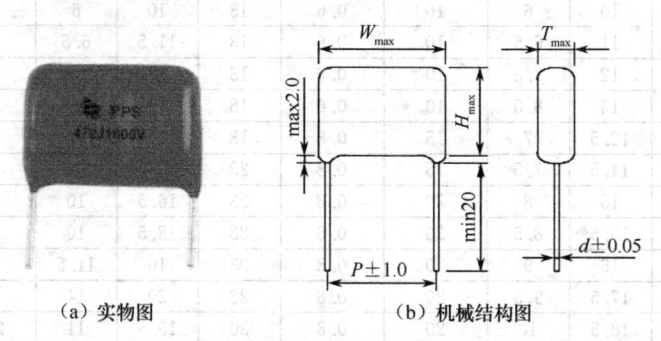

(a) 实物图　　(b) 机械结构图

图3-61 PPS高压金属化聚丙烯薄膜/箔式电容的实物外形及机械结构图

表3-55 PPS高压金属化聚丙烯薄膜/箔式电容的容量和耐压与对应的机械尺寸表

电容量/μF	1000VDC/1250VDC					1600VDDC				
	W_{max}	H_{max}	T_{max}	$P±1.0$	$d±0.05$	W_{max}	H_{max}	T_{max}	$P±1.0$	$d±0.05$
0.001	18	10	6	15	0.8	18	10.5	6	15	0.8
0.0015	18	11	6.5	15	0.8	18	11.5	7	15	0.8
0.0022	18	12.5	7.5	15	0.8	18	13	8	15	0.8
0.0027	18	13.5	8.0	15	0.8	18	11.5	6.5	15	0.8

续表

电容量 /μF	1000VDC/1250VDC					1600VDDC				
	W_{max}	H_{max}	T_{max}	$P\pm1.0$	$d\pm0.05$	W_{max}	H_{max}	T_{max}	$P\pm1.0$	$d\pm0.05$
0.0033	18	14.5	8.5	15	0.8	18	12	7	15	0.8
0.0039	18	12	7.0	15	0.8	18	12	6.5	15	0.8
0.0047	18	12.5	7.5	15	0.8	18	12.5	7	15	0.8
0.0056	18	12	7	15	0.8	18	13	7.5	15	0.8
0.0068	18	13	7.5	15	0.8	18	14	8	15	0.8
0.0082	18	14	8	15	0.8	18	14.5	9.5	15	0.8
0.01	18	14.5	9.5	15	0.8	18	15.5	10	15	0.8
0.015	18	15	10	15	0.8	23	15	10.5	20	0.8
0.022	18	17	11.5	15	0.8	23	17	12.5	20	0.8
0.027	23	15.5	11	20	0.8					
0.033	23	16.5	12	20	0.8					

电容量 /μF	2000VDC					2500VDDC				
	W_{max}	H_{max}	T_{max}	$P\pm1.0$	$d\pm0.05$	W_{max}	H_{max}	T_{max}	$P\pm1.0$	$d\pm0.05$
0.001	18	10.5	6	15	0.8	18	10.5	6	15	0.8
0.0015	18	11.5	7	15	0.8	18	11.5	7	15	0.8
0.0022	18	13	8	15	0.8	18	13	8	15	0.8
0.0027	18	12.5	7	15	0.8	18	12.5	7	15	0.8
0.0033	18	13	7.5	15	0.8	18	13	7.5	15	0.8
0.0039	18	12.5	7.5	15	0.8	18	14	8.5	15	0.8
0.0047	18	13.5	8	15	0.8	18	14.5	9.5	15	0.8
0.0056	18	14.5	8.5	15	0.8	18	15.5	10	15	0.8
0.0068	18	15	10	15	0.8	18	16.5	11	15	0.8
0.0082	18	16	10.5	15	0.8	23	16	11	20	0.8
0.01	18	17	11.5	15	0.8	23	17.5	12.5	20	0.8
0.015	23	17.5	12.5	20	0.8					
0.022	23	20	15	20	0.8					
0.027										
0.033										

(2) 物理特性

① 特点。高频损耗小,内部温升小,容量、损耗受温度变化影响小,阻燃性能好,防潮性能优异。

② 技术参数。PPS高压金属化聚丙烯薄膜/箔式电容的技术参数列于表3-56中,可供应用者参考和查阅。

表 3-56　PPS 高压金属化聚丙烯薄膜/箔式电容的技术参数表

项目	性能要求
引用标准	GB10190(IEC60384-16)
气候类别	40/105/21
额定温度	85℃
工作温度范围	−40～105℃
额定电压	1000V、1250V、1600V、2000V、2500V

项目	性能要求	
电容量范围	0.01～0.1μF	
电容量偏差	±5%(J),±10%(K)(1kHz)	
耐压值	$1.6U_R$(5S)	
损耗角正切值	≤$10×10^{-4}$(20℃;1kHz)	
绝缘电阻值	≥100000MΩ	20℃ $100V_{DC}$,1min

(3) 应用场合

① 广泛适应于高频、直流、交流和脉冲电路中应用。

② 适应于电源整流后的滤波电路中应用。

13. X2金属化聚丙烯薄膜抗干扰安规电容

(1) 外形封装

X2金属化聚丙烯薄膜抗干扰安规电容的实物外形及机械结构图如图3-62所示,电容的容量和耐压与对应的机械尺寸见表3-57。

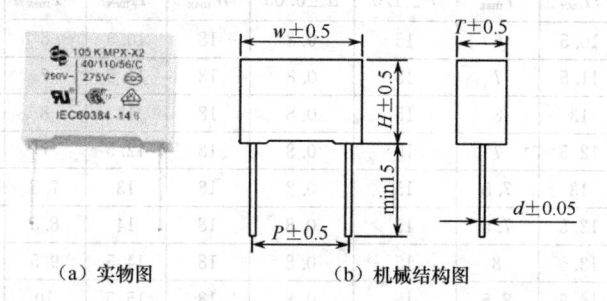

(a) 实物图　　(b) 机械结构图

图 3-62　X2金属化聚丙烯薄膜抗干扰安规电容的实物外形及机械结构图

表 3-57　X2金属化聚丙烯薄膜抗干扰安规电容的容量和耐压与对应的机械尺寸表

电容量/μF	W_{max}	H_{max}	T_{max}	P±1.0	d±0.05	电容量/μF	W_{max}	H_{max}	T_{max}	P±1.0	d±0.05
0.001	10.5	10.0	4.0	7.5	0.6	0.1	13.0	12.0	6.0	10.0	0.6
0.0012	10.5	10.0	4.0	7.5	0.6	0.12	13.0	13.0	7.0	10.0	0.6
0.0018	10.5	10.0	4.0	7.5	0.6	0.15	13.0	14.0	8.0	10.0	0.6
0.0022	10.5	10.0	4.0	7.5	0.6	0.18	13.0	14.0	8.0	10.0	0.6
0.0027	10.5	10.0	4.0	7.5	0.6	0.22	13.0	15.0	8.0	10.0	0.6
0.0033	10.5	10.0	4.0	7.5	0.6	0.01	13.0	11.0	5.0	10.0	0.6
0.0039	10.5	10.0	4.0	7.5	0.6	0.012	13.0	11.0	5.0	10.0	0.6
0.0047	10.5	10.0	4.0	7.5	0.6	0.015	13.0	11.0	5.0	10.0	0.6
0.0056	10.5	10.0	4.0	7.5	0.6	0.018	13.0	11.0	5.0	10.0	0.6
0.0068	10.5	10.0	4.0	7.5	0.6	0.022	13.0	11.0	5.0	10.0	0.6
0.0082	10.5	10.0	4.0	7.5	0.6	0.033	13.0	11.0	5.0	10.0	0.6
0.01	10.5	10.0	4.0	7.5	0.6	0.039	13.0	11.0	5.0	10.0	0.6
0.012	10.5	10.0	4.0	7.5	0.6	0.047	13.0	12.0	6.0	10.0	0.6
0.015	10.5	10.0	4.0	7.5	0.6	0.066	13.0	12.0	6.0	10.0	0.6
0.018	10.5	10.0	4.0	7.5	0.6	0.068	13.0	12.0	6.0	10.0	0.6
0.022	10.5	10.0	4.0	7.5	0.6	0.082	13.0	13.0	7.0	10.0	0.6

续表

电容量/μF	W_{max}	H_{max}	T_{max}	$P\pm 1.0$	$d\pm 0.05$	电容量/μF	W_{max}	H_{max}	T_{max}	$P\pm 1.0$	$d\pm 0.05$
0.027	10.5	11.0	5.0	7.5	0.6	0.1	13.0	13.0	7.0	10.0	0.6
0.033	10.5	11.0	5.0	75	0.6	0.12	13.0	14.0	8.0	10.0	0.6
0.039	10.5	12.0	6.0	7.5	0.6	0.15	13.0	15.0	8.0	10.0	0.6
0.047	10.5	12.0	6.0	7.5	0.6	0.01	18.0	11.0	5.0	15.0	0.6
0.0047	13.0	9.0	4.0	10.0	0.6	0.012	18.0	11.0	5.0	15.0	0.6
0.0056	13.0	9.0	4.0	10.0	0.6	0.015	18.0	11.0	5.0	15.0	0.6
0.0068	13.0	9.0	4.0	10.0	0.6	0.018	18.0	11.0	5.0	15.0	0.6
0.0082	13.0	9.0	4.0	10.0	0.6	0.022	18.0	11.0	5.0	15.0	0.6
0.01	13.0	9.0	4.0	10.0	0.6	0.027	18.0	11.0	5.0	15.0	0.6
0.012	13.0	9.0	4.0	10.0	0.6	0.033	18.0	11.0	5.0	15.0	0.6
0.015	13.0	9.0	4.0	10.0	0.6	0.047	18.0	11.0	5.0	15.0	0.6
0.018	13.0	9.0	4.0	10.0	0.6	0.056	18.0	11.0	5.0	15.0	0.6
0.022	13.0	9.0	4.0	10.0	0.6	0.068	18.0	11.0	5.0	15.0	0.6
0.027	13.0	9.0	4.0	10.0	0.6	0.082	18.0	11.0	5.0	15.0	0.6
0.033	13.0	9.0	4.0	10.0	0.6	0.1	18.0	11.0	5.0	15.0	0.6
0.039	13.0	9.0	4.0	10.0	0.6	0.12	18.0	11.0	5.0	15.0	0.6
0.047	13.0	11.0	5.0	10.0	0.6	0.15	18.0	11.0	6.0	15.0	0.6
0.056	13.0	11.0	5.0	10.0	0.6	0.18	18.0	12.0	6.0	15.0	0.6
0.068	13.0	11.0	5.0	10.0	0.6	0.22	18.0	13.5	75	15.0	0.6
0.082	13.0	12.0	6.0	10.0	0.6	0.27	18.0	13.5	7.5	15.0	0.6
0.33	18.0	14.5	8.5	15.0	0.6	1.2	26.5	25.0	15.0	22.5	0.8
0.39	18.0	16.5	8.5	15.0	0.6	1.5	26.5	25.0	15.0	22.5	0.8
0.47	18.0	16.0	10.0	15.0	0.8	0.47	32.0	18.0	9.0	27.5	0.8
0.56	18.0	19.0	11.0	15.0	0.8	0.56	32.0	18.0	9.0	27.5	0.8
0.6	18.0	19.0	11.0	15.0	0.8	0.68	32.0	18.0	9.0	27.5	0.8
0.68	18.0	19.0	11.0	15.0	0.8	0.82	32.0	18.0	9.0	27.5	0.8
0.1	18.0	12.0	6.0	15.0	0.8	1	32.0	18.0	9.0	27.5	0.8
0.12	18.0	12.0	6.0	15.0	0.8	1.2	32.0	20.0	11.0	27.5	0.8
0.15	18.0	13.5	7.5	15.0	0.8	15	32.0	20.0	11.0	27.5	0.8
0.22	18.0	14.5	8.5	15.0	0.8	1.8	32.0	22.0	13.0	27.5	0.8
0.27	18.0	14.5	8.5	15.0	0.8	2	32.0	25.0	14.0	27.5	0.8
0.33	18.0	16.0	10.0	15.0	0.8	2.2	32.0	25.0	14.0	27.5	0.8
0.39	18.0	19.0	1.0	15.0	0.8	2.7	32.0	28.0	14.0	27.5	0.8
0.47	18.0	19.0	11.0	15.0	0.8	3.3	32.0	28.0	18.0	27.5	0.8
0.15	26.5	15.0	6.0	22.5	0.8	3.9	32.0	33.0	18.0	27.5	0.8
0.18	26.5	15.0	6.0	22.5	0.8	4.7	32.0	33.0	18.0	27.5	0.8
0.22	26.5	15.0	6.0	22.5	0.8	0.82	32.0	20.0	11.0	27.5	0.8
0.27	26.5	15.0	6.0	22.5	0.8	1	32.0	20.0	11.0	27.5	0.8
0.33	26.5	15.0	6.0	22.5	0.8	1.2	32.0	22.0	13.0	27.5	0.8

续表

电容量/μF	W_{max}	H_{max}	T_{max}	$P\pm1.0$	$d\pm0.05$	电容量/μF	W_{max}	H_{max}	T_{max}	$P\pm1.0$	$d\pm0.05$
0.39	26.5	15.0	6.0	22.5	0.8	1.5	32.0	22.0	13.0	27.5	0.8
0.47	26.5	16.0	7.0	22.5	0.8	1.8	32.0	25.0	14.0	27.5	0.8
0.56	26.5	16.0	7.0	22.5	0.8	2	32.0	28.0	14.0	27.5	0.8
0.6	26.5	17.0	8.5	22.5	0.8	2.2	32.0	28.0	14.0	27.5	0.8
0.68	26.5	17.0	8.5	22.5	0.8	2.7	32.0	28.0	18.0	27.5	0.8
0.82	26.5	19.0	10.0	22.5	0.8	3.3	32.0	33.0	18.0	27.5	0.8
1	26.5	19.0	10.0	22.5	0.8	1.5	38.0	23.0	14.0	31.5	1.0
1.2	26.5	20.0	11.0	22.5	0.8	1.8	38.0	26.0	16.0	31.5	1.0
1.5	26.5	23.0	13.0	22.5	0.8	2	38.0	26.0	16.0	31.5	1.0
1.8	26.5	25.0	15.0	22.5	0.8	2.2	38.0	28.0	18.0	31.5	1.0
2	26.5	25.0	15.0	22.5	0.8	2.7	38.0	28.0	18.0	31.5	1.0
0.27	26.5	16.0	7.0	225	0.8	3.3	38.0	30.0	20.0	3.15	1.0
0.33	26.5	16.0	7.0	22.5	0.8	3.9	38.0	35.2	20.7	31.5	1.0
0.39	26.5	17.0	8.5	22.5	0.8	4.7	38.0	35.2	20.7	3.15	1.0
0.47	26.5	19.0	10.0	22.5	0.8	5.6	50.0	32.0	22.0	41.5	1.0
0.56	26.5	19.0	10.0	22.5	0.8	6.8	51.0	37.0	22.0	41.5	1.0
0.68	26.5	19.0	10.0	22.5	0.8	8.2	48.0	37.0	26.0	41.5	1.0
0.82	26.5	20.0	11.0	22.5	0.8	10	51.0	40.0	30.0	41.5	1.0

(2) 物理特性

① 特点。能够承受较高的过电压冲击，具有良好的阻燃性能，具有较高的防潮特性。

② 技术参数。金属化聚丙烯薄膜抗干扰安规电容的技术参数列于表 3-58 中，可供应用者参考和查阅。

表 3-58　X2 金属化聚丙烯薄膜抗干扰安规电容的技术参数表

项目	性能要求	
引用标准	GB/T14472－1998(IEC60384-14)	
气候类别	40/105/21	
额定温度	85℃	
工作温度范围	－40～105℃	
额定电压	1000V、1250V、1600V、2000V、2500V	
电容量范围	0.01～1μF	
电容量偏差	±5%(J)、±10%(K)(1kHz)	
损耗角正切值	0.01μF<C_R≤1μF	≤10×10^{-4}(20℃;1kHz)
		≤20×10^{-4}(20℃;1kHz)
绝缘电阻值	C_R≤0.33μF　≥15000MΩ	20℃100V_{DC},1min
	C_R>0.33μF　≥5000S	
耐压值	电极引线之间	2000V_{DC}(2S)　C_R≤1μF
	引线与外壳之间	2050V_{DC}(2S)

(3) 应用场合

① 广泛适应于高频、直流、交流和脉冲电路中应用。
② 适应于电源整流后的滤波电路中应用。
③ 安规电容。

14. CBB10M 型金属化聚丙无感烯电容

CBB10M 型金属化聚丙烯无感电容具有耐冲击电流、频率特性好、体积小及等效电阻小的特点,适用于高保真音响电路和交流电路。其主要技术参数及外形尺寸见表 3-59。

表 3-59　CBB10M 型金属化聚丙烯无感电容的主要技术参数表

标称容量 /μF	外形尺寸/mm				其他参数
	D	L	L_1	d	
0.1	6	24	25	0.6	① 允许偏差:±5%,±10%。② 额定电压:DC 350V 或 AC 250V。③ 耐压:DC 530V。④ 绝缘电阻:极间,≥3000MΩ·μF;极壳之间,5000MΩ。⑤ 损耗角正切:≤0.0008(1kHz)⑥ 等效串联电阻:≤0.02Ω(20kHz)外形尺寸:
0.22	8			
0.33	10			
0.47	11			
0.68	13			
0.82	14			
1	12			0.8
1.5	15			
2	17			
2.2	18			
2.4	19			
2.8	20	30	35	
3.3	21			
4.7	26			
5	27			
6.8	27			
8.2	30			1
10	35			
15	37	45	45	
20	42			
30	50			
33	52			

15. CBB18 型聚丙烯薄膜电容

CBB18 型聚丙烯薄膜电容具有耐脉冲性能好、损耗小、绝缘电阻高、能承受高频率大电流等特点,适用于节能灯、电子镇流器及其他电子仪器的交流(直流)及脉冲电路。其外形如图 3-63 所示,主要技术参数见表 3-60,标称容量、额定电压与外形尺寸见表 3-61。

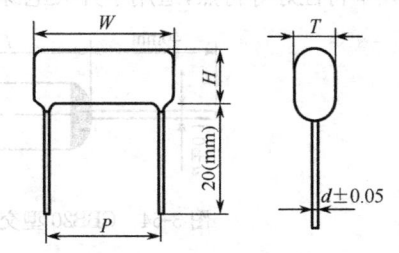

图 3-63　CBB18 型聚丙烯薄膜电容的外形图

表 3-60　CBB18 型聚丙烯薄膜电容的主要技术参数表

容量范围/μF	允许偏差/%	额定电压/V	耐压	绝缘电阻/MΩ	损耗角正切 tanδ	环境温度/℃
0.001～0.1	±5,±10	100、630	2 倍额定电压	≥30000	≤10×10⁻⁴(10kHz)	−40～+85

213

表 3-61 CBB18 型聚丙烯薄膜电容的标称容量、额定电压与外形尺寸表

标称容量 /μF	额定电压/V 100 外形尺寸/mm					630				
	W	H	T	P	d	W	H	T	P	d
0.001	12	11	7	8	—	—	9	6	8	—
0.0012							11			
0.0015	13	12					10			
0.0018								7		
0.0022	14	13	10				14			0.6
0.0027									10	
0.0033			8				11			
0.0039				11						
0.0047	15	14			0.8		15			
0.0056							12			
0.0068								8		
0.0082		15		14			18		14	
0.01	18	16					14			
0.012										
0.015		17	9				15			
0.018	23			18				9		
0.022			10				23			
0.027							17		18	
0.033							18	10		0.8
0.039							12			
0.047	—	—	—	—	—		20			
0.056							13			
0.068						27	21		22	
0.082							22	14		
0.1							23	15		

16. CBB20 型交流金属化聚丙烯薄膜电容

CBB20 型交流金属化聚丙烯薄膜电容采用聚乙烯膜为介质,再在介质上真空蒸发金属为电极卷绕而成,外包封采用胶带缠绕,两端灌封环氧树脂。它具有体积小、重量轻、损耗小、绝缘电阻高、频率特性好等特点,适用于开关电源电路,其外形如图 3-64 所示,主要特性参数见表 3-62。

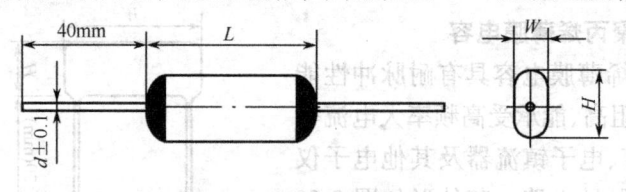

图 3-64 CBB20 型交流金属化聚丙烯薄膜电容的外形图

17. CBB21、CBB21B 型金属化聚丙烯薄膜直流电容

CBB21、CBB21B 型金属化聚丙烯薄膜直流电容用阻燃环氧树脂包封,其中 CBB21B 型金属化聚丙烯薄膜直流电容外部又采用了塑料壳封装。它们具有损耗低、绝缘电阻高、电容量稳定性好等特点,适用于广播电视及各种仪器和通信设备的直流及脉动电路。它们的外形如图 3-65 所示,主要技术参数见表 3-63,CBB21 型的标称容量、额定电压与外形尺寸见表 3-64,CBB21B 型的标称容量、额定电压与外形尺寸见表 3-65。

表 3-62 CBB20 型交流金属化聚丙烯薄膜电容的主要特性参数

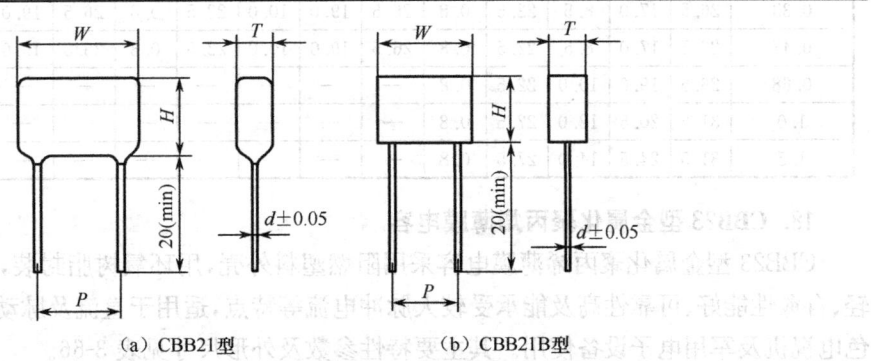

标称容量 /μF	额定电流 /V	允许偏差 /%	绝缘电阻	耐压	损耗角正切 tanδ	外形尺寸(mm) L	W	H	d	环境温度 /℃
1	AC 250	±5 ±10	≥300 MΩ·μF	1.5 倍额定电压	≤0.001	32	7	16	1	−55～+85
2						32	12	22		
3.3						40	16	30		
5						40	18	27		
10						58	19	28		
250						58	29	38		
1	AC 450					38	13	23	1	
2						48	16	25		
3						48	21	30		
5						58	24	33		
10						58	35	14		

(a) CBB21型　　(b) CBB21B型

图 3-65 CBB21、CBB21B 型金属化聚丙烯薄膜直流电容的外形图

表 3-63 CBB21、CBB21B 型金属化聚丙烯薄膜直流电容主要技术参数表

型号	容量范围 /μF	允许偏差 /%	额定电压 /V	耐压	绝缘电阻 ≤0.1μF	>0.1μF	损耗角正切 tanδ	环境温度 /℃
CBB21	0.01～0.68	±5、±10、±20	200/250、400、630	1.6 倍额定电压	30000MΩ	R_C=3000s	≤0.0008 (1kHz)	−40～+85
CBB21B	0.01～1.5							

表 3-64 CBB21 型金属化聚丙烯薄膜直流电容的标称容量、额定电压与外形尺寸表

电容量 /μF	200V/250V W	H	T	P	d	400V W	H	T	P	d	630V W	H	T	P	d
0.01	11.0	8.0	5.0	7.5	0.6	11.0	10.5	6.0	7.5	0.6	15.0	11.0	5.0	10.0	0.6
0.015	11.0	8.0	5.0	7.5	0.6	11.0	11.5	7.0	7.5	0.6	15.0	11.0	5.0	10.0	0.6
0.022	11.0	10.0	5.0	7.5	0.6	11.0	12.0	7.5	7.5	0.6	15.0	12.0	5.0	10.0	0.6
0.033	11.0	10.5	6.5	7.5	0.6	15.0	13.0	7.5	10.0	0.6	20.0	12.0	5.0	15.0	0.6
0.047	11.0	12.0	7.5	7.5	0.6	15.0	13.5	7.5	10.0	0.6	20.0	12.0	6.0	15.0	0.6
0.068	15.0	14.0	7.0	10.0	0.6	15.0	14.5	9.5	10.0	0.6	20.0	13.0	6.0	15.0	0.6
0.1	15.0	13.5	7.5	10.0	0.6	20.0	15.0	8.5	15.0	0.6	20.0	14.5	9.0	15.0	0.6
0.15	20.0	13.5	7.0	15.0	0.6	20.0	16.0	7.0	15.0	0.6	26.0	15.0	7.0	22.0	0.8
0.22	20.0	16.0	7.5	15.0	0.6	20.0	16.5	8.0	15.0	0.6	26.0	17.0	8.5	22.0	0.8
0.33	20.0	17.5	9.0	15.0	0.8	26.0	18.0	8.5	22.0	0.8	26.0	19.0	10.0	22.0	0.8
0.47	26.0	19.0	8.0	22.0	0.8	26.0	19.0	9.5	22.0	0.8	26.0	20.0	10.0	22.0	0.8
0.68	26.0	19.0	10.5	22.0	0.8	—									

表 3-65　CBB21B 型金属化聚丙烯薄膜直流电容的标称容量、额定电压与外形尺寸表

电容量 /μF	200V/250V					400V					630V				
	W	H	T	P	d	W	H	T	P	d	W	H	T	P	d
0.01	10.5	9.0	4.0	7.5	0.6	10.5	11.0	5.0	7.5	0.6	13.0	11.0	5.0	10.0	0.6
0.015	10.5	11.0	5.0	7.5	0.6	10.5	12.0	6.0	7.5	0.6	13.0	11.0	5.0	10.0	0.6
0.022	10.5	11.0	5.0	7.5	0.6	10.5	12.0	6.0	7.5	0.6	13.0	11.0	5.0	10.0	0.6
0.033	10.5	12.0	6.0	7.5	0.6	13.0	14.5	7.5	10.0	0.8	18.0	11.0	5.0	15.0	0.8
0.047	10.5	12.0	6.0	7.5	0.6	13.0	14.5	7.5	10.0	0.8	18.0	11.0	5.0	15.0	0.8
0.068	13.0	14.5	7.5	10.0	0.8	13.0	14.5	7.5	10.0	0.8	18.0	11.0	5.0	15.0	0.8
0.1	13.0	14.5	7.5	10.0	0.8	18.0	11.0	5.0	15.0	0.8	18.0	13.5	7.5	15.0	0.8
0.15	18.0	13.5	7.5	15.0	0.8	18.0	13.5	7.5	15.0	0.8	18.0	13.5	7.5	15.0	0.8
0.22	18.0	14.5	8.5	15.0	0.8	18.0	13.5	7.5	15.0	0.8	26.5	17.0	8.5	22.5	0.8
0.33	26.5	17.0	8.5	22.5	0.8	26.5	19.0	10.0	22.5	0.8	26.5	19.0	10.0	22.5	0.8
0.47	26.5	17.0	8.5	22.5	0.8	26.5	19.0	10.0	22.5	0.8	26.5	19.0	10.0	22.5	0.8
0.68	26.5	19.0	10.0	22.5	0.8	—	—	—	—	—	—	—	—	—	—
1.0	31.5	20.5	12.0	27.5	0.8	—	—	—	—	—	—	—	—	—	—
1.5	31.5	24.5	14.0	27.5	0.8	—	—	—	—	—	—	—	—	—	—

18. CBB23 型金属化聚丙烯薄膜电容

CBB23 型金属化聚丙烯薄膜电容采用阻燃塑料外壳,用环氧树脂封装,具有体积小、重量轻、自愈性能好、可靠性高及能承受较大脉冲电流等特点,适用于直流及脉动电路,特别适合彩色电视机及军用电子设备使用。其主要特性参数及外形尺寸见表 3-66。

表 3-66　CBB23 型金属化聚丙烯薄膜电容的主要特性参数表

标称容量 /μF	额定电压								其他参数
	DC 250V/AC 200V				DC 400V/AC 220V				
	外形尺寸/mm								
	B	H	L	P	B	H	L	P	
0.01,0.012	—	—	—	—	4	9	13	10	① 允许偏差:±5、±10、±20 ② 耐压:1.5 倍额定电压 ③ 绝缘电阻:≤0.33μF,>100000MΩ;>0.33μF,RC≥300s ④ 损耗角正切:≤0.001(1kHz) ⑤ 使用环境温度:-55℃~+100℃
0.015,0.018	—	—	—	—	5	11	13	10	
0.022	4	9	13	10	5	11	13	10	
0.027	5	11	13	10	6	12	13	10	
0.033	5	11	13	10	5	11	13	10	
0.039	6	12	13	10	6	12	18	10	
0.047,0.056	5	11	18	15	6	12	18	10	
0.068	6	12	18	15	7.5	13.5	18	15	
0.082	6	12	18	15	8.5	14.5	18	15	
0.10	7.5	13.5	18	15	8.5	14.5	18	15	
0.12	7.5	13.5	18	15	7	16	26.5	22.5	
0.15	8.5	14.5	18	15	7	16	26.5	22.5	
0.18	6	15	26.5	22.5	8.5	17	26.5	22.5	
0.22	6	15	26.5	22.5	10	18.5	26.5	22.5	
0.27	7	16	26.5	22.5	10	18.5	26.5	22.5	
0.33	8.5	17	26.5	22.5	11	20	32	27.5	
0.39	8.5	17	26.5	22.5					
0.47,0.56	10	18.5	26.5	22.5					
0.68	11	20	26.5	22.5					

19. CBB25型金属化聚丙烯薄膜电容

CBB25型金属化聚丙烯薄膜电容采用阻燃塑料外壳,用环氧树脂封装,具有体积小、重量轻、自愈性能好、可靠性高、电性能优良等特点,适用于直流或脉动电路。其外形如图3-66所示,主要特性参数见表3-67,标称容量、额定电压与外形尺寸见表3-68。

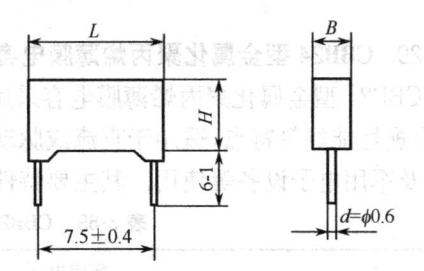

图3-66 CBB25型金属化聚丙烯薄膜电容的外形图

表3-67 CBB25型金属化聚丙烯薄膜电容的主要特性参数表

容量范围	允许偏差/%	额定电压/V	耐压	绝缘电阻(MΩ) ≤100V	绝缘电阻(MΩ) >100V	损耗角正切 $\tan\delta$	环境温度/℃
1000pF~0.22μF	±5,±10	DC 100V/AC 63V DC 250V/AC 160V DC 400V/AC 200V DC 630V/AC 220V	1.6倍额定电压	12500	25000	≤0.001 (1kHz)	+55~+85

表3-68 CBB25型金属化聚丙烯薄膜电容的标称容量、额定电压与外形尺寸表

标称容量	DC 100V/AC 63V B	DC 100V/AC 63V H	DC 100V/AC 63V L	DC 250V/AC 160V B	DC 250V/AC 160V H	DC 250V/AC 160V L	DC 400V/AC 200V B	DC 400V/AC 200V H	DC 400V/AC 200V L	DC 630V/AC 250V B	DC 630V/AC 250V H	DC 630V/AC 250V L
1000pF	3.5	6.5		3.5	6.5							
1200pF										3.5	6.5	
1500pF												
1800pF												
2200pF										4	9	10.5
2700pF												
3300pF							4	9				
3900pF										5	11	
4700pF									10.5			
5600pF										6	12	
6800pF												
8200pF												
0.01μF			10.5			10.5	5	11				
0.012μF												
0.015μF							6	12				
0.018μF												
0.022μF	4	9		4	9							
0.027μF												
0.033μF												
0.039μF										—	—	—
0.047μF												
0.056μF				5	11							
0.068μF												
0.082μF	5	11		6	12							
0.1μF												
0.12μF												
0.15μF	6	12		—	—	—						
0.18μF												
0.22μF												

20. CBB24 型金属化聚丙烯薄膜电容

CBB24 型金属化聚丙烯薄膜电容采用阻燃塑料外壳,用环氧树脂封装,具有体积小、重量轻、自愈性能好等特点,适用于直流或脉动电路,特别适合影像电视机、程控交换机、电子仪器仪表及军用电子设备等使用。其主要特性参数及外形尺寸见表 3-69。

表 3-69 CBB24 型金属化聚丙烯薄膜电容

标称容量	额定电压 DC 250V/AC 200V	DC 400V/AC 220V	DC 630V/AC 250V	其他参数
	外形尺寸/mm B×H×L×P	B×H×L×P	B×H×L×P	
2200pF			4×9×13×10	① 允许偏差:±5、±10、±20
3300pF			4×9×13×10	② 耐压:1.6 倍额定电压
4700pF			4×9×13×10	③ 绝缘电阻:≤0.33μF,≥2500MΩ;
6800pF			4×9×13×10	>0.33μF,RC≥7500s
0.01μF		4×9×13×10	5×11×13×10	④ 损耗角正切≤0.005
0.015μF		4×9×13×10	6×12×13×10	⑤ 使用环境温度:−40℃~+85℃
0.022μF	4×9×13×10	5×11×13×10	5×11×18×15	
0.033μF	4×9×13×10	6×12×13×10	6×12×18×15	
0.047μF	5×11×13×10	6×12×13×10	7.5×13.5×18×15	
0.068μF	6×12×13×10	6×12×18×15	8.5×14.5×18×15	
0.10μF	5×11×18×15	7.5×13.5×18×15	7×6×26.5×22.5	
0.15μF	6×12×18×15	8.5×14.5×18×15	8.5×17×26.5×22.5	
0.22μF	7.5×13.5×18×15	7×16×26.5×22.5	—	
0.33μF	6×15×26.5×22.5	8.5×17×26.5×22.5	—	
0.47μF	7×16×26×22.5	—	—	
0.68μF	10×18.5×26.5×22.5	—	—	

21. CBB30 型交流密封金属化聚丙烯电容

CBB30 型交流密封金属化聚丙烯电容具有损耗值小、绝缘电阻高等特点,作为大容量积分电容在计算机电路中得到了广泛的应用。其主要特性参数及外形尺寸见表 3-70。

表 3-70 CBB30 型交流密封金属化聚丙烯电容的主要特性参数表

标称容量/μF	额定电压/(V,AC) 125		250		其他参数
	外形尺寸/mm D	L	D	L	
0.1	10	30	10		① 允许偏差:±5%、±10%、±20%。
0.15	10		12	35	② 绝缘电阻:引出端之间:≥1000MΩ·μF;
0.22		35			引出端与壳体制:≥5000MΩ·μF。
0.33	12				③ 损耗角正切 tanδ:≤0.005。
0.47	14		14		④ 耐压:1.5 倍额定电压
0.68		50	16	50	⑤ 使用温度范围:−55~+70℃
1	16		18		外形图
2	18	60			

22. CBB40 型金属化聚丙烯交流电容

CBB40 型金属化聚丙烯交流电容为金属外壳全密封结构,具有自愈特性好、电性能优良、损耗小、交流特性好及稳定性高等特点,适用于 400Hz 交流电路。其主要特性参数及外形图见表 3-71。

表 3-71　CBB40 型金属化聚丙烯交流电容的主要特性参数表

标称容量 /μF	额定电压/V								其他参数及外形图
	AC 115				AC 200				
	外形尺寸/mm								
	L	B	H	A	L	B	H	A	
0.47						11			① 允许偏差:±15%,±10%,±20%。 ② 耐压:1.5 倍额定电压。 ③ 绝缘电阻:5000MΩ·μF。 ④ 损耗角正切 tanδ≤0.01。 ⑤ 使用环境温度:−55~+85℃
0.68					31	16	26	13	
1	31	16	26	13		26			
2		31				16			
4		21				26			
6		26			46	31	51	25	
8	46	31	51	25		41			
10		41			—	—	—	—	

23. CBB62、CBB62B 型金属化聚丙薄膜交流电容

CBB62、CBB62B 型金属化聚丙薄膜交流电容均采用阻燃环氧树脂包封,而 CBB62B 型电容则外部用塑料壳封装。它们均具有损耗低、绝缘电阻高、电容量稳定性好等特点。适用于要求损耗低、内部温升小的交流电路。它们的外形如图 3-67 所示,CBB62、CBB62B 型金属化聚丙薄膜交流电容的主要特性参数见表 3-72,CBB62 型金属化聚丙薄膜交流电容的标称容量、额定电压与外形尺寸见表 3-73,CBB62B 型金属化聚丙薄膜交流电容的标称容量、额定电压与外形尺寸见表 3-74。

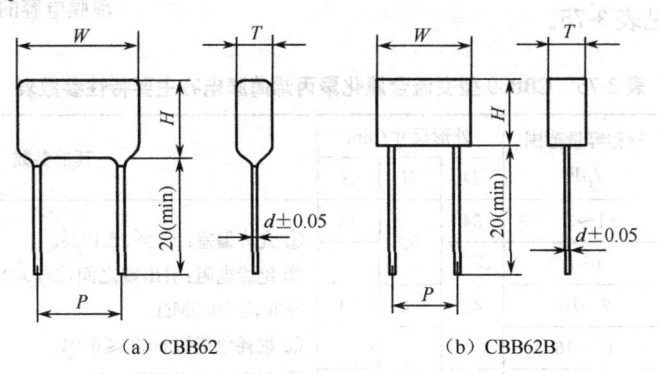

图 3-67　金属化聚丙薄膜交流电容的外形图

表 3-72 CBB62、CBB62B 型金属化聚丙薄膜交流电容的主要特性参数表

型号	容量范围 /μF	允许偏差 /%	额定电压 /V	耐 压	绝缘电阻 ≤0.1μF	绝缘电阻 >0.1μF	损耗角正切 tanδ	环境温度 /℃
CBB62	0.01～0.47	±5、±10、±20	AC 250 AC 275	1075V(60s) 2000V(1s) 1075V(5s)	3000MΩ	RC3000	≤0.008	－40～＋85
CBB62B	0.01～1							

表 3-73 CBB62 型金属化聚丙薄膜交流电容的标称容量、额定电压与外形尺寸表

电容量 /μF	CBB62 尺寸/mm W	H	T	P±1.5	d±0.05
0.01	14.0	11.0	5.0	10.0	0.6
0.015	14.0	11.0	5.0	10.0	0.6
0.022	14.0	11.0	5.0	10.0	0.6
0.033	19.0	11.0	5.0	15.0	0.8
0.047	14.0	16.0	9.0	15.0	0.8
	19.0	11.0	6.0	15.0	0.8
0.068	19.0	12.0	6.0	15.0	0.8
0.1	19.0	13.5	7.5	15.0	0.8
0.15	19.0	14.5	8.5	15.0	0.8
0.22	26.5	17.0	8.5	22.0	0.8
0.33	26.5	19.0	10.0	22.0	0.8
0.47	26.5	19.0	10.0	22.0	0.8

表 3-74 CBB62B 型金属化聚丙薄膜交流电容的标称容量、额定电压与外形尺寸表

电容量 /μF	CBB62B 尺寸/mm W	H	T	P±1.5	d±0.05
0.01	13.0	11.0	5.0	10.0	0.6
0.015	13.0	11.0	5.0	10.0	0.6
0.022	13.0	11.0	5.0	10.0	0.6
0.033	18.0	11.0	5.0	15.0	0.8
0.047	18.0	11.0	5.0	15.0	0.8
0.068	18.0	12.0	6.0	15.0	0.8
0.1	18.0	13.5	7.5	15.0	0.8
	18.0	14.5	7.5	15.0	0.8
0.15	18.0	13.5	7.5	15.0	0.8
0.22	18.0	14.5	8.5	15.0	0.8
	26.5	17.0	8.5	22.5	0.8
0.33	26.5	19.0	10.0	22.5	0.8
0.47	26.5	19.0	10.0	22.5	0.8
0.68	31.5	22.0	13.0	27.5	0.8
1.0	31.5	22.0	13.0	27.5	0.8

24. CBB60 型交流电动机用聚丙烯电容

CBB60 型交流金属化聚丙烯薄膜电容可在额定条件下连续或间歇工作,安全可靠,适用于频率为 50Hz(60Hz) 的交流电惊,供单相电动机的启动和运转用,也可用于其他电气设备。其外形如图 3-68 所示,主要特性参数见表 3-75。

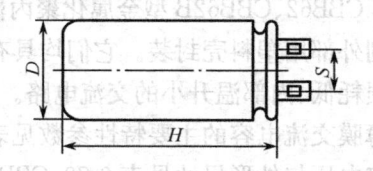

图 3-68 CBB60 型交流金属化聚丙烯薄膜电容的外形图

表 3-75 CBB60 型交流金属化聚丙烯薄膜电容主要特性参数表

额定电压 /V	标称容量范围 /μF	外形尺寸/mm D	H	S	其他参数
AC 400/AC 450	1～3	34	60	12	① 允许偏差:±5%、±10%。② 绝缘电阻:引出端之间,≥3000MΩ·μF;引出端与外壳间,≥1000MΩ。③ 损耗角正切 tanδ:≤0.04④ 耐压:1.5 倍额定电压。⑤ 使用温度范围:－40～＋70℃
	4～6				
	8～10	42	70	14	
	12～16		95		
	20～25	50		18	
	30～40		125		

25. CBB61型金属化聚丙烯薄膜电容

CBB61型金属化聚丙烯薄膜电容采用阻燃塑料外壳,具有体积小、重量轻、损耗角正切值小及自愈特性好等特点,适用于电冰箱、电风扇、电动缝纫机等各种家用电器电路。其外形如图 3-69 所示,主要特性参数见表 3-76,标称容量、额定电压与外形尺寸见表 3-77。

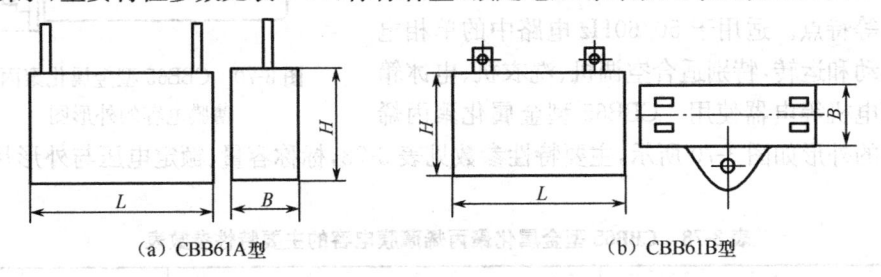

(a) CBB61A型　　　　　(b) CBB61B型

图 3-69　CBB61型金属化聚丙烯薄膜电容的外形图

表 3-76　CBB61型金属化聚丙烯薄膜电容的主要特性参数表

容量范围/μF	允许偏差/%	额定电压/(V,AC)	耐压	绝缘电阻	损耗角正切 $\tan\delta$	环境温度/℃
1～32	±5,±10	250,350,400,500	1.25倍额定电压	$RC=3000\mathrm{s}$	≤0.004(100Hz)	-40～+70

表 3-77　CBB61型金属化聚丙烯薄膜电容的标称容量、额定电压与外形尺寸表

标称容量/μF	额定电压/(V,AC) 250 外形尺寸/mm L×B×H	350 L×B×H	400 L×B×H	500 L×B×H
1	32×13×32	32×15×30	32×15×30	37×14×26
1.2	32×13×32	32×15×30	47×14×28	32×18×18
1.5	32×15×30	47×24×28	47×14×28	32×18×18
2	32×15×30	47×24×28	47×18×34	47×18×34
2.5	47×14×28	47×18×34	47×18×34	47×18×34
2.75	47×14×28	47×18×34	47×22×34	47×22×34
3	47×14×28	47×18×34	47×22×34	47×22×34
3.5	47×14×28	47×18×34	47×22×34	47×22×34
4	47×18×34	47×22×34	47×28×34	47×28×34
4.5	47×18×34	47×22×34	47×28×34	47×28×34
4.75	47×18×34	47×28×34	47×28×45	47×28×34
5	47×18×34	47×28×34	47×28×45	47×28×34
6	47×32×34	47×28×45	47×28×45	
8	47×28×45	47×28×45	48×33×49	
10	47×28×45	48×33×49	70×38×44	—
12	47×28×45			
16	50×27×40		—	
20	48×33×49			
32	70×38×44			

221

26. CBB65型金属化聚丙烯薄膜电容

CBB65型金属化聚丙烯薄膜电容采用圆柱形铝外壳(底部可带螺栓),内部有压力式防爆装置,引出端为焊片结构。具有体积小、重量轻、自愈性好、使用安全可靠等特点。适用于50/60Hz电路中的单相电动机的启动和运转,特别适合空调机、洗衣机、电冰箱以及微型电机等电器使用。CBB65型金属化聚丙烯薄膜电容的外形如图3-70所示,主要特性参数见表3-78,标称容量、额定电压与外形尺寸见表3-79。

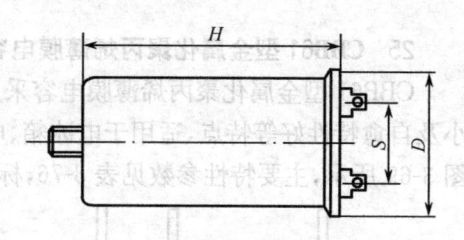

图3-70 CBB65型金属化聚丙烯薄膜电容的外形图

表3-78 CBB65型金属化聚丙烯薄膜电容的主要特性参数表

容量范围 /μF	允许偏差 /%	额定电压 /(V,AC)	绝缘电阻 极间	绝缘电阻 极壳间	耐压	损耗角正切 tanδ	环境温度 /℃
4~50	±5,±10	250,400/450,500	≥10000MΩ·μF	≥5000MΩ	1.75倍额定电压	≤2×10⁻⁴ (100MHz)	-40~+70

表3-79 CBB65型金属化聚丙烯薄膜电容的标称容量、额定电压与外形尺寸表

额定电压 /(V,AC)	标称容量 /μF	D	H	S	额定电压 /(V,AC)	标称容量 /μF	D	H	S
250	4	30	60	12.5	500	4	34	60	12.5
250	6	30	60	12.5	500	6	34	60	12.5
250	8	34	60	12.5	500	8	42	60	12.5
250	10	34	60	12.5	500	10	42	60	15
250	15	42	60	15	500	15	45	80	15
250	18	42	60	15	500	18	45	80	15
250	20	42	60	15	500	20	45	80	20
250	25	45	82	15	500	25	50	80	20
250	30	45	82	15	500	30	50	80	20
250	35	50	82	20	500	35	55	103	25
250	40	50	82	20	500	40	60	103	25
250	45	50	103	20	500	45	60	103	25
250	50	50	103	20	500	50	65	103	25
400/450	4	30	60	12.5					
400/450	6	34	60	12.5					
400/450	8	34	60	12.5					
400/450	10	34	60	12.5					
400/450	15	42	82	15					
400/450	18	42	82	15					
400/450	20	42	82	15					
400/450	25	45	82	15					
400/450	30	45	82	15					
400/450	35	50	103	20					
400/450	40	50	103	20					
400/450	45	55	103	25					
400/450	50	69	103	25					

27. CBB81(CB221)型高压聚丙烯电容

CBB81型(CBB221)型高压金属化/箔式聚丙烯薄膜电容为内串联无感式结构,用阻燃环氧树脂包封,引脚为单向引出,具有损耗小、绝缘电阻高、能承受高电压与脉冲大电流等特点,适合在彩色电视机、显示器中作行回扫逆程电容使用,也适用于其他电子设备的高压及脉冲电路。其外形如图3-71所示,主要特性参数见表3-80,标称容量、额定电压与外形尺寸见表3-81。

图3-71 CBB81型(CBB221)型高压金属化/箔式聚丙烯薄膜电容的外形图

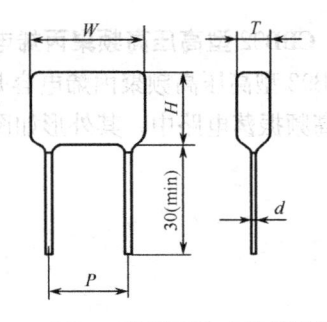

表3-80 CBB81型(CBB221)型高压金属化/箔式聚丙烯薄膜电容的主要特性参数表

容量范围/μF	允许偏差/%	额定电压/(V,DC)	耐压	绝缘电阻/MΩ	损耗角正切 tanδ	环境温度/℃
0.001~0.033	±3、±5、±10	1200、1600、2000	1.8倍额定电压	3000(20℃)	<0.001(1kHz),<0.002(10kHz)	−40~+85

表3-81 CBB81型(CBB221)型高压金属化/箔式聚丙烯薄膜电容的标称容量、额定电压与外形尺寸表

标称容量/μF	额定电压/(V,DC) 1250 外形尺寸/mm W×H×T×P	1600 W×H×T×P	2000 W×H×T×P
0.001	21×14×8×16		
0.0012	21×14×8×16	24×14×8×19	24×14×8×19
0.0015	21×14×8×16		
0.0018	21×14×8×16		
0.0022		24×15×9×19	24×15×9.5×19
0.0027		24×16×10×19	24×16×10×19
0.0033		24×17×10×19	26×16.5×9.5×21
0.0039	21×15×9×16	26×17×10×21	26×18×10×21
0.0043	21×15×9×16	26×17.5×10×21	26×18×10.5×21
0.0047		26×18×10.5×21	26×18×11×21
0.0051	21×16×9×16	26×8.5×11×21	26×19×11×21
0.0056	21×16×9×16	30×18×10×25	26×18×10×25
0.0062	21×17×9.5×16	30×18.5×10×25	30×19×10×25
0.0068	21×18×10×16	30×18.5×10.5×25	30×19×10.5×25
0.0082	26×14.5×8.5×21	30×19×11.5×25	30×19.5×11.5×25
0.01	26×16.5×9.5×21	30×19.5×12×25	30×20×12.5×25
0.012	26×17.5×10.5×21	33×20×11.5×28	
0.015	26×19×12×21	33×21×12×28	
0.018	30×19×10.5×25	33×21×14×28	
0.022	30×19.5×11×25	33×22×14×28	—
0.027	30×20×12×25	33×23×14×28	
0.033	33×21×13×28	33×24×14×28	

28. CBB92型高压高频聚丙烯电容

CBB92型高压高频聚丙烯电容是以金属箔为电极、以聚丙烯薄膜为介质卷绕而成的,主要用于高频振荡电路中。其外形如图3-72所示,主要特性参数见表3-82。

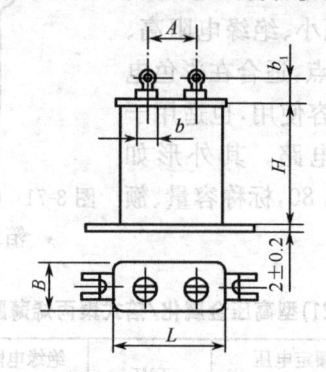

图3-72 CBB92型高压高频聚丙烯电容的外形图

表3-82 CBB92型高压高频聚丙烯电容的主要特性参数表

额定电压/kV	标称容量/μF	工作频率/kHz	外形尺寸/mm					其他参数
			L	B	H	h_1	A	
0.2	1	25	46	31	85	25	23	① 允许偏差:±5%,±10%。 ② 绝缘电阻:10000MΩ。 ③ 耐压:2倍额定电压。 ④ 损耗角正切 tanδ:<0.001。 ⑤ 使用温度范围:-55℃~+85℃
	2	20	46	31	100	25	34	
1.5	0.33	10	69	34	145	30	34	
	1.1	10	68	60	110	30	32	
2.5	0.05	100	45	25	60	25	25	
	0.1	20	46	31	100	25	23	
	0.2	10	69	34	100	25	34	
	1.1	50	96	70	140	30	48	

3.3.2 聚苯乙烯电容(CB)

(1) 聚苯乙烯电容的简介

聚苯乙烯电容(polystyrene-film-capacitors type,PSR)是选用电子级聚苯乙烯膜作介质、高导电率铝箔作电极卷绕而成圆柱状,并采成热缩密封工艺制作而成。容量范围(100pF~0.01μF),具有负温度系数、绝缘电阻高达100GΩ、极低泄漏电流等特点。应用于各类精密测量仪表;汽车收音机;工业用接近开关、高精度的数模转换电路。

(2) 聚苯乙烯电容的结构

聚苯乙烯电容属有机薄膜电容类,其介质为聚苯乙烯薄膜,电极有金属箔式和金属膜式两种。由于聚苯乙烯薄膜是一种热缩性的定向薄膜,故卷绕成形的电容可以采用自身热收缩聚合的方法做成非密封性结构。对于高精度、需密封的电容,则用金属或塑料外壳进行灌注封装。用金属膜式电极制作的电容称为金属化聚苯乙烯薄膜电容。

(3) 聚苯乙烯电容的特点

① 聚苯乙烯电容的容量范围宽,一般为10pF~2μF。

② 聚苯乙烯电容的介质吸湿性很差,绝缘电阻高,电容稳定性好。

③ 金属化聚苯乙烯电容具有良好的自愈能力，但用于高频电路时其损耗角正切值将会增大，绝缘电阻将会大大下降。

④ 聚苯乙烯电容的温度系数小，但耐热性差。

⑤ 聚苯乙烯电容可以制成精密电容，允许偏差可达±0.1%。

⑥ 聚苯乙烯电容可以制成高压电容，最大工作电压可达40kV。

⑦ 聚苯乙烯电容的制作工艺简单，成本低。

⑧ 聚苯乙烯薄膜电容适合在环境温度范围为－40～+55℃的条件下工作，可用于高频电路，但金属化聚苯乙烯电容不宜用于高频和要求高绝缘电阻的场合。

1. CB10型聚苯乙烯薄膜电容

CB10型聚苯乙烯薄膜电容是以聚苯乙烯薄膜作为介质，以铝箔为电极卷绕而成的，具有负温度系数、电容量稳定性好、绝缘电阻高及损耗小等特点，适用于电子设备、仪器仪表及家用电器。其外形如图3-73所示，主要技术参数见表3-83，标称容量、额定电压与外形尺寸见表3-84。

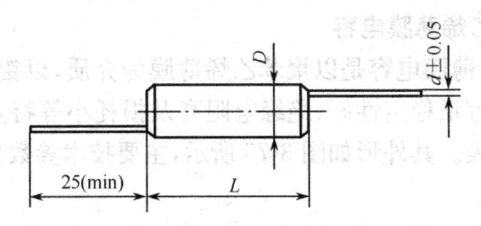

图3-73　CB10型聚苯乙烯薄膜电容的外形图

表3-83　CB10型聚苯乙烯薄膜电容的技术参数表

容量范围 /μF	允许偏差 /%	额定电压 /V	耐压	绝缘电阻/MΩ 100V	绝缘电阻/MΩ 250V	温度系数 /(×10⁻⁶/℃)	环境温度 /℃
10～15000	±5、±10、±20	100、200	2倍额定电压	20000	200000	－200±20℃	－40～+70

表3-84　CB10型聚苯乙烯薄膜电容的标称容量、额定电压与外形尺寸表

额定电压/V	标称容量范围/pF	L	D	d
100	10～910	10	5	0.4
100	1000～3300	12	7	0.4
100	3600～5100	16	7	0.4
100	5600～12000	16	8	0.5
250	10～1000	12	7	0.4
250	1100～7500	16	12	0.5
250	8200～15000	22	14	0.6

2. CB11型聚苯乙烯薄膜电容

CB11型聚苯乙烯薄膜电容与CB10型电容相同，只是引线方式有所不同。其外形如图3-74所示，主要特性参数见表3-85。

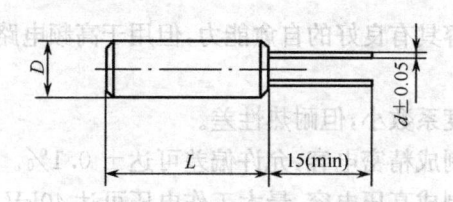

图 3-74 CB11 型聚苯乙烯薄膜电容外形图

表 3-85 CB11 型聚苯乙烯薄膜电容的主要特性参数表

标称容量范围 /pF	允许偏差 /%	额定电压 /V	耐压	绝缘电阻 /MΩ	温度系数 /(×10⁻⁶/℃)	外形尺寸(mm) L	D	d	环境温度 /℃
10～910	±5、±10、±20	100	2倍额定电压	200000	−200 (+20℃～+70℃)	10	5	0.4	−40～+70
1000～3300						12	7	0.4	
3600～5100						16	7	0.4	
5600～10000						16	8	0.5	

3. CB14 型精密聚苯乙烯薄膜电容

CB14 型精密聚苯乙烯薄膜电容是以聚苯乙烯薄膜为介质,以铝筒为电极卷绕而成的,具有精度高、负温度系数、电容量稳定性好、绝缘电阻高及损耗小等特点,适用于电子通信设备、电子计算机及精密仪器仪表。其外形如图 3-75 所示,主要技术参数见表 3-86,标称容量、额定电压与外形尺寸见表 3-87。

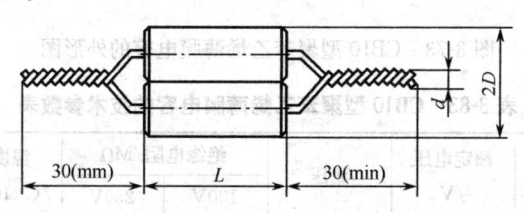

图 3-75 CB14 型精密聚苯乙烯薄膜电容的外形图

表 3-86 CB14 型精密聚苯乙烯薄膜电容的技术参数表

允许偏差 /%	额定电压 /V	绝缘电阻 ≤0.1μF	>0.1μF	损耗角正切 tanδ ≤1000pF	>1000pF	温度系数/(×10⁻⁶/℃) ≤1000pF	>1000pF	环境温度 /℃
±0.5、±1、±2	100、250、630、1600	100GΩ	RC=1000s	≤10×10⁻⁴	≤5×10⁻⁴	−125±80		

表 3-87 CB14 型精密聚苯乙烯薄膜电容的标称容量、额定电压与外形尺寸表

额定电压/V	标称容量范围 /μF	外形尺寸/mm L	D	d	重量/g
100	40～6000	12	7	0.9	1.5
	6000～15000	16	8.5		2
	15000～25000	16	10		3
	25000～50000	22	11		4.5
	50000～80000	22	13		7
	80000～120000	28	13		10
	120000～160000	28	15		13

额定电压/V	标称容量范围/μF	外形尺寸/mm L	D	d	重量/g
250	40~2000	16	8	0.9	2
	2000~6000	22	10		4
	6000~10000	22	11		5
	10000~15000	22	14	1.1	7
	15000~25000	28	15		10
	25000~30000	28	16.5		13
630	10~600	16	8	0.9	2
	600~2000	22	11		4
	2000~5000	22	13	1.1	9
	5000~10000	28	15		11
	10000~15000	28	18		14
1600	10~400	16	8.5	0.9	2.5
	400~2000	22	11		4
	2000~3000	22	13	1.1	10
	3000~5000	28	14.5		12
	5000~8000	28	17.5		14

4. CB16型精密箔式聚苯乙烯介质电容

CB16型精密箔式聚苯乙烯介质电容的外形如图3-76所示，标称电容量与外形尺寸见表3-88。

图3-76 CB16型精密箔式聚苯乙烯介质电容的外形图

1. 特征与用途
(1) 圆柱形环氧树脂封装，无感式卷绕，轴向引出结构。
(2) 体积小，重量轻，损耗小，绝缘电阻高，容量精度高，并能承受大脉冲电流作用。
(3) 适用于直流或脉动电路，并能在低电平下可靠工作。
(4) 特别适用于仪器仪表，程控交换机、彩电、整机等。高频电路应用较多。
(5) 可靠性高。

2. 技术与性能指标
(1) 详细规范：GB10185－88。
(2) 气候类别：40/070/10。
(3) 电容量允许偏差：±0.5%(D)、±1%(F)、±2%(G)、±2.5%(H)。
(4) 温度系数：$-(125\pm80)\times10^{-6}/℃$，$C_R\geqslant1000pF$；$-(125\pm125)\times10^{-6}/℃$，$C_R\leqslant1000pF$。
(5) 损耗角正切：$C_R\leqslant1000pF\leqslant0.0008(10kHz)$；$C_R>100pF\leqslant0.0005(10kHz$或$1kHz)$。
(6) 绝缘电阻：$C_R\leqslant0.1\mu F\geqslant100000M\Omega$；$C_R>0.1\mu F\geqslant10000S$。

(7) 耐电压：$2U_R$(1S)。

(8) 寿命试验：

① 试验条件：试验温度：70℃，施加电压：$1.5U_R$，试验时间：1000h

② 试验后性能：

电容量变化：C_R>100pF 时，$\Delta C/C \leqslant (0.75\% + 0.75pF)$；$C_R \leqslant 1000pF$ 时，$\Delta C/C \leqslant (1\% + 1pF)$，损耗角正切赠量：≤规定值的 1.4 倍，绝缘电阻≥规定值。

3. 额定电压、标称电容量与尺寸

CB16 电容的额定电压、标称电容量与尺寸对应表见表 3-88。

表 3-88　CB16 电容的额定电压、标称电容量与尺寸对应表

额定电压	100V d.c.		额定电压	250V d.c.		额定电压	630V d.c.	
外形尺寸/mm	D	L	外形尺寸/mm	D	L	外形尺寸/mm	D	L
标称电容量 pF			标称电容量 pF			标称电容量 pF		
768~4042	5	11	243~750	5	11	100~237	5	11
4120~10000	5	15	768~2670	5	15	243~634	5	15
10200~15000	6	15	2740~4640	6	15	649~1150	6	15
15400~21000	7	15	4750~6650	7	15	1180~1820	7	15
21500~28000	8	15	6810~8870	8	15	1870~2430	8	15
28700~36500	7	19	9090~11800	7	19	2490~3160	7	19
37400~49900	8	19	12100~15800	8	19	3240~4220	8	19
51100~63400	9	19	16200~20000	9	19	4320~5490	9	19
64900~82500	8	27	20500~26100	8	27	5620~7150	8	27
84500~107000	9	27	26700~33200	9	27	7320~9090	9	27
110000~133000	10	27	34000~412000	10	27	9310~11500	10	27
137000~162000	11	27	42200~51100	11	27	11800~14000	11	27
165000~200000	12	27	52300~61900	12	27	14300~14900	12	27

5. CB17 型精密箔式聚苯乙烯介质电容

CB17 型精密箔式聚苯乙烯介质电容的外形如图 3-77 所示，标称电容量与外形尺寸见表 3-89。

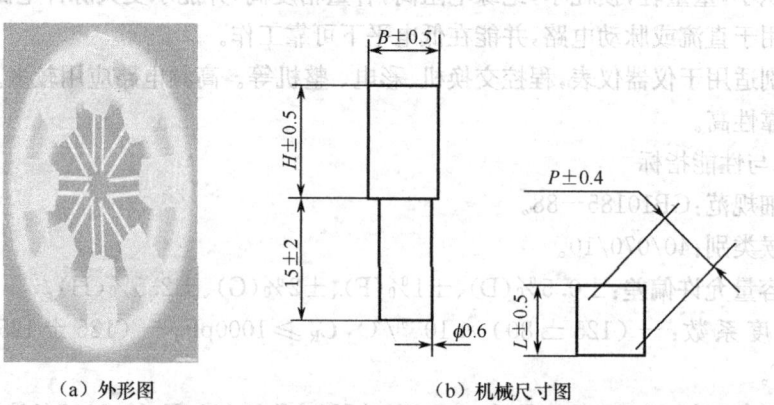

(a) 外形图　　(b) 机械尺寸图

图 3-77　CB17 型精密箔式聚苯乙烯介质电容的外形图

1. 特征与用途
(1) 矩形阻燃塑料外壳、环氧树脂封装,无感式卷绕,单项对角引出。
(2) 体积小,重量轻,损耗小,可靠性高,容量精度高,并能承受大脉冲电流作用。
(3) 适用于直流或脉动电路,并能在低电平下可靠工作。
(4) 特别适用于精密仪器仪表,程控交换机、计算机、军用整机等。高频电路应用较多。
2. 技术与性能指标
(1) 详细规范:GB10185-88。
(2) 气候类别:40/070/10。
(3) 电容量允许偏差:±0.5%(D),±1%(F),±2%(G),±2.5%(H)。
(4) 温度系数:$C_R \geqslant 1000pF$ 时,$-(125\pm80)\times10^{-6}/℃$;$C_R \leqslant 1000pF$ 时,$-(125\pm125)\times10^{-6}/℃$。
(5) 损耗角正切:$C_R \leqslant 1000pF \leqslant 0.0008(10kHz)$,$C_R > 100pF \leqslant 0.0005(10kHz 或 1kHz)$。
(6) 绝缘电阻:$C_R \leqslant 0.1\mu F$ 时$\geqslant 100000M\Omega$,$C_R > 0.1\mu F$ 时$\geqslant 10000S$。
(7) 耐电压:$2U_R(1S)$。
(8) 寿命试验:
① 试验条件:试验温度:70℃,施加电压:$1.5U_R$,试验时间:1000h
② 试验后性能:电容量变化:$C_R > 100pF$ 时,$\Delta C/C \leqslant (0.75\% + 0.75pF)$;$C_R \leqslant 1000pF$ 时,$\Delta C/C \leqslant (1\% + 1pF)$,损耗角正切赠量:$\leqslant$规定值的1.4倍,绝缘电阻 $\geqslant$规定值。
3. 额定电压、标称电容量与尺寸
CB17电容的额定电压、标称电容量与尺寸见表3-89。

表3-89 CB17电容的额定电压、标称电容量与尺寸表

额定电压	63V d.c			
标称电容量 pF	外形尺寸/mm			
	B	H	L	P
100～487	6.3	6.3	11	7.2
4990～15000	7.5	7.5	13	7.2
154000～29400	10	10	14	10.7
30100～56200	12.5	12.5	13	11.3

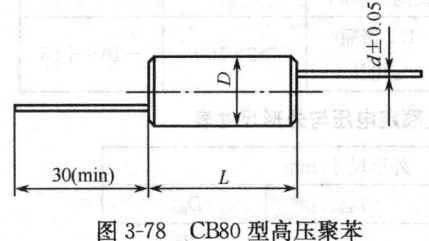

图 3-78 CB80型高压聚苯乙烯薄膜电容的外形图

6. CB80型高压聚苯乙烯薄膜电容

CB80型高压聚苯乙烯薄膜电容适用于电子设备中的滤波、倍压等直流或脉动电路。对于额定直流工作电压大于20kV的电容,必须浸泡在不含有芳香族的纯净矿物油或硅橡胶等绝缘材料中使用。其外形如图3-78所示,主要技术参数见表3-90,标称容量、额定电压与外形尺寸见表3-91。

表3-90 CB80型高压聚苯乙烯薄膜电容的技术参数表

容量范围/pF	允许偏差/%	额定电压/kV	耐压			绝缘电阻/MΩ	环境条件	
			≤6.3kV	10～20kV	≤25kV		温度/℃	相对湿度/%
180～2000	±5、10、±20	10、15、20、30	2倍额定电压	1.5倍额定电压	1.2倍额定电压	≥200000	-10～+55	80

7. CB81型高压聚苯乙烯电容

CB81型高压聚苯乙烯电容为非密封金属电极结构,电极用螺钉螺母引出,分单体式和外串式两种,其外形如图3-79所示。该电容具有体积小、耐压高等特点,适用于电子设备中的

229

表 3-91 C91 型高压聚苯乙烯薄膜电容的标称容量、额定电压与外形尺寸表

额定电压/kV	标称容量范围/pF	外形尺寸/mm L	D	d
10	180~1000	34	17	0.6
10	1100~2000	34	22	0.8
15	180~1000	34	20	0.6
15	1100~2000	34	27	0.8
20	180~2000	40	33	0.8
30	180~1000	40	35	0.8
30	1100~2000	40	40	0.8

滤波、倍压等直流或脉动电路，广泛应用于静电除尘、喷涂及电力系统等电子设备中。该电容必须浸泡在不含有芳香族的纯净矿物油或硅橡胶等绝缘材料中使用。表 3-92 列出了 CB81 型高压聚苯乙烯电容的主要技术参数，表 3-93 列出了 CB81 型高压聚苯乙烯电容的标称容量、额定电压与外形尺寸。

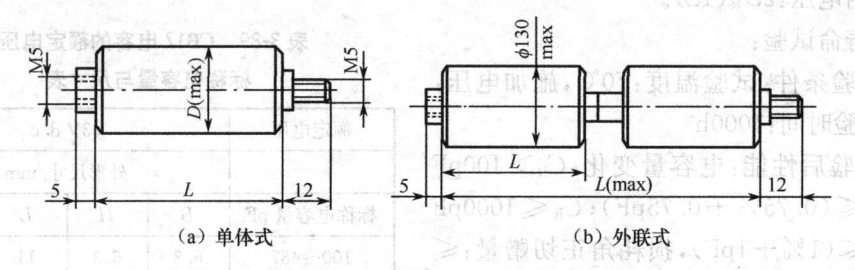

图 3-79 CB81 型高压聚苯乙烯电容的外形图

表 3-92 CB81 型高压聚苯乙烯电容的主要技术参数

容量范围/pF	允许偏差%	额定电压/kV	耐压 极间≤20kV	耐压 极间≥25kV	绝缘电阻/Ω	环境温度/℃
1000~8200	±5、±10、±20	20、30 >40	1.5 倍额定电压	1.2 倍额定电压	≥2×10^{11}	−10~+55

表 3-93 CB81 型高压聚苯乙烯电容的标称容量、额定电压与外形尺寸表

额定电压(DC)/kV	标定容量/pF	外形尺寸/mm L	L_{max}	D_{max}
20	1000		57	25
20	2000		57	30
20	3000		57	35
20	4000		57	40
30	1000	—	63	35
30	2000	—	63	40
30	3000	—	63	48
30	4000	—	63	55
40	1000~1800		110	32
40	2000~3900		110	46
40	4300~8200		110	60

续表

额定电压(DC)/kV	标定容量/pF	外形尺寸/mm L	L_{max}	D_{max}
60	1000~1800	82	170	48
60	2000~3900	82	170	54
80	1000~1800	106	225	46
80	2000~3900	106	225	60

8. CB40型密封金属化聚苯乙烯电容

CB40型密封金属化聚苯乙烯电容具有良好的自愈性，适用于模拟计算设备、电子仪器等电子设备，以及对电容量精度、绝缘电阻、损耗和介质吸收要求较高的电路。其外形如图3-80所示，主要技术参数见表3-94，标称容量、额定电压与外形尺寸见表3-95。

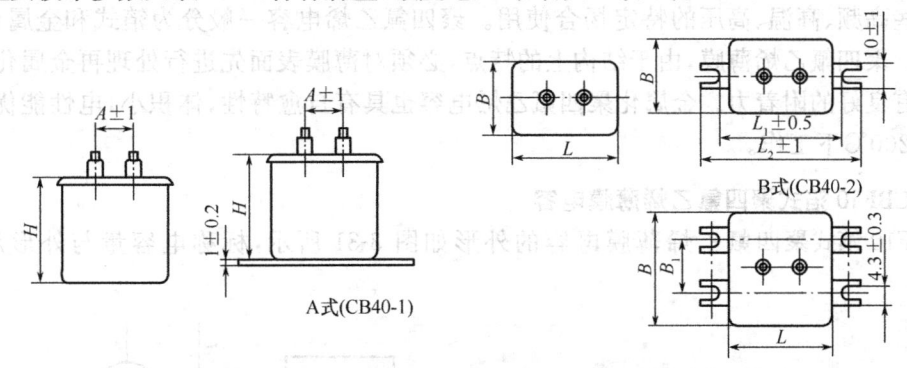

图3-80 CB40型密封金属化聚苯乙烯电容的外形图

表3-94 CB40型密封金属化聚苯乙烯电容的主要技术参数表

容量范围/μF	允许偏差/%	额定电压/V	耐压 极间	耐压 极壳间	绝缘电阻 ≤0.1μF	绝缘电阻 ≥0.15μF	损耗角正切 tanδ	温度范围/℃
0.047~2	±0.5、±1、±2、±5	250、630、1000	1.5倍额定电压	1.2倍额定电压	5000MΩ	5000MΩF	≤0.0015	40—155

表3-95 CB40型密封金属化聚苯乙烯电容的标称容量、额定电压与外形尺寸表

标称容量/μF	外形尺寸(L×B×H)/mm 250V	630V	1000V	电容器形式	外形尺寸/mm L	B	H	B_1	A	L_1	L_2
0.047(0.5)	—	31×26×25	46×16×50	A式(CB40-1)	31	16	25	13	29	45	
						26					
0.1	—	46×16×50	46×31×50	A式(CB40-1)		31					
						16					
0.22(0.25)	31×31×25	46×31×50	46×61×50			21					
						26					
0.47(0.5)	46×16×50	46×61×50	—	B式(CB40-2)	46	31	50	26	25	54	60
						41					
1	46×31×50	—	—			41		41			
2	46×56×50	—	—			61		46			

3.3.3 聚四氟乙烯电容(CBF)

聚四氟乙烯电容属有机薄膜电容类,它是以金属箔为电极,以聚四氟乙烯薄膜为介质,卷绕成形后装入外壳中密封而成的。聚四氟乙烯电容的最大特点是能在高温下工作,一般工作温度范围为-55℃～+200℃。因此它适用于特殊要求的场合,如喷气式发动机、雷达发射机等电子设备的交、直流电路及脉动电路。聚四氟乙烯的化学性质稳定,能承受各种强酸、强碱腐蚀,具有较大的绝缘电阻值;较宽的工作温度范围,在+250℃高温下,能工作25小时不损坏,在-150℃时聚四氟乙烯不发脆;是薄膜电容中,工作温度范围最宽的一种,稳定性极好;常用的耐压规格有250V、630V两种;电容范围在几百pF到零点几μF;从低频到超高频范围,损耗角正切值都比较小。因此,聚四氟乙烯电容是一种在频率特性方面较为理想的电容(喷气式发电机中的点火器和雷达发射机中的空腔谐振器均用它);但价格昂贵,只在一些高频、高温、高压的特定场合使用。聚四氟乙烯电容一般分为箔式和金属化式两种系列。聚四氟乙烯薄膜,由于结构上的特点,必须对薄膜表面先进行处理再金属化,金属膜才具有良好的附着力。金属化聚四氟乙烯电容也具有自愈特性,体积小,电性能优良,可长期在200℃下工作。

1. CBF10 箔式聚四氟乙烯薄膜电容

CBF10 箔式聚四氟乙烯薄膜电容的外形如图 3-81 所示,标称电容量与外形尺寸见表 3-96。

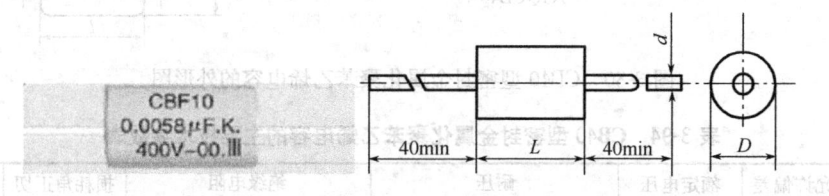

图 3-81 CBF10 箔式聚四氟乙烯薄膜电容的外形图

表 3-96 **CBF10 箔式聚四氟乙烯薄膜电容的标称电容量与外形尺寸表**

标称电容量/μF	尺寸/mm		
	L	D	d
0.01	20	12	0.8
0.1	30	20	1.0

1. 特征与用途

(1) CBF10 箔式聚四氟乙烯薄膜电容是采用聚四氟乙烯膜做介质,外包裹耐热胶带,阻燃环氧树脂封装,轴向引出结构。

(2) CBF10 箔式聚四氟乙烯薄膜电容具有体积小、重量轻、耐高温、温度系数小、绝缘电阻高的特点。有优异的自愈性能。

(3) CBF10 箔式聚四氟乙烯薄膜电容特别适用于直流或脉动电路中,军用整机设备等。

2. 技术与性能指标

(1) 详细技术规范:Q/RL20003-92。

(2) 气候类别:55/125/21。

(3) 额定电压范围:400Vac。

(4) 标称电容量范围：0.01μF～0.1μF。
(5) 电容量允许偏差：±5%(J)、±10%(K)。
(6) 损耗角正切：≤0.001(1kHz)。
(7) 绝缘电阻：≥10000MΩ。
(8) 耐电压：$1.3U_R$(2S)。

2. CBS22 型金属化聚苯硫醚膜介质直流固定电容

CBS22 型金属化聚苯硫醚膜介质直流固定电容的外形如图 3-82 所示。

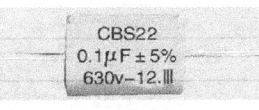

图 3-82 CBS22 型金属化聚苯硫醚膜介质直流固定电容的外形图

1. 特征与用途

(1) 圆形阻燃塑料外壳，阻燃环氧树脂封装，轴向引出结构。
(2) 体积小，重量轻，安全可靠，有优异的自愈性能。
(3) 电容量温度特性好，容量稳定性优异，损耗小。
(4) 特别适用于耐高温电子设备电路中。

2. 技术与性能指标

(1) 详细规范：Q/RL264—2004。
(2) 气候类别：55/125/21。
(3) 外形尺寸：ϕ4.5×9.0。
(4) 电容量范围：5.0nF～12.0nF、23.0nF～35.0nF。
(5) 额定电压：63Vd.c.。
(6) 损耗角正切：≤0.001(1kHz)；≤0.0030(10kHz)。
(7) 绝缘电阻：≥12500MΩ。
(8) 耐电压：$1.6U_R$(2s)。
(9) 寿命试验：

① 试验条件：试验温度：85～125℃；施加电压：$1.25U_R$；$1.25U_C$（U_C=0.5U_R）；试验时间：1000h。

② 试验后性能：电容量变化：$\Delta C/C$≤5%；损耗角正切增量：≤0.005；绝缘电阻：≥规定值的 50%。

3.3.4 涤纶电容(CL)

1. CL11 型聚酯薄膜箔式有感电容

CL11 型聚酯薄膜箔式有感电容的外形如图 3-83 所示。其采用聚酯薄膜做介质，铝箔做电极，外包封浸涂环氧树脂，CP 线单向引进。涤纶电容的主要技术参数见表 3-97。涤纶电容的体积小，绝缘电阻高，性能稳定可靠，能承受较高温度。其主要应用于各种直流或中低频脉动电路中，高耐压型的主要应用于彩电逆程电容和矫正电容。由于该型号电容工艺成熟，性能稳定，是价格低廉、应用最为广泛的一种薄膜电容。

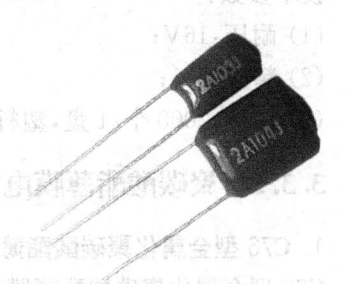

图 3-83 CL11 型聚酯薄膜箔式有感电容的外形如图

表 3-97 涤纶电容的技术参数见表

项目	参　　数
引用标准	IEC 384-13,GB 6346
介质	聚酯薄膜(PEI-H)
气候类别	40/85/21
工作温度范围	−40～+85℃
额定工作电压 UR	100V$_{DC}$(50/60HZ)
电容量允许偏差 ΔC/CR	J=±5%,K=±10%(+20℃,1kHz)
损耗角正切值	+20℃,1kHz,DF≤1.0%(pE)
耐电压	2.0 * UR(1 minute at 20℃)
绝缘电阻	C≤0.1μF,IR≥30000MΩ;C>0.1μF,IR≥15000MΩ
耐久性	85℃实验温度下,140%之额定电压 1000 小时,实验完成后: C/C≤3%;DF≤0.06%(PE) C≤0.1μF,IR≥15000MΩ;C>0.1μF,IR≥5000MΩ,(20℃ 1kHz)

2. 贴片涤纶薄膜电容

贴片涤纶薄膜电容的外形结构如图 3-84 所示。涤纶薄膜电容的产品特点是精度、损耗角、绝缘电阻、温度特性、可靠性及适应环境等指标都优于电解电容、瓷片电容两种电容。突出缺点:容量价格比及容量体积比都大于以上两种电容。

主要用在各种直流或中低频脉动电路中使用,适宜作为旁路电容使用。

图 3-84 贴片涤纶薄膜电容的外形结构图

技术参数:
(1) 耐压:16V;
(2) 精度:5%;
(3) 包装:2000 个/1 盘,塑料带卷圆盘。

3.3.5 聚碳酸酯薄膜电容(CS)

1. C76 型金属化聚碳酸酯薄膜电容

C76 型金属化聚碳酸酯薄膜电容的外形如图 3-85 所示。C76 型金属化聚碳酸酯薄膜电容具有聚酯薄膜带外包裹、环氧封装、体积小、温度系数小、绝缘电阻高等特点。

1. 技术特性
(1) 工作温度范围:−55～+100℃。
(2) 电容量允许偏差:±1%、±2%、±5%、±10%、±20%。

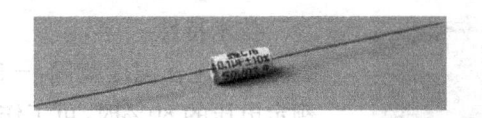

图 3-85　C76 型金属化聚碳酸酯薄膜电容的外形图

(3) 直流试验电压：$1.4U_R$(10s)。

(4) 绝缘电阻：测试条件：+20℃，$U_R=100V$，测量电压：$10V\pm1V$；$U_R=100V$，测量电压：$100V\pm15V$。

① $C_R\leqslant 0.33\mu F$，$\geqslant 3750M\Omega$；

② $C_R > 0.33\mu F$，$\geqslant 1250M\Omega$。

(5) 损耗角正切值：

① $C_R\leqslant 1\mu F$，$\tan\delta\leqslant 0.003$（测量频率：1kHz）；

② $C_R > 1\mu F$，$\tan\delta\leqslant 0.005$（测量频率：1kHz）。

2. 外形尺寸及规格

C76 型金属化聚碳酸酯薄膜电容的外形尺寸及规格见表 3-98。

C76 型金属化聚碳酸酯薄膜电容可应用于电子设备的直流和脉动电路中。

表 3-98　C76 型金属化聚碳酸酯薄膜电容的外形尺寸及规格表

标称电容量 $C_u(\mu F)$	额定直流电压 U_a(V)											
	50V						100V					
	a式			b式			a式			b式		
	L	D	d	L	T	H	d	L	D	d	L	T	H	d
0.01											10.0	2.5	4.8	0.6
0.015											10.0	2.5	4.8	0.6
0.022											10.0	2.5	4.8	0.6
0.033				10.0	2.5	4.8	0.6	12	4	0.6	10.0	2.5	4.8	0.6
0.047	12	4	0.6	10.0	2.5	4.8	0.6	12	5	0.6	10.0	2.5	4.8	0.6
0.068	12	4	0.6	10.0	2.5	4.8	0.6	12	5	0.6	10.0	3.0	5.5	0.6
0.1	12	4	0.6	10.0	2.5	4.8	0.6	16	5	0.6	13.5	3.0	5.5	0.6
0.15	12	5	0.6	10.0	2.5	4.8	0.6	15	5	0.6	13.0	3.2	5.8	0.6
0.22	15	4	0.6	13.3	3.0	4.8	0.6	15	6	0.6	14.2	4.2	6.5	0.6
0.33	15	5	0.6	13.3	3.0	5.5	0.6	15	7	0.6	13.0	5.3	7.9	0.6
0.47	15	6	0.6	13.3	3.8	6.2	0.6	19	7	0.6	17.0	5.3	7.9	0.6
0.68	15	7	0.6	13.3	4.8	7.0	0.6	22	8	0.6	19.3	6.0	8.4	0.6
1	15	8	0.6	13.3	5.9	8.4	0.6	22	9	0.6	19.3	7.4	9.8	0.6
1.5	15	9	0.6	17.3	5.9	8.2	0.6	27	10	0.6	23.5	8.0	10.6	0.6
2.2	22	8	0.6	19.3	6.3	8.9	0.6	29	11	0.6	29.1	6.9	11.3	0.6
3.3	22	10	0.6	19.3	6.8	10.9	0.6	29	12	0.6	29.1	9.6	14.0	0.6

2. C72 型金属化聚碳酸酯电容

C72 型金属化聚碳酸酯薄膜电容的外形如图 3-86 所示。C72 型金属化聚碳酸酯薄膜电容具有体积小、有自愈特点和良好的电气性能等特点。其主要可应用于封闭或密封式电子设备系统中，作隔直流、滤波和旁路电容。

图 3-86　C72 型金属化聚碳酸酯薄膜电容的外形图

技术特性

(1) 工作温度范围：$-55℃\sim +100℃$（当降低到额定电压的 80% 时，可工作在 $+100℃$）。

(2) 电容量允许偏差：$\pm 1\%$(F)、$\pm 2\%$(G)、$\pm 5\%$(J)、$\pm 10\%$(K)。

(3) 直流试验电压：$1.6U_R$(10s)。

(4) 绝缘电阻值：测试条件：$+25℃$，$U_R=100V$，测量电压为 $10V\pm 1V$；$U_R=100V$，测量电压为 $100V\pm 15V$。

① $C_R\leqslant 0.22\mu F$，$\geqslant 30000M\Omega$；

② $C_R>0.22\mu F$，$\geqslant 6000M\Omega$。

(5) 损耗角正切值：$\tan\delta \leqslant 0.003$（测量频率：1kHz）。

3.3.6　习题 11

(1) 请查新和阅读相关资料，说明有机电容中所标出的耐压值 V_{AC} 与 V_{DC} 之间的区别是什么？并且搞懂 V_{AC} 时的交流频率的适应范围是多少？

(2) 从介质材料的物理特性角度出发分析无机电容器和有机电容器之间的最大区别是什么？然后再说出由于具有这样的区别使得它们之间的应用场合又具有什么不同？

(3) 从介质的物理特性和化学特性的角度出发，说出为什么聚丙烯电容器(CBB)在使用中可以代替涤纶电容器(CL)，而涤纶电容器不能代替聚丙烯电容器？特别是在作为安规电容被使用的场合为什么绝对不能使用涤纶电容器呢？

(4) 从电容器的耐压、耐温、绝缘以及损耗角正切值等方面权衡，金属化聚碳酸酯薄膜电容器(CS)、聚丙烯电容器(CBB)、聚四氟乙烯电容器(CBF)、金属化聚苯硫醚膜电容(CBS)、涤纶电容器(CL)等有机电容器中哪一种电容器的性能最好？而哪一种电容器在实际中应用最广泛？并且说明为什么？

(5) 在一根带钾电力电缆出现故障而进行维修的过程中，为什么维修之前必须要先将其中每一根电缆线先对接地的钾层进行放电？要求画出等效电路图加以说明。

3.4　电 解 电 容

3.4.1　铝电解电容

1. 铝电解电容基础知识

(1) 铝电解电容的定义和结构

由两块极板中间夹一层绝缘介质构成的能够存储电能的电子元器件就是电容，而铝电解电容则是在正负两块铝箔间夹一层电解纸，由正铝箔表面的氧化膜(Al_2O_3)作介质而构成的。其工作原理是通过电解反应，来自动修补介质的存储电能。其中的电解反应实际上就是在外加电流的作用下，在正负两块铝箔间发生电子得失的氧化还原反应。

常用的铝电解电容具有引线式和焊片式两种不同的引出方式，其外形和内部组成结构如图 3-87 所示。

铝电解电容的芯子（即素子）是由阳极铝箔（正箔）、电解纸和阴极铝箔（负箔）重叠卷绕而成。芯子含浸电解液后，用铝壳和皮头密封起来就构成了一个铝电解电容。铝电解电容与其他类型的电容相比具有下列的特点：

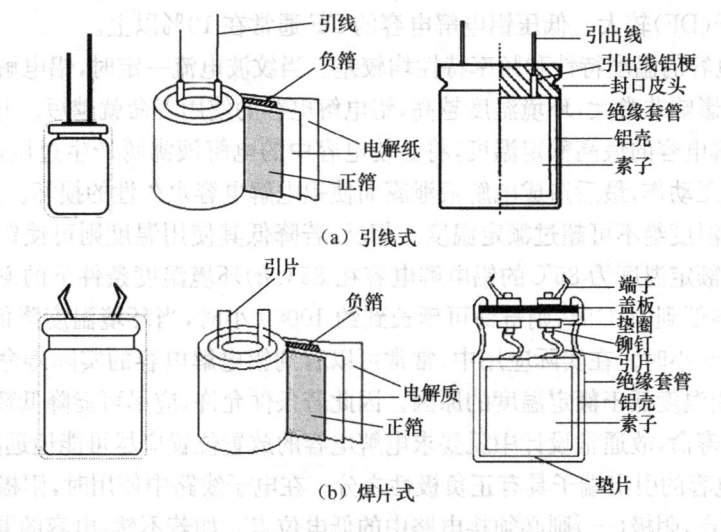

图 3-87 铝电解电容的外形及内部结构

① 铝电解电容的工作介质为通过阳极氧化的方式在铝箔表面生成一层极薄的三氧化二铝（Al_2O_3），此氧化物介质层和电容的阳极结合成一个完整的体系，两者相互依存，不能彼此独立。常规的无极性电容，其中的电极和介质是彼此独立的。

② 铝电解电容的阳极是表面生成的 Al_2O_3 介质层铝箔，阴极并非是我们习惯上认为的负箔，而是电容中的电解液。

③ 负箔在电解电容中起引出阴极的作用，因为作为电解电容阴极的电解液是无法直接和外电路连接的，因此必须通过另一金属电极和外电路构成电气通路。

④ 铝电解电容的阳极铝箔、阴极铝箔通常均为腐蚀铝箔，实际的表面积远远大于其表观表面积，这也是铝电解电容通常具有较大电容量的一个重要原因。由于采用了具有众多微细蚀孔的铝箔，因此就需要液态电解质才能更有效地利用其实际电极面积。

⑤ 由于铝电解电容的介质氧化膜是采用阳极氧化的方式得到的，且其厚度正比于阳极氧化所施加的电压，因此从理论上讲，铝电解电容的介质层厚度可以认为地精确控制。

(2) 铝电解电容的优点和缺点

1) 优点

① 单位体积内所具有的电容量特别大。工作电压越低，这方面的优点愈加突出，因此特别适应电容的小型化和大容量化。

② 铝电解电容的工作过程中具有"自愈"特性。所谓的"自愈"特性就是指介质氧化膜的疵点或缺陷在电容工作过程中随时可以得到修复，恢复其应具有的绝缘强度，避免了由于累计而招致的介质雪崩击穿。

③ 铝电解电容的介质氧化膜能够承受非常高的电场强度。

④ 铝电解电容可以获得很大的额定静电容量。低压铝电解电容能够非常方便地获得数千乃至数万微法的静电容量。通常电源滤波、交流旁路和低频耦合等用途所需的电容只能选用电解电容。

2) 缺点

① 绝缘性能较差。铝电解电容的绝缘性能通常采用漏电流进行表征的，高压大容量铝电解电容的漏电流可达 1mA 左右。

· 237 ·

② 损耗因子(DF)较大。低压铝电解电容的 DF 通常在 10%以上。

③ 铝电解电容的温度特性和频率特性均较差。当纹波电流一定时,铝电解电容的使用寿命受环境温度的影响非常大,环境温度越高,铝电解电容的使用寿命就越短。并且环境温度过高,超过了铝电解电容的最高额定温度,将会使电容中的电解液沸腾产生过压,将泄压部件产生不可逆转的泄压动作,最后造成电解液泄露而使铝电解电容永久性的损坏。因此,铝电解电容的储存和使用温度绝不可超过额定温度。相反,若降低其使用温度则可使铝电解电容的寿命大大增加。如额定温度为 85℃的铝电解电容在 85℃的环境温度条件下的寿命为 10000 小时,而环境温度降低到 60℃时,则寿命可延长到约 10000 小时,当环境温度降低到 40℃时,则寿命可达约 80000 小时。在实际应用中,常常可以看到铝电解电容的实际寿命远比标称值高得多,这就是使用温度低于额定温度的原因。因此若条件允许,应尽可能降低环境温度来延长电解电容的使用寿命,故通常设计中就要求电解电容的放置位置应尽可能地远离发热源。

④ 铝电解电容的引出端子具有正负极性之分。在电子线路中使用时,阳极(+)端必须接电路中的高电位点,阴极(-)则必须接电路中的低电位点。如若不然,电容的漏电流将急剧增加,芯子快速发热,导致电容爆裂而损坏,并且可能燃烧爆炸,损坏电路板上的其他元器件,或造成人员安全问题。

⑤ 工作电压具有一定的上限。根据铝电解电容介质氧化膜的特殊生成机理,其最高电压一般为 500V。

⑥ 铝电解电容的性能容易劣化。使用经过长期存放的铝电解电容时,不宜突然试加工作电压,而应逐渐升压至额定电压。

(3) 铝电解电容的应用

1) 通交流,隔直流。

2) 旁路、滤波、去耦、耦合、移相等应用场合,是电子线路不可缺少的元器件之一。

3) 储能元件也是铝电解电容的一个重要应用领域,与电池等储能元件相比,铝电解电容可以瞬时充放电,并且充放电电流基本上不受限制,可以为熔焊机、闪光灯和脉冲激光器等设备提供瞬时大功率脉冲电流。

4) 用以改善电路的功率因数或品质因子。

2. 铝电解电容电性能参数

(1) 电容量

① 定义:电容在电路中是以电压的形式储存能量的,电容上施加电压后存储电荷能力就被定义为电容的容量,可表示为

$$C = \frac{Q}{U} \tag{3-24}$$

式中 Q 为电荷电量(基本电荷 $e = 1.6 \times 10^{-19}$ 库仑),U 为电容两端之间的电势差,单位为伏特(V)。空间中的一个带电体具有两个参数:电荷量 Q 和电势差 U。两者的比值 Q/U 仅与带电体本身的尺寸、形状及其所处的空间环境有关,而与带电体所带电荷的多少无关。即带电体所带电荷与其电势差的比值表征了带电体及周围环境所构成系统的一种固有属性,此比值就被称为电容量。电容量也可以理解为带电体(电势差一定的情况下)容纳电荷的能力。

② 单位:电容容量的单位为法拉(F)、毫法(mF)、微法(μF)、纳法(nF)、皮法(pF),其换算关系:

$$1F = 10^3 mF = 10^6 \mu F = 10^9 nF = 10^{12} pF \tag{3-25}$$

③ 容量表示法:电容标称容量用 C 表示,其表示公式为:

$$C = \frac{\varepsilon_0 \cdot \varepsilon \cdot S}{d} = \frac{\varepsilon_0 \cdot \varepsilon \cdot L \cdot W}{d} \tag{3-26}$$

式中，ε_0 为真空介电常数；ε 为铝(Al)的介电常数；S 为箔的正对面积；d 为氧化膜的厚度(两极间的距离)；L 为箔的长度；W 为箔的宽度。容量的标称值为 1.0、1.2、1.5、1.8、2.2、2.7、3.3、3.9、4.7、5.6、6.8、8.2 的整数倍。

④ 容量与温度的关系：铝电解电容的容量随温度的变化而变化，容量温度的变化百分率：

$$\frac{\Delta C}{C} = \frac{C_t - C_0}{C_0} \tag{3-27}$$

式中：C_0 为电容在常温下的容量；C_t 为上限或下限温度时的容量。

(2) 影响铝电解电容容量的主要因素

① 铝箔的面积：铝箔的面积越大，单位面积内储存的电荷就越多，容量就越大(设计电容容量大小的依据)。

② 正对面积：铝电解电容的容量与两极对向面积成正比，当卷绕不齐时，对向面积就会相对减小，容量就会相对降低。

③ 氧化膜厚度：氧化膜越厚，两极间距离就越大，比容越小，高压箔比容低，原因为氧化膜厚，表面积较小；而低压箔比容高，其原因为氧化膜薄，表面积较大。

④ 电解液的多少，电解液作为电解电容的阴极，当其量不够时，贮存电荷的能力会降低。

⑤ 温度高低，当温度高时，电子运动加剧，两极吸引力增强，电荷贮存多，容量增大，反之容量减小。

(3) 损耗角正切(即损失角或 DF 值)

① 定义：在交流电路中，电容要消耗掉一小部分有用的讯号功率，在规定频率的正弦中压下，所消耗的有功功率与无功功率的比值称为损耗角正切。

② 单位：由于损耗角正切为一个比值，故无单位。

③ 损失角表示法：铝电解电容的串联等效电路如图 3-88 所示，损失角可用下式表示。

$$\tan\delta = \frac{U_r}{U_c} = \frac{I \cdot R}{I \frac{1}{\omega \cdot C}} = \omega \cdot C \cdot R = 2\pi \cdot f \cdot C \cdot R \tag{3-28}$$

式中，f 铝电解电容的内部谐振频率；C 为铝电解电容的容量；R 为铝电解电容的等效串联电阻。任何导电物体都有电阻，电解电容由于内部构造也有电阻。当电流流通时会消耗电能。根据做功原理(内部功耗 $P = I^2 R$)，可知内部电阻越大，消耗电量越多。

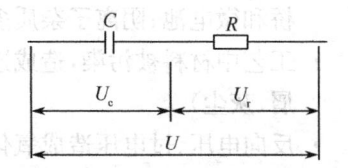

图 3-88 铝电解电容的串联等效电路

④ 电容电阻：
- 接触电阻：引线嵌在箔上后两者之间的电阻。
- 氧化膜电阻：由于氧化膜本身是绝缘的，因此其电阻很大。
- 电解液的电阻：液体是靠离子导电的，离子数量和迁移速度决定电解液电阻的大小，导电离子多，离子迁移速度慢，其电解液的电阻就小。

⑤ 影响损失的原因：
- 正箔的绝缘性能(氧化膜缺陷，绝缘性能差，漏电流大，内部损耗大)。
- 额定电压的高低(电压高，损耗小；电压低损耗大)。
- 电容量大小(容量大，损耗大；容量小，损耗小)。

- 电解纸含浸是否充分。
- 电解液的黏度(电解液黏度大,损耗大)。
- 电解纸的厚度和密度(电解纸起隔离正负箔的作用,起密度越大厚度越厚,其损耗也越大)。
- 接触电阻的大小(接触电阻大,损耗就大)。
- 温度的高低(温度高,分子运动加剧,电阻小导电率就大)。

(4) 额定电压

① 定义:在规定的环境温度范围内,所能施加到电容上的最高直流工作电压的系列值就成为铝电解电容的额定电压。

② 与工作电压的关系:额定电压不是衡量电容的测量参数,但因施加到电容上的工作电压值与它有密切关系,一般应低于额定电压值。降低施加电压值,对提高产品的使用寿命有显著的作用。

③ 额定电压序列:铝电解电容额定电压值的序列有:4V、6.3V、10V、16V、25V、35V、50V、63V、80V、100V、125V、160V、200V、250V、300V、350V、400V、450V、500V。

(5) 漏电流

① 定义:由于氧化膜本身有缺陷制造过程中氧化膜被损伤,造成电容两级不能完全绝缘而有电子电流流通,流通的这部分电子电流就被称为铝电解电容的漏电流。施加电压而正常工作时,铝电解电容内部两级形成电场,存在电势差,但因氧化膜存在缺陷导致不完全绝缘,始终有电流流通(充电时有充电电流流过,两极电荷平衡时有电子电流)。

② 单位:漏电流的单位一般常采用微安,用字母 μA 来表示。

③ 漏电流表示方法:铝电解电容漏电流可表示为:

$$I = K \cdot C \cdot U \tag{3-29}$$

式中,I 为漏电流容许值,单位为 μA;C 为铝电解电容的容量,单位为 μF;U 为所施加到铝电解电容两端的直流电压值;K 为与电容种类有关的常数。

④ 影响漏电流的主要因素:

- 阳极箔损害程度,制造工艺造成箔损坏或划伤。
- 材料杂质含量(氧离子杂质多,其中包含:Fe^{3+}、Ca^{2+}、Cu^{2+}、Mg^{2+} 等与 Al 构成导电小桥和微电池;阴离子杂质多,其中包含:SO_4^{2-}、Cl 等对阳极氧化膜造成腐蚀)。
- 工艺中材料被污染,造成连续性、累计性的腐蚀过程(Cl 的主要来源:汗渍、头皮屑、皮屑、灰尘)。
- 反向电压、过电压造成氧化膜被电子击穿。
- 温度过高,电子运动加剧。
- 漏电流是三大参数中最影响寿命的参数,生产过程中应特别注意铝箔的刮伤、材料污染和调错电压;漏电流的大小与所处环境温度有关,生产工艺中应严格控制环境温度的改变,当环境温度升高10℃时,所测漏电流值将倍增加。
- 漏电流与电容量的关系。漏电流与电容量的关系如图3-89所示,图中 A 部分为引线部分漏电流,除本身固定值外,漏电流随容量的上升逐渐增大。对于小容量的电容产品,因为使用的是低倍率箔,实效面积小,引线部漏电流影响较大,应保持引线的工艺卫生符合要求。

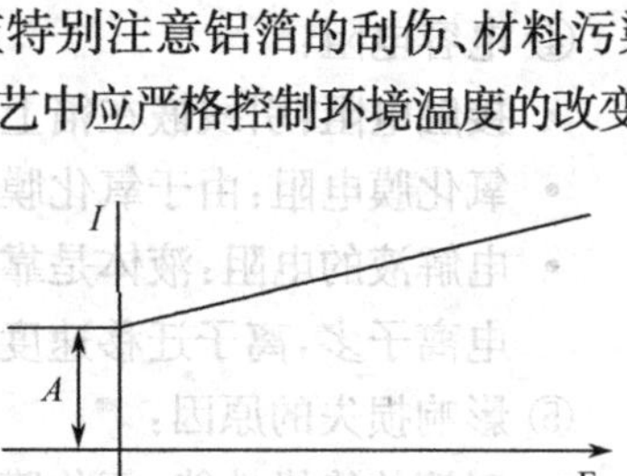

图3-89 漏电流与电容量之间的关系曲线

3. 组成铝电解电容的原材料

1) 铝箔

铝箔有正箔和负箔之分,而正箔含有一种高介电常数的 Al_2O_3。

(1) 铝箔厚度。正箔一般为 $40\sim110\mu m$,负箔一般为 $20\sim60\mu m$。箔越厚,比容就越高,DF 值越大;铝箔耐压越高,比容就越低,DF 值越低,漏电流 LC 值越小。

(2) 铝箔纯度。正箔 Al 的含量 99.9% 以上,负箔 Al 的含量 98% 以上。

(3) 检验。铝箔表面应无斑点、无划伤、无小孔,颜色应均匀,皮膜耐电压、静电容量、耐水合性、抗弯强度、CT 含量。

(4) 杂质含量(铝箔中杂质以铁、硅、铜三者为考核对象)

① 杂质铜元素能固溶于铝的程度相当高,以致高纯度铝中几乎不会形成铜粒子孤立存在。

② 过多的铁杂质与铝生成分散的铝化铁(F_eAl_3)二元化合物颗粒,将对铝氧化膜的形成造成威胁,其尺寸要比介质膜厚,等于在高绝缘的氧化层内架起了容易传导漏电流的导电桥,故杂质铁影响最为严重。

2) 导针(铝线和 CP 线)

(1) 铝线纯度:铝线纯度 99.8% 以上(高纯度铝线纯度为 99.9% 以上)。

(2) CP 线纯度:CP 线由纯度为 99% 以上的铁表面电解电镀一层纯铜作为底材(铜包钢线),表面再电镀一层纯锡,其锡层厚度为 $12\pm2\mu m$。

(3) 检验项目:

① 铝线的检验。外观(表面光滑,无裂纹、折叠、气泡和腐蚀斑点,无划伤、碰伤和压陷等缺陷)、尺寸(允许偏差 ±0.02mm)、弯曲度(90°弯折 5 次以上)。

② CP 线的检验。外观(表面应光洁,无露铜、脱锡、黑斑、锈蚀、裂纹、花斑、伤痕,及超出允许偏差的锡瘤、毛刺等缺陷)、尺寸(允许偏差 ±0.01mm)、弯曲强度(0.45mm 线径 500g 荷重 3 回以上,0.5mm 线径 500g 荷重 5 回以上,0.6mm、0.8mm、1.0mm 线径 1000g 荷重 4 回以上)。

(4) 化成引线的作用:化成引线的作用为缩短老化时间,使老化中产生的气体减少,降低损失角、漏电流。

3) 电解纸

(1) 主要成分:电解纸的主要成分为植物纤维素。

(2) 电解纸的组成成分:

① ES 系列纸由 100% 的原木纤维、水分、灰分组成。

② SMF 系列纸由马尼拉麻+麻纤维+特殊木纤维、水分、灰分组成。

③ PUMA 系列纸由 100% 的马尼拉麻长纤维、水分、灰分组成。

④ EDH 系列纸由 100% 的原木纤维、水分组成。

⑤ SM2 系列纸由 S 层纤维、M 层纤维、水分组成(S 层和 M 层复合),SM2 系列纸纯度高、阻抗低,可用于低压、低阻抗的铝电解电容产品。

⑥ W1 系列纸由 W 纤维、水分组成(注:密度为 0.65、0.75g/cm³ W1 纸含水分,密度为 0.65、0.80、0.85、0.95g/cm³ W1 纸不含水分),W1 系列纸强度高、厚度薄、均一度好,常用于高压小型铝电解电容产品。

⑦ WS2 系列纸由 W1 高密度纸、S1 低密度纸、水分组成(W1 和 S1 复合,厚度各 50%),

WS2系列纸为双层复合结构,纸的均匀度好、产品稳定度好,适应于中高压铝电解电容产品。

⑧ WM2系列纸由W高密度纸、M低密度纸、水分组成(W层和M层复合),WM2系列纸均匀度好、产品稳定度好,适应于中高压铝电解电容产品。

(3) NKK电解纸:

① MER2 5-50,M为马尼拉麻,E为电解,R为西班牙小草,2.5为密度,50为厚度。

② PEDH-30P为材质系列,E为电解,D为密度,H为加密度,30为厚度。

③ 电解纸密度越低,损耗角正切越小;密度越高,损耗角正切越大。

(4) 电解纸在铝电解电容中的作用:电解纸在铝电解电容中的作用是隔离正负箔,避免直接接触,并且保证能够吸收足够的电解液。

(5) 检验项目:

① 外观。电解纸的厚度、密度和纤维组织均匀,纸面平整,无明显的匀度不良透光;卷纸端面整齐,无波浪形及机械损伤,两端面松紧一致,纸边无裂口。

② 厚度。截取无毛头的试样纸500mm长,沿垂直于长度方向折叠10层,纸边15mm以上内侧,大约等间隔5处,用千分尺测量厚度,再取平均值,应在规格值内。

③ 密度。取一平方米或一定大小的样纸,测定厚度后称其中量,用公式计算其密度应在规格值内。密度计算公式为:

$$密度(g/cm^3) = \frac{重量(g)}{式样的长 \times 宽 \times 厚} \tag{3-30}$$

④ 吸水度。沿着纸张的纵长方向截取15×200mm的试样三片,垂直浸入去离子水中,下端至少浸入3mm以上,10分钟后取出,测量水浸透部位的高度,应大于规格值。

⑤ 抗拉强度。卷绕时电解纸断列次数不超过3次。

(6) 质量要求:

① 有害杂质要少。

② 吸水性要好(润湿性好,吸收并保持足够的电糊)。

③ 空洞要均匀(透气率要大)。

④ 厚度均匀,密度要小。

⑤ 要具有一定的抗拉强度,避免卷绕过程中被拉断。

⑥ 介电特性要好(即绝缘性能要好),既要避免两极箔直接接触,同时又要保证两极箔间距离,使氧化膜具有较强的耐压强度。若两极箔直接接触,氧化膜的耐压强度就会变得很低。

(7) 电解纸的选择:

① 防止短路,电解纸密度越低越容易短路。

② 短路部位:箔尖端、引线隅角、箔之切断部位。

③ 国内一般采用植物纤维纸。

④ 较为先进是双密度纸(2/3是低密度纸,1/3是高密度纸)。

⑤ 国外纸浆中加石墨"炭化纸",降低损失值$\tan\delta$。

⑥ 还可用多孔性聚丙烯薄膜作衬底,可以解决吸油性与拉力间的矛盾。

4) 电解液

(1) 电解液的组成:电解液主要由乙二醇、乙二酸铵、添加剂组成,其中乙二醇为低毒物质。

(2) 电解液的质量:

① 外观。电解液应清澈透明,无杂质和沉淀物,无结晶和颜色均匀。

② 电解液的三特性。电解液的三特性为 PH 值、CD 值、闪火电压 SV,测试时需控制温度,PH、CD 值测试温度为 30℃、40℃、50℃,根据电解液名称而定,闪火电压 SV 值的测试温度为 85℃。PH、CD 值应在规格值之内,闪火电压 SV 值应大于规格值。

③ 杂质要求。电解液中杂质离子的存在,对电解电容性能会产生很明显的影响,其性能的影响主要反应在漏电流上,电解液中的杂质离子主要是 Cl、SO_4^{2-}、Cu^{+2}、Fe^{3+}。

- Cl 在电场作用下移向阳极并与 Al 化合生成 $AlCl_3$,从从而导致阳极腐蚀,闪火电压值降低。Cl 不但腐蚀 Al,还会破坏 Al_2Cl_3。
- SO_4^{2-} 对电解电容的腐蚀作用与 Cl 一样,腐蚀 Al 与 Al_2Cl_3,由于 SO_4^{2-} 不如 Cl 多,其腐蚀作用不如 Cl。
- Cu^{+2}、Fe^{3+} 的影响主要是在阳极铝箔上组成微型原电池腐蚀铝箔,使产品的漏电流大大上升,可靠性下降。
- 一般电解液中允许杂质离子值为 Cl:1~3PPM,SO_4^{2-}:3~5PPM,重金属离子 <3PPM。

5) 铝外壳

(1) 组成成分:铝外壳是由纯度高于 99% 的铝组成,其杂质有硅、铁、铜、锰、镁、锌、钒、钛。

(2) 型号:铝外壳从外形分有普通铝外壳和滚槽铝外壳两种,其中滚槽铝外壳又称束腰铝外壳。

(3) 质量要求:

① 外观。铝外壳内外表面应清洁、光滑,无残留的油污、明显的水迹和氧化发黑现象,无明显凹陷、压痕、拉丝、皱纹、砂眼及条纹,壁厚均匀;铝外壳切口平整,无明显毛刺;铝外壳外底平整,无明显凹凸现象。

② 尺寸。内径、外径、高度、底厚、壁厚,滚槽铝外壳还要测量束腰深度、束腰宽度等,使用游标卡尺测量,其测量值应在规格值之内。

③ 特性。应做防爆实验,其内容如下:

- $\phi 8 \leqslant D \leqslant \phi 13$ 型的应使用直流稳压电源测试。实验方法:在相反方向上施加的直流电压,其值必须产生 1~10A 的电流,装置应打开,无爆炸和燃烧。
- $D \geqslant \phi 18$ 型的应使用防爆压力测试机测试。测试方法:将铝外壳放入测试机内,盖上防油罩,摇动摇丙,使机油充满铝外壳内达到释放压力,油表显示器中指针所指数值即为防爆压力值。另外,若防爆实验不能通过则为电解电容的致命缺点。

(4) 杂质要求:铝外壳的杂质要求为:Cl<1PPM。

6) 皮头

(1) 组成成分:皮头的组成成分为三元乙丙酸(乙烯、丙烯、戊二烯聚合)、白土、碳酸钙、碳烟、氧化锌、硬脂酸、防老剂、促进剂。

(2) 种类:皮头的种类从外形上可分为平面、凸台、半月形、葫芦形等 4 种,从材质上可分为 EPT、IIR 两种。

(3) 质量要求:

① 外观。表面质量应色黑光泽、无毛边、平整无伤痕、无裂纹和隔层等缺陷,弹性好、皮头不应互相黏结,无水迹。

② 尺寸。厚度、直径、孔径、孔距、凸台高等,使用游标卡尺测量,其测量值应在规格值之内。

③ 特性。机械性能、耐高温性能、绝缘性能、化学性能等好。
- 机械性能:硬度为78±5°(邵氏度)。
- 耐高温性能。热老化实验:先测量硬度,然后将其放入105±5℃烘箱内恒温72h,取出冷至室温,用硬度计测得的邵氏硬度应不大于老化前+5°。高温储存:制成成品后,将其放入105±5℃烘箱内恒温96h,取出冷至室温,皮头无凸凹不平、无裂纹、不发白等。高温实验:放入160±5℃高温烘箱中,15分钟后取出冷至室温,皮头无软化、熔化、变质等。
- 绝缘性能。绝缘性在小于1000V的电压和两点间距2cm时测试电阻值>1000MΩ。
- 化学性能。耐电解度要求(110℃,24h):重量体积变化不小于±2%,电解液不发黑,无沉淀。

7) 套管

(1) 材料:套管有PVC(聚氯乙烯)和PET(聚对苯二甲酸乙二酯或聚对苯)两种材料。

(2) 材料的特点:构成套管的PVC和PET这两种材料的绝缘性、耐化学腐蚀性、耐光性、热稳定性差。

(3) 质量要求:

① 外观要求。套管表面光滑,无明显斑点、缝合线,无机械损伤。

② 尺寸要求。套管折径、厚度在规格内。

③ 特性要求。纵向和横向收缩率应在规格值内。绝缘性应满足(6~8)kV/10分钟,无击穿现象。耐温性能应满足:将套管套于产品上,放置于180℃恒温箱内,15分钟后取出,观察套管包覆是否符合标准要求;将套管套于产品上,放置于105±5℃烘箱恒温96h,取出冷至室温,观察其外观应无破裂,无顶部少套管和底部露白等。硅油实验:将套管套于产品上,放置于160±2℃硅油中3分钟,取出冷却后观察套管有无破裂,上下套管包覆是否符合标准要求。

④ 套管标识。标称容量、标称电压、系列、容差代码($M±20\%$、$K±10\%$、$J±5\%$、$N±30\%$)、温度(电容允许使用的最高温度)、电流方向(电流由正极流向负极)、负极引线、牌名(商标)、生产周期(根据客户要求)。套管上印有"P"字样的,表示该套管为PET套管。

8) 制造工艺

工艺流程:进料检查→材料裁切→裁切检验→嵌钉→卷绕→芯检(WV≥160V素子短路检测)→含浸→组粒→清洗→套管→插架→老化→外观→分选→入库检→编切→入库检→包装→入库→发货(制程各工序均设有制程巡检)。

9) 铝电解电容的检验

工厂大批量生出来的电解电容产品中不可能全部合格,其中不可避免地要有一些机械性或电性能不合格的次品、废品,为了保证出厂产品的合格率,应将所有产品都进行测试检验,剔除次品和废品。

(1) 外观检验:目视检查,根据客户要求或本公司标准检查并剔除次品和不良品。

(2) 尺寸检验:按照铝电解电容尺寸标准使用游标卡尺测量,脚距$F±0.5mm$、引线线径$d±0.05mm$、高度$L+max$的max值:5mm、7mm高度超小型产品为1mm,一般标准品、高频低阻抗产品$\phi5$、$\phi6.3$、$\phi8$产品以及$\phi10$以上产品L为16mm(含16mm)、以下产品为1.5mm,L为20mm(含20mm)以上产品为2.0mm。

(3) 电容量检验

使用电容量检测仪进行检验,根据铝电解电容的标准容量和偏差计算出容量范围,通过容量测试仪测出其容量在标准范围内即可。注意测试频率,如客户无特殊要求时,选120Hz进行测试。

(4) 损耗角正切值

使用容量检测仪检验,用120Hz测试,损耗角正切值根据《产品三特性内控标准》或《产品三特性公司标准》(适应于入库或出库检查),再根据系列和标称电压值查出对应的损耗角正切值,注意此值为最大值,当测试值小于最大值时即为合格品。

(5) 漏电流检验

铝电解电容阳极氧化膜上有微小的缝隙、杂质、疵点等缺陷,造成杂质离子电流流通,其中以电子电流为主。伴随电子电流的出现,有可能在阳极释放出氢气,使内压增加,压力过大还可能爆炸。漏电流是电容电性能优劣和工艺卫生的一个直接标志。漏电流的大小与电压和容量有关,还要考虑外部结构因素。如:

$$I_0 = K \cdot C \cdot U + M \tag{3-31}$$

漏电流使用漏电监测仪测量,当工作电压较高、漏电流较大时,M值就大一些。

① 容量检测仪、漏电流检测仪必须使用校准合格且在有效期内的一起进行检验。

② 容量、损耗角正切值、漏电流检测条件:温度范围为15~35℃,湿度25%~75%。

10) 铝电解电容性能特点

(1) 比容值大:铝箔腐蚀后面积扩大几十倍,有效面积增大,储存大量电荷。

(2) 具有自愈特性:充电时自动修复氧化膜,使绝缘介质膜恢复和加固到其应有的绝缘能力,绝缘性得到巩固。

(3) 具有极性:铝电解电容具有正负极性之分,正极只能接电路中的高电平,负极只能接电路中的低电平,不能接反,否则 tanδ 和 I 值就会增大,导致芯子剧烈发热,介质被破坏,严重时会发生爆炸。

(4) 绝缘性能差:漏电流大,铝电解电容的漏电流以 μA 计,其他电容则以 nA 计。

(5) 损失值大:只能用于能量损耗精度要求不高的整机上。

(6) 易劣化:过电压和反向加压、长期使用时电解液漏出干枯,无负荷存放时间太长,质量劣化,漏电流增大。

(7) 价格便宜:制造时应注意降低损耗。

11) 铝电解电容的耐溶剂性

(1) 长时间贮存的影响

① 外部影响。皮头丧失密封能力,引线氧化、生锈、发黑、套管老化、变色、龟裂等。

② 内部影响。氧化膜裂化、阴极表面变质、阴阳两极表面与电解液发生反应,结果导致铝电解电容特性发生变化(漏电流增大、损失增大等)。

(2) 储存条件

① 温度:15~35℃,湿度25%~75%。

② 气压:常压下存放(一个标准大气压)。

③ 避免阳光直射和有害气体(H_2S、NH_3、HCl)。

④ 时间超过三个月应重新进行检验,要求低压比高压要时间稍长。

12) 铝电解电容的寿命

(1) 寿命计算公式:铝电解电容寿命的计算公式为:

$$L = L_0 \cdot 2^{(T_0 - T)/10} \tag{3-32}$$

式中，L 为使用温度下的寿命；L_0 为最高温度下的使用寿命；T 为最高使用温度；T_0 为使用温度。从公式中可以看出，使用温度每升高 10℃，寿命缩短一半。

(2) 注意事项：

① 高温试验时，一定要控制好温度和时间，否则将影响产品的寿命。

② 老化时一定要控制好温度。

③ 电压与寿命的关系。使用额定电压以外的电压将对寿命的影响是很大的，短时间内会耗尽寿命。

④ 交流电流对寿命的影响：铝电解电容比其他电容的损失值大，交流电流产生热量，过大的交流电流使电容温度大为上升，对寿命也会产生很大影响；电解电容允许流通的最大电流不能超过电流的峰值，即最大纹波电流。

$$I_L = 1.12(JI \cdot D \cdot \Delta T \cdot C_R / \tan\delta)^{1/2} \tag{3-33}$$

其中：D 为产品直径；ΔT 为温升；C_R 为标称容量。

13) 产品可靠性检验

(1) 引用标准：铝电解电容引用国标为 GB2693—2001、GB5995—86、GB5993—86、IEC3840—1。

(2) 检验环境：铝电解电容检验环境为：温度 15~35℃，湿度 25%~75%，气压 86-106kPa。

(3) 检验项目：铝电解电容检验项目可分为以下两步：

① 逐批试验

- 外观、尺寸、漏电流、电容、损失、阻抗（非破坏性试验），按 IEC410II 抽样。
- 可焊性、高温储存、高低温特性（破坏性试验），按 EC410S-3 抽样。

② 周期试验

- 温度快速变化、振动、碰撞或冲击、气候顺序、稳态湿热、引出端强度、耐焊接热、耐久性、浪涌电压、反向电压、压力释放、高温储存、低温储存、高低温特性。
- 破坏性试验，其抽样方法按铝壳、电压、引线规格抽样。

14) 铝电解电容使用注意事项

(1) 极性不能接反：铝电解电容有极性，如电容极性接反，则电路接近短路状态，电容会因流过异常电流而损坏，故遇反向和极性变换电路，请使用无极性铝电解电容。

(2) 不能过额定工作电压值：施加电压必须小于额定工作电压。如果施加电压超过额定工作电压，则漏电流增加，使电容特性水劣化或短时间内破坏，尤其注意纹波电压峰值不得超过额定工作电压。

(3) 不能过额定纹波电流：电流不要超过额定纹波电流。电容流通过大的纹波电流，其自身会大量发热，温度上升寿命必然缩短。

(4) 使用温度要合适：铝电解电容的寿命受温度的影响很大，通常环境温度降低 10℃，寿命延长两倍，因此尽量做到环境温度低。

(5) 不适于用在急剧频繁的充放电电路中：如在急剧频繁的充放电电路中使用普通铝电解电容产品，由于急剧频繁的充放电使电容的容量减少，内部发热以致损坏，故在此情况下应选择照相用充放电电容。

(6) 长期放置的产品使用前要进行老化处理：通常铝电解电容长期放置，漏电流会有增加的倾向，如将其两端加压，过大的漏电流会导致内部发热而损坏，故存放半年以上产品使用前要进行老化处理。

(7) 注意焊接的温度及时间:电容如用电烙铁焊接,电烙铁功率不宜大于 75W,时间不要超过 10 秒,且不要接触电容引线外的本体,如用锡槽浸焊,其焊液温度不能超过 270℃,浸入时间不能超过 10 秒。

(8) 不能在引线和焊片上施加强力:如在引线上施加强力,应力波及到内部,有增大漏电流,短路和断腿等危险;特别是当电容焊在印刷电路板上之后,如将其倾斜,强力就会在电容内部,因此请注意焊接后就不要在动电容。

(9) 注意电容的保存条件:电解电容受阳光直射,并在高温的库房里存放,则性能会加速劣化,如库房潮湿,则引线和焊片的可焊性会变坏,故电容应放于 40℃ 以下,80% 湿度的库房中。

(10) 关于有铝壳防爆槽的电容的使用:铝壳防爆槽在动作时,壳顶上有些膨胀,因此在防爆槽上部,应留有一点空隙,根据电容的外径尺寸,上部留的空隙应为:$\phi 4 \sim \phi 16$ 的空隙应为 2mm 以上;$\phi 18 \sim \phi 35$ 的空隙应为 3mm 以上;$\phi 40$ 的空隙应为 5mm 以上。

3.4.2 钽电解电容

1. 钽电解电容物理结构

(1) 外部形状:钽电解电容的外部形状如图 3-90 所示。

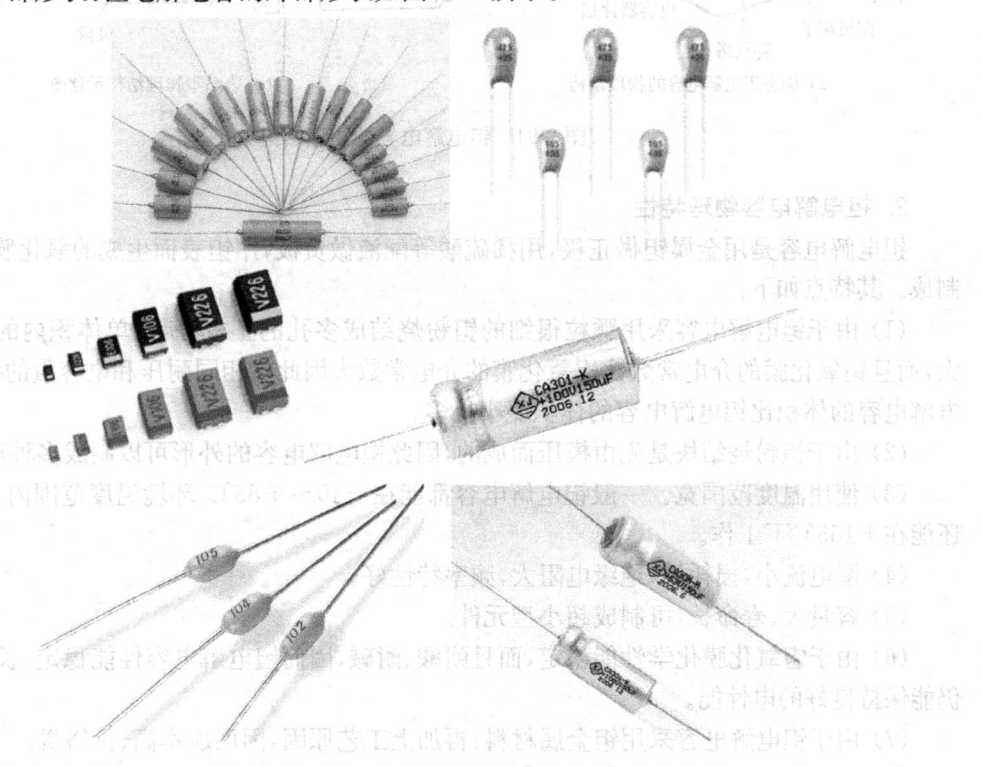

图 3-90 钽电解电容的外部形状

(2) 物理结构:钽电解电容的内部物理结构如图 3-91 所示,图(a)为固体钽电解电容的结构示意图,图(b)为液体钽电解电容的结构示意图。

固体钽电解电容的正极的制造过程为:用非常细的钽金属粉压制而成块,在高温及真空条件下烧结成多孔形基体,然后再对烧结好的基体进行阳极氧化,在其表面生成一层 TaO_5 膜,构成以 TaO_5 膜为绝缘介质的钽粉烧结块正极基体。固体钽电解电容负极的制造过程是:在钽正极基体上浸渍硝酸锰,经高温烧结而形成固体电解质 MnO_2,再经过工艺处理形成负极石墨层,接着再在石墨层外喷涂铅锡合金等导电层,便构成了电容的芯子。可以看出,固体钽电解电容的正极是钽粉烧结块,绝缘介质为 TaO_5,负极为 MnO_2 固体电解质。将电容的芯子焊上引出线后再装入外壳内,然后用橡胶塞封装,便构成了固体钽电解电容。有的电容芯子采用环氧树脂包封的形式以构成固体钽电解电容。

液体钽电解电容的制造工艺比固体钽电解电容较为简单,电容的芯子直接由钽粉烧结块经阳极氧化制成。再把电容芯子装入含有硫酸水溶液或凝胶体硫酸硅溶液的银外壳中,然后用氟橡胶密封塞进行卷边密封而成。硫酸水溶液等液体电解质为电容的负极。

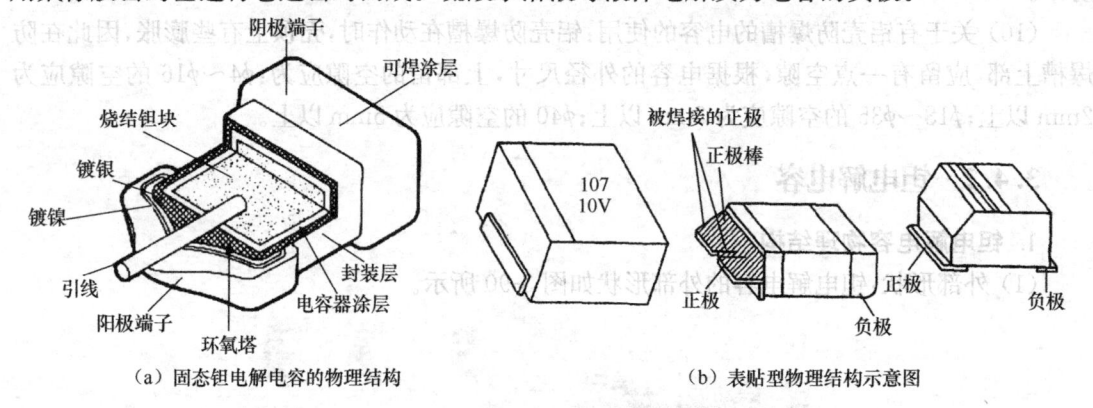

(a) 固态钽电解电容的物理结构　　(b) 表贴型物理结构示意图

图 3-91　钽电解电容的物理结构

2. 钽电解电容物理特性

钽电解电容是用金属钽做正极,用稀硫酸等配液做负极,用钽表面生成的氧化膜做介质而制成。其特点如下:

(1) 由于钽电解电容采用颗粒很细的钽粉烧结成多孔的正极,所以单体积内的有效面积大,而且钽氧化膜的介电常数比铝氧化膜的介电常数大因此在相同耐压和电容量的条件下,钽电解电容的体积比铝电解电容的体积要小得多。

(2) 由于钽粉烧结块是先由模压而成的,因此钽电解电容的外形可以制成多种形式。

(3) 使用温度范围宽。一般钽电解电容都能在 $-40 \sim +85℃$ 环境温度范围内工作,有的还能在 $+155℃$ 下工作。

(4) 漏电流小,损耗低,绝缘电阻大,频率特性好。

(5) 容量大,寿命长,可制成超小型元件。

(6) 由于钽氧化膜化学性能稳定,而且耐酸、耐碱,因而钽电解电容性能稳定,长时间工作仍能保持良好的电性能。

(7) 由于钽电解电容采用钽金属材料,再加上工艺原因,因而成本高、价格贵。

(8) 钽电解电容是有极性的电容,且耐压低。钽电解电容主要用于铝电解电容性能参数难以满足要求的场合,如要求电容体积小、上下限温度范围宽、频率特性及阻抗特性好、产品稳定性高的军用和民用整机电路。

3. 钽电解电容分类及特点

(1) 根据钽电解电容的阴极引出的电解质形态不同分为固体和非固体电解质钽电容。非固体电解质钽电容密封较难,根据其密封形式又分全密封和半密封产品,固体电解质钽能承受小量的反向电压,因此又做出了双极性电解电容。固体和非固体电解质钽电容的性能比较见表 3-99。

表 3-99　固体和非固体电解质钽电容的性能比较表

名称	单位体积的 CV 值	储存性能	漏电	反向电压	阻抗频率特性	温度特性
固体钽电解电容器	差	优	差	最大 1V	优	优
非固体钽电解电容器	大	优	优	不能承受	优	较好

(2) 根据阴、阳极引出端的引出方向不同,又可分为轴向引出式钽电解电容和同向引出式钽电解电容。

(3) 在钽电解电容的生产中,因执行标准不同,A、B、C 组检验严酷程度不同,又可分为国军标产品、七专产品和国标企标产品。

(4) 钽电解电容的分类及其特点列于表 3-100 中,可供读者参考。

表 3-100　钽电解电容的分类及其特点表

名称		分类依据	详细名称	特点	备注
钽电解电容器	非固体钽电解电容器	密封形式不同	全密封	密封好,储存期长	高可靠产品、军品多为全密封产品
			半密封	密封差,储存期短	多为民用产品,价格低,也有一些高温产品
	固体钽电解电容器	有无极性	有极性	承受反向电压不能超 1V	不能用于纯交流电路,有条件地用于脉动电路
			双极性	能承受反向电压	极性变换而频率不太高的直流或脉动电路中

4. 钽电解电容选择和使用注意事项

钽电解电容选择时,一般优先考虑应用需求的最重要特性,然后选择和协调其他特性。下面就是最重要因素列为最重要因素的原因。

(1) 温度影响
① 温度的变化会影响决定电容量的介电常数变化,也会引起导体面积或间距变化。
② 温度的变化会影响阻抗变化,最后导致漏电流发生变化。
③ 高温击穿电压和频率对发热的影响。
④ 当发热产生时,就会影响额定电流的大小。
⑤ 温度升高时引起电解液膨胀,最后导致其从密封处泄漏。

(2) 湿度影响
① 湿度会影响漏电流。
② 湿度会影响击穿电压。
③ 湿度对功率因数或品质因数的影响。

(3) 气压影响
① 气压影响击穿电压。
② 气压影响电解液从密封处泄漏。

(4) 外加电压影响
① 外加电压影响漏电流。
② 外加电压过高会引起发热。
③ 外加电压过高会引起介质击穿,最后导致频率受影响。
④ 外加电压过高会引起电晕。
⑤ 对外壳或底座的绝缘

(5) 振动影响
① 机械振动引起的电容量变化。
② 机械振动引起电容芯子、引出端或外壳发生机械变形。

(6) 电流影响
① 对电容的内部升温和寿命的影响。
② 电流影响导体某发热点的载流能力。

(7) 寿命。所有环境和电路条件对其的寿命都有影响。

(8) 稳定性。所有环境和电路条件对其稳定性都有影响。

(9) 恢复性能。电容量变化后,能否恢复到初始条件的能力。

(10) 尺寸、体积和安装方法。在机械应力下,当产品安装固定不当时,容易导致引线承受较大应力或共振,严重时会产生引线断裂等现象。

3.4.3 铌电解电容

1. 铌电解电容物理结构

(1) 外部形状

铌电解电容的外部形状如图 3-92 所示。

图 3-92 铌电解电容的外部形状图

(2) 物理结构

铌电解电容的内部物理结构如图 3-93 所示。铌电解电容的工艺技术是依托在钽电解电容制造工艺技术的基础上,研发出了铌电解电容以及铌电解电容的制造工艺技术。铌电解电容的阳极由烧结铌块和铌引出线两部分组成,阴极为半导体 MnO_2 介质为 Nb_2O_5,Ag 和石墨用于引出阴极,通过银膏将烧结铌块和引出框架粘接起来作为阴极引出线,通过焊接的方法将烧结铌块和引出框架粘接起来作为阳极引出线,外层用环氧树脂包封,通过激光在环氧树脂表面上打上对应标记,再通过检测和外观处理,制造成成品的铌电解电容。它是一种性能良好长寿命级电子元器件,主要用于家电产品、移动通讯、计算机、航天航海、医疗电子等行业。

· 250 ·

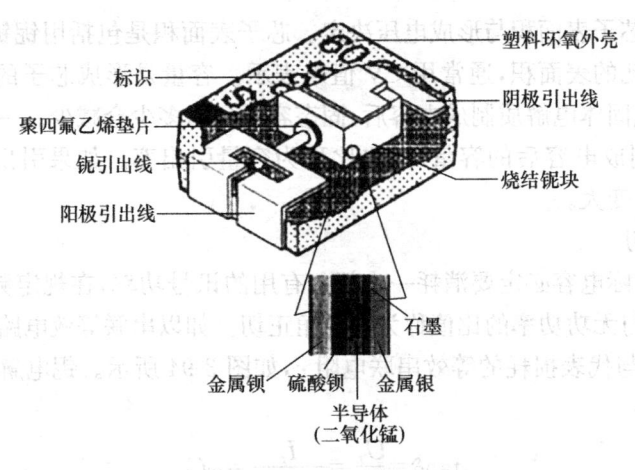

图 3-93 铌电解电容的内部物理结构图

(3) 优点

① 相对于钽资源来说,铌资源要丰富得多,据有关资料统计,世界钽铌资源矿储量分别为(以五氧化物算):钽为 308029t,铌为 48813534t。

② 整机产品轻型化是人们追求的一个目标,铌的比重是 $8.6g/cm^3$,只有钽的比重($16.6g/cm^3$)的一半,铌电解电容能够较好地满足电子市场发展的需要。

③ 体积小、易于实现片式化。与铝电解电容相比较,不但性能上要好得多,而且体积要小的多,这样可以提高空间的利用率,另一方面,铌与钽相近,很容易制造出片式电容,实现表面贴装,而铝电解电容实现片式化的难度较大。

④ 产品即使失效也不容易发生着火现象。相对于钽电解电容,铌电解电容的一个重要特征是,在寿命测试时着火失效情况低。铌电解电容中典型的失效情况是高 DC 漏电流。通常失效铌电解电容不被击穿,它们的容量与完好电容相当。相反,钽电解电容典型的失效情况是击穿和短路。在低阻抗电路中,尤其是在大壳号电容中,钽电解电容的失效会造成电容燃烧。

⑤ 在滤波电路中,铌电解电容的应用效果比较好,铌金属电解电容的滤波效果与一般钽电解电容相当。

⑥ 铌粉的比容高,适合于制作低压大容量的电解电容产品。

正是由于上述原因,铌电解电容作为钽电解电容的替代品,不仅具有广阔的发展前景,而且铌电解电容的开发和利用,也将填补国内铌原料使用和铌电解电容使用的空白,因此具有非常重要的意义。

2. 铌电解电容电性能参数

(1) 容量

铌电解电容的容量一般用下式表示:

$$C = \varepsilon S/t \tag{3-34}$$

式中,C 为容量,单位为 μF;ε 为介电常数,Nb_2O_5 的介电常数为 27;S 为表面积,单位为 cm^2;t 为介质膜厚度,单位为 cm。铌电解电容的介质膜厚度又形成电压决定,基本上是每伏 20A,若厚度用用形成电压 V_F 表示时,则有

$$C = KS/V_F \tag{3-35}$$

式中,K 为常数,约为 1.35。

铌电容容量由芯子表面积与形成电压决定。芯子表面积是包括用铌铌粉成型、烧结而形成的多孔烧结块细孔的表面积,通常用 CV 值来表示。容量是形成芯子的湿式容量(C_w),但是,在芯子表面形成固体电解质制成电容后,固态容量(C_s)多少会减少。一般形成后在溶液中测量的容量 C_w 与制成电容后的容量 C_s 之比称为容量引出率。如果引出率差,伴随吸潮干燥,容量变化率就会变大。

(2) 损耗角正切

在交流电中,实际电容必定要消耗一小部分有用的讯号功率,在规定频率的正弦电压下,所消耗的有功功率与无功功率的比值称为损耗角正切。如以串联等效电路来表示—实用铌电解电容的电容量 C 与代表损耗的等效串联电阻 r,如图 3-94 所示。铌电解电容的损耗角正切科表示为:

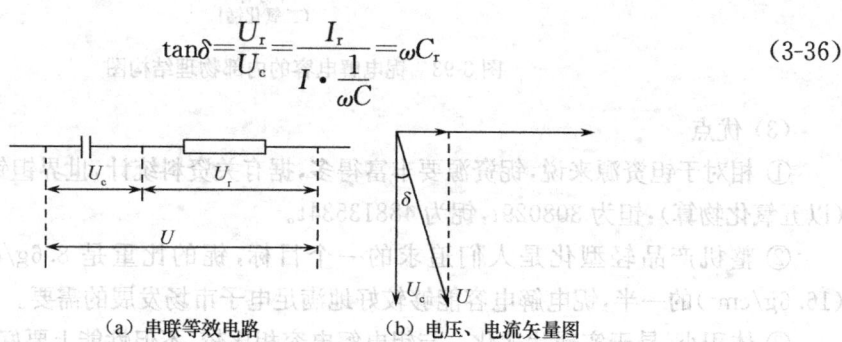

$$\tan\delta = \frac{U_r}{U_c} = \frac{I_r}{I \cdot \frac{1}{\omega C}} = \omega C_r \tag{3-36}$$

图 3-94 铌电解电容的损耗角正切图解
(a) 串联等效电路　　(b) 电压、电流矢量图

一般规定的双倍工频下进行测量,其值约为 0.01~0.20,视电解电容的类型、电容量的大小、额定电压的高低而异,并和温度、频率密切相关,有时也采用百分比来表示。这种铌电解电容的损耗角正切图解方法同样也适合于其他类型的电解电容。

(3) 漏电流

漏电流 I_c 参数表征铌电解电容的绝缘质量,相当于其他类型的绝缘电阻参数。由于铌电解电容的电流值和电容量大小以及施加电压(不能大于额定电压值)高低密切相关,因此允许最大值低于下式所表示的值:

$$I_1 = K \cdot C \cdot U \tag{3-37}$$

式中,I_1 为漏电流容许值,K 为与电容类型相关的常数,C 为电容的电容量(单位为 μF),U 为所加直流电压值。漏电流的大小也和所处的环境温度有关,因此测量时应完全控制温度的变化。

(4) 额定电压

表正在规定的环境温度范围内,所能施加到电容上的最高直流工作电压系列值,称为额定电压(U_R)。额定电压虽然不是衡量电容的测量参数,但因施加到电容上工作电压值与其密切相关,一般规定应低于额定电压值。降低施加电压对提高产品的使用寿命有显著作用。固体铌电解电容额定电压值用 U_R 来表示,其系列由下列数值组成:

4.0、6.3、10、16、20、25、35、50

(5) 等效串联电阻

根据铌电解电容的构成材料来分解,等效串联电阻 R_{ESR} 可表示为:

$$R_{ESR} = R_{OX} + R_i + R_O \tag{3-38}$$

式中，R_{OX} 为 Nb_2O_5 的电阻以及膜与 MnO_2 的接触电阻；R_i 为芯子内部 MnO_2 的电阻，R_O 为芯子外部 MnO_2 及石墨、银、导电胶等的电阻以及相互之间的电阻。R_{ESR} 随频率的变化而变化，如图 3-95 所示，目前均采用 100kHz 的频率源进行测试。

3. 铌电解电容所需主要原材料的技术要求

(1) 铌粉

铌粉的化学成分见表 3-101，物理特性见表 3-102。铌粉用于铌阳极极块的制造，它的化学性质和物理特性决定了铌粉的比容高，比表面积大，容易吸附氧气，在吸附氧气的同时直接转换成 Nb_2O_5。

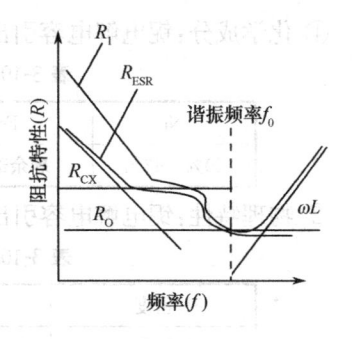

图 3-95 R_{ESR} 随频率的变化曲线

表 3-101 铌粉的化学成分表

铌粉型号	杂质含量（上限）								
	O	C	H	Si	Fe	Ni	Cr	Na	K
FNb100k	15000	60	300	30	50	30	30	10	10

表 3-102 铌粉的物理特性表

铌粉型号	松装密度/(g/cm³)	费氏平均粒径/μm	粒度分布(−325 目)/%
FNb100k	1.39	2.93	<10

(2) 铌丝

① 化学成分：铌丝的化学成分见表 3-103。

表 3-103 铌丝的化学成分表

最高杂质含量										
O	C	N	H	Fe	Nb	W	Mo	Ni	Cr	Ti
100	50	50	20	30	50	30	30	30	30	30

② 物理特性：铌丝的物理特性主要表现在漏电流上，其漏电流的平均值不大于 $0.06\mu A/g$，最大值不大于 $0.12\mu A/g$。

③ 力学特性：铌丝的抗拉强度范围为 $100\sim110 kg/mm^2$，弯曲次数 $\geqslant 3$，延伸率最大 5.0%。

铌丝用于铌阳极块的阳极引出，它的化学性质和物理特性都有利于铌电解电容制造过程中的已焊接性和漏电流的稳定性。

(3) 银膏

用于制造铌电解电容银膏的型号为 6144 型，外观呈银白色软膏，气味为有机气味，含银量为 72%±2%，黏度为 $1000\pm300 P_{as}$，电阻率 $<0.0002\Omega\cdot cm$。

通过银膏将烧结铌块和引线框架粘接起来作为阴极引出线。由于银膏是良导体，用于铌电解电容的制造可以增强导电性，减小漏电流。

(4) 引出框架

铌电解电容的引出框架利用 42 号合金金属条冲压而成，并且镀上一层镍和一薄层 90% 的锡。铌电解电容的引线框架用于阴极和阳极的引出线，它的化学性质和物理特性有利于铌电解电容制造过程中的阳极粘接和阴极焊接，增加导电性能，减小漏电流。

① 化学成分:铌电解电容引出框架的化学成分见表3-104。

表3-104 铌电解电容引出框架的化学成分表

Ni	Fe	C	Si	Mn
40%~43%	剩余部分	<0.02	<0.30	<0.80

② 物理特性:铌电解电容引出框架的物理特性见表3-105。

表3-105 铌电解电容引出框架的物理特性表

密度	电阻率	热传导率	热膨胀系数(1℃)
8.15G/cc	710μΩ·mm	20℃时,6.2	(40~47)×10⁻⁷

③ 机械特性:铌电解电容引出框架的机械特性见表3-106。

表3-106 铌电解电容引出框架的机械特性表

强度	抗拉强度	延伸率	硬度
硬态	100~130×100PSI（磅/平方英寸）	5%~7%	180~220HV(威氏) 72~79ROCK(洛氏)30T

④ 机械尺寸:铌电解电容引出框架的机械尺寸见表3-107。

表3-107 铌电解电容引出框架的机械尺寸表

厚度	宽度	长度
$0.10^{+0.02}_{-0.00}$	21.0±0.05mm	$5^{+0.75}_{-0.00}$mm

(5) 环氧塑封料

制造铌电解电容所用环氧塑封料集螺旋流动性和胶化性能于一体,可以采用传统传递模塑法固化,该材料适合激光打标,用于对铌电解电容进行外层包装。

4. 铌电解电容的生产工艺流程

铌电解电容的生产工艺流程非常复杂,简要表示如图3-96所示。

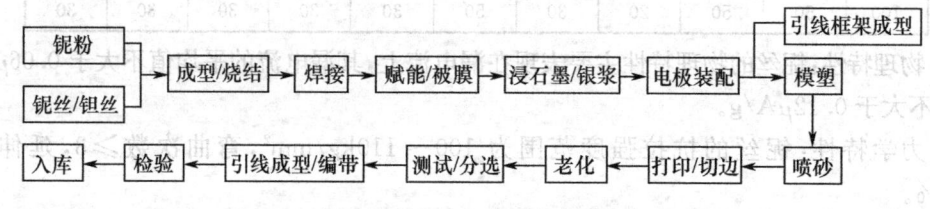

图3-96 铌电解电容的生产工艺流程简要表示图

5. 铌电解电容应用中应注意的问题

铌电解电容应用中应注意的问题与钽电解电容相同,因此请使用者参照前面所讲过的钽电解电容选择和使用注意事项,这里就不在重述。

3.4.4 习题12

(1) 从电解电容的构造、物理特性、电化学特性和价格等角度出发,分别讲述铝电解电容器、钽电解电容器和铌电解电容器之间的区别是什么?并且在讲述一下它们在应用中的不同是什么?

(2) 从电解电容器的工作原理的角度出发进行分析,说出电解电容器在使用时为什么正极端必须接高电位端,而不能接低电位端?若接错以后将会出现什么后果?

(3) 为什么铝电解电容器的寿命与其所使用的环境温度的平方正反比?而钽电解电容器和铌电解电容

器则不然？

(4) 为什么铝电解电容器存放的时间久了就不能用了？特别是一些电子设备为什么使用一段时间以后就要将其内部的铝电解电容器全部换成新的才能保证正常工作？而钽电解电容器和铌电解电容器则不然？

(5) 为什么较高耐压的铝电解电容器体积和重量就会较大和较重？同时价格也会较贵？在使用电解电容器时都应该注意哪些参数？

3.5 超级电容

超级电容是一种高能量密度的无源储能元件，随着它的问世，如何应用好超级电容，提高电子线路的性能和研发新的电路、电子线路及应用领域是电力电子技术领域的科技工作者的一个热门课题。

3.5.1 超级电容的原理及结构

1. 超级电容结构

超级电容的结构框图和外形如图 3-97 所示。超级电容中，多孔化电极采用活性炭粉和活性炭纤维，电解液采用有机电解质，如丙烯碳酸脂(propylene carbonate)或高氯酸四乙氨(tetraetry lanmmonium perchlorate)。工作时，在可极化电极和电解质溶液之间界面上形成了双电层，双电层中聚集的电容量 C 由下式确定：

$$C = \left(f \frac{\varepsilon}{4\pi\delta} \right) \mathrm{d}s \tag{3-39}$$

式中，ε 是电解质的介电常数；δ 是由电极界面到离子中心的距离；s 是电极界面的表面面积。

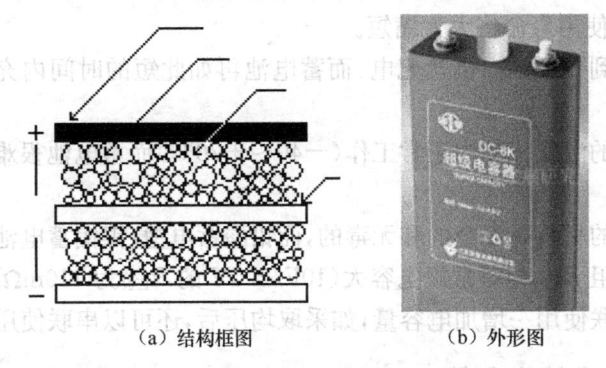

(a) 结构框图　　(b) 外形图

图 3-97　超级电容的结构框图和外形图

由图中可见，其多孔化电极是使用多孔性的活性炭有极大的表面积在电解液中吸附着电荷，因而将具有极大的电容量并可以存储很大的静电能量，超级电容的这一特性是介于传统的电容与电池之间。与电池相比之下，尽管超级电容的能量密度为 5% 或者更小，但是这种能量的储存方式，也可以应用在传统电池不足之处，也就是在短时间内需要释放出高峰值电流的应用场合，如大功率脉冲激光器电源。这就是超级电容比电池优越的地方。

2. 超级电容工作原理

超级电容是利用双电层原理的电容，原理示意图如图 3-98 所示。当外加电压加到超级电容的两个极板上时，与普通电容一样，极板的正电极存储正电荷，负极板存储负电荷，在超级电容的两极板上电荷产生的电场作用下，在电解液与电极间的界面上形成相反的电荷，以平衡电解液的内电场,这种正电荷与负电荷在两个不同相之间的接触面上,以正负电荷之间极短间隙排列在相反的位置上,这个电荷分布层叫做双电层,因此电容量非常大。当两极板间电势低于电解液的氧化还原电极电位时,电解液界面上电荷不会脱离电解液,超级电容为正常工作状态(通常为 3V 以下),如电容两端电压超过电解液的氧化还原电极电位时,电解液将分解,为非正常状态。由于随着超级电容放电,正、负极板上的电荷被外电路泄放,电解液的界面上的电荷相应减少。由此可以看出:超级电容的充放电过程始终是物理过程,没有化学反应。因此性能是稳定的,与利用化学反应的蓄电池是不同的。

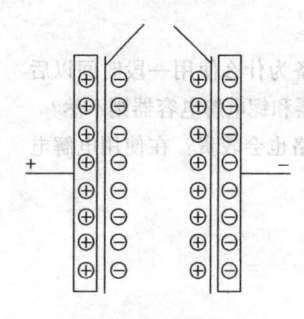

图 3-98 超级电容结构框图

3. 超级电容主要特点

由于超级电容的结构及工作原理使其具有如下特点:

(1) 电容量大,超级电容采用活性炭粉与活性炭纤维作为可极化电极与电解液接触的面积大大增加,根据电容量的计算公式,那么两极板的表面积越大,则电容量越大。因此,一般双电层电容容量很容易超过 1F,它的出现使普通电容的容量范围骤然跃升了多个数量级,目前单体超级电容的最大电容量可达 5000F。

(2) 充放电寿命很长,可达 500 000 次,或 90 000 小时,而蓄电池的充放电寿命很难超过 1 000 次。

(3) 可以提供很高的放电电流,如 2700F 的超级电容额定放电电流不低于 950A,放电峰值电流可达 1680A,一般蓄电池通常不能有如此高的放电电流,一些高放电电流的蓄电池在如此高的放电电流下的使用寿命将大大缩短。

(4) 可以数十秒到数分钟内快速充电,而蓄电池再如此短的时间内充满电将是极危险的或几乎不可能。

(5) 可以在很宽的温度范围内正常工作(-40~+70℃)而蓄电池很难在高温特别是低温环境下工作。

(6) 超级电容用的材料是安全的和无毒的,而铅酸蓄电池、镍镉蓄电池均具有毒性。

(7) 等效串联电阻 R_{ESR} 相对常规电容大(10F/2.5V 的 R_{ESR} 为 110mΩ)。

(8) 可以任意并联使用—增加电容量,如采取均压后,还可以串联使用。

3.5.2 超级电容技术参数

1. 额定容量

超级电容容量的单位为法拉,采用大写字母 F 来表示。

测试条件:规定的恒定电流(如 1000F 以上的超级电容规定的充电电流为 100A,200F 以下的为 3A)充电到额定电压后保持 2~3 分钟,在规定的恒定电流放电条件下,放电到端电压为零所需的时间与电流的乘积再除以额定电压值,即

$$C = \frac{I \cdot t}{V} \tag{3-40}$$

由于超级电容容量的等效串联电阻 R_{ESR} 比普通电容大,因而充放电时 R_{ESR} 产生的电压降就不能忽略。如 2.7V/5000F 超级电容的 R_{ESR} 就为 0.4mΩ,在 100A 电流放电时 R_{ESR} 上的电压降就为 40mV,占额定电压的 1.5%;在 950A 电流放电时 R_{ESR} 上的电压降就为 380mV,占额

定电压的 14%。这就表明在额定电流下放电容量将为额定容量的 88.5%,这一特性将在图 3-99 所示的超级电容充电特性曲线中看到。

2. 额定电压

超级电容的额定电压被定义为,可以使用的最高安全端电压(如 2.3V、2.5V、2.7V 以及不久将来的 3V),除此之外还有承受浪涌尖峰电压(可以短时间承受的端电压,通常为额定电压的 105%),实际上超级电容的击穿电压远高于额定电压(约为额定电压的 1.5～3 倍左右),与普通电容的额定电压/击穿电压比值差不多。

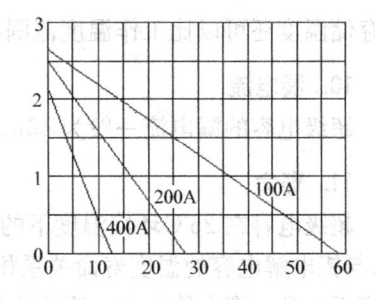

图 3-99 2.7V/2700F 超级电容的充电特性曲线

3. 额定电流

超级电容的额定电流被定义为,5 秒内放电到额定电压一半的电流,除此之外还有最大电流(脉冲峰值电流)。

4. 最大存储能量

超级电容的最大储存能量被定义为,在额定电压下放电到零时所释放的能量,以焦耳(J)或瓦时(W·h)为单位来表示。

5. 能量密度

超级电容的能量密度被定义为,最大存储能量除以超级电容的重量或体积,采用 Wh/kg 或 Wh/l 来表示。

6. 功率密度

超级电容的能量密度被定义为,在匹配的负载下,超级电容产生电/热效应各半时的放电功率,用 kW/kg 或 kW/l 来表示。

7. 等效串联电阻

超级电容的等效串联电阻 R_{ESR} 的测试条件:规定的恒定电流(如 1000F 以上的超级电容规定的充电电流为 100A,200F 以下的为 3A)和规定的频率(DC 和大容量的 100Hz 或小容量的 kHz)下的等效串联电阻。通常交流 R_{ESR} 比直流 R_{ESR} 小,并且随温度上升会减小的。超级电容等效串联电阻较大的原因是:为充分增加电极面积,电极为多孔化活性炭,由于多孔化活性炭电阻率明显大于金属,从而使超级电容的 R_{ESR} 较其他电容的大。

8. 阻抗频率特性

超级电容的阻抗频率特性如图 3-100 所示,相对较大的是 R_{ESR} 造成平坦底部的原因,超级电容的频率特性是电容中频率特性最差的。其原因是:一般电容的电荷是导体中的以电子导电方式建立或泄放,而超级电容的电荷的建立或泄放是以介质中的离子或介质电离极化实现,响应速度相对慢;大容量电容在制造时均采用卷绕工艺,寄生电感相对无感电容大。

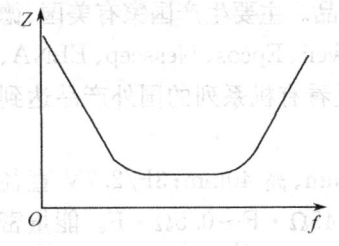

图 3-100 超级电容的阻抗频率特性曲线

9. 工作与存储温度

超级电容的工作温度范围通常为 -40～+60℃ 或 70℃,

而存储温度还可以比工作温度范围再高一些。

10. 漏电流

超级电容的漏电流一般为 $10\mu A/F$。

11. 寿命

超级电容在 25℃ 环境温度下的寿命通常在 90000 小时，在 60℃ 的环境温度下为 4000 小时，与铝电解电容的温度寿命关系相似。寿命随环境温度缩短的原因是电解液的蒸发损失随温度而上升。寿命终了的标准为电容量低于额定容量的 20%，R_{ESR} 增大到额定值的 1.5 倍。

12. 循环寿命

20 秒充电到额定电压，再恒压充电 10 秒，再 10 秒放电到额定电压的一半，间歇时间 10 秒为一个循环，这样的循环周期一般可达 500000 次。寿命终了的标准为电容量低于额定容量的 20%，R_{ESR} 增大到额定值的 1.5 倍。

13. 发热

超级电容通过纹波电流(充、放电)时会发热，其发热量将随着纹波电流的增加而增加。超级电容发热的原因是，纹波电流流过超级电容的等效串联电阻 R_{ESR} 时，将产生的功率(能量)损耗转变为热能。由于超级电容的 R_{ESR} 较大，因此在同样纹波电流条件下发热量比一般电容要大，这一点使用时应加以注意。图 3-101 给出了额定温度下纹波电流与寿命的关系，图 3-102 给出了不同环境温度下纹波电流与寿命的关系。

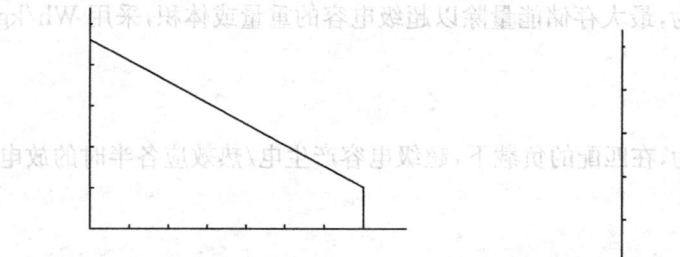

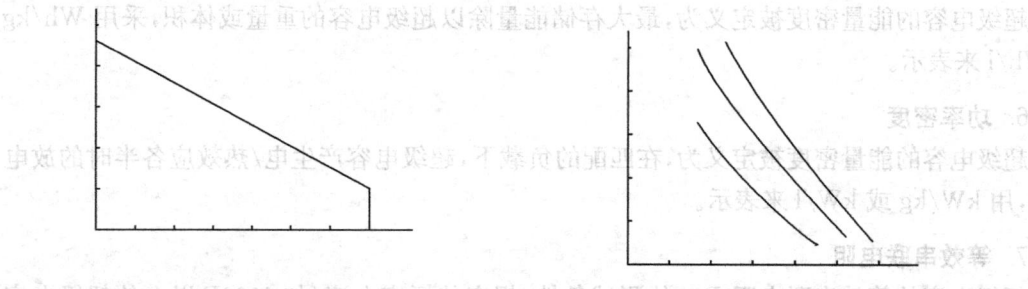

图 3-101　额定温度下纹波电流与寿命的关系　　图 3-102　不同环境温度下纹波电流与寿命的关系

14. 注意事项

超级电容在串联应用时，特别是较大电容量时应采用均压技术以保证每一个超级电容单体端电压应在额定电压内，目前国内已有各种规格的超级电容均压电路商品。

3.5.3　国内外状况

超级电容通常耐压范围为 2.5～3V，也有耐压为 1.6V 的产品。主要生产国家有美国、德国、日本、韩国、俄罗斯和中国等。比较知名的公司有：Maxweii、Epcos、Nesscep、ELNA、NEC、松下等。我国的企业有锦州超容、天津力神等。从容量上看有机系列的国外产品达到 2.7V/5000F，国内锦州超容和天津力神的产品接近这一水平。

超级电容器体积在逐年减小，120F/2.7V 已做到直径 20mm、高 40mm；3F/2.7V 直径 8mm、高 20mm。R_{ESR} 在小容量中接近 $0.3\Omega \cdot F$，大容量接近 $0.45\Omega \cdot F \sim 0.5\Omega \cdot F$。能量密度和功率密度分别达到 5.82Wh/kg、7.11Wh/kg、5.24kW/kg、6.4kW/kg，循环寿命和寿命分别达到 500000 次和 90000 小时。

3.5.4 习题13

(1) 了解超级电容器的国际发展动态,找出我国超级电容器与国际最先进国家的差距,树立赶超世界强国的信心,也树立要赶超世界强国信心的根本就是从我做起,从基础做起。

(2) 将超级电容器的阻抗频率特性与一般电容器(电解电容器和无极性电容器)的阻抗频率特性进行比较,总结出超级电容器的优缺点和在使用中应注意的问题是什么?

(3) 超级电容器并联时为什么还要必须采用均压技术以保证每一个超级电容单体端电压应在额定电压内?试设计一款电容并联时的均压电路。

(4) 了解和熟悉电池特性,并于超级电容器进行比较,说出它们之间的差别是什么?然后再总结出它们之间在什么场合可以互换,在什么场合不可以互换?

(5) 超级电容器与一般电解电容器能否混用(如串、并联使用)?

3.6 安规电容

3.6.1 Y型安规电容

(1) Y型安规电容的定义

在交流电源输入端,一般需要增加三个电容来抑制 EMI 传导干扰。交流单相电源的输入一般单相三线制,即火线(L)/零线(N)/地线(G)。在火线和地线之间、零线和地线之间并接的电容,一般称之为 Y 型安规电容,其在电路中的连接位置如图 3-103 所示,其外形如图 3-104 所示。

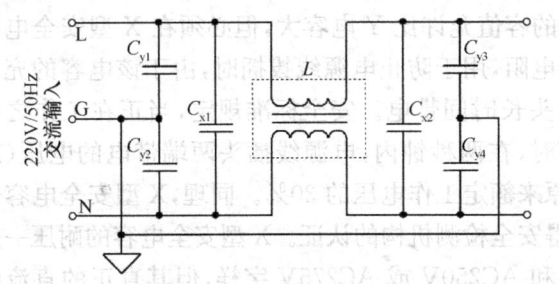

图 3-103 安全电容(X、Y型电容)在电路中的安装位置   图 3-104 Y型安规电容的外形图

(2) Y型安规电容的安全要求

这两个 Y 型安规电容连接的位置比较关键,必须需要符合相关安全标准,以防引起电子设备漏电或机壳带电,危及人身安全及生命,所以它们都属于安全电容,要求电容值不能偏大,而耐压必须较高。工作在亚热带的机器,要求对地漏电电流不能超过 0.7mA;工作在温热带的机器,要求对地漏电电流不能超过 0.35mA。因此,Y 型安规电容的总容量一般都不能超过 4700pF。特别提示:Y 型安规电容为安全电容,必须取得安全检测机构的认证。Y 型安规电容的耐压一般都标有安全认证标志(UL、CSA 等认证标志)和 AC250V 或 AC275V 字样,但其真正的直流耐压高达 5000V 以上。因此,Y 型安规电容不能随意使用标称耐压 AC250V,或 DC400V 之类的普通电容来代用。Y 型安规电容的容量必须受到限制,从而达到控制在额定频率和额定电压作用下流过它电流大小和对系统 EMC 性能影响的目的。GJB151 规定 Y 型安规电容的容量应不大于 $0.1\mu F$。Y 型安规电容除符合相应的电网电压耐压以外,还要这种电容在电气和机械性能方面有足够的安全余量,避免在极端恶劣环境条件下出现击穿短路现象,Y 型安规电容的耐压性能对保护人身安全具有重要意义。

(3) Y 型安规电容的安全等级

由于 Y 型安规电容是跨接在火线与地线之间的,就必然涉及漏电安全问题。因此,对于该电容所注重的技术参数就是绝缘等级,容量大会在电源断电后对人和器件产生影响,或形成安全隐患。因此,Y 型安规电容按绝缘等级分为 Y1、Y2、Y3、Y4 型安规电容,其安全等级参数见表 3-108 中。

表 3-108　Y1、Y2、Y3、Y4 型安规电容安全等级参数表

安规电容安全等级	绝缘类型	额定电压范围	应用中允许的峰值脉冲电压
Y1	双重绝缘或加强绝缘	$\geqslant 250V$	$>8kV$
Y2	基本绝缘或附加绝缘	$\geqslant 150V,\leqslant 250V$	$>5kV$
Y3	基本绝缘或附加绝缘	$\geqslant 150V,\leqslant 250V$	Y2 耐高压 n/a
Y4	基本绝缘或附加绝缘	$<150V$	$>2.5kV$

3.6.2　X 型安规电容

(1) X 型安规电容的定义

在火线和零线抑制之间并联的电容,一般称之为 X 型安全电容,如图 3-105 所示。由于 X 型安规电容连接的位置也比较关键,同样需要符合安全标准。因此,X 型安规电容同样也属于安全电容之一,其外形如图 3-105 所示。

(2) X 型安全电容的安全要求

X 型安全电容的容值允许比 Y 电容大,但必须在 X 型安全电容的两端并联一个安全电阻,用于防止电源线拔插时,由于该电容的充放电过程而致电源线插头长时间带电。安全标准规定,当正在工作之中的机器电源线被拔掉时,在两秒钟内,电源线插头两端带电的电压(或对地电位)必须小于原来额定工作电压的 30%。同理,X 型安全电容也是安全电容,必须取得安全检测机构的认证。X 型安全电容的耐压一般都标有安全认证标志和 AC250V 或 AC275V 字样,但其真正的直流耐压高达 2000V 以上,使用的时候不要随意使用标称耐压 AC250V,或 DC400V 之类的普通电容来代用。X 型安全电容一般都选用纹波电流比较大的聚酯薄膜类电容,这种电容体积一般都很大,但其允许瞬间充放电的电流也很大,而其内阻相应较小。普通电容纹波电流的指标都很低,动态内阻较高。用普通电容代替 X 电容,除了耐压条件不能满足以外,一般纹波电流指标也是难以满足要求的。

图 3-105　X 型安规电容的外形图

(3) X 型安规电容的安全等级

由于 X 型安规电容是跨接在火线与零线之间的,因此受电压峰值的影响很大,为了避免击穿短路,比较注重的参数就是耐压等级,而在电容量上就没有制定限定值。X 型安规电容按所能承受的脉冲电压分为 X1、X2、X3 型安规电容,其安全等级列于表 3-109 中。

表 3-109　X1、X2、X3 型安规电容安全等级表

安规电容安全等级	应用中允许的峰值脉冲电压	过电压等级(IEC664)
X1	$>2.5kV,\leqslant 1.0kV$	Ⅲ
X2	$\leqslant 2.5kV$	Ⅱ
X3	$\leqslant 1.2kV$	—

3.6.3 Y型、X型电容的作用

实际上,仅仅依赖于Y型电容和X型电容来完全滤除掉传导干扰信号是不太可能的。因为干扰信号的频谱非常宽,基本覆盖了几十kHz到几百MHz,甚至上千MHz的频率范围。通常对低端干扰信号的滤除需要很大容量的滤波电容,但受到安全条件的限制,Y型电容和X型电容的容量都不能用大;对高端干扰信号的滤除,大容量电容的滤波性能又极差,特别是聚酯薄膜电容的高频性能一般都比较差,因为它是用卷绕工艺生产的,并且聚酯薄膜介质高频响应特性与陶瓷或云母相比相差很远,一般聚酯薄膜介质都具有吸附效应,它会降低电容的工作频率,聚酯薄膜电容工作频率范围大约都在1MHz左右,超过1MHz其阻抗将显著增加。因此,为抑制电子设备产生的传导干扰,除了选用Y型电容和X型电容之外,还要同时选用多个类型的电感滤波器,组合起来一起滤除干扰。电感滤波器多属于低通滤波器,但电感滤波器也有很多规格类型,例如有:差模、共模,以及高频、低频等。每种电感主要都是针对某一小段频率的干扰信号滤除而起作用,对其他频率的干扰信号的滤除效果不大。通常,电感量很大的电感,其线圈匝数较多,那么电感的分布电容也很大。高频干扰信号将通过分布电容旁路掉。而且,磁导率很高的磁芯,其工作频率则较低。目前,大量使用的电感滤波器磁芯的工作频率大多数都在75MHz以下。对于工作频率要求比较高的场合,必须选用高频环形磁芯,高频环形磁芯磁导率一般都不高,但漏感特别小,比如,非晶合金磁芯,坡莫合金等。

3.6.4 习题14

(1) 根据安规X型电容器的级别X1、X2、X3的具体内容,分别说出当输入电网电压为380V、220V和110V时EMC滤波器中的X型安规电容应选择那个等级的X型电容?

(2) 在安规电容器X型、Y型的应用场合,它们之间是否可以互换?为什么?

(3) 使用安规电容器X型、Y型和共模电感、差模电感分别设计一款差模滤波器和共模滤波器电路,根据输入不同的电网电压时标明所选择的X型安规电容的等级。

(4) 安规电容器X型、Y型除了在电源电路的输入端或输出端构成EMC滤波器时使用以外,在其他什么电路中也有应用?并举例说明。

(5) 在有些信号处理电路、功率放大电路或开关电源电路中,为了达到使其初级电路与次级电路之间交流电位相等而直流电位被隔断的目的,应采取什么措施?

3.7 电容的应用

3.7.1 滤波作用

并在电路正负极之间,把电路中无用的交流去掉,一般采用大容量的电解电容,也有采用其他固定容量电容的。电容的这种应用常常被使用在电源电路中,将整流后的单向脉动电流中的交流分量通过电容滤除,使单向脉动电流变成平滑的直流电流,其应用电路如图3-106所示。

3.7.2 耦合、退耦作用

(1) 耦合作用

连接于信号源和信号处理电路或两级放大器电路之前,用以隔断直流信号,仅让交流或脉

(a) 原理框图

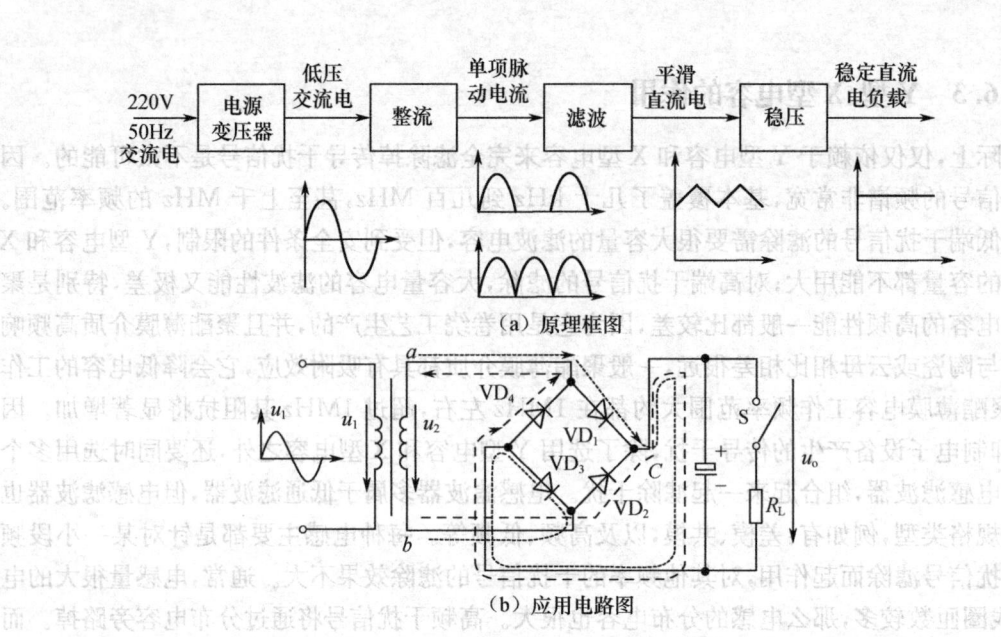

(b) 应用电路图

图 3-106 电容起滤波作用的应用电路

动信号通过,是相邻的放大器直流工作点互不影响。广义的理解为,就是信号在处理电路之间的传递。

(2) 退耦作用

并接于电路和正负极之间,可防止电路通过电源内阻形成的正反馈通路而引起的寄生振荡。实际上,也就是消除或减轻两个或两个以上电路间在某方面的相互影响的方法就称之为退耦。

(3) 应用电路

电容起耦合、退耦作用的应用电路如图 3-107 所示,电路中的 C_1 为耦合电容,C_2 为退耦电容。

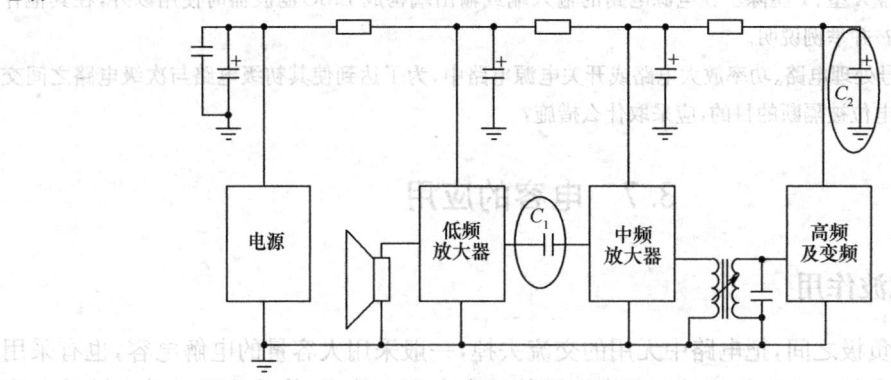

图 3-107 电容起耦合、退耦作用的应用电路

(4) 耦合、退耦电容的选择

① 耦合电容的选择要点。对电容值的精度有一定的要求,对电容损耗值要求较高;可根据使用的容量选择 C0G、X7R 或 X5R 电容产品。

② 退耦电容的选择要点。电容量要求较高,对损耗值及其他性能要求不高,可选用 X5R 或 Y5V 材料的大容量电容产品。

3.7.3 旁路作用

并接在电阻两端或由某点直接跨接至共用电位为交直流信号中交流或脉动信号设置一条通路,避免交流成分在通过电阻时产生压降。由于旁路电容是用于滤除前端信号中的高频杂波,因此电容量要求不大,但对电容损耗值有一定的要求,可根据电路工作频率选择C0G或X7R材料的电容产品。电容起旁路作用的应用电路如图3-108所示,电路(a)中的三个电容C_0、C_1和C_4均起旁路作用,电路(b)中用了两个去耦、一个旁路电容。

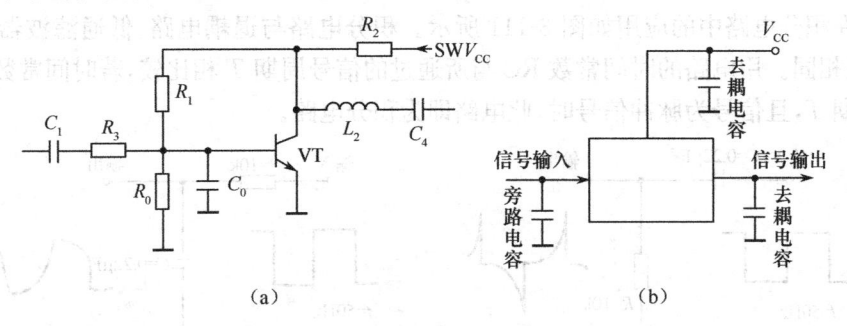

图 3-108 电容起旁路作用的应用电路

3.7.4 谐振作用

当接收电路的固有频率与接收到的电磁波的频率相同时,接收电路中产生的振荡电流最强,这种现象就被称之为谐振。实际上谐振就是阻抗匹配,其理论基础也就是LC谐振,用于匹配LC谐振的电容C就被称之为谐振电容。由于要完成阻抗匹配的作用,因此对其容量值的精度、电容损耗值、串联等效电阻值R_{ESR}以及电容的稳定性等要求很高。选用时应根据电路工作频率选用容值精度高、高频特性好、R_{ESR}小的C0G电容产品。电容起谐振作用的应用电路如图3-109所示,电路中的两个电容C_{16}和C_{17}均起谐振作用,与电感LC1构成LC谐振电路。

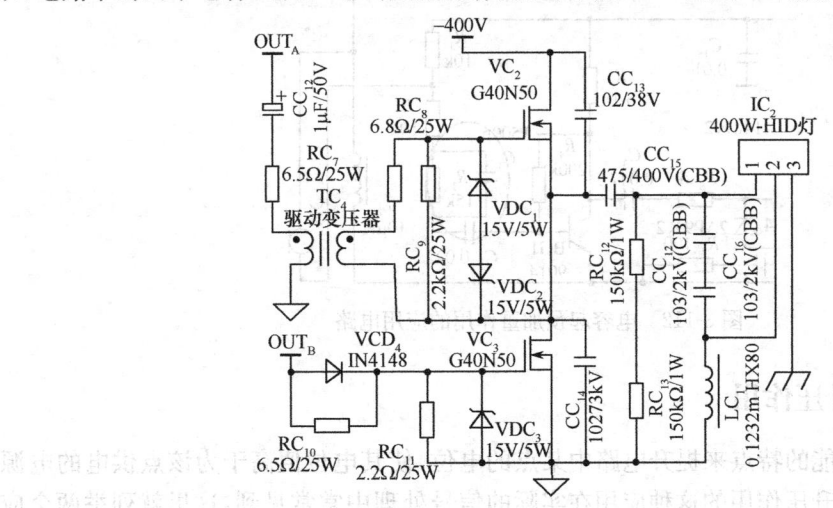

图 3-109 电容起谐振作用的应用电路

3.7.5 定时作用

在RC定时电路中与电阻R串联共同决定时间长短的电容,最为常见的RC定时电路为微分电路和积分电路。由于起定时作用,因此选用时应对容量值精度和稳定性严格要求,应选用 C0G、X7R 或 X5R 类型的电容产品。

(1) 微分应用电路

电容在微分电路中的应用如图 3-110 所示。从电路结构上看,微分电路与耦合电路十分相似,甚至相同。用电路的时间常数 RC 与所通过的信号周期 T 相比较,若时间常数 RC 远小于信号周期 T 时则该电路就为微分电路,反之就为耦合电路。

(2) 积分应用电路

电容在积分电路中的应用如图 3-111 所示。积分电路与退耦电路、低通滤波器电路十分相似,甚至相同。用电路的时间常数 RC 与所通过的信号周期 T 相比较,若时间常数 RC 远大于信号周期 T,且信号为脉冲信号时,此电路即为积分电路。

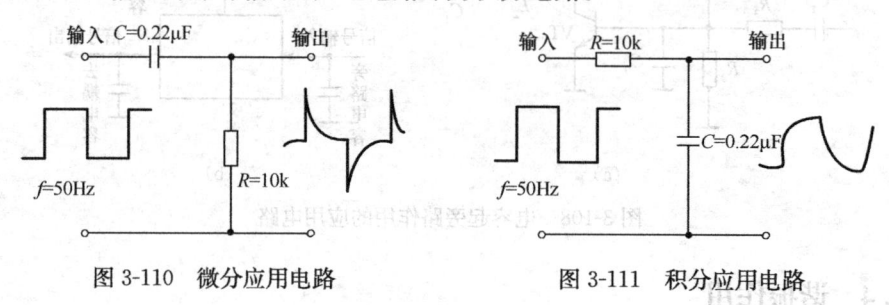

图 3-110　微分应用电路

图 3-111　积分应用电路

3.7.6　预加重作用

在音频信号的处理电路中,为了防止音频调制信号在调制时可能出现的可用频率分量产生衰减或丢失,而适当提升高频分量的 RC 网络中的电容容量。加重电容,实际上就是对音频信号中经预加重提升的那部分高频分量连同噪声一起衰减掉,恢复伴音信号的本来面目的 RC 网络。其典型应用电路如图 3-112 所示,电路中的电容 C_1 就是预加重电容。

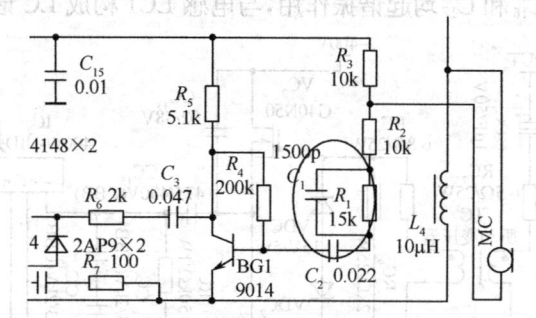

图 3-112　电容起预加重作用的应用电路

3.7.7　自举升压作用

利用电容具有储能的特点来提升电路中某点的电位,使其电位值高于为该点供电的电源电压值。电容起自举升压作用的这种应用在实际的信号处理中常常见到,这里就列举两个应用实例。

(1) 为晶体管自举升压提供偏置电压的应用电路

为晶体管自举升压提供偏置电压的应用电路如图 3-113 所示,该电路采用了一个大容量的电解电容为 PNP 型晶体管提供了一个比原来更负的偏置电位。

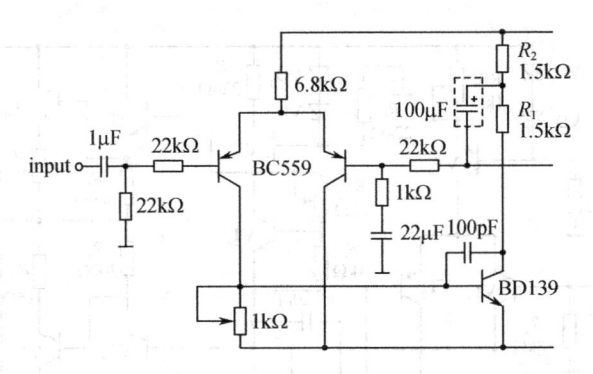

图 3-113 为晶体管自举升压提供偏置电压的应用电路

(2) 并联充电串联放电倍压升压电路

并联充电串联放电倍压升压电路如图 3-114 所示，该电路采用多个电容构成的 8 倍压电路，使输出电压提升为 −200V。

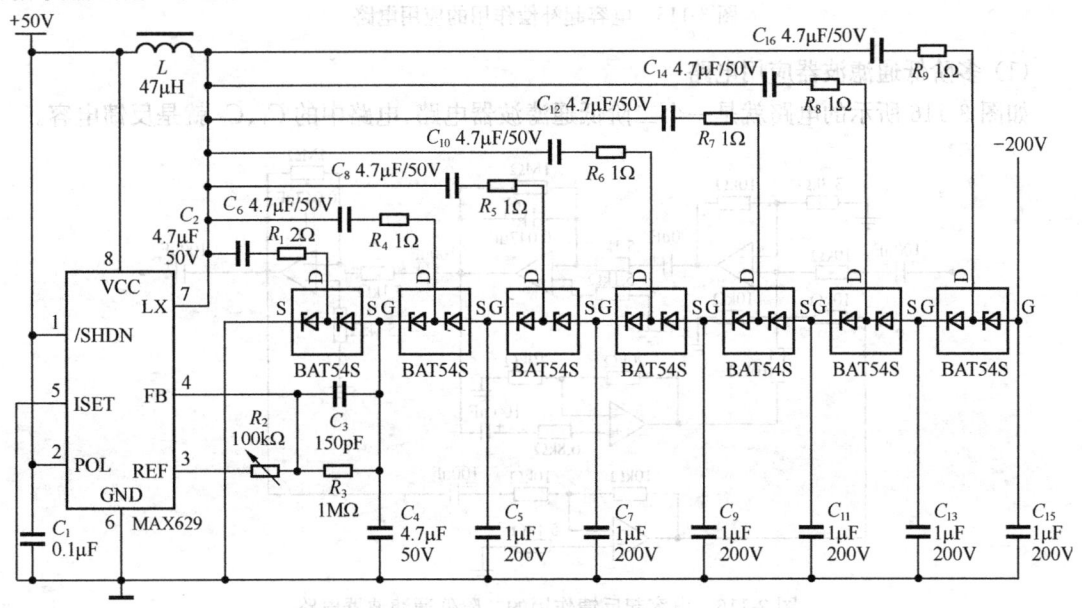

图 3-114 并联充电串联放电倍压升压电路

3.7.8 补偿电容

补偿电容有时也叫阻抗匹配电容。在音频信号处理系统中，由于采用的扬声器（喇叭）为感性负载，因此为了使音频功率放大器的输出与扬声器形成负载匹配就必须在功率放大器的输出端对地之间外接电阻和电容的串联电路进行补偿，其电阻的阻值与扬声器的标称阻抗值相等，电容的容量取值范围一般为 $0.1\mu F \sim 0.22\mu F$。其典型应用电路如图 3-115 所示，电路中的电容 C_3 和电阻 R_{12} 串联起来构成补偿网络。

3.7.9 反馈电容

跨接在放大器的输入端与输出端之间，起反馈作用的电容。电容的这种应用在交流放大器中举目可见，下面就给出几例典型应用电路。

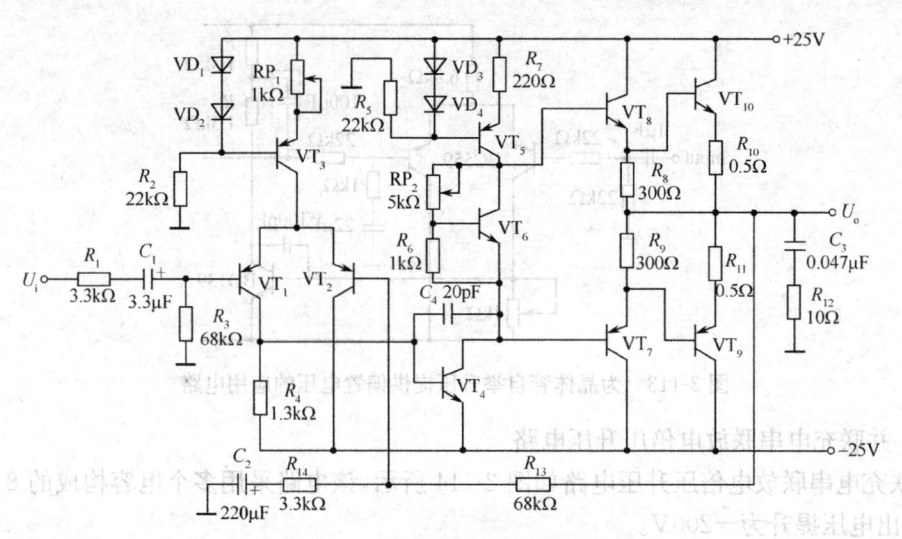

图 3-115 电容起补偿作用的应用电路

(1) 多阶低通滤波器应用电路

如图 3-116 所示的电路就是一个二阶低通滤波器电路，电路中的 C_1、C_2 就是反馈电容。

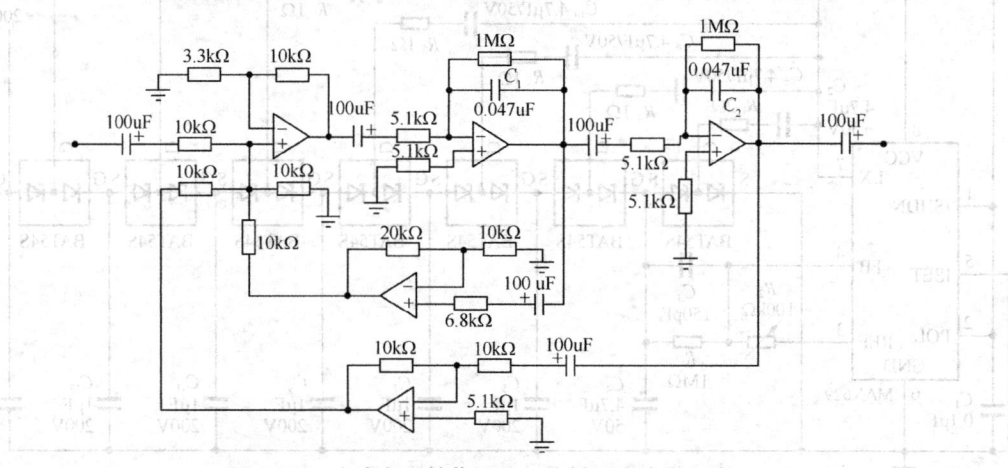

图 3-116 电容起反馈作用的二阶低通滤波器电路

(2) 一阶低通滤波器应用电路

如图 3-117 所示的电路就是一个一阶低通滤波器电路，电路中的 C_1 就是反馈电容。

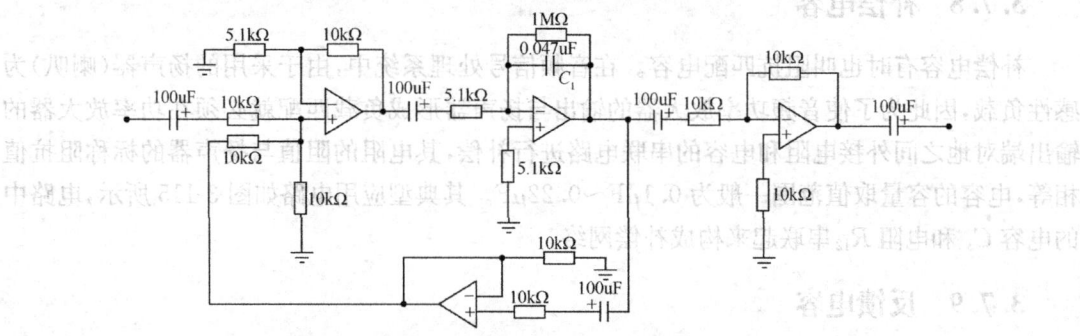

图 3-117 电容起反馈作用的一阶低通滤波器电路

· 266 ·

（3）求和积分器应用电路

如图3-118所示的电路就是一个求和积分器应用电路，电路中的C就是反馈电容。

（4）积分器应用电路

如图3-119所示的电路就是一个积分器应用电路，电路中的C就是反馈电容。

3.7.10 缓冲电容

如图3-120所示的电路就是一例电容起缓冲作用的应用电路。该电路是单端反激式DC/DC变换器的主电路部分，其中电容C_s就是起缓冲作用的。

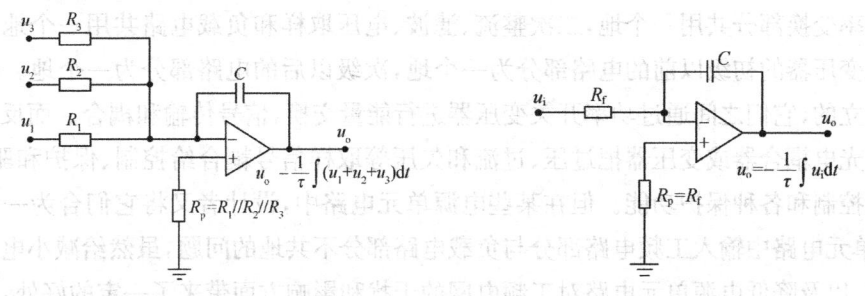

图3-118　电容起反馈作用的求和积分器电路　　图3-119　电容起反馈作用的积分器电路

3.7.11 钳位电容

如图3-121所示的电路就是两例电容起钳位作用的应用电路。图(a)是电容在降压式DC/DC变换器中起钳位作用应用电路，图(b)是电容在升－降压混合式DC/DC变换器中起钳位作用应用电路。

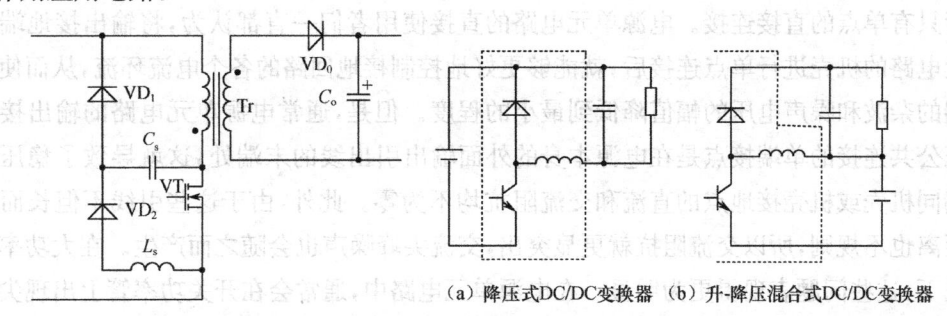

(a) 降压式DC/DC变换器　(b) 升-降压混合式DC/DC变换器

图3-120　电容起缓冲作用的应用电路　　图3-121　电容起钳位作用的应用电路

3.7.12 习题15

（1）从工作原理上分析图3-116所示的电路中电容C的反馈作用，并再举一例电容起反馈的应用电路。

（2）从工作原理上分析图3-117所示的电容起反馈作用的一阶低通滤波器电路，并分析其他电容在电路中的作用是什么？

（3）分析图3-115所示的电容起补偿作用的应用电路的工作原理，说出图中电容C_2和C_3的作用，特别是与它们相串联的电阻R_{14}和R_{12}又起的是什么作用？

（4）分析图3-114所示的并联充电串联放电倍压升压电路的工作原理，说出图中电容C_2、C_6、C_8、C_{10}、C_{12}、C_{14}和C_{16}的作用，特别是与它们相串联的电阻R_1、R_4、R_5、R_6、R_7、R_8和R_9又起的是什么作用？

（5）分析图3-114所示的电容起谐振作用的应用电路的工作原理，说出图中除谐振电容C_{11}和C_{16}以外的其他电容的作用。

第4章 RLC在接地、隔离、屏蔽和EMC中的应用

4.1 RLC在接地技术中的应用

一个系统电源部分均为最基础的电路单元，在电源单元电路中，一般都是输入工频整流、滤波和功率变换部分共用一个地，二次整流、滤波、电压取样和负载电路共用一个地。也就是功率开关变压器的初级以前的电路部分为一个地，次级以后的电路部分为一个地。这两个地是相互独立的，它们之间通过功率开关变压器进行能量交换，信号传输和耦合。而反馈控制信号可通过光电耦合器或变压器把过压、过流和欠压等取样信号耦合给控制、保护和驱动电路，最后实现控制和各种保护功能。但在某些电源单元电路中，设计者又将它们合为一个地。因此，电源单元电路中输入工频电路部分与负载电路部分不共地的问题，虽然给减小电源单元电路的噪声，以及降低电源单元电路对工频电网的干扰和影响方面带来了一定的好处，但是却给调试安装及使用维修人员带来了不可忽视的人身触电危险，以及增加了烧坏测量和调试所用的仪器仪表的有害因素。因此，在实际应用中一定要想方设法利用和发挥电源单元电路有利的长处和优点，避开和克服其有害的短处和缺点，使其安全可靠地工作。

电源单元电路的使用者通常都希望输出地电位端与电源机壳隔离，而电源单元电路技术和产品的研究和设计人员通常都是采用在电源单元电路系统外的某一处将输出地电位端与机壳进行只有单点的直接连接。电源单元电路的直接使用者们一直都认为，将输出接地端同电源单元电路的机壳进行单点连接后，就能够更好地控制接地回路的各个电流环流，从而使输出接地端的杂波和噪声电压的幅值降低到最小的程度。但是，通常电源单元电路的输出接地端同机壳公共连接的单端接点是在电源本身的外面输出引出线的末端处，这就导致了稳压电源输出端同机壳或机壳接地点的直流和交流阻抗均不为零。此外，由于这些引线不但长而且线间的距离也不规则，所以交流阻抗就更显突出，交流尖峰噪声也会随之而产生。在大功率输出的情况下，这些问题表现得更为明显。在电源单元电路中，通常会在开关功率管上出现尖峰噪声，或在变压器次级输出接地端以及电源单元电路机壳间出现尖峰噪声电压。产生这些尖峰噪声电压的原因是在内部PWM发生器上始终跨接着一个电容性分压器，产生这个容性分压器的电容有以下几种：

(1) 信号源至机壳之间的分布电容。
(2) 机壳至输出接地端之间的分布电容。
(3) 输出端接地点到信号源另一端之间的分布电容。
(4) 功率开关变压器初级单元电路与次级单元电路交叉引线之间的分布电容。
(5) 取样电路与PWM电路布线之间的分布电容。

这些分布电容将会引起电源单元电路输出端与机壳接地端之间产生较大的尖峰方波噪声，要想减小这些分布电容的分量，从而达到降低电源单元电路输出端与机壳接地端之间的尖峰方波噪声的目的，必须从以下三个方面采取措施：

1. **接地措施**

在电源单元电路的电路设计和实际调试过程中,应尽量使输出端与机壳或与机壳的接地点之间的直流阻抗和交流阻抗都等于零。

2. **布线措施**

稳压电源电路一旦设计定型后,在进行 PCB 的设计和布线的过程中,应尽量避免功率开关变压器的初级单元回路与次级单元回路有交叉线条出现。控制和保护电路的取样电路、PWM 电路也应尽量避免有交叉线条出现。有关 PCB 的布线原则在以后的实际电源单元电路设计中还将进一步讲述。

3. **电源单元电路与负载电路系统的连接措施**

一旦电源单元电路及 PCB 均已设计定型完毕,为了避免把电源单元电路输出端已经被减小到最小值的尖峰方波噪声再引入负载电路系统,一般都采用图 4-1 所示的连接方法,把电源单元电路与负载电路系统连接起来。也就是在电源单元电路的输出端与接地端之间跨接一个串联等效电阻和串联等效电感都很小的无极性滤波电容,容量范围为 $0.1\sim0.47\mu F$。在负载电路系统的引入端与负载电路系统的接地端之间除了要跨接一个上述容量范围为 $0.1\sim0.47\mu F$ 的无极性滤波电容外,还要并联一个 $10\mu F$ 的电解电容进行滤波。这样不但可以将电源单元电路输出端的尖峰方波噪声滤除掉,而且还可以将由于连接线过长而感应的环境噪声滤除掉。

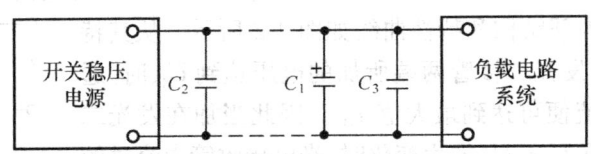

图 4-1 电源单元电路与负载电路系统的连接图

如果不采取这些措施降低那些尖峰方波噪声和所感应的环境噪声,就会使负载电路系统中的高增益放大器和 5V TTL 逻辑电路的正常工作出现问题,使整机系统工作不正常。这些噪声信号从公共接地点的输出接地线上传输到电源单元电路机壳上,从而使输出接地母线不同的点上出现的噪声信号的相位和电位各不相同。因此,输出接地母线上相隔一定距离的两点之间就会出现一个噪声电压。如果这两点分别位于接收放大器的输入端和发射机的输出端时,则这个接地母线上的噪声电压将与发射机输出电压混合而被发射出去。如果有高增益放大器或计算机数字逻辑电路存在,就会使输出结果出现错误,造成整机工作不正常。通常这个噪声电压信号是以电源单元电路内部电路本身产生的方波信号的前沿和后沿上出现尖峰或高频阻尼振荡波形的形式出现的。噪声电压信号的幅度以及持续时间的长短取决于到公共接地点与电源单元电路机壳之间引线所导致的电感值的大小。如果电源单元电路的接地点不与机壳连接时,输出接地点与电源单元电路机壳之间的噪声就有可能为方波。在电源单元电路的总接地端和电源单元电路机壳之间接入一个容量范围为 $0.01\sim0.068\mu F$、串联等效电阻和串联等效电感都很小的无极性滤波电容是非常必要的。如果不采取接入一个高频小容量电容的方式时,则电源单元电路输出电压的接点与接地点之间的纹波和杂波噪声就会对负载电路系统造成不可忽视的干扰和影响。

4.2 RLC在隔离与耦合技术中的应用

在讲述、分析和讨论接地问题时,曾提到了电源单元电路中,从功率开关变压器起至初级电路以前的部分为一个公共接地单元,而次级电路以后的部分为一个接地单元。电源单元电路要保证能够安全可靠、稳定正常的工作,还必须加上控制电路、驱动电路、保护电路、取样比较放大电路等,而这些电路的最后目的还是要将功率开关变压器次级以后电路的输出电压和电流的不稳定因素经取样放大、比较和整形后形成一个反馈信号,输送给控制电路和保护电路,使其激励和控制驱动电路输出的 PWM 信号的脉冲宽度或频率,使驱动电路能够及时地控制开关功率管的工作状态。此外,在有些电源单元电路中,把输出过流、过压、欠压和过温度等保护功能都综合为控制驱动电路输出的 PWM 信号的脉宽或频率。

电源单元电路中的功率开关变压器的初级单元电路和次级单元电路要通过以上环节构成一个反馈闭环控制回路,在对电源单元电路实现稳压、控制和保护的过程中,就出现了这两个不共地的独立单元如何隔离,又如何耦合的问题。在解决既要隔离,又要耦合问题的过程中,就出现了各种各样、不同类型的耦合技术和隔离技术。

4.2.1 光电耦合技术

在讲述这种耦合技术之前,先来看一下光电耦合器的特性。光电耦合器中的光电三极管(又称光敏三极管)的内部结构和特性曲线如图 4-2 所示。从其特性曲线中可以看出,当发光二极管两端所加的电压达到 U_{ps} 时,通过光电接收管中的电流便可达到最大值 I_{pm}。因此当加在发光二极管两端的电压信号在 $U_o \sim U_{ps}$ 发生变化时,光电接收管中流过的电流就会从 $0 \sim I_{pm}$ 近似于成正比关系变化。

图 4-3 所示的电路是一个为了提高电源单元电路稳定度而采取的一组光电耦合器构成的反馈闭环控制回路的完整电源电路。该电路的工作原理为,当输出电压升高时,流过光电耦合器中发光二极管的电流就会增加,因而发出的光强度也会相应地增加,使光电耦合器中光电接收器的电流随之增加,最后就会导致光电三极管的集电极电流增加,开关功率管 VT 基极的电流随之相应下降,这样就缩短了开关功率管 VT 的导通时间,使输出电压降低,实现了稳定输出电压的目的。

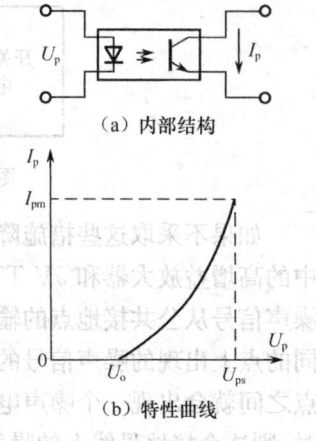

图 4-2 光电三极管的内部结构和特性曲线

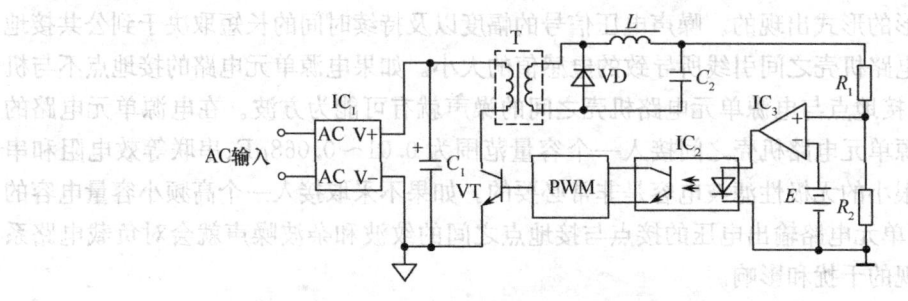

图 4-3 具有一路光电耦合器的电源单元电路

图 4-4 所示的电路是一个为了提高电源单元电路稳定度而采取两组光电耦合器构成的反馈闭环控制回路的完整电源电路。由于该电路的负载是一个具有冷态电阻特别小的灯丝的溴钨灯供电电源,因此具有特殊的要求。其中光电耦合器 IC_2 主要是把经放大器 IC_4 放大了的输出过流信号耦合给控制和驱动电路,从而关断开关功率管的工作状态,最后实现过流保护的目的。光电耦合器 IC_3 主要是把经放大器 IC_5 放大了的输出过压和欠压信号耦合给控制和驱动电路,使控制和驱动电路输出给开关功率管 VT 的 PWM 驱动信号的脉冲宽度或频率随着输出过压和欠压信号的幅度成反比关系变化,也就是输出电压过高时,通过耦合和控制以后控制和驱动电路输出给开关功率管 VT 的 PWM 驱动信号的脉冲宽度变窄或频率变低,从而使开关功率管 VT 的工作状态发生变化,最后实现了稳定电源输出电压的目的。另外,该电源单元电路的过压和欠压保护也是通过光电耦合器 IC_3 这一路来实现的。也就是当过压和欠压值超限时,光电耦合器 IC_3 所耦合给控制和驱动电路的信号就会将输出给开关功率管 VT 的 PWM 驱动信号的脉冲宽度和频率降至零,使开关功率管 VT 停止工作,最后同样实现了过压和欠压保护功能。

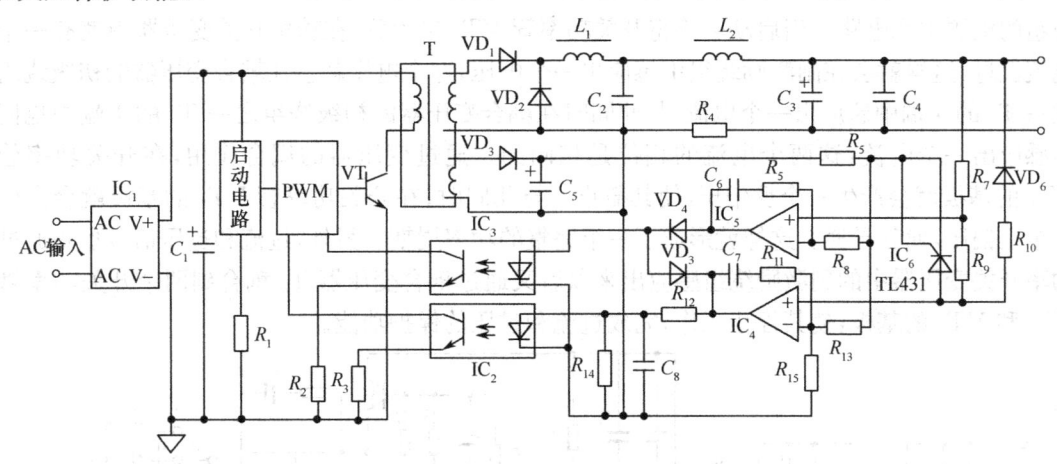

图 4-4 具有两路光电耦合器的电源单元电路

4.2.2 变压器磁耦合技术

与光电耦合技术相比,变压器磁耦合技术的优点是可以采用单独的磁耦合变压器来实现,也可以采用与功率开关变压器加工在一起的混合方法来实现,而不需要像光电耦合电路那样要另设供电电源。它的电路形式比较灵活,电路可以自行设计。其缺点是加工起来比较麻烦,一致性较差,体积和重量较大。下面通过几个实际应用电路对各种不同的变压器磁耦合技术加以说明和分析。

图 4-5 所示的电路就是一个不用光电耦合技术进行耦合和隔离,而采用变压器磁耦合技术来实现传输和耦合反馈控制信号的电源单元电路的原理图。当稳压电源的输出端电压恒定不变时,PWM 电路就将 PWM 驱动信号输送给控制晶体管 VT_2 的基极,晶体管 VT_2 将其放大到具有一定的驱动功率后通过变压器 T_2 耦合给开关功率管 VT_1 的基极,驱动器正常工作。一旦输出端的输出电压所出现的波动或不稳定值(过压或欠压)超出所要求的额定值时,取样、比较、控制等反馈电路就会将其取出进行处理后输送给 PWM 电路,PWM 电路就会输出一个脉冲宽度或脉冲频率与反馈控制信号成反比关系的 PWM 驱动信号,该信号通过 VT_2 放大后

再通过变压器T2耦合给开关功率管VT₁的基极,使其工作的脉冲宽度或脉冲频率发生变化,最后实现了稳定电源单元电路输出电压和各种保护的目的。

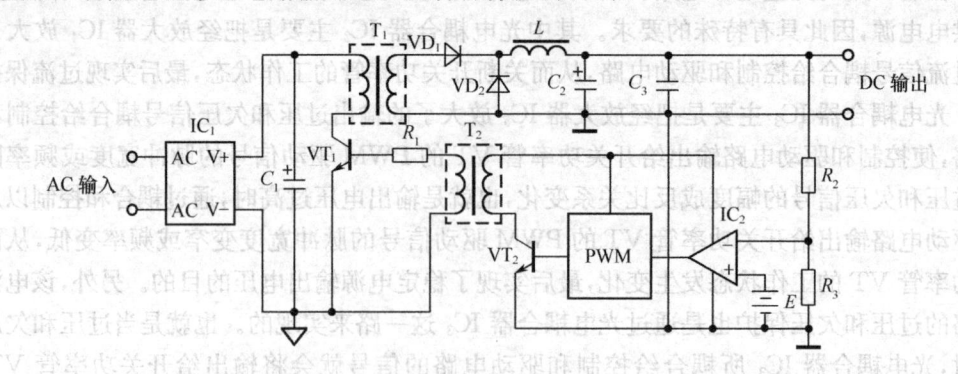

图 4-5　使用一个单独变压器进行耦合的电源单元电路

图4-6所示的电路为既有单独的耦合变压器,又在功率开关变压器中增加了一个副激励绕组的电源单元电路。当启动电路将开关功率管VT₁启动后,在功率开关变压器中就有一个电流流过,这样就会在副激励绕组中感应出一个电压,这个电压就会在耦合变压器的初级绕组之一T₂的4端中感应出一个电流,与此同时在耦合变压器的初级绕组之一T₂的1端中也同样感应出一个电流,这两个电流的相位是相同的。通过变压器的耦合作用,在开关功率管VT₁的基极就会产生一个反偏压,使其截止。与此同时,在开关功率管VT₂的基极就会产生一个正偏压,使其导通。这样就形成了一个完整的功率周期。另外,过流和过压信号也是通过功率开关变压器中的副激励绕组感应出来以后又通过耦合变压器T₂耦合到两个开关功率管VT₁和VT₂的基极,使其停止工作,完成过流和过压的保护功能。

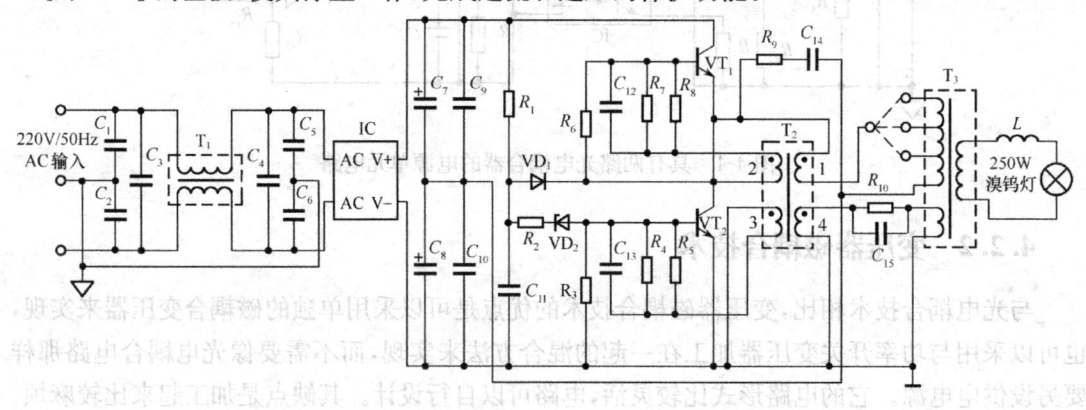

图 4-6　具有耦合变压器,又具有副激励绕组的电源单元电路

图4-7(a)所示的电路是一个使用磁耦合技术的典型应用电路,它解决了电源单元电路加电启动的瞬间,次级控制电路的电源电压太低,达不到控制电路充分动作的电平而致使输出电压出现快速上冲的问题。图4-7(b)所示的曲线为具有软启动电路和不具有软启动电路的电源单元电路输出电压波形。在图4-7(a)所示的电路中可以看出,软启动电路由一个单向晶闸管VT和一个附加在磁耦合变压器中的副激励绕组T₂₋₅组成。电路软启动的工作过程为:在开关功率管VT₂导通、VT₁截止的同时,在磁耦合变压器的副激励绕组T₂₋₅中也会感应出一个电压信号,该电压信号直接被加到单向晶闸管VT的控制端,使单向晶闸管VT被触发而导通。当单向晶闸管VT导通后,已经经过了$t=R_5 \cdot C_9$这么长的时间,供电电源的输出电压都

· 272 ·

已完全建立并稳定。电源单元电路的输入端直接与220V/50Hz的市电电网相连,经过一次整流和一次滤波以后成为电源单元电路的供电电源。通常为了提高稳压电源的输出稳定度和转换效率,一般都是采用容量大、耐压高的高温度电解电容滤波。在稳压电源加电瞬间会产生很大的充电电流,再加上开关功率管的启动电流,就会导致加电瞬间的最大峰值电流可能为稳态电流的几十倍。这么大的冲击电流,就容易导致一次整流全桥的损坏和造成输入端的一次滤波电解电容的损伤,也会给市电电网中带来尖峰噪声干扰,使正弦波产生畸变,功率因数降低。因此,在电源单元电路中均加有软启动电路,特别是在大功率输出的电源单元电路或负载为具有灯丝的灯电源电路中,这一点尤为突出。

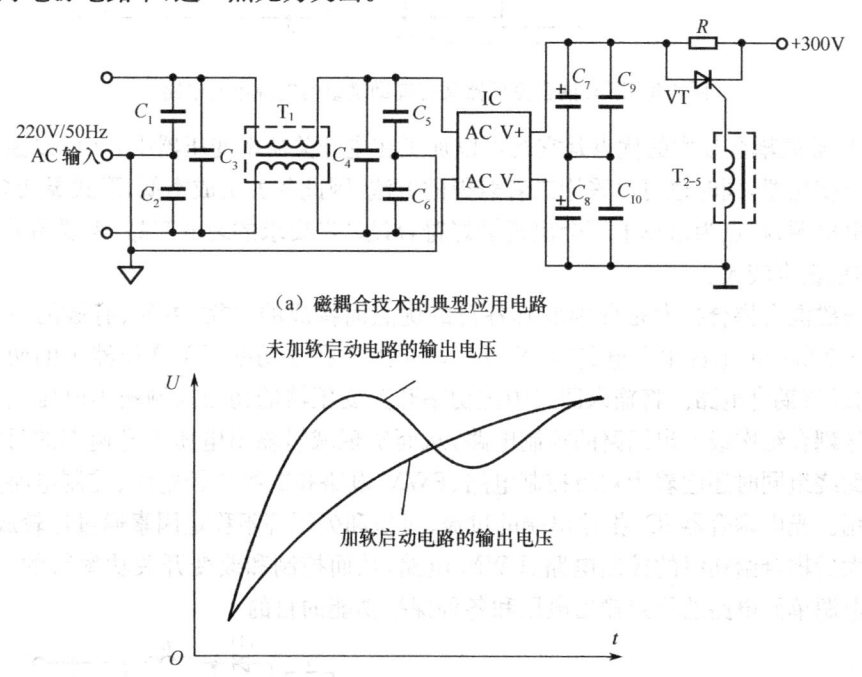

(a) 磁耦合技术的典型应用电路

图 4-7 软启动电路和加与未加软启动电路的电源输出电压波形

在图 4-8 所示的电源单元电路中,不但采取了单独的磁耦合变压器 T_2,而且主功率开关变压器中又增加了辅助的绕组 N_c。辅助绕组 N_c 将初级上升速率变化非常快的保护信号耦合给次级的保护电路,而次级输出端所加的取样电阻 R_1 和 R_2 将输出电压中的不稳定因素或过压、过流信号通过独立的耦合变压器 T_2 耦合到初级的 PWM 电路,用以控制开关功率管 VT_1 的工作状态。这样交叉耦合,相互配合使初、次级的保护电路不但减缓了电源单元电路输出电压的上升速率,而且也确保了电源单元电路能够稳定、安全、可靠地工作,同时又简化了电源单元电路的电路结构。

4.2.3 光电与磁混合耦合技术

在电源单元电路中,通过对应用光电耦合技术和变压器磁耦合技术的分析和讨论可以明显地看出,它们各自的特点如下:

① 光电耦合器的优点是市场上就能直接购买到性能较好的产品,不需要重新设计和加工,体积和重量又非常小;缺点是驱动能力差,需要另设一组供电电源和对信号进行再次放大和处理。

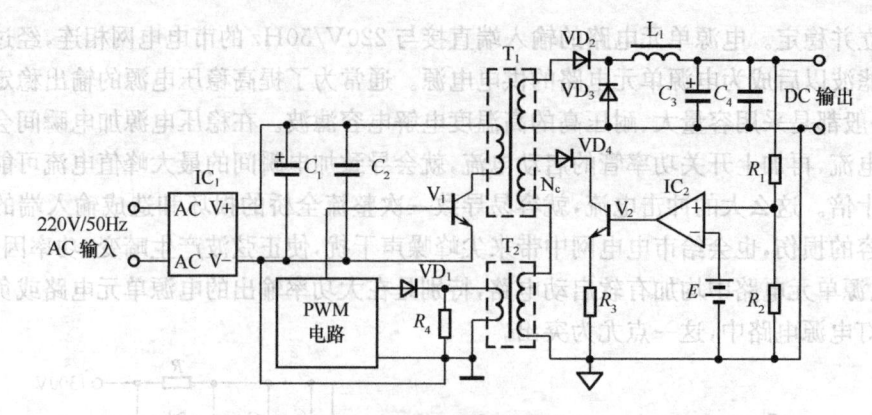

图 4-8 既有耦合变压器又有辅助绕组的电源单元电路

② 变压器磁耦合技术的优点是它既可以加工在主开关功率变压器中,又可以独立为一个单独的耦合变压器,同时也可以采用二者兼得的方法,因此其加工成本低,形式灵活多样,不需要另设供电电源;缺点为市场上不会出现恰好符合设计者要求的现成产品,需要另外设计和加工,体积和重量也较大。

光电与磁混合耦合技术是分别取其各自的优点而构成的可靠、方便、有效的一种耦合技术。在图 4-9 所示的电源单元电路中,N_1 和 N_2 是加工在主功率开关变压器中的两个辅助绕组,从而构成磁耦合电路。将输入回路中主功率开关变压器的初级控制输出电压上升速率的快变化信号耦合给次级输出回路的控制电路,从而实现减慢输出电压上升速率的目的。另外这两个辅助绕组同时还起着为初级控制电路、PWM 电路和次级比较电路、控制电路产生辅助电源的作用。光电耦合器 IC_1 把输出端的过流、过压和欠压等不稳定因素通过比较放大器 IC_2 比较和放大后耦合给初级的控制电路、PWM 电路,从而控制和改变开关功率管的工作状态,最后实现电源单元电路的稳定输出电压和各种保护功能的目的。

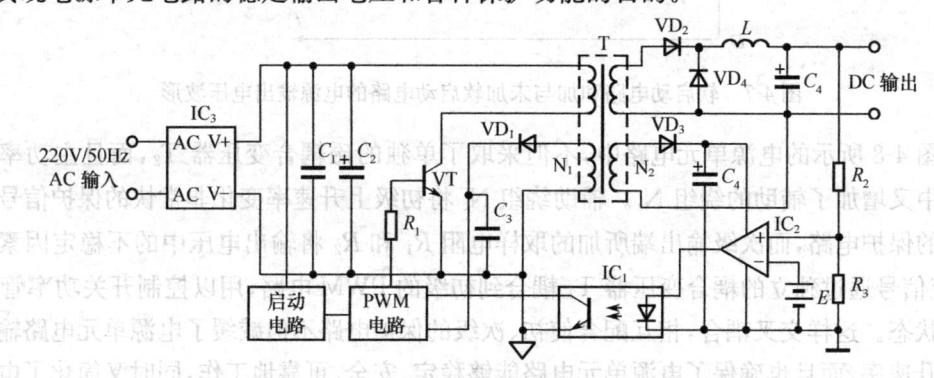

图 4-9 具有光电和磁混合耦合技术的电源单元电路

4.2.4 直接耦合技术

在电源单元电路中,经常会遇到采用直接耦合技术的情况,也就是功率开关变压器的初级单元电路与次级单元电路共用一个地。另外,在绝大部分的 DC/DC 变换器电路中,由于仅采用一个储能电感来代替功率开关变压器,因此反馈控制环路就只能采用直接耦合的方法来实现。设计者采用这种直接耦合的方法来构成电源单元电路,主要是为了降低成本,简化电路结构,减少电路中的元器件个数。

图 4-10 所示的电路是一个采用直接耦合技术构成的 DC/DC 变换器电路。电路中的取样电阻 R_1 和 R_2 将输出电压中的不稳定因素以及过压、过流和欠压信号取样到后直接馈送给 LM2576 的反馈控制端,使其控制和改变开关功率管 VT 的工作状态,最后实现稳压和各种保护的目的。

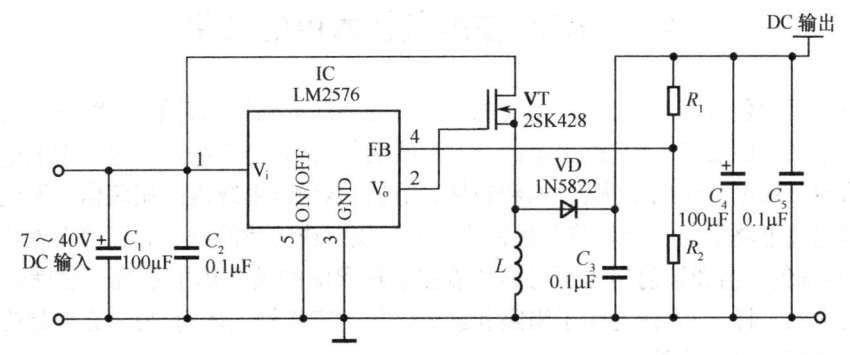

图 4-10 采用直接耦合技术的 DC/DC 变换器电路

图 4-11 所示的电路是一个采用直接耦合技术构成的多路输出的电源单元电路。电路中的取样电阻 R_1 和 R_2 将输出电压中的不稳定因素以及过压、过流和欠压信号取样到后送给比较放大器 IC_2,经过比较和放大后直接用以控制初级的 PWM 电路,最后实现稳压和各种保护的目的。

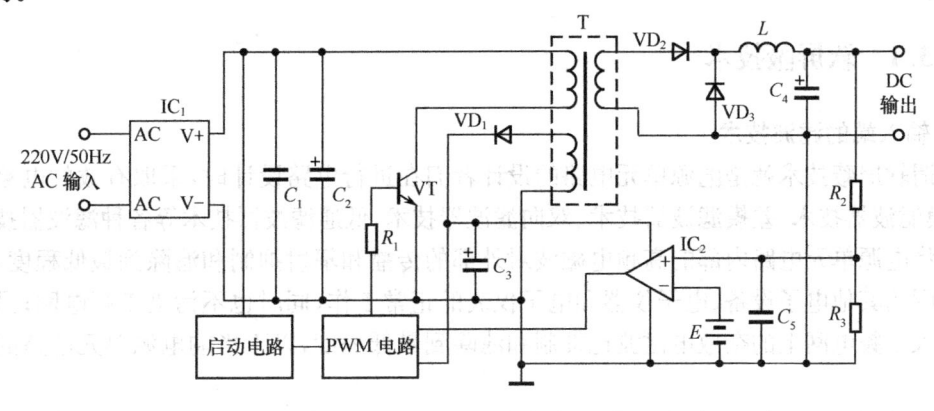

图 4-11 采用直接耦合技术构成的多路输出的电源单元电路

采用直接耦合技术的电源单元电路在 DC/DC 变换器电路中具有明显的优势,是一种不可缺少的反馈控制手段。而在电网电压输入,并且具有多路输出的电源单元电路中,这种直接耦合技术虽然具有电路结构简单、元器件少、成本低等优点,但是它却存在着下面几个致命的缺点:

(1) 在同一个电网供电的情况下,不能直接使用检测和调试仪器仪表进行检测和调试,必须使用一个隔离变压器进行隔离后,才能进行检测和调试,否则就会烧坏这些贵重的检测和调试仪器仪表。

(2) 机壳有可能带电,容易造成人身触电的危险。

(3) 干扰大,特别是对计算机系统或数字控制系统供电时,容易造成计算机或数字控制电路死机和出错,甚至丢失数据和信息。

(4) 在需要输出多路电源电压或者对于具有数字电路和模拟电路的负载系统来说,由于负载电路系统的特殊性和多路输出的特殊要求,所以在这些应用场合就不能使用直接耦合技术,必须使用功率开关变压器,使其初级单元电路与次级单元电路隔离开,不能共地;必须使用光电耦合、磁耦合或混合耦合技术构成反馈控制回路。

4.3 RLC 在屏蔽技术中的应用

屏蔽技术通常包含着两层意思:一是把环境中的杂散电磁波和其他干扰信号(其中包括工频电网上的杂散电磁波)阻挡在被屏蔽的用电系统的外面,以防止和避免这些杂散电磁波和其他干扰信号对该用电系统的干扰、影响和破坏;二是把本用电系统内的振荡信号源或交变功率变换辐射源通过电路中的各个环节和各种途径向外辐射或传播的电磁波阻挡在本用电系统内部,以防止和避免传播和辐射出去而污染环境和干扰周围的其他用电系统。这就像冬天里人们穿一件皮大衣一样,一方面是为了阻隔和避免外部的寒流侵入体内,另一方面是为了阻止和避免体内的热量散发到体外。

电源单元电路中的屏蔽技术主要是屏蔽电源单元电路内部的振荡器和功率变换器所产生的高频电磁波,使它不要通过电源单元电路中的变压器、电感、电容、电阻、引线以及 PCB 等环节传播和辐射出去,从而污染环境和干扰周围的其他用电系统的正常使用。为了使人们对电源单元电路中的屏蔽技术有一个清楚的认识和明确的了解,将从以下几个方面分别进行分析和讨论。

4.3.1 软屏蔽技术

1. 输入端的滤波技术

所谓软屏蔽技术就是电源单元电路的设计者们在进行电路设计时,采取有效的电路技术(如共模滤波器技术、差模滤波器技术、双向滤波器技术、低通滤波器技术等各种滤波器技术),一方面将电源单元电路内部的高频电磁波对外部的传播和辐射抑制和滤除到最低程度,以不影响周围的其他电子设备、电子仪器和电子仪表的正常工作,同时也不污染工频电网;另一方面将输入工频电网上的杂散电磁波也抑制和滤除到最低程度,以不影响电源单元电路的正常工作。

通常采用如图 4-12 所示的线性滤波器或者称为双向滤波器的电路加在电源单元电路的工频 220V/50Hz 或 110V/60Hz 的输入端,只允许 400Hz 以下的低频信号通过,对于 1~20kHz 的高频信号具有 40~100dB 的衰减量,实现了电源单元电路中的高频辐射不污染工频电网和工频电网上的杂散电磁波不会窜入电源单元电路而干扰和影响其工作的软屏蔽作用。

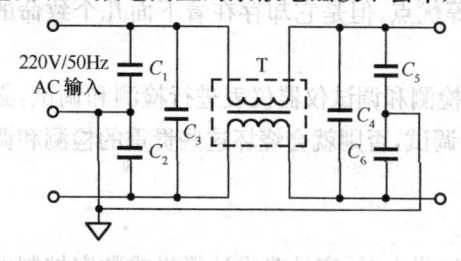

图 4-12 单级双向滤波器的电路结构

这种理想的双向滤波器对于高频分量或工频的谐波分量具有急剧阻止通过的功能,而对于 400Hz 以下的低频分量近似于一条短路线。在图 4-12 所示的连接于电源单元电路输入端的双向滤波器电路中,电容 C_1、C_2、C_5 和 C_6 用以滤除从工频电网上进入电源单元电路和从电源单元电路进入工频电网的不对称的杂散干扰电压信号,电容 C_3 和 C_4 用以滤除从工频电网上进入电源单元电路和从电源单元电路进入工频电网的对称的杂散干扰电压信号,电感 L 用以抑制从工频电网上进入电源单元电路和从电源单元电路进入工频电网的频率相同、相位相反的杂散干扰电流信号。电容 C_1、C_2 和电容 C_5、C_6 的公共接地端应该与机壳和实验室或机房等的联合接地极($\leqslant 1\Omega$)相连;电感在加工时应具有较小的分布电容,应均匀地绕制在圆环骨架上,铁芯应选用与骨架和原频率相一致的铁钼合金材料。有关铁芯材料使用频率的极限值如下。

- 叠层式铁芯:约为 10kHz。
- 粉末状坡莫合金:$1\sim 1\times 10^3$ kHz。
- 铁氧体铁芯:$10\sim 150$ kHz。

在实际应用中,为了使加工工艺简便,双向滤波器中的电感可不采用圆环状铁芯,而常采用 C 形材料的铁芯来加工。滤波器中的所有电容也应采用高频特性较好的陶瓷电容或聚酯薄膜电容,C_1、C_2、C_5 和 C_6 的容量应为 2200pF/630V,C_3 和 C_4 的容量应为 0.1μF/630V,电容的连接引线应尽量短,以便减小引线电感。

在实际应用中,这种双向滤波器的滤波特性不是很理想,同时在频率继续上升时,特性就会继续下落,这时滤波效果就会变差。因此,采用单级双向滤波器不能得到较好的滤波效果。为了弥补这一点,在实际应用中对于一些要求较高的应用场合,人们就采用多级双向滤波器串联的方式,如图 4-13 所示。但是在对成本和造价具有较严格的要求时,综合考虑降低成本和减少造价,在一般的电源单元电路中,只使用一级 LC 线性滤波器是比较经济合算的,如图 4-14 所示。该电路的特点是每一个整流二极管上并接一滤波电容,这样就可以使每个滤波电容的耐压值只是图 4-12 所示双向滤波器电路中电容耐压值的 1/2,虽然电容的数量增加了,但是实际总成本却降低了。

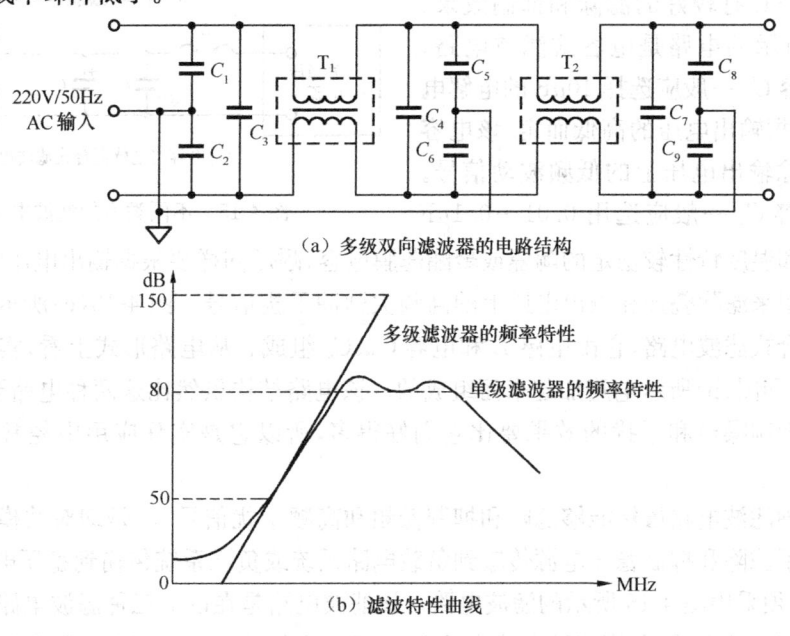

图 4-13 多级双向滤波器的电路结构与滤波特性曲线

将电源单元电路中产生的高频辐射干扰信号从稳压电源的输入端就堵塞住,这对防止和避免工频市电网的干扰和污染是非常重要的。而能否将电源单元电路从输出端朝外辐射和传播的高频干扰信号抑制和滤除掉,以防止和避免对邻近其他的电子设备、测量仪器仪表、家用

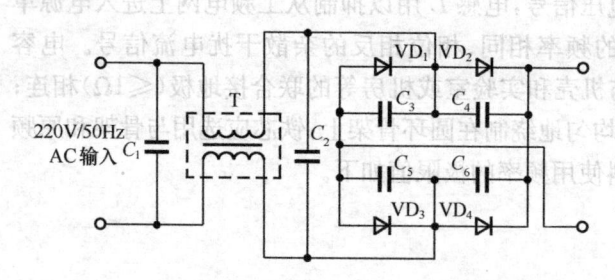

图 4-14 成本降低了的电源单元电路滤波电路

电器等的正常工作造成干扰和影响,也是电源单元电路能否被推广应用到实际中的一个不可忽视的重要环节。前面已经叙述和讨论了输入端的滤波技术,现在就对输出端的滤波技术进行讨论和论述。

2. 输出端的滤波技术

为了防止和减小电源单元电路将内部的高频信号叠加到输出的直流电压上,形成杂波噪声,从而影响负载电路系统的正常工作;另一方面还要防止负载电路系统中的高频信号窜入电源单元电路影响其正常工作,需要在输出端加入滤波电路。在输出进端常用的滤波电路是由电容、电感,或者电容和电感混合组成的。图 4-15 所示的三种类型滤波电路就是电感式、电容式和电容与电感混合式电路。

图 4-15(a)所示的电路是电感式滤波电路。电感 L 通常是采用单根漆包线(漆包线的线径可根据输出电流的大小而定)绕制在 $\phi 6 \times 30$ 的铁氧体磁棒上,匝数可在 4~7 匝选定。有时为了得到较好的滤波效果,还可以将磁棒改为同样材料的磁环。这种滤波电路的特点是所用元器件少,结构简单,并且对高频尖脉冲干扰信号具有较好的滤除和抑制效果。

图 4-15(b)所示的电路是电容式滤波电路。电路中的电容 C_1 一般应选择 $10\mu F$ 的电解电容,耐压可根据输出电压的高低而定,该电容主要用来滤除输出电压上的低频波动信号。电路中的电容 C_2 一般应选用 $0.01\sim 0.1\mu F$

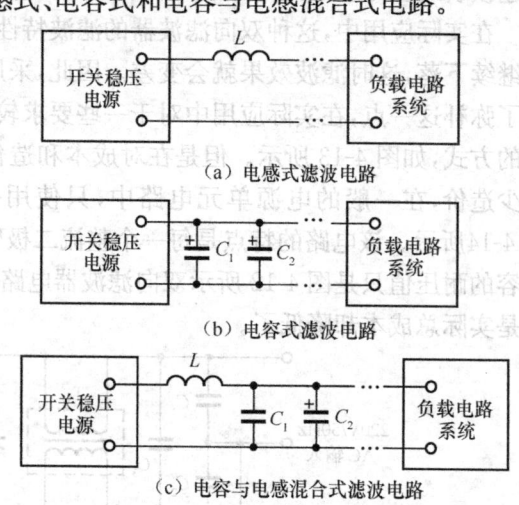

图 4-15 不同类型的滤波电路

的高频特性和温度特性较稳定的陶瓷或聚酯薄膜电容,耐压同样要根据输出电压的高低而定,该电容主要用来滤除叠加在输出电压上的高频尖脉冲干扰信号。图 4-15(c)所示的电路是电容与电感混合式滤波电路,它由电感 L 和电容 C_1、C_2 组成。从电路形式上看,实际上就是图 4-15 中图(a)和图(b)所示电路加起来而组成的。该电路结构虽然比这两种电路要复杂一些,但是滤除和抑制噪声和干扰的效果要比它们好得多,所以它是实际应用中经常采用的滤波电路。

以上三种滤波电路虽然能够滤除和抑制低频和高频干扰信号,但是却对共模干扰噪声无能为力。为了滤除和抑制稳压电源传输到负载电路系统或负载系统传输到稳压电源的共模干扰噪声,就必须采用图 4-16 所示的滤波电路。该滤波电路是在以上三种滤波电路的基础上引进了一个共模滤波电感,共模滤波电感中的 L_1 和 L_2 是在同一个磁环上分别采用漆包线各绕制 7 匝而成的。滤波器的输入端和输出端与前面已经讲过的双向滤波器电路完全相同,这种引进了共模电感的滤波电路的等效阻抗可以表示为

$$Z=\sqrt{R^2+(2\pi fL)^2} \tag{4-1}$$

式中,Z 为滤波电路的等效阻抗;R 为滤波电路的等效电阻;L 为滤波电路的等效电感;f 为干

扰噪声信号的频率。该关系式说明,干扰噪声信号的频率越高共模电感滤波电路对其所呈现的阻抗就越大。因此,这种加入了共模电感的滤波电路对高频干扰噪声信号,特别是尖峰干扰脉冲噪声具有较好的滤除和抑制作用。但是,由于这种滤波电路中采用了共模电感,并且这种电感是带有磁环的,所以不但电路结构复杂,加工难度大,而且造价高。因此,这种滤波电路只适用于对屏蔽要求较为严格的应用场合。

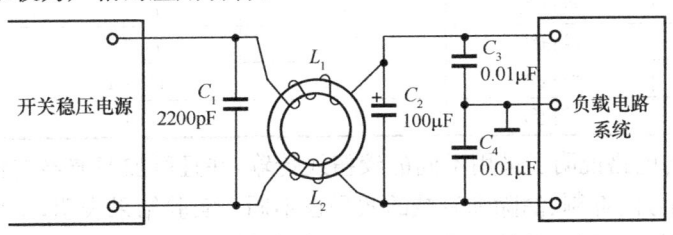

图 4-16 加入共模滤波电感 L 的滤波电路

(3)输出端配线技术

电源单元电路在将能量供给负载电路系统的过程中,当引线长而且配线不合理时,线间所产生的寄生电容就会增加到不可忽视的程度,共模噪声信号就会通过这些寄生电容传播和导入到负载电路系统,使负载电路系统的正常工作受到影响,严重时就会使负载电路系统不能正常工作或损坏其中的一些元器件。

实际测量和实验证明,采用绞扭线比采用平行线传输效果要好得多。图 4-17 给出了采用线间距离较大的平行线传输和采用线间距离较小的绞扭线传输时,在负载端用示波器分别观察到的噪声信号波形。当采用 1m 长并且线间的距离为 5cm 的平行线传输时,在负载端所观察和测量到噪声电压信号的幅值为 60mV;如改用 1m 长并且线间的距离为 1cm 的绞扭线传输时,在负载端所观察和测量到的噪声电压信号的幅值就降低为 14mV。表 4-1 中就列举了平行线和绞扭线在线间距离不同时对杂波噪声信号的抑制、滤除和衰减量。从这些实验数据中可以看到,绞扭线比平行线对杂波噪声信号的抑制、滤除和衰减要好得多;并且绞扭得越紧,对杂波噪声信号的抑制、滤除和衰减的效果越好。当然,采用绞扭线传输时,绞扭线应该自始至终都均匀地绞扭在一起,如果在中间有一部分线没有绞扭,形成了一个环路,两线间包含了一定的面积,同样也会使负载端的杂波噪声信号增大。此外,在稳压电源的输出端附近若加上滤波电路,再采用绞扭线进行传输,则对杂波噪声信号的抑制、滤除和衰减的效果就会更好。

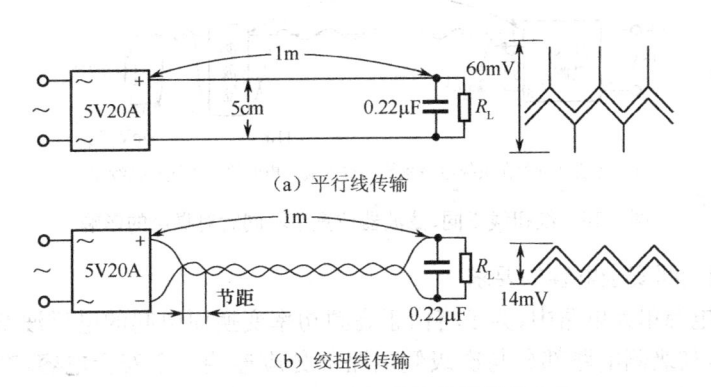

图 4-17 平行线和绞扭线传输效果的比较

表 4-1 平行线、绞扭线和杂波噪声信号的关系

编号	线型	节距/cm	对杂波噪声信号的衰减量 比率	衰减量/dB
1	平行线	—	1∶1	0
2	绞扭线	10.10	14∶1	23
3	绞扭线	7.62	71∶1	37
4	绞扭线	5.08	112∶1	41
5	绞扭线	2.54	141∶1	43

图 4-18 所示的电路说明了采用不同的绞扭线传输,并且所加滤波器的位置不同时,所得到的对杂波噪声信号的抑制、滤除和衰减的效果也不同。实验结果表明,采用图 4-18(c)所示的传输方法,也就是将稳压电源输出端的正、负两根传输线直接绞扭起来,信号通过该绞扭线再通过滤波电路滤波后传输给负载电路系统,就能得到对杂波噪声信号抑制、滤除和衰减较为满意的效果。这种传输方法既经济,效果又好,因此这种传输方法是实际应用中采用得最多的一种方法。除了采用这些配线技术能对杂波噪声信号具有一定的抑制、滤除和衰减作用以外,地线的选择位置、连接方法、长短、粗细等都与杂波噪声信号的大小有着密切的关系。实践证明,地线一端接地比两端接地的效果要好,接地点应选择在负载电路系统端,地线应尽量短而粗。在有些不能采用绞扭线的场合,若要使用平行线传输,则线间的距离应尽量加大,以减小线间所形成的分布电容和寄生电容。

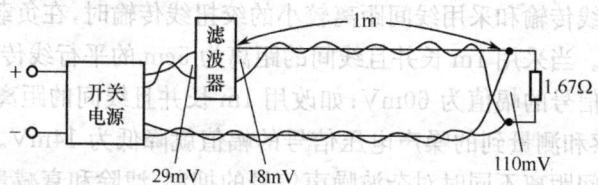

(a) 滤波器位置在电源单元电路的输出端,电源输出引线两两绞扭

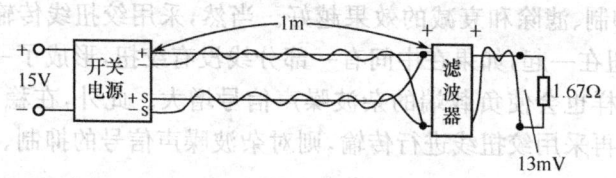

(b) 滤波器位置在负载电路系统的输入端,电源输出引线两两绞扭

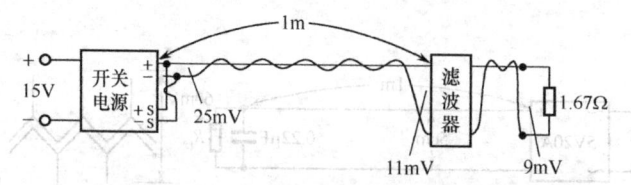

(c) 滤波器位置在负载电路系统的输入端,电源输出引线直接绞扭

图 4-18 绞扭线不同、滤波器位置也不同时对噪声的影响

(4) 初、次级之间安全电容的要求

在绝大部分电源单元电路中,为了将由于高频功率变换而引起的电磁波杂散干扰和噪声抑制到最低程度,初级侧电路部分与次级侧电路部分应连接一个安全电容,有时也叫去耦电容,常用符号 Y 来表示。在有些电源电路中,去耦电容应直接从输入滤波电容的正端连接到

开关变压器次级的公共端或功率接地端。在有些电源电路中,如果从初级的地到次级的地之间需要一个去耦电容时,就应该把初级侧的地直接连接到输入滤波电容的负端,这样布局就会使较大的浪涌电流远离 PWM 控制电路。在有些电源电路中,为了得到较好 EMI 去耦的效果,还可以使用一个 Y 形滤波器,滤波器中的电感应放置在输入滤波电容的负端之间。在有些电源电路中,去耦电容应该放置在靠近变压器次级输出回零端与初级滤波大电容正极之间,才能将 EMI 的耦合限制到最小。

4.3.2 硬屏蔽技术

所谓硬屏蔽技术就是电源单元电路的设计者在将电源单元电路设计和调试完成后,设计一个屏蔽罩,一方面将软屏蔽后电源单元电路所残留的电辐射和磁辐射的杂散电磁波噪声对环境以及周围的用电系统的影响和干扰尽可能地屏蔽掉,另一方面使外部的杂散电磁波不至于辐射到电源单元电路中,影响和干扰电源单元电路的正常工作。现在分几个方面分别进行论述和讨论:

(1) 对电场的屏蔽技术

对电场的屏蔽技术就是把一个电路系统与另一个电路系统之间所产生的电场耦合消除和抑制到最低程度。电场耦合主要是通过电路系统内部各元器件和连接线对机壳或者对接地端所产生的寄生电容引起的。电路系统中各元器件及引线与接地端所产生的寄生电容分别表示于图 4-19 中。由图中可以看出,元器件 P_1、P_2 和引线 Q_1、Q_2 分别与接地端之间所感应的高频电压幅值和它们各自与接地端之间的寄生电容 $C_1 \sim C_4$ 的大小成反比。也就是说,当它们各自与接地线之间的分布寄生电容为无穷大时,就对所感应的高频电压信号呈现短路状态,可以将这些所感应的高频电压信号几乎全部旁路到地。换一句话说,也就是当它们各自与接地线之间的分布寄生电容为无穷大时,就不会感应高频电压信号。对整个电路系统加工一个接地的金属屏蔽罩,就相当于增大了电路中各元器件和引线与接地端的寄生电容,如图 4-20 所示。

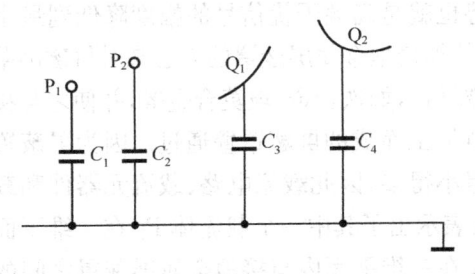

图 4-19 元器件和引线与接地端之间的寄生电容

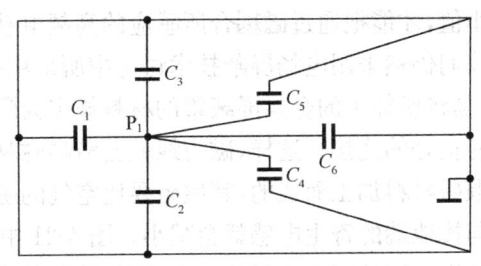

图 4-20 元器件 P_1 与接地金属屏蔽罩之间的寄生电容

为了便于说明问题,图 4-20 中只表示出了元器件 P_1 在二维平面内与接地金属屏蔽罩之间的寄生电容的分布情况,其他元器件以及引线在二维平面内与接地金属屏蔽罩之间的寄生电容的分布情况便可依此类推,这些元器件在三维平面内与接地金属屏蔽罩之间的寄生电容的分布情况也同样可依此类推。从图中可以看到,给电路系统加上接地良好的金属屏蔽罩后,元器件 P_1 与接地端之间的寄生电容 C 就等于各个方向与接地端之间寄生电容的并联值,可由式(4-2)表示:

$$C = C_1 + C_2 + C_3 + C_4 + C_5 + C_6 + \cdots + C_n \tag{4-2}$$

因此，给电路系统外加了接地良好的金属屏蔽罩以后，就可以将电路中各元器件和引线与接地端之间所感应的高频电压信号降低到最低程度，甚至不会感应出高电平电压信号。这也就是电路设计工程师们在 PCB 布线过程中，尽量增大接地线的面积、缩短其他元器件的引线、避免出现高频与低频交叉走线的机会，有时甚至将无用的空闲地方也制作成接地线的原因所在。实验证明，金属屏蔽罩的材料选择铝板和铁板，其屏蔽效果是一样的，并且与屏蔽罩的金属厚度没有关系。金属屏蔽罩上所开的过线狭缝和调节圆孔的尺寸只要满足比高频信号的波长小得多时，对电场的屏蔽效果基本上是没有什么影响的。但是，外加的金属屏蔽罩接地的好坏却对屏蔽效果的影响非常大，因此要得到良好的屏蔽效果，就必须保证所外加的金属屏蔽罩具有良好的接地。

(2) 对磁场的屏蔽技术

由于电源单元电路是一种具有较大功率变换和较大功率输出的电路，所以它的载流电路的周围空间都会产生杂散磁场，特别是电路中的功率开关变压器。这种杂散磁场是静磁场还是交变磁场，取决于载流电路中流过的电流是直流还是交流。静磁场对处于周围的任何导体不产生任何电动势，而交变磁场则对处于其中的导体产生交变电动势，这种交变电动势是由于各元器件和引线与接地端之间的寄生电感而引起的。它的幅值是由电源单元电路中载流电路和引线上流过的交流电流的大小和频率来决定的，并且与其成正比关系。电源单元电路中载流元器件和引线与接地端之间的寄生电感可用图 4-21 来表示。磁场屏蔽技术的任务和目的就是消除和减小由于寄生电感的存在所产生的电路与电路之间、用电系统与用电系统之间通过磁耦合而产生的相互干扰和影响，也就是抑制和削弱上面所说的那种感应交

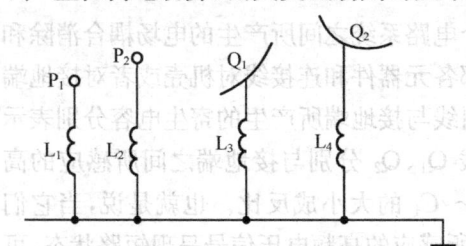

图 4-21 载流元器件和引线与接地端之间寄生电感的分布情况

变电动势。由此可见，只有把载流电路、载流元器件和载流引线与接地端之间的寄生电感减低到最小值，才能把通过磁耦合所感应的高频电动势也就是高频干扰信号的幅度降低到最小程度。我们仍然采用电场屏蔽技术讨论中所采用的外加接地金属屏蔽罩的方法来对付磁屏蔽问题，只是将所加工的金属屏蔽罩的材料规定为顺磁材料，如铁合金、坡莫合金等，并使之与接地端具有良好的连接。这样，磁力线就会沿顺磁材料加工而成的屏蔽罩壁通过。因为屏蔽罩是采用顺磁材料加工而成的，其磁阻要比空气的磁阻小得多，因此载流电路、载流元器件和载流引线与接地端的寄生电感就会减小。图 4-21 中仅表示出了其中一个载流体 P_1 在二维平面内与接地端之间的寄生电感的分布情况，其他载流体在三维平面内与接地金属屏蔽罩之间的寄生电感的分布情况也同样可以此类推。从图中不难看出，该载流体 P_1 与接地端之间的总寄生电感 L 等于各个方向上寄生电感的并联值，因此总的寄生电感减小了许多。可用下面的关系式表示为

$$\frac{1}{L}=\frac{1}{L_1}+\frac{1}{L_2}+\frac{1}{L_3}+\frac{1}{L_4}+\frac{1}{L_5}+\frac{1}{L_6}+\cdots+\frac{1}{L_n} \tag{4-3}$$

当寄生电感 L 被减少到最低程度后，电源单元电路中载流体周围的交变磁场也就被降低了，这时感应交变电动势也就被降低到最低程度，从而完成了对磁场屏蔽的任务。实验证明，在其他条件都不变的情况下，要得到效果较好的磁场屏蔽，降低采用顺磁材料加工而成的屏蔽罩的磁阻是一个关键的因素。但要降低屏蔽罩的磁阻除了要选用磁导率较高的铁磁材料以外，加

厚屏蔽罩的厚度、减少与磁感应线方向垂直的接头、开孔和缝隙也是一个非常有效的方法。在实际应用中,除了给电源单元电路单独加工一个接地良好的屏蔽罩以外,对电路中的功率开关变压器也要采取必要的屏蔽措施,以降低和缩小功率开关变压器由于在加工时的不合理布线而产生的漏磁现象,并将朝外辐射的高频杂散电磁波对周围环境的影响和污染降至最低程度。

(3) 对电磁场的屏蔽技术

由以上对电场和磁场屏蔽技术的讨论与分析中可以看到,静电场和静磁场对周围的环境不会产生污染,对邻近的其他电子设备、电子仪器和电子仪表以及负载电路系统不会产生干扰和影响,而只有交变的电场和磁场才能由一个电路系统辐射和传播到其他的电路系统,才能对周围的环境造成污染,才能对邻近的其他电子设备、电子仪器和电子仪表以及负载电路系统产生干扰和影响。但是,在实际应用中,纯粹的交变电场和交变磁场是不存在的,在有交变电场出现的地方就会伴随有交变磁场出现,同样在有交变磁场出现的地方就会伴随有交变电场出现,它们的传播和辐射是以电磁波的形式同时出现和同时消失的。这就像物理力学中所学到的作用力与反作用力一样,是不会单独存在的。因此,纯粹的电场屏蔽技术和措施与单纯的磁场屏蔽技术和措施在电源单元电路的实际应用中是没有意义的,但是通过对它们的分析与讨论,可以归纳出对由于交变电磁场而引起的杂散电磁波的滤除、抑制和衰减非常有效的方法来。

磁场屏蔽中磁场在屏蔽罩内所感应的电流流过电阻值很小的屏蔽物体本身的短路表面;而电场屏蔽时,在电流流过的电路中,被屏蔽的各点与屏蔽物之间总存在有容抗,电场屏蔽的效果完全取决于屏蔽物本身与系统机壳或接地端之间的短路情况。在对磁场进行屏蔽时,把屏蔽物本身连接到系统的机壳或接地端,完全不会改变屏蔽物激励电流值的大小,因而对改变磁场屏蔽的效果和作用不大。

在电场屏蔽中,频率的高低对屏蔽的效果和作用影响不是很明显,屏蔽物的电阻率对电场屏蔽的效果和作用也很小。而磁场的屏蔽则完全取决于频率的高低,频率越高,磁场屏蔽的效果和作用越强。屏蔽的效果和作用一旦确定以后,也就是屏蔽的参数一旦选定以后,对于同频率的磁场,则屏蔽物的厚度要求也不一样。对于频率较低的磁场,选定屏蔽物的厚度就要较厚。电场屏蔽时,可以允许屏蔽物上有长狭缝。但磁场屏蔽时,屏蔽物中长狭缝的方向如果与涡流的方向刚好垂直,那么就会使屏蔽的效果和作用变得很差。因为所要屏蔽的电路是电源单元电路这个较为复杂的电路,其中磁通的方向是杂乱无章的。因此在对磁场进行屏蔽时,屏蔽罩上应尽量避免出现长狭缝。金属盖与屏蔽罩之间、屏蔽罩与机壳之间、屏蔽罩与引出线插头之间等接缝处的狭缝都要严格焊接好或保持良好的接触。

通风孔是机箱等屏蔽体中数量较多且电磁泄漏量最大的一类孔缝,屏蔽通风部件既能屏蔽辐射干扰,又能通风,目前已广泛应用于雷达、计算机、通信设备、电子方舱以及屏蔽室等中。了解并掌握屏蔽通风部件的屏蔽机理、关键的性能参数、各类屏蔽通风部件的性能特点以及相关的应用技术,对于正确选择屏蔽通风部件,进行通风孔的屏蔽设计是至关重要的。

通过上面对电场和磁场屏蔽技术和方法的分析和讨论,可以得到对电磁场的屏蔽技术和方法。电磁场的屏蔽技术和方法为:首先,完全以对磁场屏蔽的要求来加工屏蔽罩,然后将整个屏蔽罩与电路系统的机壳和接地端进行良好的短路,这样就可以对电磁场进行有效的屏蔽。采用这种屏蔽罩,不但可以把电源单元电路本身朝外传播和辐射的杂散电磁波屏蔽、抑制和滤除到最低程度,而且还可以将外界环境中的杂散电磁波阻挡住,不会对电源单元电路的正常工作造成影响和干扰。如果每一种电子设备和用电系统都能够这样做的话,我们周围的环境将变得十分洁净。

4.4 RLC在电源单元电路中的PCB布线技术

在任何电源单元电路设计中,PCB的布线问题都是最后一个环节,也是电源单元电路能否调试成功的关键环节。如果PCB布线不当,不但会导致产生过多的电磁干扰(EMI),而且还可造成电源单元电路的工作不正常或不稳定。

4.4.1 PCB布线的设计流程、参数设置

PCB布线的设计流程为:在SCH界面中输入元器件参数(元器件编号、元器件数值、元器件封装)→建立原理电路网络表→在PCB界面中输入原理电路网络表→建立设计参数设置→元器件手工布局→手工布线→验证设计→复查→CAM输出。

参数设置:相邻导线间距必须能满足电气安全要求,而且为了便于操作和生产,间距也应尽量宽些。最小间距至少要能适合承受的电压,在布线密度较低时,信号线的间距可适当加大,对高、低电平悬殊的信号线应尽可能短且加大间距,一般情况下将走线间距设为0.3mm。焊盘内孔边缘到PCB边缘的距离要大于1mm,这样可以避免加工时导致焊盘缺损。当与焊盘连接的走线较细时,要将焊盘与走线之间的连接设计成水滴状,这样的好处是焊盘不容易起皮,而且走线与焊盘不易断开。另外,焊盘一般设计成圆形或椭圆形,特别是集成电路的引出端焊盘设计成椭圆形,不但可以增加焊接强度,而且还可满足相邻引脚之间的绝缘距离。

4.3.2 元器件布局

实践证明,即使电源单元电路原理电路图设计正确,PCB布线设计不当也会对电子设备的可靠性产生不利影响,严重时可使电源电路不能工作。PCB布线设计中应遵循的最基本要求为:

① 携带脉冲电流的所有连线应尽可能短而窄,线间距离尽量大,最好采用地线隔离开。
② 由于在高频功率变换级的电流具有较高的变化率,因此这些携带脉冲电流的所有连线应保证具有最小的分布电感。
③ 在任何层面上的电流环路必须分布合理,所包围的面积应最小,以减小电磁干扰。

为了满足这个要求,元器件的布局至关重要。对于每一个电源单元电路均具有下列4个电流回路:

- 功率变换级交流回路;
- 输出整流交流回路;
- 输入信号源电流回路;
- 输出负载电流回路输入回路。

来自于双向共模滤波器的电网电压通过一个全波整流器以后,输出一个近似于直流的波动电流对输入滤波电容充电,滤波电容主要起到一个宽带储能作用;与之类似,输出滤波电容也同样用来存储来自输出快速整流器的高频能量,同时对输出负载回路进行直流能量补充。因此,输入和输出滤波电容与其他元器件之间的连线十分重要,输入和输出电流回路应分别只将滤波电容的连线端作为源头。如果输入回路中的滤波电容与开关功率管(双端式电路结构)/开关变压器(单端式电路结构)和整流回路之间的连接线无法从输入滤波电容的接线端直接发出时,或输出回路中的滤波电容与快速整流器和输出端/输出滤波电感端之间的连接线无

法从输出滤波电容的接线端直接发出时,交流能量将由输入或输出滤波电容辐射到环境中去。功率变换级的高频交流回路包含高幅度快变化梯形电流,这些电流中的谐波成分很高,其频率远大于功率转换开关基波频率,峰值幅度可高达持续输入/输出直流电流幅度的5倍,过渡时间通常约为50ns;输入整流器的低频交流回路包含高幅度慢变化梯形电流,这些电流中的谐波成分很高,其频率远低于功率转换开关基波频率,峰值幅度可高达持续输入/输出直流电流幅度的5倍,过渡时间通常约为50ms。这两个回路最容易产生电磁干扰,因此必须首先布好这两个交流回路。输入回路中的三种主要元器件为整流器、滤波电容、开关功率管或储能电感或功率开关变压器。这三个主要元器件应彼此相邻地进行放置,调整元器件之间的位置使它们之间的连线最短,以保证电流环路所围成的面积最小。输出回路中的三种主要元器件为整流器、滤波电容、输出接线端子或滤波电感。这三个主要元器件也应彼此相邻地进行放置,调整元器件之间的位置使它们之间的连线最短,以保证电流环路所围成的面积同样最小。电源单元电路布局的最好方法与其电气设计相类似,最佳设计流程为:放置开关变压器→布局功率变换级电流回路→布局输出整流器电流回路→布局控制电路→布局输入整流器和滤波器回路。

4.4.3 PCB 设计原则

设计输出负载回路和输出滤波器电路的 PCB 时,应根据电源电路的所有功能单元对电源电路的全部元器件进行综合考虑,要符合以下原则。

(1) PCB 尺寸的考虑

PCB 尺寸过大时,印制线条长,阻抗增加,抗噪声能力下降,成本也增加;过小则散热不好,且邻近线条细而密集,易受干扰。电路板的最佳形状为矩形,长宽最佳比例应为 3：2 或 4：3,位于电路板边缘的元器件离电路板边缘一般不小于 2mm。

(2) 方便装配

放置器件时除了要考虑以上所叙述的元器件布局要求以外,还要考虑方便以后的装配与焊接,特别是要便于自动化生产线的装配与焊接,不要太密集。

(3) 元器件的布局

以每个功能电路的核心元件为中心,围绕它来进行布局。元器件应均匀、整齐、紧凑地排列在 PCB 上,尽量减少和缩短各元器件之间的引线和连接,去耦电容尽量靠近器件的电源端。按照电路的流程安排各个功能电路单元的位置,使布局便于信号流通,并使信号尽可能保持一致的方向。布局的首要原则是保证布线的布通率,移动器件时应注意飞线的连接,把具有连线关系的元器件放置在一起。同时尽可能减小以上所说的4个电流回路的面积,在电源单元电路正常工作的基础上尽可能抑制和减小电源单元电路的电磁干扰。

(4) 分布参数的考虑

在高频下工作的电路,要考虑元器件之间的分布参数。一般电路应尽可能使元器件平行排列。这样不但美观好看,而且装配与焊接也容易方便,易于批量生产。电源单元电路中的功率变换级不但工作频率较高,而且功率也较大,因此分布参数的考虑就显得更重要了。

4.4.4 散热问题的解决

(1) PCB 材料的选择

为了将功率开关变压器和开关功率管以及其他功率元器件工作时的最大热量散发掉,从而使其温升不会超过限值,建议采用具有专门热传导的PCB材料(如铝基PCB材料)。这种铝基PCB材料是在生产的过程中将一层铝箔与PCB胶合在一起,这样不但可以直接吸收热量,而且还可将外部的一个散热器与其紧密地接触。如果采用常规的PCB材料(如FR4)时,把铜皮制作在板材的两侧,利用这些铜皮便可改善散热效果。如果采用了铝基PCB材料,那么就建议对开关节点进行屏蔽。这种在开关节点(如漏极、输出整流二极管等的节点)下面直接采用铜皮来代替的结构,为防止直接耦合到铝基板上提供了一种较好的静电屏蔽。这些铜皮面积若在初级侧就应连接到输入DC电源电压的负端,若在次级侧则应连接到输出端的公共接地上。这样就会减小与隔离铝基板之间耦合电容的容量,从而起到降低输出纹波和减小高频噪声的效果。

(2) 功率元器件封装形式的选择

电源单元电路中的功率元器件包括输入低频整流器、开关功率管和输出高频整流器。这些功率元器件封装形式的选择主要取决于电源电路的输出功率,在满足输出功率要求的基础上,优先选择TO-220型封装,再考虑表贴型封装,最后考虑TO-3型金属封装。这是因为TO-220型封装的功率器件在自带的散热器不满足输出功率要求时,既可外加散热器,又可直接焊接在PCB上,利用敷铜部分所制作好的散热板;而表贴型封装的功率器件只可直接焊接在PCB上利用敷铜部分所制作好的散热板,不能外加散热器。在输出功率要求非常大的电源单元电路的PCB设计中,而功率器件又只能选择TO-3型金属封装时,最好选用配套的自带式散热器。这样便可将功率器件与其配套的散热器直接焊接和固定在PCB上,不会导致由于过长的引线而引起的噪声,但是这种设计将会导致PCB尺寸过大。另外,若由于PCB尺寸的要求过小而只能选用外加散热器的方式时,开关功率管与PCB的引线应采用绞扭式连接,尽量将分布电容和电感降低到最小。若选用TO-220型封装的功率器件,而又要外加散热器时,情况也应该如此。由于TO-220型封装自带的金属散热片被内部连接到源极、发射极引出端,为了避免循环电流,自带的金属散热片不应与PCB有任何节点。当使用DIP-8B/SMD-8B型封装的功率器件时,在功率器件肚子下面应制作出较大的PCB敷铜部分,并直接连接于源极、发射极端,作为散热片来有效散热。

(3) 输入和输出滤波电容的放置位置

从电源整体可靠性的角度出发会发现电解电容是一个电源电路中最不可靠的元件,可以说电源电路中的电解电容的寿命就决定了电源的寿命。而前面也讲过电解电容的寿命受温度的影响非常大,因此输入和输出滤波电容的放置位置在PCB布线设计中非常重要。连接到输入和输出滤波电容的PCB引线宽度应尽量压缩,压缩的原因有两个:一是让所有的高频电流强制性地通过电容(若较宽时,则会绕过电容),二是把从PWM/PFM控制芯片到输入滤波电容和从次级整流二极管到输出滤波电容的传输热量减到最小。输出滤波电容的公共接地端/回零端到次级的连线应尽量地短而宽,以保证具有非常低的传输阻抗。另外,这两个滤波电容应远离发热的功率器件放置。

(4) 功率开关变压器的放置要求

为了限制来自于开关功率管节点的EMI从初级耦合到次级或AC输入电网上,PWM/PFM控制芯片应尽量地远离功率开关变压器的次级和AC电网输入端。连接到开关功率管节点的连线长度或PCB敷铜散热面积应尽量减小和压缩,以降低电磁干扰。由于功率开关变压器不但是电源单元电路中的发热源,而且还是一个高频辐射源,因此在PCB布线设计中应重点考虑这两点。

(5) 输出快速整流二极管的放置要求

要达到最佳的性能,由功率开关变压器次级绕组、输出快速整流二极管和输出滤波电容所连接成的环路区域面积应最小。此外,与轴向快速整流二极管阴极和阳极连接成的敷铜区域面积应足够大,以便得到较好的散热效果。最好在安静的阴极(负压输出时应在阳极)留有更大的敷铜区域。阳极敷铜区域面积过大会增加高频电磁干扰。在输出快速整流器和输出滤波电容之间应留有一个狭窄的轨迹通道,可作为输出快速整流器和输出滤波电容之间热量的一个化解通道,防止电容过热现象的出现。

4.4.5 接地极的设计

(1) PCB 中的接地原则

由于电源单元电路的所有 PCB 引线中包含有高频信号引线,因此这些高频信号引线便可起到天线的作用,引线的长度和宽度均会影响其阻抗和感抗,从而影响频率响应。即使是通过直流信号的引线也会从邻近的引线上耦合到高频信号噪声,并造成电源单元电路出现问题(甚至再次辐射出干扰信号)。因此,应将所有通过交流电流的引线设计得尽可能短而宽,这就为元器件的排列和布局带来新的更为严格的要求。引线的长度与其表现出的电感量和阻抗成正比,而宽度则与引线的电感量和阻抗成反比。长度反映出引线响应的波长,长度越长,引线能发送和接收电磁波的频率越低,也就能辐射出更多的射频能量。根据引线中电流的大小,尽量加大电源引线的宽度,压缩电源引线的长度,以达到减少环路电阻的目的,使电源引线、接地线的走向和电流的方向一致,这样有助于增强抗噪声能力。接地是电源单元电路 4 个电流回路的底层支路,作为电路的公共参考点起着很重要的作用,它是抑制干扰和消除噪声的重要途径。因此,在 PCB 布线中应仔细考虑接地引线的放置位置,将各部分接地引线混合会造成电源工作不稳定,或造成过多的高频噪声辐射。PCB 中的接地原则如下。

① 正确选择单点接地。通常滤波电容的公共连接端应该是其他接地点耦合到交流大电流地线的唯一连接点,同一级电路的接地点应尽量靠近,并且同一级电路中的电源滤波电容也应接在该级接地点上。这是因为电路中各部分回流到地的电流是变化的,实际流过线路的阻抗会导致电路中各部分地电位的变化而引入干扰。在电源单元电路中,接地引线和器件间的电感影响较小,而接地引线所形成的环流对干扰影响较大,因此应采用单点接地的方法布线。

② 尽量加粗接地引线。若接地引线较细,接地电位则随电流的变化而变化,致使电子设备的定时信号电平不稳,抗噪声性能变坏,因此就必须使每一个大电流的接地引线尽量短而宽,尽量加宽电源、接地引线的宽度,最好是接地引线比电源引线宽,它们之间宽度的关系是:接地引线大于电源引线大于信号引线。如有可能,接地引线的宽度应大于 3mm,也可用大面积敷铜层做接地引线用。在 PCB 上把未被利用的地方都设计成接地引线,但要注意不能形成闭环。

另外,进行全局布线时还必须遵循以下原则:

- 考虑布线方向时,从焊接面看,元器件的排列方位尽可能保持与电路图的方位相一致,布线方向最好与电路图走线方向一致。这是因为生产过程中通常需要在焊接面进行各种参数的检测,这样做便于生产中的检查、调试及检修,同时还可满足接地布线的要求。
- PCB 布线时,引线应尽量少拐弯,信号引线的线宽不应突变,所有引线拐角应大于 45°,力求线条简单、短粗、明了。

- 所设计的电路中不允许有交叉电路,对于可能交叉的线条,可以用"钻"、"绕"两种办法解决,即让某引线从别的电阻、电容、晶体管引脚下的空隙处"钻"过去,或从可能交叉的某条引线的一端"绕"过去。在特殊情况下如果电路很复杂,为简化设计也可采用飞线跨接,解决交叉电路问题。如果采用单面板时,由于直插元器件位于 top(顶)面,而表贴器件位于 bottom(底)面,因此在布线时直插元器件可与表贴元器件交叠,但要避免焊盘重叠。

③ 输入接地引线与输出接地引线的去耦。在初级与次级要求隔离的电源单元电路的 PCB 设计中,输入接地引线与输出接地引线之间的去耦主要是依靠去耦电容,这在以后还要进行讲述。在初级与次级不要求隔离的电源单元电路的 PCB 设计中,欲将输出电压反馈回开关变压器的初级,两边的电路应有共同的参考地,因此在对两边的地线分别敷铜之后,还要采用单点连接在一起,形成共同的接地系统。

(2) 初级侧接地问题

绝大部分电源单元电路的初级电路一般均要求要具有分离的功率地和控制信号地,并且这两个分离地在 PCB 设计时应采用单点相连。对于一些 DC/DC 变换器控制芯片,由于没有分离的功率地和控制信号地引出端,因此在 PCB 设计时就应该将低电流的反馈信号与 IC 之间的耦合设计为一个地,将开关功率管的大电流与附加在开关变压器初级的偏置绕组设计为一个地,最后再采用 PCB 铜皮将其单点连接。开关变压器的偏置绕组虽然携带较低的电流,但是也应分离出来与功率地合用一个地。当输入电源服从线性浪涌动态变化时,为了使大电流的功率地线远离控制芯片,开关变压器附加绕组的接地线可直接连接到输入端的大电解电容的接地上。如果电源单元电路在输出功率更大的变换器中作为辅助电源使用时,建议使用一个直流总线去耦电容,通常数值为 100nF。偏置绕组的地线应直接连接到输入端或去耦电容上,这样走线便可使共模浪涌电流远离 PWM 控制芯片。

(3) 次级侧接地问题

输出侧所连接的公共接地端/回零端应直接连接于开关变压器次级绕组引出端,而不能连接于去耦电容的连接点上。

(4) 初级侧与次级侧去耦电容的放置要求

在绝大部分电源单元电路的初级电路中,初级侧与次级侧应连接一个去耦电容。在有些电源电路中,去耦电容应直接从输入滤波电容的正端连接到开关变压器次级的公共端或功率接地端。在有些电源电路中,如果从初级的地到次级的地之间需要一个去耦电容时,就应该把初级侧的地直接连接到输入滤波电容的负端,这样布局就会使较大的浪涌电流远离 PWM 控制芯片。在有些电源电路中,为了得到较好的效果,还可以使用一个 π 形滤波器,滤波器中的电感应放置在输入滤波电容的负端之间。在有些电源电路中,去耦电容应该放置在靠近变压器次级输出回零端与初级滤波大电容正极之间,这样才能将电磁干扰的耦合限制到最小。

(5) 初级与次级光电耦合器的放置要求

从物理的角度考虑,光电耦合器也可分为初级和次级两部分,主要是起耦合和隔离的作用。因此,光电耦合器的初级侧应尽量靠近 PWM 控制芯片,以减小初级侧所围成的面积;使大电流高电压的漏极引线与钳位电路引线远离光电耦合器,以防止噪声窜入其内部。另外,为了达到初级与次级的隔离强度,光电耦合器的初、次级之间的绝缘距离应与开关变压器初、次级之间的绝缘距离保持在一条线上,这一点在以后的设计实例中还要讲述。

4.4.6　PCB 漏电流的考虑

电源单元电路在整个额定功率范围内可获得较高的功率转换效率,尤其是在启动/无负载条件下耗散电流能够被限制到最小。例如,在有些电路中所具有的 EN/UV 端的欠压检测功能,欠压检测电阻上的电流极限仅为 1μA 左右。假定 PCB 的设计能够较好地控制传导,实际上进入 EN/UV 端的漏电流正常情况下仅为 1μA 以下。潮湿的环境再加上 PCB 和/或 PWM 控制芯片封装上的一些污染物将会使绝缘性能变差,从而导致实际进入 EN/UV 端的漏电流＞1μA。这些电流主要是来自于距离 EN/UV 端较近的高电压大焊盘,例如,MOSFET/GTR 开关功率管的 D/C 端焊盘在上电启动时泄漏到 EN/UV 端的电流等。如果采用把一个欠压取样电阻从高电压端连接到 EN/UV 端而构成欠压封锁功能的设计时,将不会受到影响或影响很小。如果不知道 PCB 的污染程度、工作在敞开条件或者工作在较容易污染的环境中,以及不使用欠压封锁功能时,就应该使用一个 390Ω 的常规电阻从 EN/UV 端连接到 D/C 端,便可保证进入 EN/UV 端的漏电流＜1μA。在无潮湿、无污染条件下电源单元电路 PCB 的表面绝缘电阻应满足≫10MΩ。

4.4.7　电源单元电路中几种基本电路的布线方法

(1) 输入共模滤波器的布线方法

图 4-22(a)是一个电源单元电路输入电路中常用的共模滤波器原理电路,图 4-22(b)是其 PCB 电路。从图中便可看出该电路的 PCB 布线的如下要点:

① 电流的流动方向应该是从总电源的输入端到全波整流器的输入端,不应该有环流回路。

② 电路中的安全接地的连接方法。电路中的安全接地的连接除了不能有环流回路以外,还要求机壳、散热器和人能够触摸到的金属部分均要采用单点连接,另外更重要的是 Y 电容和 X 电容以及与安全地之间的连接焊盘、引线等距离必须≥6mm,符合安规标准。

③ 为了达到较高的耐压强度,输入接线端子和全波整流器的焊盘均要设计成椭圆形,与其的连接线不能过长和过宽。

④ 共模电感的放置位置应远离功率开关变压器,并与功率开关变压器的磁路保持垂直。

(2) 输入滤波器和输出滤波器的布线方法

输入滤波器和输出滤波器的布线方法实际上就是输入滤波电容和输出滤波电容的布线方法,下面分别对其进行讨论。

① 输入滤波电容的布线方法。输入滤波电容的 PCB 正确连线如图 4-22(c)所示,在 PCB 电路中便可看出输入滤波电容的连线不能过宽,并应小于这些电容的焊盘直径,否则噪声或波动电压就会沿着这些连线的边沿传递到变换器电路中,从而在电源的输出电压中构成不稳定成分和低频纹波。

② 输出滤波电容的布线方法。输出滤波电容的布线方法与输入滤波电容的布线方法基本相同,只是输出滤波电容有可能是采用多个电解电容并联的方法得到的,因此这些电容的输入引线均不能过宽,并应小于这些电容的焊盘直径,如图 4-22(d)所示。

(3) 输出整流二极管的布线方法

电源单元电路中的输出整流二极管所整流的信号为高频快速方波信号,功率开关变压器次级输出绕组与快恢复整流二极管的连接引线就为噪声节点,因此这些连线不应过长和过宽。

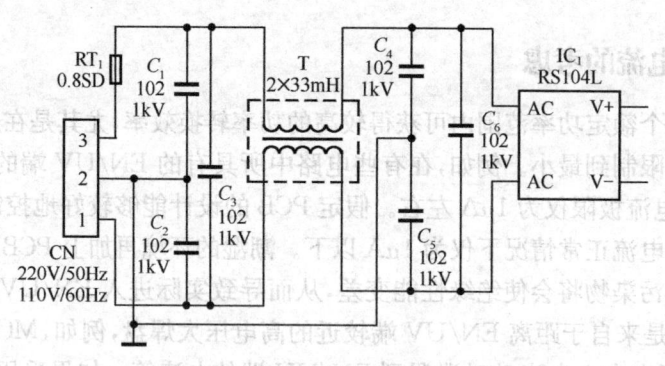

(a) 电源单元电路输入电路中常用的共模滤波器原理电路

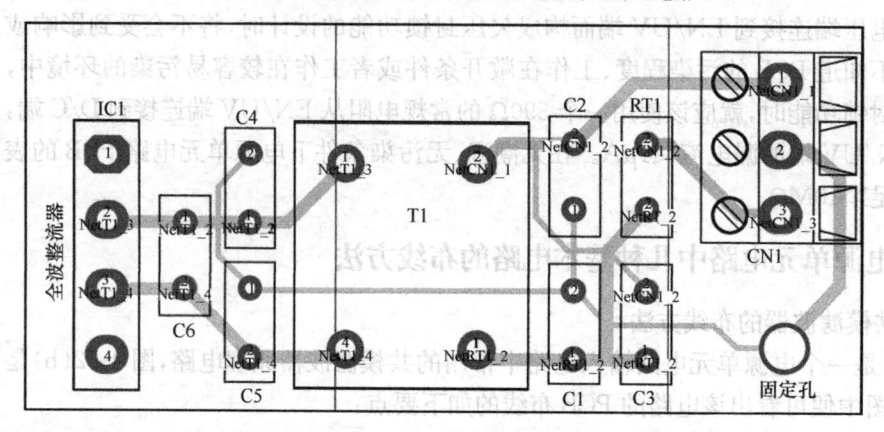

(b) 电源单元电路输入电路中常用的共模滤波器 PCB 布线

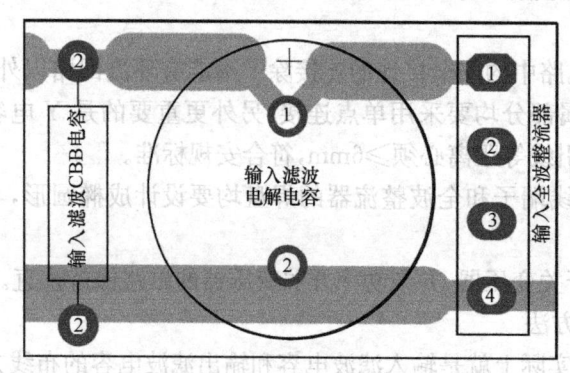

(c) 输入滤波电容的 PCB 布线

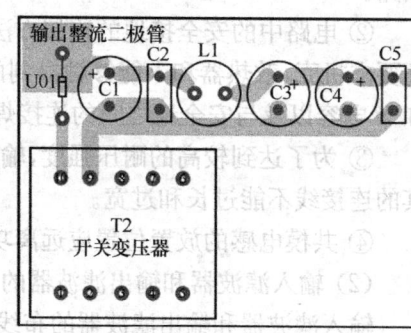

(d) 输出滤波电容的 PCB 布线

图 4-22　电源单元电路 PCB 布线实例

但是为了能够使整流二极管具有较好的散热效果，快速整流二极管的阴极引线端（对于负压输出时就为阳极端）应设计成具有较大的 PCB 敷铜面积，如图 4-22(d) 所示。

4.5　RLC 在电磁兼容(EMC)中的应用

4.5.1　EMC 的定义、抑制方法、评定指标及研究范畴

1. EMC 的定义与含义

定义：设备在共同的电磁环境中能一起执行各自功能的共存状态。

EMC 为英文 Electromagnetic Compatibility 一词的缩写,意为:EMC=EMS+EMI。
EMS 的含义为英文 Electromagnetic Susceptbility 的缩写,EMI 为英文的缩写 Electro-magnetic Interference 的缩写。

2. EMC 的三要素及抑制方法
(1) EMC 的三要素
① 干扰源;② 耦合通道;③ 受感器。
电磁干扰(EMI)传播(耦合)途径为传导性耦合和辐射性耦合。
(2) EMI 抑制方法
① 抑制干扰源;② 切断耦合通道;③ 使受感器的感应灵敏度减弱。
设备电磁干扰耦合方式与研究思路可归纳为图 4-23。

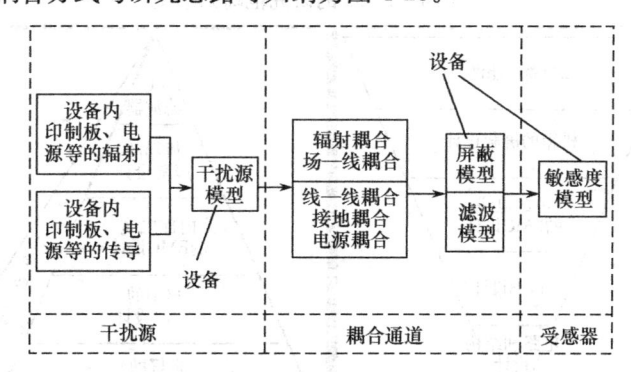

图 4-23 设备电磁干扰耦合方式与研究思路归纳图

3. EMC 评定指标
EMS 评定指标有:传导发射 CE(传导骚扰)、传导敏感度 CS 度(传导抗扰度)、辐射发射 RE(辐射骚扰)、辐射敏感度 RS(辐射抗扰度)。

4. 民用设备及系统电磁兼容性能突出影响的表现
(1) 系统性能的降低或失效,造成不能完成预定任务;
(2) 引起失效模式,降低设备可靠性;
(3) 影响设备或元器件的工作寿命;
(4) 影响效费比,增加产品的成本;
(5) 影响设备或人员的生存性和安全性;
(6) 延误生产和使用。

5. EMC 的研究范畴
EMC 的研究范畴可归纳为图 4-24。

6. EMC 对策
EMC 对策可归纳为图 4-25。

7. EMC 设计的层次与主要工作
EMC 设计的层次与主要工作可用图 4-26 来归纳,其中电源的 EMC 设计始终是必须关注的重要内容之一。

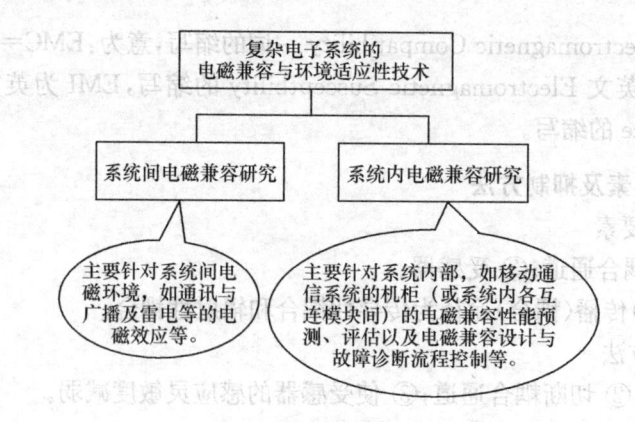

图 4-24　EMC 的研究范畴归纳图

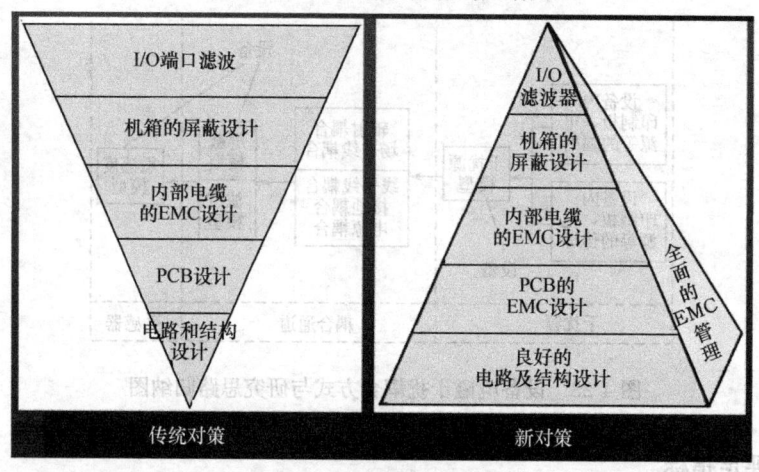

图 4-25　EMC 对策归纳图

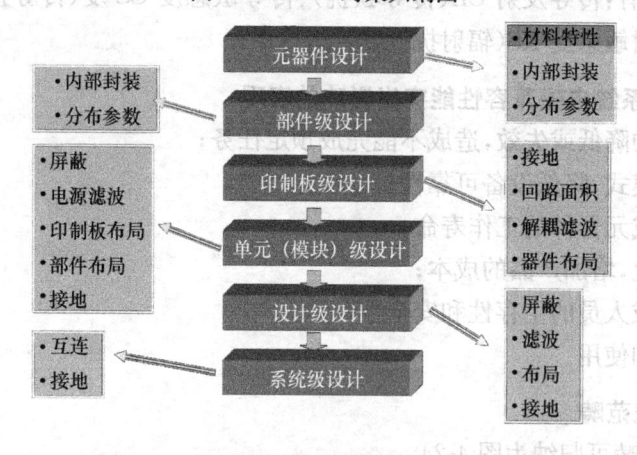

图 4-26　EMC 设计的层次及主要工作归纳图

4.5.2　EMC 的标准体系与国际组织

1. EMC 的标准体系

EMC 的标准体系主要有：国际标准化组织、国际电磁兼容标准体系、国内电磁兼容标准体系和国内相关电磁兼容标准。

2. EMC 的国际组织

EMC 的国际组织主要有如下几个。

(1) 国际标准化组织

国际标准化组织可归纳为图 4-27。其具体内容、职责和覆盖范围可叙述如下。

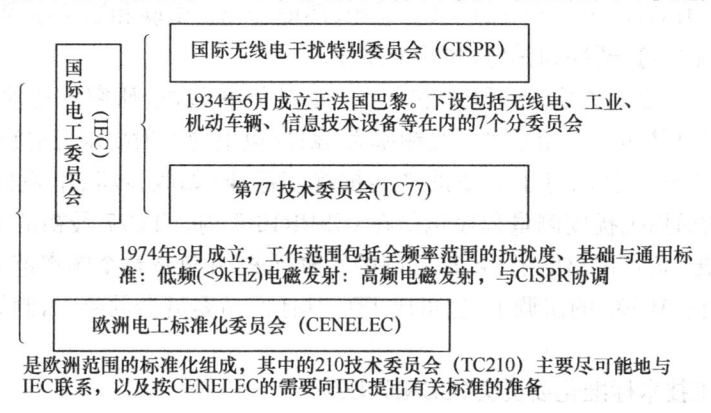

```
                ┌─ 国际无线电干扰特别委员会（CISPR）
                │   1934年6月成立于法国巴黎。下设包括无线电、工业、
                │   机动车辆、信息技术设备等在内的7个分委员会
  国际电工委员会 ┤
     (IEC)      ├─ 第77 技术委员会(TC77)
                │   1974年9月成立，工作范围包括全频率范围的抗扰度、基础与通用标
                │   准：低频(<9kHz)电磁发射：高频电磁发射，与CISPR协调
                │
                └─ 欧洲电工标准化委员会（CENELEC）
                    是欧洲范围的标准化组成，其中的210技术委员会（TC210）主要尽可能地与
                    IEC联系，以及按CENELEC的需要向IEC提出有关标准的准备
```

图 4-27 国际标准化组织归纳图

① 国际电工委员会(IEC)。IEC 对于 EMC 方面的国际标准化活动有着非常重要和举足轻重的作用。该委员会下辖电磁兼容咨询委员会(ACEC)，无线电干扰特别委员会(CISPR)和第 77 技术委员会(TC77)，共 4 个委员会。在 IEC 中，协调 CISPR，TC77 及其他 TC 和国际组织和国际组织在 EMC 领域协作关系的机构是 ACEC。ACEC 的单位成员包括 TC77、CISPR 及其他有关的技术委员会和分技术委员会。

② 国内无线电干扰特别委员会(CISPR)。该组织在 1934 年 6 月成立于法国巴黎，是世界上最早成立的国际性无线电干扰组织，它的目标是促进国际无线电干扰问题在下列几方面达成一致意见：

A. 保护无线电接收装置，使其免受所有类型的电子设备，点火系统，包括电力牵引系统的供电系统，工业、科学和医用无线电频率，声音和电视广播接收机，信息技术设备的干扰。

B. 规定干扰测量的设备和方法。

C. 规定干扰源产生干扰的极限值。

D. 声音和电视广播接收装置的抗扰度要求及测量方法。

E. 安全规程对电气设备的干扰抑制的影响。

F. 为避免重复工作，CISPR 要和其他组织共同考虑。

CISPR 负责制订出版物的各分会的分工如下：

A. 无线电干扰测量和统计方法；

B. 工业、科学和医疗设备的无线电干扰；

C. 架空电力线、高压设备和电力牵引系统的干扰；

D. 机动车辆和内燃机的无线电干扰；

E. 无线电接收设备的干扰；

F. 家用电器、电动工具、照明设备和类似设备的干扰；

G. 信息技术设备的干扰；

H. 保护无线电业务的发射限值；

I. 信息技术设备、多媒体设备和接收机的电磁兼容。

③ 第77技术委员会(TC77)。该技术委员会是IEC的电磁兼容技术委员会,成立于1974年9月,其组织结构包括三个分技术委员会:SC77A、SC77B、SC77C。其技术分工为:SC77A负责低频段,SC77B负责高频段,SC77C负责对高空核电磁脉冲的抗扰度。TC77制订的EMC标准主要是IEC61000系列标准,共分总则、环境、限值、试验和测量技术、安装和调试导则、通用标准、电能质量、暂缺和其他,共9个部分。

CISPR与TC77之间关系。CISPR和TC77都是从事EMC研究的技术委员会,这两个委员会分工为:CISPR负责一定系列产品频率为9kHz以上的发射要求,还负责制订一些产品的抗扰度标准。CISPR已制订了大量的产品抗扰度标准(如收音机、电视机及信息技术设备)。这些产品的通用抗扰度测量程序包括在CISPR16-2内。TC77最初的工作范围是制订产品电磁兼容标准,负责提出低于9kHz频率的发射要求,并负责整个频率范围内的抗扰度测试的基础标准。在ACEC的协调下,也可应IEC其他产品委员会的要求,制订产品的抗扰度标准。

(2) 欧洲电工技术标准化委员会(CENELEC)

该委员会成立于1973年,总部设在比利时的布鲁塞尔。CENELEC得到欧共体的正式认可,是在电工领域而且是按照欧共体83/189/EEC指令开展标准化活动的组织。CENELEC从事电磁兼容工作的技术委员会为TC210,它负责EMC标准制订或转化工作。TC210将现有的IEC的相关技术委员会和CISPR等的EMC标准转化为欧洲EMC标准。TC210的组织结构包括5个工作组。各工作组职责范围为:WG1通用标准、WG2基础标准、WG3电力设施对电话线的影响、WG4电波暗室和WG5用于民用的军用设备。

(3) 欧洲电磁兼容标准与IEC标准的关系

欧洲标准冠以字头"EN",其编号规则见表4-2。自1997年1月开始,IEC采用了新的编号规则:其标准号为以6字开始的5位数。例如:原来的IEC 34-1改为IEC6 0034-1。这样IEC的标准号与来自IEC的欧洲标准编号完全相同了,欧洲标准编号规则见表4-2中。

表4-2 欧洲标准编号规则表

引用标准/性质	标准编号	举例
引自CENELEC	EN 50×××	EN 50801
引自CISPR	EN 55×××	EN55013(源于CISPR13)
引自IEC	EN 60×××	EN61000(源于IEC 61000)
预备草案	prEN××××	
临时标准	ENV××××	ENV 50204

3. 国际EMC标准体系的相互关系

国际EMC标准体系的相互关系归纳如图4-28所示可用。

4.5.3 国内EMC标准体系

1. 国内EMC标准

(1)基础标准:国内EMC的标准如GB4365术语,有主要规定测量设备的GB/66113;关于环境的GB/T15658,等等。

(2)通用标准:其中GB8702主要涉及在强电磁场环境下对人体的防护要求;GB/T14431

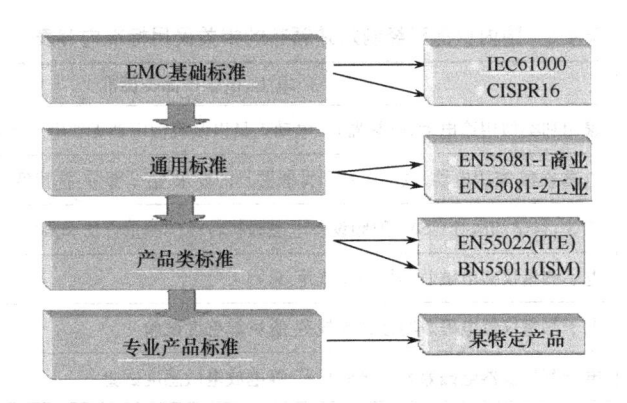

图 4-28 国际 EMC 标准体系的相互关系归纳图

主要涉及无线电业务要求的信号/干扰保护比。

（3）产品标准：如 GB4343、GB4824 等。在我国的电磁兼容国家标准中尚无（专用）产品标准。

（4）系统间电磁兼容性标准：协调不同系统之间的电磁兼容性要求。我国现行的电磁兼容国家标准中属于系统间的有 13 个。例如：GB6364，以及 GB13613~GB13618 等。在这些标准中，大都根据多年的研究结果规定了不同系统之间防护距离。如机场中的通信导航设备为防护广播电台、短波通信发射台、高压电力系统、电气化铁道等强电系统所需的保护距离。

2. 国内 EMC 标准比较

根据国家质量技术监督局的尽量采用国际标准或先进国家标准来制订我国国家标准的指导思想，我国的电磁兼容标准绝大多数引自国际标准。其主要来源如下：

（1）引自国际无线电干扰特别委员会（CISPR）出版物。如 GB/T6113，GB14023，GB15707，GB16607，等等。在此类标准名称后的括号内标明其相应的 CISPR 出版物号及其版本。

（2）引自国际电工委员会（IEC）标准。如 GB4365，GB/T17626 系列。

（3）部分引自美国军用标准（MIL-STD-×××），如 GB15540。

（4）部分引自国际电信联盟（ITU）有关文件，如 GB/T15658。

（5）引自国外先进标准。如 GB6833 系列。

3. 国内 EMC 标准测试中不同测试项目的排序

在国内 EMC 标准测试中，不同测试项目的排序流程如图 4-29 所示。

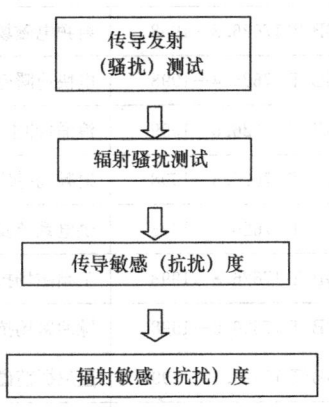

图 4-29 国内 EMC 标准测试中不同测试项目的排序流程图

4.5.3 我国已经制定并颁布的相关民用标准

国内目前已经制定并颁布的相关民用标准以及相对应的国际标准分别列于表 4-3 和表 4-4 中，并如图 4-30 所示。国内目前已经制定并颁布的相关民用标准中的谐波标准 EN61000-3-2 如图 4-31 所示。

表 4-3 国内目前已经制定并颁布的相关民用标准内容表

标准代号	电工、电子产品类标准
GB 4343—1995	家用和类似用途电动、电热器具、电动工具以及类似电器无线电干扰特性测量方法和允许值
GB 4343.2—1999	电磁兼容 家用电器、电动工具和类似器具的要求 第2部分:抗扰度——产品类标准
GB 4824—2001	工业、科学和医疗(ISM)射频设备电磁骚扰特性的测量方法和限值
GB/T 6833.1—1987	电子测量仪器电磁兼容性试验规范 总则
GB/T 6833.2—1987	电子测量仪器电磁兼容性试验规范 磁场敏感度试验
GB/T 6833.3—1987	电子测量仪器电磁兼容性试验规范 静电放电敏感度试验
GB/T 6833.4—1987	电子测量仪器电磁兼容性试验规范 电源瞬态敏感度试验
GB/T 6833.5—1987	电子测量仪器电磁兼容性试验规范 辐射敏感度试验
GB/T 6833.6—1987	电子测量仪器电磁兼容性试验规范 传导敏感度试验
GB/T 6833.7—1987	电子测量仪器电磁兼容性试验规范 非工作状态磁场干扰试验
GB/T 6833.8—1987	电子测量仪器电磁兼容性试验规范 工作状态磁场干扰试验
GB/T 6833.9—1987	电子测量仪器电磁兼容性试验规范 传导干扰试验
GB/T 6833.10—1987	电子测量仪器电磁兼容性试验规范 辐射干扰试验

表 4-4 国内目前已经制定并颁布的相关民用标准关系表

标准代号	基础类标准	对应国际标准
GB/T 17626.1—1998	抗扰度试验总论	IEC 61000—4-1:1992
GB/T 17626.2—1998	静电放电抗扰度试验	IEC 61000—4-2:1995
GB/T 17626.3—1998	射频电磁场辐射抗扰度试验	IEC 61000—4-3:1995
GB/T 17626.4—1998	电快速瞬变脉冲群抗扰度试验	IEC 61000—4-4:1995
GB/T 17626.5—1999	浪涌(冲击)抗扰度试验	IEC 61000—4-5:1995
GB/T 17626.6—1998	射频场感应的传导骚扰抗扰度	IEC 61000—4-6:1996
GB/T 17626.7—1998	供电系统及所连设备谐波的谐间波的测量和测量仪器导则	IEC 61000—4-7:1996
GB/T 17626.8—1998	工频磁场抗扰度试验	IEC 61000—4-8:1993
GB/T 17626.9—1998	脉冲磁场抗扰度试验	IEC 61000—4-9:1993
GB/T 17626.10—1998	阻尼振荡磁场抗扰度试验	IEC 61000—4-10:1993
GB/T 17626.11—1998	电压暂降短时中断和电压变化的抗扰度试验	IEC 61000—4-11:1994
GB/T 17626.12—1998	振荡波抗扰度试验	IEC 61000—4-12:1995

4.5.4 电快速瞬态脉冲群干扰及产生机理

(1) 感性负载突然断电(反复循环)

如图 4-32 所示的电路中存在感性负载 L,由于该感性负载 L 为储能元件,并且流过的电流不能突变,因此在感性负载突然断电时,瞬间在负载中产生与原来电流相反的冲击电流,也就是反向电动势 U'。这种反向电动势 U',就是电快速瞬态脉冲群干扰,这种干扰电压峰值有

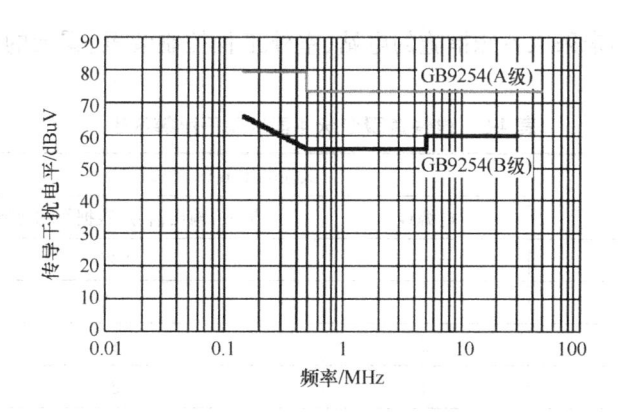

图 4-30 国内目前已经制定并颁布的相关民用标准

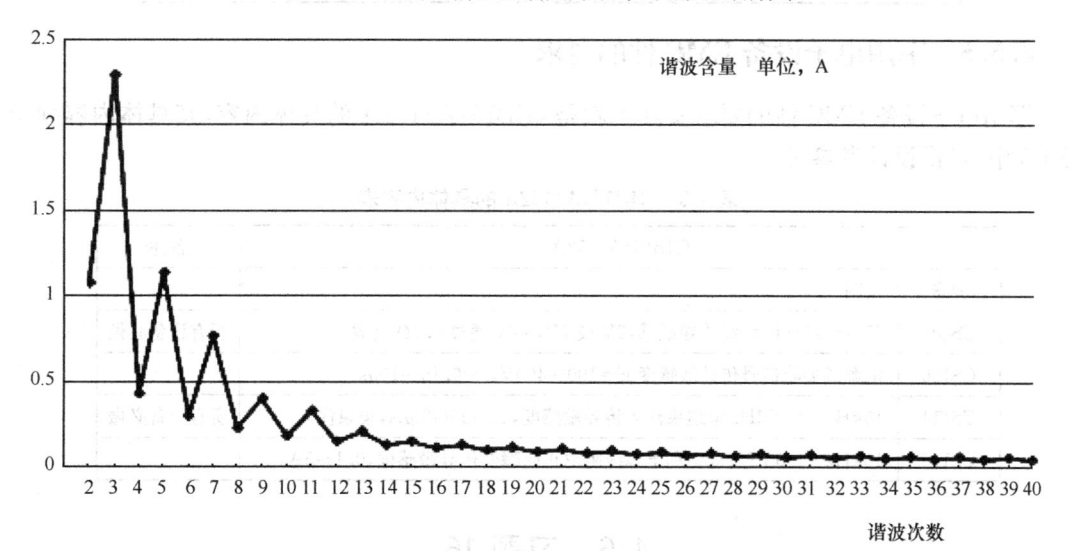

图 4-31 国内目前已经制定并颁布的相关民用标准中的谐波标准(EN61000-3-2)

时要比电源电压 U_S 高得多。

(2) 容性负载突然加电(反复循环)

如图 4-33 所示的电路中存在容性负载 C，由于该容性负载 C 为储能元件，并且两端的电压不能突变，因此在容性负载突然加电时，瞬间在负载中产生冲击电流，也就是充电电流 I'。这种充电电流 I' 就是电快速瞬态脉冲群干扰，这种干扰电流峰值有时要比负载电流 I_R 高得多。

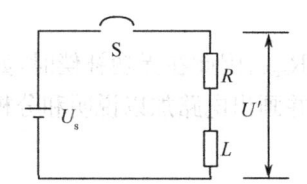

图 4-32 存在感性负载 L 的电路 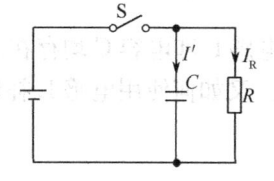　　图 4-33 存在容性负载 C 的电路

(3) 电快速瞬变脉冲群试验严酷等级

电快速瞬变脉冲群试验严酷等级列于表 4-5 中。1 级适应具有良好保护环境(如计算机房)；2 级接受一般的保护环境(如工厂、电厂的控制室及终端室)；3 级也就是一般工业环境；4

级为最严酷的等级(如未采取特殊措施的电站、室外工程控制装置、露天的高压变电站开关装置等)。

表 4-5 电快速瞬变脉冲群试验严酷等级表

等级	试验电压 KV(±10%)	
	电源线	输入、输出信号、数据线和控制线
1	0.5	0.25
2	1	0.5
3	2	1
4	4	2
5	待定	待定

4.5.5 军用电子设备 EMC 性的要求

军用电子设备 EMC 性的要求实际上就是 GJB151A/152A 的具体内容,其具体内容列于表 4-6 中,可供设计者参考。

表 4-6 GJB151A/152A 的具体内容表

GJB151A,152A		备注
要求	说明	
CS101	25～50kHz 电源线传导敏感,2V 或 7V,80W 通过 0.5Ω 负载	所有设备必做
CS106	电源线尖峰信号传导敏感度 $E=100～400V,t=0.15～10\mu s$	
CS114	10kHz～400MHz 电缆束注入传导敏感度,40～110dBμA,集束注入	所有设备必做
CS116	10kHz～100MHz 电缆和电源线阻尼正弦瞬变传导敏感,0.1～5A	

4.6 习题 16

(1) 根据单级共模滤波器的电路原理图分析其工作过程,分别讲述 L、C 在滤除共模噪声和差模噪声过程中的作用。

(2) 在传统的 LC 滤波器中,电感 L 和电容 C 的取值原则是什么?

(3) 在常规的隔离式开关电源电路中,功率开关变压器的作用仅为功率传输吗? 在 PCB 布线时应注意哪些问题?

(4) 安规电容都有哪些系列和种类? 它们在应用中应注意哪些问题? 它们之间是否可以互换?

(5) 考虑到电感 L 和电容 C 均存在串联等效电阻 R_{SER},因此在无功补偿时,如何使用电容 C 补偿感性负载? 又如何使用电感 L 补偿容性负载? 并画出电路加以说明和分析。

参考文献

[1] 赵世强. 智能型三相用电设备缺相过流保护装置的研制. 西部电子,第7卷. 1996.8

[2] 孙肖子等. 电子设计指南. 北京:高等教育出版社,2006.

[3] N. Mohan,T. Undeland,W. Robbins;"*Power Electronics Converters Applications, and Design*",text book published by Wiley

[4] K. Dierberger,"*Gate Drive Design for Large Die MOSFETs*", application note APT9302,Advanced Power Technology

[5] R. McArthur,"*Making Use of Gate Charge Information in MOSFET and IGBT Datasheets*",application note APT0103,Advanced Power Technology

[6] 沙占友,王晓君. MC33370系列单片开关电源的原理与应用[J]. 仪表技术,2000(5).

[7] 沙占友. 新型单片开关电源的设计与应用. 北京:电子工业出版社,2001.

[8] ANSI/ESD S6.1:2005,"*Grounding*"(Rome, NY:ESDAssociation,2005)

[9] NFPA70,"*2005 National Electrical Code*"(Quincy,MA:NationalFire Protection Association,2005)

[10] ANSI/ESD S20.20:1999,"*Protection of Electrical and Electronic Parts, Assemblies and Equipment* (Excluding Electrically Initiated Explosive Devices)"(Rome,NY: ESD Association,1999).

[11] 国家标准:GB3667—2005(电容).

[12] 张古松,蔡宣三. 开关电源的原理与设计. 北京:电子工业出版社,2002.

[13] 蔡宣三. 同步整流技术. 电源世界,2003,第1期

[14] 胡宗波,张波. 同步整流器中MOSFET的双向导电特性和整流损耗研究. 中国电机工程学报 2002,22(3)

[15] Charles E. Mullett. A 5-Year Power Technology Roadmap. APEC 2004

[16] Goran Stojcic and Chien Nguyen. MOSFET Synchronous Rectiffers for Isoloated,Board-Mounted DC-DC Converters. INTELEC 2000

[17] X. F. Xie,C. P. Liu,N. K. Poon,M. H. Pong,Two methods to Drive Synchronous Rectifier During Dead Time in Forward Topology. APEC 2000

[18] A. Fernandez,J. Sebastian,M. M. Hernando,P. Villegas. Optimosation of a Self-Driven Synchronous Rectification System for Converters with a Symmetrically Driven Transfomer. APEC 2004

[19] X. F. Xie,H. Y. Chung and M. H. Pong. Studies of Self-Driven Synchronous Rectification in Low Voltage Power Conversion. PEDS 1999

[20] N. K. Poon, C. P. Liu, M. H. Pong and X. F. Xie. Current Driven Synchronous Rectifier with Energy Recovery. US Patenr Number 6,134,131. Oct. 17,2000

[21] Ming Xu, Jinghai Zhou, Yang Qiu, Kaiwei Yao and Fred C. Lee. Resonant Synchronous Rectification for High Frequency DC-DC Concerter. APEC 2004

[22] 王水平等. 开关稳压电源原理及设计. 北京：人民邮电出版社,2008.

[23] 王水平等. PWM 控制与驱动器使用指南及应用电路. 西安：西安电子科技大学出版社,2005.

[24] 王水平等. MOSFET/IGBT 驱动器集成电路应用集萃. 北京：中国电力出版社,2010.

[25] 王水平等. MOSFET/IGBT 驱动器集成电路应用. 北京：人民邮电出版社,2009.